软件开发微视频讲堂

JavaScript 从入门到精通

（微视频精编版）

明日科技　编著

清華大学出版社
北 京

内 容 简 介

本书浅显易懂，实例丰富，详细介绍了 JavaScript 开发需要掌握的各类实战知识。

全书分为两册：核心技术分册和强化训练分册。核心技术分册共 20 章，包括 JavaScript 简介、JavaScript 语言基础、JavaScript 基本语句、函数、自定义对象、常用内部对象、数组、String 对象、JavaScript 事件处理、文档对象、表单对象、图像对象、文档对象模型（DOM）、Window 窗口对象、Ajax 技术、jQuery 基础、jQuery 控制页面、jQuery 事件处理、jQuery 动画效果和 365 影视网站设计等内容。通过学习，读者可快速开发出一些中小型应用程序。强化训练分册共 18 章，通过大量源于实际生活的趣味案例，强化上机实践，拓展和提升 JavaScript 开发中对实际问题的分析与解决能力。

本书除纸质内容外，配书资源包中还给出了海量开发资源库，主要内容如下。

☑ 微课视频讲解：总时长 19 小时，共 186 集 ☑ 技术资源库：800 页技术参考文档
☑ 实例资源库：400 个实用范例 ☑ 测试题库系统：138 道能力测试题目
☑ 面试资源库：369 个企业面试真题

本书可作为软件开发入门者的自学用书或高等院校相关专业的教学参考书，也可供开发人员查阅、参考使用。

本书封面贴有清华大学出版社防伪标签，无标签者不得销售。

版权所有，侵权必究。侵权举报电话：010-62782989　13701121933

图书在版编目（CIP）数据

JavaScript 从入门到精通：微视频精编版/明日科技编著. —北京：清华大学出版社，2019.12
（软件开发微视频讲堂）
ISBN 978-7-302-51488-6

Ⅰ．①J…　Ⅱ．①明…　Ⅲ．①JAVA 语言-程序设计　Ⅳ．①TP312.8

中国版本图书馆 CIP 数据核字（2018）第 256516 号

责任编辑：贾小红
封面设计：魏润滋
版式设计：文森时代
责任校对：马军令
责任印制：宋　林

出版发行：清华大学出版社
　　　　　网　　址：http://www.tup.com.cn, http://www.wqbook.com
　　　　　地　　址：北京清华大学学研大厦 A 座　　　　邮　　编：100084
　　　　　社 总 机：010-62770175　　　　　　　　　　邮　　购：010-62786544
　　　　　投稿与读者服务：010-62776969, c-service@tup.tsinghua.edu.cn
　　　　　质量反馈：010-62772015, zhiliang@tup.tsinghua.edu.cn
印 装 者：三河市铭诚印务有限公司
经　　销：全国新华书店
开　　本：203mm×260mm　　　印　　张：32.5　　　字　　数：951 千字
版　　次：2019 年 12 月第 1 版　　　　　　　　　印　　次：2019 年 12 月第 1 次印刷
定　　价：99.80 元（全 2 册）

产品编号：079176-01

前 言

Preface

JavaScript 是 Web 页面的一种脚本编程语言，可为网页添加各式各样的动态功能，被广泛应用于 Web 应用开发。目前，大多数高校的计算机相关专业和 IT 培训学校，都将 JavaScript 作为教学内容之一，这对于培养学生的计算机应用能力具有非常重要的意义。

本书内容

本书分为两册：核心技术分册和强化训练分册。

核心技术分册共 20 章，提供了从入门到编程高手所必需的各类 JavaScript 核心知识，大体结构如下图所示。

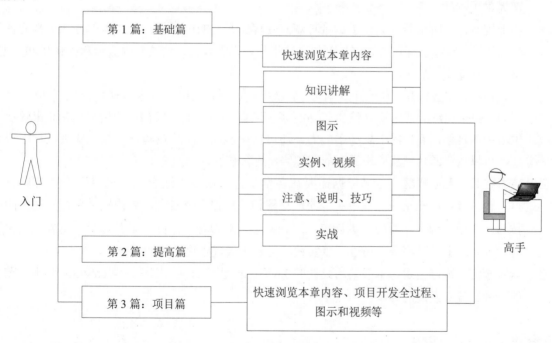

基础篇。本篇包括 JavaScript 简介、JavaScript 语言基础、JavaScript 基本语句、函数、自定义对象、常用内部对象、数组、String 对象、JavaScript 事件处理、文档对象等内容，同时结合大量的图示、实例、视频和实战等，使读者快速掌握 JavaScript 语言基础，为后续编程奠定坚实的基础。

提高篇。本篇介绍了表单对象、图像对象、文档对象模型（DOM）、Window 窗口对象、Ajax 技术、jQuery 基础、jQuery 控制页面、jQuery 事件处理、jQuery 动画效果等内容。学习完本篇，读者将能够开发一些中小型应用程序。

项目篇。本篇通过一个完整的 365 影视网站设计，运用软件工程的设计思想，让读者学习如何进行 Web 项目的实践开发。书中按照"系统分析→系统设计→网页预览→关键技术→首页技术实现→查看影片详情页面"的流程进行介绍，带领读者亲身体验项目开发的全过程。

强化训练分册共 18 章，通过 240 多个来源于实际生活的趣味案例，强化上机实战，拓展和提升读者对实际问题的分析与解决能力。

本书特点

☑ **深入浅出，循序渐进**。本书以初、中级程序员为对象，先从 JavaScript 语言基础学起，再学习 JavaScript 的核心技术，然后学习 JavaScript 的高级应用，最后学习开发一个完整项目。讲解过程中步骤详尽，版式新颖，使读者在阅读时一目了然，从而快速掌握书中内容。

☑ **实例典型，轻松易学**。通过例子学习是最好的学习方式之一，本书通过"一个知识点、一个例子、一个结果、一段评析，一个综合应用"的模式，透彻、详尽地讲述了实际开发中所需的各类知识。另外，为了便于读者阅读程序代码，快速学习编程技能，书中几乎每行代码都提供了注释。

☑ **微课视频，可听可看**。为便于读者直观感受程序开发的全过程，书中大部分章节都配备了教学微视频。这些微课可听、可看，能快速引导初学者入门，使其感受到编程的快乐和成就感，进一步增强学习的信心。

☑ **强化训练，实战提升**。软件开发学习，实战才是硬道理。核心技术分册中提供了 40 多个实战练习，强化训练分册中更是给出了 240 多个源自生活的真实案例。应用编程思想来解决这些生活中的难题，不但能锻炼动手能力，还可以快速提升实战技巧。如果在实现过程中遇到问题，可以从资源包中获取相应实战的源码，进行解读。

☑ **精彩栏目，贴心提醒**。本书根据需要在各章安排了很多"注意""说明""技巧"等小栏目，让读者可以在学习过程中更轻松地理解相关知识点及概念，更快地掌握个别技术的应用技巧。在强化训练分册中，更设置了"▷①②③④⑤⑥"栏目，读者每亲手完成一次实战练习，即可涂上一个序号。通过反复实践，可真正实现强化训练和提升。

☑ **紧跟潮流，流行技术**。本书采用最新的 JavaScript 程序开发工具——WebStorm 实现，使读者能够紧跟技术发展的脚步。

本书资源

为帮助读者学习，本书配备了长达 19 小时（共 186 集）的微课视频讲解。除此之外，还为读者提供了"Java Web 开发资源库"系统，以帮助读者快速提升编程水平和解决实际问题的能力。

本书和 Java Web 开发资源库配合学习的流程如下图所示。

Java Web 开发资源库系统的主界面如下图所示。

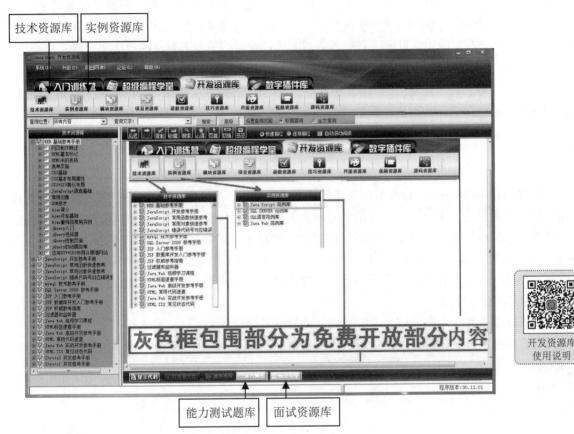

在学习本书的过程中，配合技术资源库和实例资源库的相应内容，可以全面提升个人综合编程技能和解决实际开发问题的能力，为成为软件开发工程师打下坚实基础。

对于数学逻辑能力和英语基础较为薄弱的读者，或者想了解个人数学逻辑思维能力和编程英语基础的用户，本书提供了数学及逻辑思维能力测试和编程英语能力测试，以供练习和提升。

面试资源库提供了大量国内外软件企业的常见面试真题，同时还提供了程序员职业规划、程序员面试技巧、虚拟面试系统等精彩内容，是程序员求职面试的绝佳指南。

读者对象

- ☑ 初学编程的自学者
- ☑ 大中专院校的老师和学生
- ☑ 编程爱好者
- ☑ 相关培训机构的老师和学员

- ☑ 做毕业设计的学生
- ☑ 程序测试及维护人员
- ☑ 初、中级程序开发人员
- ☑ 参加实习的"菜鸟"程序员

读者服务

学习本书时，请先扫描封底的权限二维码（需要刮开涂层）获取学习权限，然后即可免费学习书中的所有线上线下资源。本书附赠的各类学习资源，读者均可登录清华大学出版社网站（www.tup.com.cn），在对应图书页面下获取其下载方式。也可扫描图书封底的"文泉云盘"二维码，获取其下载方式。

学习过程中如果遇到什么疑难问题，读者朋友可加我们的企业 QQ：4006751066（可容纳 10 万人），也可以登录 www.mingrisoft.com 留言，我们将竭诚为您服务。

致读者

本书由明日科技 JavaScript 程序开发团队组织编写。明日科技是一家专业从事软件开发、教育培训的高科技公司，其教材重点突出，会尽可能地选取软件实际开发中必需、常用的内容，同时非常注重内容的易学性、便捷性以及相关知识的拓展性，深受读者喜爱。其编写的教材多次荣获"全行业优秀畅销品种""中国大学出版社优秀畅销书"等奖项，多个品种长期位居同类图书销售排行榜的前列。

在编写本书的过程中，我们始终本着科学、严谨的态度，力求精益求精，但错误、疏漏之处在所难免，敬请广大读者批评指正。

感谢您购买本书，希望本书能成为您编程路上的领航者。

"零门槛"编程，一切皆有可能。

祝读书快乐！

编　者
2019 年 12 月

目 录

Contents

第1篇 基 础 篇

第 3 篇　项　目　篇

第 **1** 篇

基础篇

　　本篇通过 JavaScript 简介、JavaScript 语言基础、JavaScript 基本语句、函数、自定义对象、常用内部对象、数组、String 对象、JavaScript 事件处理、文档对象等内容的介绍，并结合大量的图示、实例、视频和实战等，使读者快速掌握 JavaScript 语言基础，为以后编程奠定坚实的基础。

第 1 章

JavaScript 简介

（ 📹 视频讲解：50 分钟 ）

在学习 JavaScript 前，应该先了解什么是 JavaScript，JavaScript 都有哪些特点，JavaScript 的编写工具以及在 HTML 中的使用等内容，通过了解这些内容来增强对 JavaScript 语言的理解，以方便以后学习。

通过学习本章，读者主要掌握以下内容：

▸▸ JavaScript 简述

▸▸ 开发工具 WebStorm 简介

▸▸ 在 Web 页面中使用 JavaScript 的方法

▸▸ JavaScript 基本语法

视频讲解

1.1　JavaScript 简述

JavaScript 是 Web 页面中的一种脚本编程语言，也是一种通用的、跨平台的、基于对象和事件驱动并具有安全性的脚本语言。它不需要进行编译，而是直接嵌入 HTML 页面中，把静态页面转变成支持用户交互并响应相应事件的动态页面。

1.1.1　JavaScript 的起源

JavaScript 语言的前身是 LiveScript 语言。由美国 Netscape（网景）公司的布瑞登·艾克（Brendan Eich）为即将在 1995 年发布的 Navigator 2.0 浏览器的应用而开发的脚本语言。在与 Sun（升阳）公司联手及时完成了 LiveScript 语言的开发后，就在 Navigator 2.0 即将正式发布前，Netscape 公司将其改名为 JavaScript，也就是最初的 JavaScript 1.0 版本。虽然当时 JavaScript 1.0 版本还有很多缺陷，但拥有着 JavaScript 1.0 版本的 Navigator 2.0 浏览器几乎主宰着浏览器市场。

因为 JavaScript 1.0 如此成功，Netscape 公司在 Navigator 3.0 中发布了 JavaScript 1.1 版本。同时微软开始进军浏览器市场，发布了 Internet Explorer 3.0 并搭载了一个 JavaScript 的类似版本，其注册名称为 JScript，这成为 JavaScript 语言发展过程中的重要一步。

在微软进入浏览器市场后，此时有 3 种不同的 JavaScript 版本同时存在，Navigator 中的 JavaScript、IE 中的 JScript 以及 CEnvi 中的 ScriptEase。与其他编程语言不同的是，JavaScript 并没有一个标准来统一其语法或特性，而这 3 种不同的版本恰恰突出了这个问题。1997 年，JavaScript 1.1 版本作为一个草案提交给欧洲计算机制造商协会（ECMA）。最终由来自 Netscape、Sun、微软、Borland 和其他一些对脚本编程感兴趣的公司的程序员组成了 TC39 委员会，该委员会被委派来标准化一个通用、跨平台、中立于厂商的脚本语言的语法和语义。TC39 委员会制定了 "ECMAScript 程序语言的规范书"（又称为 "ECMA-262 标准"），该标准通过国际标准化组织（ISO）采纳通过，作为各种浏览器生产开发所使用的脚本程序的统一标准。

1.1.2　JavaScript 的主要特点

JavaScript 脚本语言的主要特点如下。

☑　解释性

JavaScript 不同于一些编译性的程序语言，例如 C、C++等，它是一种解释性的程序语言，它的源代码不需要经过编译，而直接在浏览器中运行时被解释。

☑　基于对象

JavaScript 是一种基于对象的语言。这意味着它能运用自己已经创建的对象。因此，许多功能可以来自于脚本环境中对象的方法与脚本的相互作用。

☑　事件驱动

JavaScript 可以直接对用户或客户输入做出响应，无须经过 Web 服务程序。它对用户的响应，是以事件驱动的方式进行的。所谓事件驱动，就是指在主页中执行了某种操作所产生的动作，此动作称为"事件"。例如按下鼠标、移动窗口、选择菜单等都可以视为事件。当事件发生后，可能会引起相应的事件响应。

☑ 跨平台

JavaScript 依赖于浏览器本身，与操作环境无关，只要能运行浏览器的计算机，并支持 JavaScript 的浏览器就可以正确执行。

☑ 安全性

JavaScript 是一种安全性语言，它不允许访问本地的硬盘，并不能将数据存入服务器上，不允许对网络文档进行修改和删除，只能通过浏览器实现信息浏览或动态交互。这样可有效地防止数据的丢失。

1.1.3 JavaScript 的应用

使用 JavaScript 脚本实现的动态页面，在 Web 上随处可见。下面将介绍几种 JavaScript 常见的应用。

☑ 验证用户输入的内容

使用 JavaScript 脚本语言可以在客户端对用户输入的数据进行验证。例如在制作用户注册信息页面时，要求用户确认密码，以确定用户输入的密码是否正确。如果用户在"确认密码"文本框中输入的信息与"注册密码"文本框中输入的信息不同，将弹出相应的提示信息，如图 1.1 所示。

☑ 动画效果

在浏览网页时，经常会看到一些动画效果，使页面更加生动。使用 JavaScript 脚本语言也可以实现动画效果，例如在页面中实现下雪的效果，如图 1.2 所示。

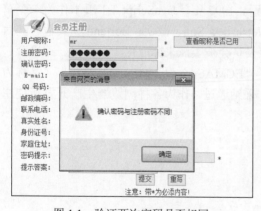

图 1.1　验证两次密码是否相同

图 1.2　动画效果

☑ 窗口的应用

在打开网页时经常会看到一些浮动的广告窗口，这些广告窗口是某些网站的盈利手段之一。我们也可以通过 JavaScript 脚本语言来实现，例如，如图 1.3 所示的广告窗口。

☑ 文字特效

使用 JavaScript 脚本语言可以使文字实现多种特效。例如使文字旋转，如图 1.4 所示。

☑ 明日学院应用的 jQuery 效果

在明日学院的"读书"栏目中，应用 jQuery 实现了滑动显示和隐藏子菜单的效果。当单击某个主菜单时，将滑动显示相应的子菜单，而其他子菜单将会滑动隐藏，如图 1.5 所示。

图 1.3　窗口的应用

图 1.4　文字特效

☑　京东网上商城应用的 jQuery 效果

在京东网上商城的话费充值页面，应用 jQuery 实现了标签页的效果，当选择"话费快充"选项卡时，标签页中将显示话费快充的相关内容，如图 1.6 所示，当选择其他选项卡时，标签页中将显示相应的内容。

图 1.5　明日学院应用的 jQuery 效果　　　图 1.6　京东网上商城应用的 jQuery 效果

☑　应用 Ajax 技术实现百度搜索提示

在百度首页的搜索文本框中输入要搜索的关键字时，下方会自动给出相关提示。如果给出的提示有符合要求的内容，可以直接选择，这样可以方便用户。例如，输入"明日科"后，在下面将显示如图 1.7 所示的提示信息。

图 1.7　百度搜索提示页面

1.2　WebStorm 简介

编辑 JavaScript 程序可以使用任何一种文本编辑器，如 Windows 中的记事本、写字板等应用软件。由于 JavaScript 程序可以嵌入 HTML 文件中，因此，读者可以使用任何一种编辑 HTML 文件的工具软件，如 WebStorm 和 Dreamweaver 等。由于本书使用的编写工具为 WebStorm，所以这里只对该工具作简单介绍。

WebStorm 是 JetBrains 公司旗下一款 JavaScript 开发工具。该软件支持不同浏览器的提示，还包括所有用户自定义的函数（项目中）。代码补全包含了所有流行的库，如 jQuery、YUI、Dojo、Prototype等。被广大中国 JavaScript 开发者誉为 Web 前端开发神器、最强大的 HTML5 编辑器、最智能的 JavaScript IDE 等。WebStorm 的主界面如图 1.8 所示。

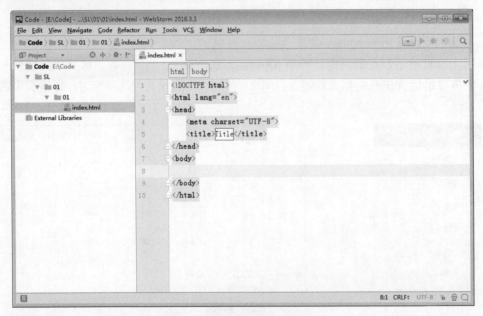

图 1.8　WebStorm 的主界面

说明

本书中使用的 WebStorm 版本为 WebStorm 2016.3。

视频讲解

1.3　JavaScript 在 HTML 中的使用

通常情况下，在 Web 页面中使用 JavaScript 有 3 种方法：一种是在页面中直接嵌入 JavaScript 代码；另一种是链接外部 JavaScript 文件；一种是作为特定标签的属性值使用。下面分别对这 3 种方法进行介绍。

1.3.1　在页面中直接嵌入 JavaScript 代码

在 HTML 文档中可以使用<script>…</script>标记将 JavaScript 脚本嵌入其中，在 HTML 文档中可以使用多个<script>标记，每个<script>标记中可以包含多个 JavaScript 的代码集合，并且各个<script>标记中的 JavaScript 代码之间可以相互访问，等同于将所有代码放在一对<script>…</script>标签之中的效果。<script>标记常用的属性及说明如表 1.1 所示。

表 1.1　<script>标记常用的属性及说明

属　　性	说　　明
language	设置所使用的脚本语言及版本
src	设置一个外部脚本文件的路径位置
type	设置所使用的脚本语言，此属性已代替 language 属性
defer	此属性表示当 HTML 文档加载完毕后再执行脚本语言

☑　language 属性

language 属性指定在 HTML 中使用的哪种脚本语言及其版本。language 属性使用的格式如下：

```
<script language="JavaScript1.5">
```

说明

如果不定义 language 属性，浏览器默认脚本语言为 JavaScript 1.0 版本。

☑　src 属性

src 属性用来指定外部脚本文件的路径，外部脚本文件通常使用 JavaScript 脚本，其扩展名为.js。src 属性使用的格式如下：

```
<script src="01.js">
```

☑　type 属性

type 属性用来指定 HTML 中使用的是哪种脚本语言及其版本，自 HTML 4.0 标准开始，推荐使用 type 属性来代替 language 属性。type 属性使用的格式如下：

```
<script type="text/javascript">
```

☑ defer 属性

defer 属性的作用是当文档加载完毕后再执行脚本，当脚本语言不需要立即运行时，设置 defer 属性后，浏览器将不必等待脚本语言装载，这样页面加载会更快。但当有一些脚本需要在页面加载过程中或加载完成后立即执行时，就不需要使用 defer 属性。defer 属性使用的格式如下：

```
<script defer>
```

【例 1.01】　编写第一个 JavaScript 程序，在 WebStorm 工具中直接嵌入 JavaScript 代码，在页面中输出"我喜欢学习 JavaScript"。（**实例位置：资源包\源码\01\1.01**）

具体步骤如下：

（1）启动 WebStorm，如果还未创建过任何项目，会弹出如图 1.9 所示的窗口。

图 1.9　WebStorm 欢迎界面

（2）单击图 1.9 中的 Create New Project 选项，弹出创建新项目对话框，如图 1.10 所示。在该对话框中输入项目名称"Code"，并选择项目存储路径，将项目文件夹存储在计算机中的 E 盘，然后单击 Create 按钮创建项目。

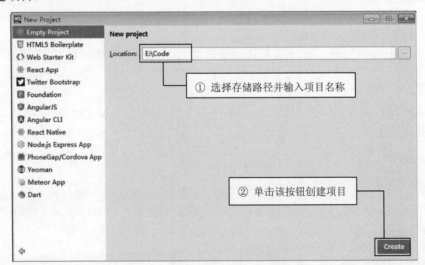

图 1.10　创建新项目对话框

（3）在项目名称 Code 上右击，然后在弹出的快捷菜单中选择 New→Directory 命令，如图 1.11 所示。

（4）弹出新建目录对话框，如图 1.12 所示，在文本框中输入新建目录的名称"SL"，然后单击 OK 按钮，完成文件夹 SL 的创建。

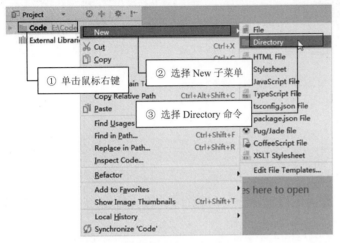

图 1.11　在项目中创建目录　　　　　　　　　　图 1.12　输入新建目录名称

（5）按照同样的方法，在文件夹 SL 下创建本章实例文件夹 01，在该文件夹下创建第一个实例文件夹 01。

（6）在第一个实例文件夹 01 上右击，然后在弹出的快捷菜单中选择 New→HTML File 命令，如图 1.13 所示。

（7）弹出新建 HTML 文件对话框，如图 1.14 所示，在文本框中输入新建文件的名称"index"，然后单击 OK 按钮，完成 index.html 文件的创建。此时，开发工具会自动打开刚刚创建的文件，结果如图 1.15 所示。

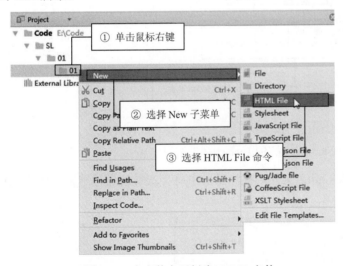

图 1.13　在文件夹下创建 HTML 文件　　　　　　图 1.14　新建 HTML 文件对话框

（8）将实例背景图片 bg.gif 复制到"E:\Code\SL\01\01"目录下，背景图片的存储路径为"光盘\Code\SL\01\01"。

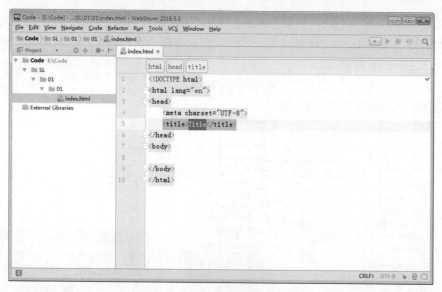

图 1.15　打开新创建的文件

（9）在<title>标记中将标题设置为"第一个 JavaScript 程序"，在<body>标记中编写 JavaScript 代码，如图 1.16 所示。

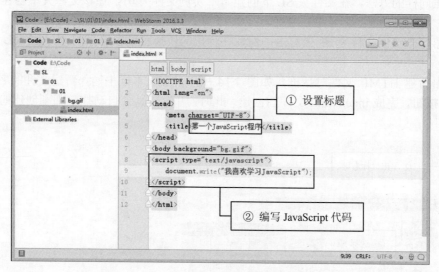

图 1.16　在 WebStorm 中编写的 JavaScript 代码

双击"E:\Code\SL\01\01"目录下的 index.html 文件，在浏览器中将会查看到运行结果，如图 1.17 所示。

图 1.17　程序运行结果

10

说明

（1）<script>标记可以放在 Web 页面的<head></head>标记中，也可以放在<body></body>标记中。

（2）脚本中使用的 document.write 是 JavaScript 语句，其功能是直接在页面中输出括号中的内容。

1.3.2　链接外部 JavaScript 文件

在 Web 页面中引入 JavaScript 的另一种方法是采用链接外部 JavaScript 文件的形式。如果代码比较复杂或是同一段代码可以被多个页面所使用，则可以将这些代码放置在一个单独的文件中（保存文件的扩展名为.js），然后在需要使用该代码的 Web 页面中链接该 JavaScript 文件即可。

在 Web 页面中链接外部 JavaScript 文件的语法格式如下：

```
<script type="text/javascript" src="javascript.js"></script>
```

说明

如果外部 JavaScript 文件保存在本机中，src 属性可以是绝对路径或是相对路径；如果外部 JavaScript 文件保存在其他服务器中，src 属性需要指定绝对路径。

【例 1.02】　在 HTML 文件中调用外部 JavaScript 文件，运行时在页面中显示对话框，对话框中输出"我喜欢学习 JavaScript"。（**实例位置：资源包\源码\01\1.02**）

具体步骤如下：

（1）在本章实例文件夹 01 下创建第二个实例文件夹 02。

（2）在文件夹 02 上右击，然后在弹出的快捷菜单中选择 New→JavaScript File 命令，如图 1.18 所示。

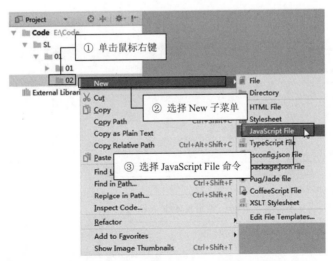

图 1.18　在文件夹下创建 JavaScript 文件

（3）弹出新建 JavaScript 文件对话框，如图 1.19 所示，在文本框中输入 JavaScript 文件的名称 "index"，然后单击 OK 按钮，完成 index.js 文件的创建。此时，开发工具会自动打开刚刚创建的文件。

图 1.19　新建 JavaScript 文件对话框

（4）在 index.js 文件中编写 JavaScript 代码，代码如图 1.20 所示。

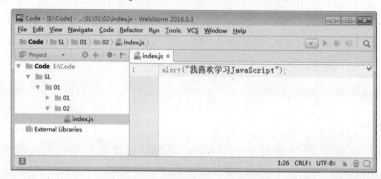

图 1.20　index.js 文件中的代码

说明

代码中使用的 alert 是 JavaScript 语句，其功能是在页面中弹出一个对话框，对话框中显示括号中的内容。

（5）在 02 文件夹下创建 index.html 文件，在该文件中调用外部 JavaScript 文件 index.js，代码如图 1.21 所示。

双击 index.html 文件，运行结果如图 1.22 所示。

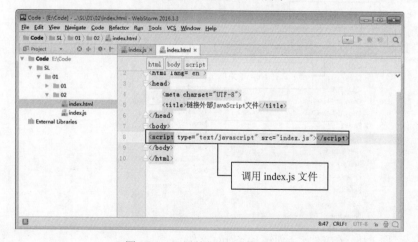

图 1.21　调用外部 JavaScript 文件

图 1.22　程序运行结果

注意

（1）在外部 JavaScript 文件中，不能将代码用<script>和</script>标记括起来。

（2）在使用 src 属性引用外部 JavaScript 文件时，<script></script>标签中不能包含其他 JavaScript 代码。

（3）在<script>标签中使用 src 属性引用外部 JavaScript 文件时，</script>结束标签不能省略。

1.3.3 作为标签的属性值使用

在 JavaScript 脚本程序中，有些 JavaScript 代码可能需要立即执行，而有些 JavaScript 代码可能需要单击某个超链接或者触发了一些事件（如单击按钮）之后才会执行。下面介绍将 JavaScript 代码作为标签的属性值使用。

1. 通过"javascript:"调用

在 HTML 中，可以通过"javascript:"的方式来调用 JavaScript 的函数或方法。示例代码如下：

```
<a href="javascript:alert('您单击了这个超链接')">请单击这里</a>
```

在上述代码中通过使用"javascript:"来调用 alert()方法，但该方法并不是在浏览器解析到"javascript:"时就立刻执行，而是在单击该超链接时才会执行。

2. 与事件结合调用

JavaScript 可以支持很多事件，事件可以影响用户的操作。例如单击、按下键盘或移动鼠标等。与事件结合，可以调用执行 JavaScript 的方法或函数。示例代码如下：

```
<input type="button" value="单击按钮" onclick="alert('您单击了这个按钮')" />
```

在上述代码中，onclick 是单击事件，意思是当单击对象时将会触发 JavaScript 的方法或函数。

1.4 JavaScript 基本语法

视频讲解

JavaScript 作为一种脚本语言，其语法规则和其他语言有相同之处也有不同之处。下面简单介绍 JavaScript 的一些基本语法。

1.4.1 执行顺序

JavaScript 程序按照在 HTML 文件中出现的顺序逐行执行。如果需要在整个 HTML 文件中执行（如函数、全局变量等），最好将其放在 HTML 文件的<head>...</head>标记中。某些代码，如函数体内的代码，不会被立即执行，只有当所在的函数被其他程序调用时，该代码才会被执行。

1.4.2 大小写敏感

JavaScript 对字母大小写是敏感（严格区分字母大小写）的，也就是说，在输入语言的关键字、函数名、变量以及其他标识符时，都必须采用正确的大小写形式。例如，变量 username 与变量 userName 是两个不同的变量，这一点要特别注意，因为同属于与 JavaScript 紧密相关的 HTML 是不区分大小写的，所以很容易混淆。

注意

HTML 并不区分大小写。由于 JavaScript 和 HTML 紧密相连，这一点很容易混淆。许多 JavaScript 对象和属性都与其代表的 HTML 标签或属性同名，在 HTML 中，这些名称可以以任意的大小写方式输入而不会引起混乱，但在 JavaScript 中，这些名称通常都是小写的。例如，HTML 中的事件处理器属性 ONCLICK 通常被声明为 onClick 或 OnClick，而在 JavaScript 中只能使用 onclick。

1.4.3 空格与换行

在 JavaScript 中会忽略程序中的空格、换行和制表符，除非这些符号是字符串或正则表达式中的一部分。因此，可以在程序中随意使用这些特殊符号来进行排版，让代码更加易于阅读和理解。

JavaScript 中的换行有"断句"的意思，即换行能判断一个语句是否已经结束。如以下代码表示两个不同的语句。

```
01    a = 100
02    return false
```

如果将第 2 行代码写成：

```
01    return
02    false
```

此时，JavaScript 会认为这是两个不同的语句，这样会产生错误。

1.4.4 每行结尾的分号可有可无

与 Java 语言不同，JavaScript 并不要求必须以分号（;）作为语句的结束标记。如果语句的结束处没有分号，JavaScript 会自动将该行代码的结尾作为语句的结尾。

例如，下面的两行代码都是正确的。

```
01    alert("您好！欢迎访问我公司网站！")
02    alert("您好！欢迎访问我公司网站！");
```

注意

最好的代码编写习惯是在每行代码的结尾处加上分号，这样可以保证每行代码的准确性。

1.4.5　注释

为程序添加注释可以起到以下两种作用。

（1）可以解释程序某些语句的作用和功能，使程序更易于理解，通常用于代码的解释说明。

（2）可以用注释来暂时屏蔽某些语句，使浏览器对其暂时忽略，等需要时再取消注释，这些语句就会发挥作用，通常用于代码的调试。

JavaScript 提供了两种注释符号："//"和"/*...*/"。其中，"//"用于单行注释，"/*...*/"用于多行注释。多行注释符号分为开始和结束两部分，即在需要注释的内容前输入"/*"，同时在注释内容结束后输入"*/"表示注释结束。下面是单行注释和多行注释的示例。

```
01  //这是单行注释的例子
02  /*这是多行注释的第一行
03    这是多行注释的第二行
04  ……
05  */
06  /*这是多行注释在一行中应用的例子*/
```

1.5　实　　战

1.5.1　输出由"*"组成的菱形

在 WebStorm 开发环境中应用 document.write 语句输出由"*"组成的菱形，运行结果如图 1.23 所示。（**实例位置：资源包\源码\01\实战\01**）

图 1.23　输出由"*"组成的菱形

1.5.2　输出古诗《枫桥夜泊》

在 WebStorm 开发环境中应用 alert 语句输出古诗《枫桥夜泊》，运行结果如图 1.24 所示。（**实例位

置：资源包\源码\01\实战\02）

图 1.24　输出古诗

1.6　小　　结

　　本章主要对 JavaScript 的初级知识进行了简单的介绍，包括 JavaScript 主要具有哪些特点、主要用于实现哪些功能、JavaScript 语言的编辑工具、在 HTML 中的使用和基本语法等，通过这些内容让读者对 JavaScript 先有个初步的了解，为以后的学习奠定基础。

第 2 章

JavaScript 语言基础

（ 📹 视频讲解：2 小时 16 分钟 ）

JavaScript 脚本语言与其他语言一样有着自己的语言基础，从本章开始将介绍 JavaScript 的基础知识，本章将对 JavaScript 的数据类型、常量和变量以及运算符和表达式进行详细讲解。

通过学习本章，读者主要掌握以下内容：

▶▶ JavaScript 中的数据类型

▶▶ JavaScript 中的常量和变量

▶▶ JavaScript 运算符的使用

▶▶ JavaScript 中的表达式

▶▶ 数据类型的转换规则

视频讲解

2.1 数据类型

JavaScript 的数据类型分为基本数据类型和复合数据类型。关于复合数据类型中的对象、数组和函数等，将在后面的章节进行介绍。在本节中，将详细介绍 JavaScript 的基本数据类型。JavaScript 的基本数据类型有数值型、字符串型、布尔型以及两个特殊的数据类型。

2.1.1 数值型

数值型（number）是 JavaScript 中最基本的数据类型。JavaScript 和其他程序设计语言（如 C 语言和 Java）的不同之处在于，它并不区别整型数值和浮点型数值。在 JavaScript 中，所有的数值都是由浮点型表示的。JavaScript 采用 IEEE754 标准定义的 64 位浮点格式表示数字，这意味着它能表示的最大值是 1.7976931348623157e+308，最小值是 5e-324。

当一个数字直接出现在 JavaScript 程序中时，我们称它为数值直接量（numeric literal）。JavaScript 支持数值直接量的形式有几种，下面将对这几种形式进行详细介绍。

> **注意**
>
> 在任何数值直接量前加负号（-）可以构成它的负数。但是负号是一元求反运算符，它不是数值直接量语法的一部分。

1. 十进制

在 JavaScript 程序中，十进制的整数是一个由 0~9 组成的数字序列。例如：

```
0
6
-2
100
```

JavaScript 的数字格式允许精确地表示-900719925474092（-2^{53}）和 900719925474092（2^{53}）之间的所有整数（包括-900719925474092（-2^{53}）和 900719925474092（2^{53}））。但是使用超过这个范围的整数，就会失去尾数的精确性。需要注意的是，JavaScript 中的某些整数运算是对 32 位的整数执行的，它们的范围从-2147483648（-2^{31}）到 2147483647（$2^{31}-1$）。

2. 八进制

尽管 ECMAScript 标准不支持八进制数据，但是 JavaScript 的某些实现却允许采用八进制（以 8 为基数）格式的整型数据。八进制数据以数字 0 开头，其后跟随一个数字序列，这个序列中的每个数字都在 0 和 7 之间（包括 0 和 7），例如：

```
07
0366
```

由于某些 JavaScript 实现支持八进制数据，而有些则不支持，所以最好不要使用以 0 开头的整型数据，因为不知道某个 JavaScript 的实现是将其解释为十进制，还是解释为八进制。

3. 十六进制

JavaScript 不但能够处理十进制的整型数据，还能识别十六进制（以 16 为基数）的数据。所谓十六进制数据，是以"0X"或"0x"开头，其后跟随十六进制的数字序列。十六进制的数字可以是 0 到 9 中的某个数字，也可以是 a（A）到 f（F）中的某个字母，它们用来表示 0 到 15 之间（包括 0 和 15）的某个值，下面是十六进制整型数据的例子：

```
0xff
0X123
0xCAFE911
```

【例 2.01】　网页中的颜色 RGB 代码是以十六进制数字表示的。例如，在颜色代码#6699FF 中，十六进制数字 66 表示红色部分的色值，十六进制数字 99 表示绿色部分的色值，十六进制数字 FF 表示蓝色部分的色值。在页面中分别输出 RGB 颜色#6699FF 的 3 种颜色的色值。代码如下：（**实例位置：资源包\源码\02\2.01**）

```
01    <script type="text/javascript">
02    document.write("RGB 颜色#6699FF 的 3 种颜色的色值分别为：");      //输出字符串
03    document.write("<p>R: "+0x66);                                //输出红色色值
04    document.write("<br>G: "+0x99);                               //输出绿色色值
05    document.write("<br>B: "+0xFF);                               //输出蓝色色值
06    </script>
```

执行上面的代码，运行结果如图 2.1 所示。

4. 浮点型数据

浮点型数据可以具有小数点，它的表示方法有以下两种。

（1）传统记数法

传统记数法是将一个浮点数分为整数部分、小数点和小数部分，如果整数部分为 0，可以省略整数部分。例如：

图 2.1　输出 RGB 颜色#6699FF 的 3 种颜色的色值

```
1.2
56.9963
.236
```

（2）科学记数法

此外，还可以使用科学记数法表示浮点型数据，即实数后跟随字母 e 或 E，后面加上一个带正号或负号的整数指数，其中正号可以省略。例如：

```
6e+3
3.12e11
1.234E-12
```

📓**说明**

在科学记数法中，e（或 E）后面的整数表示 10 的指数次幂，因此，这种记数法表示的数值等于前面的实数乘以 10 的指数次幂。

【例 2.02】 输出 "3e+6" "3.5e3" "1.236E-2" 这 3 种不同形式的科学记数法表示的浮点数，代码如下：（**实例位置：资源包\源码\02\2.02**）

```
01    <script type="text/javascript">
02    document.write("科学记数法表示的浮点数的输出结果：");      //输出字符串
03    document.write("<p>");                              //输出段落标记
04    document.write(3e+6);                               //输出浮点数
05    document.write("<br>");                             //输出换行标记
06    document.write(3.5e3);                              //输出浮点数
07    document.write("<br>");                             //输出换行标记
08    document.write(1.236E-2);                           //输出浮点数
09    </script>
```

执行上面的代码，运行结果如图 2.2 所示。

5．特殊值 Infinity

在 JavaScript 中有一个特殊的数值 Infinity（无穷大），如果一个数值超出了 JavaScript 所能表示的最大值的范围，JavaScript 就会输出 Infinity；如果一个数值超出了 JavaScript 所能表示的最小值的范围，JavaScript 就会输出-Infinity。例如：

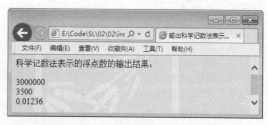

图 2.2　输出科学记数法表示的浮点数

```
01    document.write(1/0);                                //输出 1 除以 0 的值
02    document.write("<br>");                             //输出换行标记
03    document.write(-1/0);                               //输出-1 除以 0 的值
```

运行结果为：

```
Infinity
-Infinity
```

6．特殊值 NaN

JavaScript 中还有一个特殊的数值 NaN（Not a Number 的简写），即"非数字"。在进行数学运算时产生了未知的结果或错误，JavaScript 就会返回 NaN，它表示该数学运算的结果是一个非数字。例如，用 0 除以 0 的输出结果就是 NaN，代码如下：

```
alert(0/0);                                              //输出 0 除以 0 的值
```

运行结果为：

```
NaN
```

2.1.2　字符串型

字符串（string）是由 0 个或多个字符组成的序列，它可以包含大小写字母、数字、标点符号或其他字符，也可以包含汉字。它是 JavaScript 用来表示文本的数据类型。程序中的字符串型数据是包含在单引号或双引号中的，由单引号定界的字符串中可以含有双引号，由双引号定界的字符串中也可以含有单引号。

说明

空字符串不包含任何字符，也不包含任何空格，用一对引号表示，即""或''。

例如：

（1）单引号括起来的字符串，代码如下：

```
'你好 JavaScript'
'mingrisoft@mingrisoft.com'
```

（2）双引号括起来的字符串，代码如下：

```
" "
"你好 JavaScript"
```

（3）单引号定界的字符串中可以含有双引号，代码如下：

```
'abc"efg'
'你好"JavaScript"'
```

（4）双引号定界的字符串中可以含有单引号，代码如下：

```
"I'm legend"
"You can call me 'Tom'!"
```

注意

包含字符串的引号必须匹配，如果字符串前面使用的是双引号，那么在字符串后面也必须使用双引号，反之都使用单引号。

有的时候，字符串中使用的引号会产生匹配混乱的问题。例如：

```
"字符串是包含在单引号'或双引号"中的"
```

对于这种情况，必须使用转义字符。JavaScript 中的转义字符是 "\"，通过转义字符可以在字符串中添加不可显示的特殊字符，或者防止引号匹配混乱的问题。例如，字符串中的单引号可以使用 "\'"来代替，双引号可以使用 "\""来代替。因此，上面一行代码可以写成如下的形式：

```
"字符串是包含在单引号\'或双引号\"中的"
```

JavaScript 常用的转义字符如表 2.1 所示。

表 2.1　JavaScript 常用的转义字符

转　义　字　符	描　　　述	转　义　字　符	描　　　述
\b	退格	\v	垂直制表符
\n	换行符	\r	回车符
\t	水平制表符，Tab 空格	\\	反斜杠
\f	换页	\OOO	八进制整数，范围为 000~777
\'	单引号	\xHH	十六进制整数，范围为 00~FF
\"	双引号	\uhhhh	十六进制编码的 Unicode 字符

例如，在 alert 语句中使用转义字符"\n"的代码如下：

```
alert("网页设计基础：\nHTML\nCSS\nJavaScript");                        //输出换行字符串
```

运行结果如图 2.3 所示。

由图 2.3 可知，转义字符"\n"在警告框中会产生换行，但是在"document.write();"语句中使用转义字符时，只有将其放在格式化文本块中才会起作用，所以脚本必须放在<pre>和</pre>的标签内。

例如，下面是应用转义字符使字符串换行，程序代码如下：

```
01    document.write("<pre>");                                       //输出<pre>标记
02    document.write("轻松学习\nJavaScript 语言！");                 //输出换行字符串
03    document.write("</pre>");                                      //输出</pre>标记
```

运行结果如图 2.4 所示。

图 2.3　换行输出字符串

图 2.4　换行输出字符串

如果上述代码不使用<pre>和</pre>的标签，则转义字符不起作用，代码如下：

```
document.write("轻松学习\nJavaScript 语言！");                      //输出字符串
```

运行结果为：

轻松学习 JavaScript 语言！

【例 2.03】　在<pre>和</pre>的标签内使用转义字符，分别输出前 NBA 球星奥尼尔的中文名、英文名以及别名，关键代码如下：（**实例位置：资源包\源码\02\2.03**）

```
01    <script type="text/javascript">
02    document.write('<pre>');                                      //输出<pre>标记
```

```
03    document.write('中文名：沙奎尔·奥尼尔');              //输出奥尼尔中文名
04    document.write('\n 英文名：Shaquille O\'Neal');       //输出奥尼尔英文名
05    document.write('\n 别名：大鲨鱼');                    //输出奥尼尔别名
06    document.write('</pre>');                            //输出</pre>标记
07    </script>
```

实例运行结果如图 2.5 所示。

由上面的实例可以看出，在单引号定义的字符串内出现单引号，必须进行转义才能正确输出。

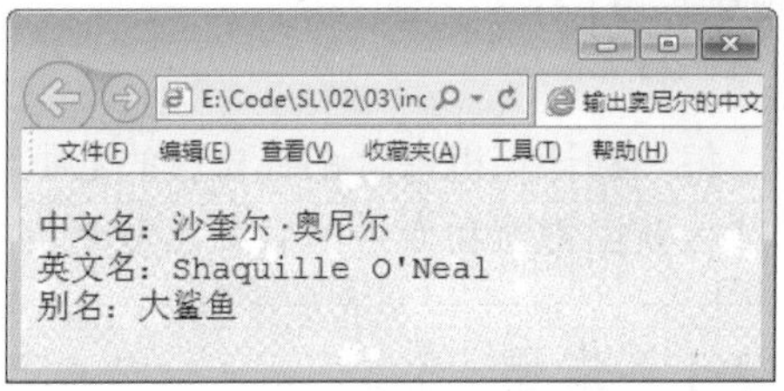

2.1.3　布尔型

数值数据类型和字符串数据类型的值都无穷多，但是布尔数据类型只有两个值，一个是 true（真），一个是 false（假），它说明了某个事物是真还是假。

图 2.5　输出奥尼尔的中文名、英文名和别名

布尔值通常在 JavaScript 程序中用来作为比较所得的结果。例如：

```
n==1
```

这行代码测试了变量 n 的值是否和数值 1 相等。如果相等，比较的结果就是布尔值 true，否则结果就是 false。

布尔值通常用于 JavaScript 的控制结构。例如，JavaScript 的 if/else 语句就是在布尔值为 true 时执行一个动作，而在布尔值为 false 时执行另一个动作。通常将一个创建布尔值与使用这个比较的语句结合在一起。例如：

```
01    if (n==1)                                            //如果 n 的值等于 1
02        m=m+1;                                           //m 的值加 1
03    else
04        n=n+1;                                           //n 的值加 1
```

本段代码检测 n 是否等于 1。如果相等，就给 m 的值加 1，否则给 n 的值加 1。

有时候可以把两个可能的布尔值看作是 on（true）和 off（false），或者看作是 yes（true）和 no（false），这样比将它们看作是 true 和 false 更为直观。有时候把它们看作是 1（true）和 0（false）会更加有用（实际上 JavaScript 确实是这样做的，在必要时会将 true 转换成 1，将 false 转换成 0）。

2.1.4　特殊数据类型

1．未定义值

未定义值就是 undefined，表示变量还没有赋值（如"var a;"）。

2．空值（null）

JavaScript 中的关键字 null 是一个特殊的值，它表示为空值，用于定义空的或不存在的引用。这里必须要注意的是，null 不等同于空的字符串（""）或 0。当使用对象进行编程时可能会用到这个值。

由此可见，null 与 undefined 的区别是，null 表示一个变量被赋予了一个空值，而 undefined 则表示该变量尚未被赋值。

视频讲解

2.2 常量和变量

每一种计算机语言都有自己的数据结构。在 JavaScript 中，常量和变量是数据结构的重要组成部分。本节将介绍常量和变量的概念以及变量的使用方法。

2.2.1 常量

常量是指在程序运行过程中保持不变的数据。例如，123 是数值型常量，"JavaScript 脚本"是字符串型常量，true 或 false 是布尔型常量等。在 JavaScript 脚本编程中可直接输入这些值。

2.2.2 变量

变量是指程序中一个已经命名的存储单元，它的主要作用就是为数据操作提供存放信息的容器。变量是相对常量而言的。常量是一个不会改变的固定值，而变量的值可能会随着程序的执行而改变。变量有两个基本特征，即变量名和变量值。为了便于理解，可以把变量看作是一个贴着标签的盒子，标签上的名字就是这个变量的名字（即变量名），而盒子里面的东西就相当于变量的值。对于变量的使用必须明确变量的命名、变量的声明、变量的赋值以及变量的类型。

1. 变量的命名

JavaScript 变量的命名规则如下。

☑ 必须以字母或下画线开头，其他字符可以是数字、字母或下画线。

☑ 变量名不能包含空格或加号、减号等符号。

☑ JavaScript 的变量名是严格区分大小写的。例如，UserName 与 username 代表两个不同的变量。

☑ 不能使用 JavaScript 中的关键字。JavaScript 中的关键字如表 2.2 所示。

表 2.2　JavaScript 的关键字

abstract	continue	finally	instanceof	private	this
boolean	default	float	int	public	throw
break	do	for	interface	return	typeof
byte	double	function	long	short	true
case	else	goto	native	static	var
catch	extends	implements	new	super	void
char	false	import	null	switch	while
class	final	in	package	synchronized	with

说明

JavaScript 关键字（Reserved Words）是指在 JavaScript 语言中有特定含义，成为 JavaScript 语法中一部分的那些字。JavaScript 关键字是不能作为变量名和函数名使用的。使用 JavaScript 关键字作为变量名或函数名，会使 JavaScript 在载入过程中出现语法错误。

说明

虽然 JavaScript 的变量可以任意命名，但是在进行编程时，最好还是使用便于记忆、且有意义的变量名称，以增加程序的可读性。

2．变量的声明

在 JavaScript 中，JavaScript 变量由关键字 var 声明，语法格式如下：

```
var variablename;
```

variablename 是声明的变量名，例如，声明一个变量 username，代码如下：

```
var username;                          //声明变量 username
```

另外，可以使用一个关键字 var 同时声明多个变量，例如：

```
var a,b,c;                             //同时声明 a、b 和 c 3 个变量
```

3．变量的赋值

在声明变量的同时也可以使用等于号（=）对变量进行初始化赋值，例如，声明一个变量 lesson 并对其进行赋值，值为一个字符串"零基础学 JavaScript"，代码如下：

```
var lesson="零基础学 JavaScript";       //声明变量并进行初始化赋值
```

另外，还可以在声明变量之后再对变量进行赋值，例如：

```
01    var lesson;                      //声明变量
02    lesson="零基础学 JavaScript";      //对变量进行赋值
```

在 JavaScript 中，变量可以不先声明而直接对其进行赋值。例如，给一个未声明的变量赋值，然后输出这个变量的值，代码如下：

```
01    str = "这是一个未声明的变量";        //给未声明的变量赋值
02    document.write(str);             //输出变量的值
```

运行结果为：

```
这是一个未声明的变量
```

虽然在 JavaScript 中可以给一个未声明的变量直接进行赋值，但是建议在使用变量前就对其声明，

因为声明变量的最大好处就是能及时发现代码中的错误。由于 JavaScript 是采用动态编译的，而动态编译是不易于发现代码中的错误的，特别是变量命名方面的错误。

说明

（1）如果只是声明了变量，并未对其赋值，则其值默认为 undefined。

（2）可以使用 var 语句重复声明同一个变量，也可以在重复声明变量时为该变量赋一个新值。

例如，声明一个未赋值的变量 a 和一个进行重复声明的变量 b，并输出这两个变量的值，代码如下：

```
01   var a;                                    //声明变量a
02   var b = "你好 JavaScript";                //声明变量b并初始化
03   var b = "零基础学 JavaScript";            //重复声明变量b
04   document.write(a);                        //输出变量a的值
05   document.write("<br>");                   //输出换行标记
06   document.write(b);                        //输出变量b的值
```

运行结果为：

```
undefined
零基础学 JavaScript
```

注意

在 JavaScript 中的变量必须要先定义（用 var 关键字声明或给一个未声明的变量直接赋值）后使用，没有定义过的变量不能直接使用。

4．变量的类型

变量的类型是指变量的值所属的数据类型，可以是数值型、字符串型和布尔型等，因为 JavaScript 是一种弱类型的程序语言，所以可以把任意类型的数据赋值给变量。

例如，先将一个数值型数据赋值给一个变量，在程序运行过程中，可以将一个字符串型数据赋值给同一个变量，代码如下：

```
01   var num=100;                              //定义数值型变量
02   num="有一条路，走过了总会想起";           //定义字符串型变量
```

【例 2.04】 科比·布莱恩特是前 NBA 最著名的篮球运动员之一。将科比的别名、身高、总得分、主要成就以及场上位置分别定义在不同的变量中，并输出这些信息，关键代码如下：（**实例位置：资源包\源码\02\2.04**）

```
01   <script type="text/javascript">
02   var alias = "小飞侠";                     //定义别名变量
03   var height = 198;                         //定义身高变量
04   var score = 33643;                        //定义总得分变量
```

```
05    var achievement = "五届 NBA 总冠军";          //定义主要成就变量
06    var position = "得分后卫/小前锋";              //定义场上位置变量
07    document.write("别名：");                      //输出字符串
08    document.write(alias);                         //输出变量 alias 的值
09    document.write("<br>身高：");                  //输出换行标记和字符串
10    document.write(height);                        //输出变量 height 的值
11    document.write("厘米<br>总得分：");            //输出换行标记和字符串
12    document.write(score);                         //输出变量 score 的值
13    document.write("分<br>主要成就：");            //输出换行标记和字符串
14    document.write(achievement);                   //输出变量 achievement 的值
15    document.write("<br>场上位置：");              //输出换行标记和字符串
16    document.write(position);                      //输出变量 position 的值
17    </script>
```

实例运行结果如图 2.6 所示。

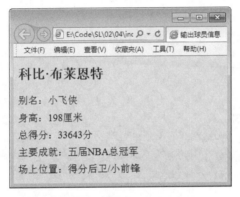

图 2.6　输出球员信息

视频讲解

2.3　运　算　符

运算符也称为操作符，它是完成一系列操作的符号。运算符用于将一个或几个值进行计算而生成一个新的值，对其进行计算的值称为操作数，操作数可以是常量或变量。

JavaScript 的运算符按操作数的个数可以分为单目运算符、双目运算符和三目运算符；按运算符的功能可以分为算术运算符、比较运算符、赋值运算符、字符串运算符、逻辑运算符、条件运算符和其他运算符。

2.3.1　算术运算符

算术运算符用于在程序中进行加、减、乘、除等运算。在 JavaScript 中常用的算术运算符如表 2.3 所示。

表 2.3　JavaScript 中的算术运算符

运 算 符	描 　 　 述	示 　 　 例
+	加运算符	4+6　　//返回值为 10
-	减运算符	7-2　　//返回值为 5
*	乘运算符	7*3　　//返回值为 21
/	除运算符	12/3　　//返回值为 4
%	求模运算符	7%4　　//返回值为 3
++	自增运算符。该运算符有两种情况：i++（在使用 i 之后，使 i 的值加 1）；++i（在使用 i 之前，先使 i 的值加 1）	i=1; j=i++　　//j 的值为 1，i 的值为 2 i=1; j=++i　　//j 的值为 2，i 的值为 2
--	自减运算符。该运算符有两种情况：i--（在使用 i 之后，使 i 的值减 1）；--i（在使用 i 之前，先使 i 的值减 1）	i=6; j=i--　　//j 的值为 6，i 的值为 5 i=6; j=--i　　//j 的值为 5，i 的值为 5

【例 2.05】　美国使用华氏度来作为计量温度的单位。将华氏度转换为摄氏度的公式为"摄氏度 = 5 / 9×(华氏度-32)"。假设洛杉矶市的当前气温为 68 华氏度，分别输出该城市以华氏度和摄氏度表示的气温。关键代码如下：（**实例位置：资源包\源码\02\2.05**）

```
01    <script type="text/javascript">
02    var degreeF=68;                              //定义表示华氏度的变量
03    var degreeC=0;                               //初始化表示摄氏度的变量
04    degreeC=5/9*(degreeF-32);                    //将华氏度转换为摄氏度
05    document.write("华氏度："+degreeF+"&deg;F");  //输出华氏度表示的气温
06    document.write("<br>摄氏度："+degreeC+"&deg;C");  //输出摄氏度表示的气温
07    </script>
```

本实例运行结果如图 2.7 所示。

图 2.7　输出以华氏度和摄氏度表示的气温

注意

　　在使用 "/" 运算符进行除法运算时，如果被除数不是 0，除数是 0，得到的结果为 Infinity；如果被除数和除数都是 0，得到的结果为 NaN。

说明

　　"+" 除了可以作为算术运算符之外，还可用于字符串连接的字符串运算符。

2.3.2　字符串运算符

字符串运算符是用于两个字符串型数据之间的运算符，它的作用是将两个字符串连接起来。在 JavaScript 中，可以使用 "+" 和 "+=" 运算符对两个字符串进行连接运算。其中，"+" 运算符用于连接两个字符串，而 "+=" 运算符则连接两个字符串并将结果赋给第一个字符串。表 2.4 给出了 JavaScript 中的字符串运算符。

表 2.4　JavaScript 中的字符串运算符

运　算　符	描　　述	示　　例
+	连接两个字符串	"零基础学"+"JavaScript"
+=	连接两个字符串并将结果赋给第一个字符串	var name = "零基础学" name += "JavaScript"//相当于 name = name+"JavaScript"

【例 2.06】　将电影《美人鱼》的影片名称、导演、类型、主演和票房分别定义在变量中，应用字符串运算符对多个变量和字符串进行连接并输出。代码如下：（**实例位置：资源包\源码\02\2.06**）

```
01  <script type="text/javascript">
02  var movieName，director,type,actor,boxOffice;       //声明变量
03  movieName = "美人鱼";                               //定义影片名称
04  director = "周星驰";                                //定义影片导演
05  type = "喜剧、爱情、科幻";                           //定义影片类型
06  actor = "邓超、林允";                               //定义影片主演
07  boxOffice = 33.9;                                   //定义影片票房
08  alert("影片名称："+movieName+"\n 导演："+director+"\n 类型："+type+"\n 主演："+actor+"\n 票房：
"+boxOffice+"亿元");                                    //连接字符串并输出
09  </script>
```

运行代码，结果如图 2.8 所示。

图 2.8　对多个字符串进行连接

> **说明**
>
> JavaScript 脚本会根据操作数的数据类型来确定表达式中的 "+" 是算术运算符还是字符串运算符。在两个操作数中只要有一个是字符串类型，那么这个 "+" 就是字符串运算符，而不是算术运算符。

2.3.3　比较运算符

比较运算符的基本操作过程是，首先对操作数进行比较（这个操作数可以是数字也可以是字符串），然后返回一个布尔值 true 或 false。在 JavaScript 中常用的比较运算符如表 2.5 所示。

表 2.5　JavaScript 中的比较运算符

运　算　符	描　　述	示　　例
<	小于	1<6　//返回值为 true
>	大于	7>10　//返回值为 false
<=	小于或等于	10<=10　//返回值为 true
>=	大于或等于	3>=6　//返回值为 false
==	等于。只根据表面值进行判断，不涉及数据类型	"17"==17　//返回值为 true
===	绝对等于。根据表面值和数据类型同时进行判断	"17"===17　//返回值为 false
!=	不等于。只根据表面值进行判断，不涉及数据类型	"17"!=17　//返回值为 false
!==	不绝对等于。根据表面值和数据类型同时进行判断	"17"!==17　//返回值为 true

【例 2.07】　应用比较运算符实现两个数值之间的大小比较。代码如下：（**实例位置：资源包\源码\02\2.07**）

```
01    <script type="text/javascript">
02    var age = 25;                              //定义变量
03    document.write("age 变量的值为："+age);    //输出字符串和变量的值
04    document.write("<p>");                     //输出换行标记
05    document.write("age>20：");                //输出字符串
06    document.write(age>20);                    //输出比较结果
07    document.write("<br>");                    //输出换行标记
08    document.write("age<20：");                //输出字符串
09    document.write(age<20);                    //输出比较结果
10    document.write("<br>");                    //输出换行标记
11    document.write("age==20：");               //输出字符串
12    document.write(age==20);                   //输出比较结果
13    </script>
```

运行本实例，结果如图 2.9 所示。

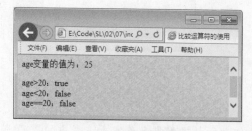

图 2.9　输出比较结果

比较运算符也可用于两个字符串之间的比较，返回结果同样是一个布尔值 true 或 false。当比较两个字符串 A 和 B 时，JavaScript 会首先比较 A 和 B 中的第一个字符，例如第一个字符的 ASCII 码值分别是 a 和 b，如果 a 大于 b，则字符串 A 大于字符串 B，否则字符串 A 小于字符串 B。如果第一个字符的 ASCII 码值相等，就比较 A 和 B 中的下一个字符，依此类推。如果每个字符的 ASCII 码值都相等，那么字符数多的字符串大于字符数少的字符串。

例如，在下面字符串的比较中，结果都是 true。

```
01   document.write("abc"=="abc");                    //输出比较结果
02   document.write("ac"<"bc");                        //输出比较结果
03   document.write("abcd">"abc");                     //输出比较结果
```

2.3.4　赋值运算符

JavaScript 中的赋值运算可以分为简单赋值运算和复合赋值运算。简单赋值运算是将赋值运算符（=）右边表达式的值保存到左边的变量中；而复合赋值运算混合了其他操作（例如算术运算操作）和赋值操作。例如：

```
sum+=i;                                               //等同于 "sum=sum+i;"
```

JavaScript 中的赋值运算符如表 2.6 所示。

表 2.6　JavaScript 中的赋值运算符

运　算　符	描　述	示　例
=	将右边表达式的值赋给左边的变量	userName="mr"
+=	将运算符左边的变量加上右边表达式的值赋给左边的变量	a+=b //相当于 a=a+b
-=	将运算符左边的变量减去右边表达式的值赋给左边的变量	a-=b //相当于 a=a-b
*=	将运算符左边的变量乘以右边表达式的值赋给左边的变量	a*=b //相当于 a=a*b
/=	将运算符左边的变量除以右边表达式的值赋给左边的变量	a/=b //相当于 a=a/b
%=	将运算符左边的变量用右边表达式的值求模，并将结果赋给左边的变量	a%=b //相当于 a=a%b

【例 2.08】　应用赋值运算符实现两个数值之间的运算并输出结果。代码如下：（**实例位置：资源包\源码\02\2.08**）

```
01   <script type="text/javascript">
02   var a = 2;                                        //定义变量
03   var b = 3;                                        //定义变量
04   document.write("a=2,b=3");                        //输出 a 和 b 的值
05   document.write("<p>");                            //输出段落标记
06   document.write("a+=b 运算后：");                  //输出字符串
07   a+=b;                                             //执行运算
08   document.write("a="+a);                           //输出此时变量 a 的值
09   document.write("<br>");                           //输出换行标记
10   document.write("a-=b 运算后：");                  //输出字符串
11   a-=b;                                             //执行运算
12   document.write("a="+a);                           //输出此时变量 a 的值
13   document.write("<br>");                           //输出换行标记
14   document.write("a*=b 运算后：");                  //输出字符串
15   a*=b;                                             //执行运算
```

31

```
16   document.write("a="+a);                       //输出此时变量 a 的值
17   document.write("<br>");                        //输出换行标记
18   document.write("a/=b 运算后：");               //输出字符串
19   a/=b;                                          //执行运算
20   document.write("a="+a);                        //输出此时变量 a 的值
21   document.write("<br>");                        //输出换行标记
22   document.write("a%=b 运算后：");               //输出字符串
23   a%=b;                                          //执行运算
24   document.write("a="+a);                        //输出此时变量 a 的值
25   </script>
```

运行本实例，结果如图 2.10 所示。

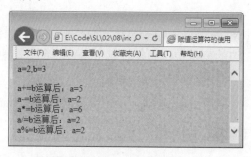

图 2.10　输出赋值运算结果

2.3.5　逻辑运算符

逻辑运算符用于对一个或多个布尔值进行逻辑运算。在 JavaScript 中有 3 个逻辑运算符，如表 2.7 所示。

表 2.7　逻辑运算符

运　算　符	描　述	示　例
&&	逻辑与	a && b //当 a 和 b 都为真时，结果为真，否则为假
||	逻辑或	a || b //当 a 为真或者 b 为真时，结果为真，否则为假
!	逻辑非	!a //当 a 为假时，结果为真，否则为假

【例 2.09】　应用逻辑运算符对逻辑表达式进行运算并输出结果。代码如下：（**实例位置：资源包\ 源码\02\2.09**）

```
01   <script type="text/javascript">
02   var num = 20;                                  //定义变量
03   document.write("num="+num);                    //输出变量的值
04   document.write("<p>num>0 && num<10 的结果：");  //输出字符串
05   document.write(num>0 && num<10);               //输出运算结果
06   document.write("<br>num>0 || num<10 的结果："); //输出字符串
07   document.write(num>0 || num<10);               //输出运算结果
08   document.write("<br>!num<10 的结果：");         //输出字符串
09   document.write(!num<10);                        //输出运算结果
10   </script>
```

本实例运行结果如图 2.11 所示。

图 2.11　输出逻辑运算结果

2.3.6　条件运算符

条件运算符是 JavaScript 支持的一种特殊的三目运算符。
语法如下：

```
表达式?结果 1:结果 2
```

如果"表达式"的值为 true，则整个表达式的结果为"结果 1"，否则为"结果 2"。
例如，定义两个变量，值都为 10，然后判断两个变量是否相等，如果相等则输出"相等"，否则输出"不相等"，代码如下：

```
01    var a=10;                            //定义变量
02    var b=10;                            //定义变量
03    alert(a==b?"相等":"不相等");          //应用条件运算符进行判断并输出结果
```

运行结果如图 2.12 所示。

【例 2.10】　如果某年的年份值是 4 的倍数并且不是 100 的倍数，或者该年份值是 400 的倍数，那么这一年就是闰年。应用条件运算符判断 2017 年是否是闰年。代码如下：（**实例位置：资源包\源码\02\2.10**）

```
01    <script type="text/javascript">
02    var year = 2017;                     //定义年份变量
03    //应用条件运算符进行判断
04    result = (year%4 == 0 && year%100 != 0) || (year%400 == 0)?"是闰年":"不是闰年";
05    alert(year+"年"+result);             //输出判断结果
06    </script>
```

本实例运行结果如图 2.13 所示。

图 2.12　判断两个变量是否相等

图 2.13　判断 2017 年是否是闰年

2.3.7 其他运算符

1. 逗号运算符

逗号运算符用于将多个表达式排在一起，整个表达式的值为最后一个表达式的值。例如：

```
01   var a,b,c,d;                        //声明变量
02   a=(b=3,c=5,d=6);                    //使用逗号运算符为变量 a 赋值
03   alert("a 的值为"+a);                 //输出变量 a 的值
```

执行上面的代码，运行结果如图 2.14 所示。

2. typeof 运算符

typeof 运算符用于判断操作数的数据类型。它可以返回一个字符串，该字符串说明了操作数是什么数据类型。这对于判断一个变量是否已被定义特别有用。

语法如下：

图 2.14　输出变量 a 的值

```
typeof  操作数
```

不同类型的操作数使用 typeof 运算符的返回值如表 2.8 所示。

表 2.8　不同类型数据使用 typeof 运算符的返回值

数 据 类 型	返 回 值	数 据 类 型	返 回 值
数值	number	null	object
字符串	string	对象	object
布尔值	boolean	函数	function
undefined	undefined		

例如，应用 typeof 运算符分别判断 4 个变量的数据类型，代码如下：

```
01   var a,b,c,d;                        //声明变量
02   a=3;                                //为变量赋值
03   b="name";                           //为变量赋值
04   c=true;                             //为变量赋值
05   d=null;                             //为变量赋值
06   alert("a 的类型为"+(typeof a)+"\nb 的类型为"+(typeof b)+"\nc 的类型为"+(typeof c)+"\nd 的类型为"+(typeof d));
                                         //输出变量的类型
```

执行上面的代码，运行结果如图 2.15 所示。

3. new 运算符

在 JavaScript 中有很多内置对象，如字符串对象、日期对象和数值对象等，通过 new 运算符可以用来创建一个新的内置对象实例。

图 2.15　输出不同的数据类型

语法如下：

```
对象实例名称 = new 对象类型(参数)
对象实例名称 = new 对象类型
```

当创建对象实例时，如果没有用到参数，则可以省略圆括号，这种省略方式只限于 new 运算符。

例如，应用 new 运算符来创建新的对象实例，代码如下：

```
01    Object1 = new Object;                      //创建自定义对象
02    Array2 = new Array();                       //创建数组对象
03    Date3 = new Date("August 8 2008");         //创建日期对象
```

2.3.8　运算符优先级

JavaScript 运算符都有明确的优先级与结合性。优先级较高的运算符将先于优先级较低的运算符进行运算。结合性则是指具有同等优先级的运算符将按照怎样的顺序进行运算。JavaScript 运算符的优先级顺序及其结合性如表 2.9 所示。

表 2.9　JavaScript 运算符的优先级与结合性

优 先 级	结 合 性	运 算 符
最高	向左	.、[ ]、( )
		++、--、-、!、delete、new、typeof、void
	向左	*、/、%
	向左	+、-
	向左	<<、>>、>>>
	向左	<、<=、>、>=、in、instanceof
	向左	==、!=、===、!===
由高到低依次排列	向左	&
	向左	^
	向左		
	向左	&&
	向左	||
	向右	?:
	向右	=
	向右	*=、/=、%=、+=、-=、<<=、>>=、>>>=、&=、^=、|=
最低	向左	,

例如，下面的代码显示了运算符优先顺序的作用。

```
01    var a;                            //声明变量
02    a = 20-(5+6)<10&&2>1;            //为变量赋值
03    alert(a);                         //输出变量的值
```

运行结果如图 2.16 所示。

当在表达式中连续出现的几个运算符优先级相同时，其运算的优先顺序由其结合性决定。结合性有向左结合和向右结合，例如，由于运算符"+"是左结合的，所以在计算表达式"a+b+c"的值时，会先计算"a+b"，即"(a+b)+c"；而赋值运算符"="是右结合的，所以在计算表达式"a=b=1"的值时，会先计算"b=1"。下面的代码说明了"="的右结合性。

```
01    var a = 1;                                      //声明变量并赋值
02    b=a=10;                                         //对变量 b 赋值
03    alert("b="+b);                                  //输出变量 b 的值
```

运行结果如图 2.17 所示。

【例 2.11】 假设手机原来的话费余额是 10 元，通话资费为 0.2 元/分钟，流量资费为 0.5 元/兆，在使用了 10 兆流量后，计算手机话费余额还可以进行多长时间的通话。代码如下：（**实例位置：资源包\源码\02\2.11**）

```
01    <script type="text/javascript">
02    var balance = 10;                               //定义手机话费余额变量
03    var call = 0.2;                                 //定义通话资费变量
04    var traffic = 0.5;                              //定义流量资费变量
05    var minutes = (balance-traffic*10)/call;        //计算余额可通话分钟数
06    document.write("手机话费余额还可以通话"+minutes+"分钟");   //输出字符串
07    </script>
```

运行结果如图 2.18 所示。

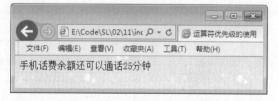

图 2.16　输出结果　　　　图 2.17　输出结果　　　　图 2.18　输出手机话费余额可以进行通话的分钟数

视频讲解

2.4　表　达　式

表达式是运算符和操作数组合而成的式子，表达式的值就是对操作数进行运算后的结果。

由于表达式是以运算为基础的，因此表达式按其运算结果可以分为如下 3 种。

☑　算术表达式：运算结果为数字的表达式称为算术表达式。

☑　字符串表达式：运算结果为字符串的表达式称为字符串表达式。

☑　逻辑表达式：运算结果为布尔值的表达式称为逻辑表达式。

说明

表达式是一个相对的概念，在表达式中可以含有若干个子表达式，而且表达式中的一个常量或变量都可以看作是一个表达式。

2.5　数据类型的转换规则

视频讲解

在对表达式进行求值时，通常需要所有的操作数都属于某种特定的数据类型，例如，进行算术运算要求操作数都是数值类型，进行字符串连接运算要求操作数都是字符串类型，而进行逻辑运算则要求操作数都是布尔类型。

然而，JavaScript 语言并没有对此进行限制，而且允许运算符对不匹配的操作数进行计算。在代码执行过程中，JavaScript 会根据需要进行自动类型转换，但是在转换时也要遵循一定的规则。下面介绍几种数据类型之间的转换规则。

☑　其他数据类型转换为数值型数据，如表 2.10 所示。

表 2.10　转换为数值型数据

类　　型	转换后的结果
undefined	NaN
null	0
逻辑型	若其值为 true，则结果为 1；若其值为 false，则结果为 0
字符串型	若内容为数字，则结果为相应的数字，否则为 NaN
其他对象	NaN

☑　其他数据类型转换为逻辑型数据，如表 2.11 所示。

表 2.11　转换为逻辑型数据

类　　型	转换后的结果
undefined	false
null	false
数值型	若其值为 0 或 NaN，则结果为 false，否则为 true
字符串型	若其长度为 0，则结果为 false，否则为 true
其他对象	true

☑　其他数据类型转换为字符串型数据，如表 2.12 所示。

表 2.12　转换为字符串型数据

类　　型	转换后的结果
undefined	"undefined"
null	"null"
数值型	NaN、0 或者与数值相对应的字符串
逻辑型	若其值 true，则结果为"true"；若其值为 false，则结果为"false"
其他对象	若存在，则为其结果为 toString()方法的值，否则其结果为"undefined"

例如，根据不同数据类型之间的转换规则输出以下表达式的结果：100+"200"、100-"200"、true+100、true+"100"、true+false 和"a"-100。代码如下：

```
01    document.write(100+"200");              //输出表达式的结果
02    document.write("<br>");                 //输出换行标记
03    document.write(100-"200");              //输出表达式的结果
04    document.write("<br>");                 //输出换行标记
05    document.write(true+100);               //输出表达式的结果
06    document.write("<br>");                 //输出换行标记
07    document.write(true+"100");             //输出表达式的结果
08    document.write("<br>");                 //输出换行标记
09    document.write(true+false);             //输出表达式的结果
10    document.write("<br>");                 //输出换行标记
11    document.write("a"-100);                //输出表达式的结果
```

运行结果为：

```
100200
-100
101
true100
1
NaN
```

2.6 实　　战

2.6.1 输出存款单中的信息

将存款人姓名、存款账号、存款金额定义在变量中，并输出存款单中的信息，运行结果如图 2.19 所示。（**实例位置：资源包\源码\02\实战\01**）

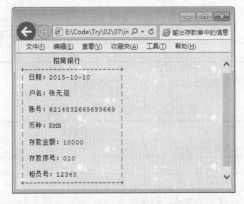

图 2.19　输出存款单中的信息

2.6.2　判断 12 岁儿童是否可以免票入园

某公园规定，凡是年龄在 10 岁以下的儿童或者 60 岁以上的老年人都可以免票入园，判断一个 12 岁的儿童是否可以免票入园，运行结果如图 2.20 所示。（**实例位置：资源包\源码\02\实战\02**）

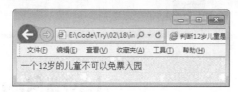

图 2.20　输出一个 12 岁的儿童是否可以免票入园

2.6.3　判断周星星是否成年

凡是年满 18 周岁的公民就是成年人。周星星今年 16 周岁，使用条件运算符判断周星星是否成年，运行结果如图 2.21 所示。（**实例位置：资源包\源码\02\实战\03**）

图 2.21　输出周星星的年龄以及是否是成年人

2.7　小　　结

本章主要讲解了 JavaScript 中的语言基础，包括数据类型、常量、变量以及运算符和表达式等相关内容，这些内容是使用 JavaScript 进行编程的基础，希望读者可以熟练掌握这些内容，只有掌握扎实的基础，才可以学好后面的知识。

第 3 章

JavaScript 基本语句

（📹 视频讲解：1 小时 53 分钟）

JavaScript 中有很多种语句，通过这些语句可以控制程序代码的执行顺序，从而完成比较复杂的程序操作。JavaScript 基本语句主要包括条件判断语句、循环语句、跳转语句和异常处理语句等。本章将对 JavaScript 中的这几种基本语句进行详细讲解。

通过学习本章，读者主要掌握以下内容：

▶▶ JavaScript 中的条件判断语句

▶▶ JavaScript 中的循环语句

▶▶ 在循环语句中使用跳转语句

▶▶ JavaScript 中的异常处理语句

视频讲解

3.1　条件判断语句

在日常生活中，人们可能会根据不同的条件做出不同的选择。例如，根据路标选择走哪条路，根据第二天的天气情况选择做什么事情。在编写程序的过程中也经常会遇到这样的情况，这时就需要使用条件判断语句。所谓条件判断语句就是对语句中不同条件的值进行判断，进而根据不同的条件执行不同的语句。条件判断语句主要包括两类：一类是 if 语句，另一类是 switch 语句。下面对这两种类型的条件判断语句进行详细的讲解。

3.1.1　if 语句

if 语句是最基本、最常用的条件判断语句，通过判断条件表达式的值来确定是否执行一段语句，或者选择执行哪部分语句。

1．简单 if 语句

在实际应用中，if 语句有多种表现形式。简单 if 语句的语法格式如下：

```
if(表达式){
    语句
}
```

参数说明。
- ☑ 表达式：必选项，用于指定条件表达式，可以使用逻辑运算符。
- ☑ 语句：用于指定要执行的语句序列，可以是一条或多条语句。当表达式的值为 true 时，执行该语句序列。

简单 if 语句的执行流程如图 3.1 所示。

在简单 if 语句中，首先对表达式的值进行判断，如果它的值是 true，则执行相应的语句，否则就不执行。

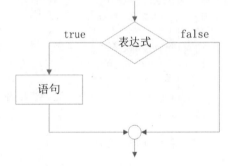

图 3.1　简单 if 语句的执行流程

例如，根据比较两个变量的值，判断是否输出比较结果。代码如下：

```
01    var a=200;                          //定义变量 a，值为 200
02    var b=100;                          //定义变量 b，值为 100
03    if(a>b){                            //判断变量 a 的值是否大于变量 b 的值
04        document.write("a 大于 b");      //输出 a 大于 b
05    }
06    if(a<b){                            //判断变量 a 的值是否小于变量 b 的值
07        document.write("a 小于 b");      //输出 a 小于 b
08    }
```

运行结果为：

a 大于 b

 说明

当要执行的语句为单一语句时，其两边的大括号可以省略。

例如，下面的这段代码和上面代码的执行结果是一样的，都可以输出"a 大于 b"。

```
01   var a=200;                              //定义变量 a，值为 200
02   var b=100;                              //定义变量 b，值为 100
03   if(a>b)                                 //判断变量 a 的值是否大于变量 b 的值
04       document.write("a 大于 b");          //输出 a 大于 b
05   if(a<b)                                 //判断变量 a 的值是否小于变量 b 的值
06       document.write("a 小于 b");          //输出 a 小于 b
```

【例 3.01】 将 3 个数字 10、20、30 分别定义在变量中，应用简单 if 语句获取这 3 个数中的最大值。代码如下：（**实例位置：资源包\源码\03\3.01**）

```
01   <script type="text/javascript">
02   var a,b,c,maxValue;                     //声明变量
03   a=10;                                   //为变量赋值
04   b=20;                                   //为变量赋值
05   c=30;                                   //为变量赋值
06   maxValue=a;                             //假设 a 的值最大，定义 a 为最大值
07   if(maxValue<b){                         //如果最大值小于 b
08       maxValue=b;                         //定义 b 为最大值
09   }
10   if(maxValue<c){                         //如果最大值小于 c
11       maxValue=c;                         //定义 c 为最大值
12   }
13   alert(a+"、"+b+"、"+c+"三个数的最大值为"+maxValue); //输出结果
14   </script>
```

运行结果如图 3.2 所示。

2. if…else 语句

if…else 语句是 if 语句的标准形式，在 if 语句简单形式的基础之上增加一个 else 从句，当表达式的值是 false 时则执行 else 从句中的内容。

语法如下：

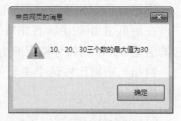

图 3.2　获取 3 个数中的最大值

```
if(表达式){
    语句 1
}else{
    语句 2
}
```

参数说明。

- ☑ 表达式：必选项，用于指定条件表达式，可以使用逻辑运算符。
- ☑ 语句 1：用于指定要执行的语句序列。当表达式的值为 true 时，执行该语句序列。
- ☑ 语句 2：用于指定要执行的语句序列。当表达式的值为 false 时，执行该语句序列。

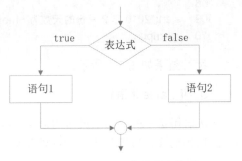

if...else 语句的执行流程如图 3.3 所示。

在 if 语句的标准形式中，首先对表达式的值进行判断，如果它的值是 true，则执行语句 1 中的内容，否则执行语句 2 中的内容。

例如，根据比较两个变量的值，输出比较的结果。代码如下：

图 3.3　if...else 语句的执行流程

```
01    var a=100;                          //定义变量a，值为100
02    var b=200;                          //定义变量b，值为200
03    if(a>b){                            //判断变量a的值是否大于变量b的值
04        document.write("a 大于 b");     //输出a大于b
05    }else{
06        document.write("a 小于 b");     //输出a小于b
07    }
```

运行结果为：

```
a 小于 b
```

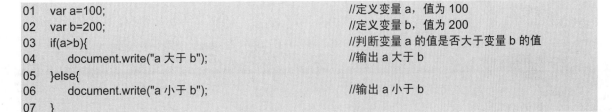

说明

上述 if 语句是典型的二路分支结构。当语句 1、语句 2 为单一语句时，其两边的大括号也可以省略。

例如，上面代码中的大括号也可以省略，程序的执行结果是不变的，代码如下：

```
01    var a=100;                          //定义变量a，值为100
02    var b=200;                          //定义变量b，值为200
03    if(a>b)                             //判断变量a的值是否大于变量b的值
04        document.write("a 大于 b");     //输出a大于b
05    else
06        document.write("a 小于 b");     //输出a小于b
```

【例 3.02】　如果某一年是闰年，那么这一年的 2 月份就有 29 天，否则这一年的 2 月份就有 28 天。应用 if...else 语句判断 2010 年 2 月份的天数。代码如下：（**实例位置：资源包\源码\03\3.02**）

```
01    <script type="text/javascript">
02    var year=2010;                                  //定义变量
03    var month=0;                                     //定义变量
04    if((year%4==0 && year%100!=0)||year%400==0){     //判断指定年是否为闰年
```

```
05      month=29;                              //为变量赋值
06    }else{
07      month=28;                              //为变量赋值
08    }
09    alert("2010 年 2 月份的天数为"+month+"天");   //输出结果
10    </script>
```

运行结果如图 3.4 所示。

3．if…else if 语句

if 语句是一种使用很灵活的语句，除了可以使用 if…else 语句的形式，还可以使用 if…else if 语句的形式。这种形式可以进行更多的条件判断，不同的条件对应不同的语句。if…else if 语句的语法格式如下：

```
if (表达式 1){
    语句 1
}else if(表达式 2){
    语句 2
}
…
else if(表达式 n){
    语句 n
}else{
    语句 n+1
}
```

if…else if 语句的执行流程如图 3.5 所示。

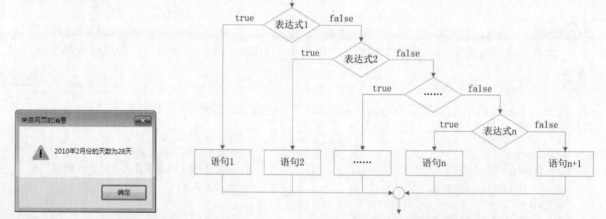

图 3.4　输出 2010 年 2 月份的天数　　　　图 3.5　if…else if 语句的执行流程

【例 3.03】　将某学校的学生成绩转化为不同等级，划分标准如下：

① "优秀"，大于等于 90 分。

② "良好"，大于等于 75 分。

③ "及格"，大于等于 60 分。

④ "不及格"，小于 60 分。

假设周星星的考试成绩是 85 分，输出该成绩对应的等级。其关键代码如下：（**实例位置：资源包\源码\03\3.03**）

```
01  <script type="text/javascript">
02  var grade = "";                        //定义表示等级的变量
03  var score = 85;                        //定义表示分数的变量 score 值为 85
04  if(score>=90){                         //如果分数大于等于 90
05      grade = "优秀";                     //将"优秀"赋值给变量 grade
06  }else if(score>=75){                   //如果分数大于等于 75
07      grade = "良好";                     //将"良好"赋值给变量 grade
08  }else if(score>=60){                   //如果分数大于等于 60
09      grade = "及格";                     //将"及格"赋值给变量 grade
10  }else{                                 //如果 score 的值不符合上述条件
11      grade = "不及格";                   //将"不及格"赋值给变量 grade
12  }
13  alert("周星星的考试成绩"+grade);         //输出考试成绩对应的等级
14  </script>
```

运行结果如图 3.6 所示。

图 3.6　输出考试成绩对应的等级

4．if 语句的嵌套

if 语句不但可以单独使用，而且可以嵌套应用，即在 if 语句的从句部分嵌套另外一个完整的 if 语句。基本语法格式如下：

```
if (表达式 1){
    if(表达式 2){
        语句 1
    }else{
        语句 2
    }
}else{
    if(表达式 3){
        语句 3
    }else{
        语句 4
    }
}
```

例如，某考生的高考总分是 620，英语成绩是 120。假设重点本科的录取分数线是 600，而英语分数必须在 130 以上才可以报考外国语大学，应用 if 语句的嵌套判断该考生能否报考外国语大学，代码如下：

```
01   var totalscore=620;                                        //定义总分变量
02   var englishscore=120;                                      //定义英语分数变量
03   if(totalscore>600){                                        //如果总分大于 600
04       if(englishscore>130){                                  //如果英语分数大于 130
05           alert("该考生可以报考外国语大学");                    //输出字符串
06       }else{
07           alert("该考生可以报考重点本科，但不能报考外国语大学");  //输出字符串
08       }
09   }else{
10       if(totalscore>500){                                    //如果总分大于 500
11           alert("该考生可以报考普通本科");                      //输出字符串
12       }else{
13           alert("该考生只能报考专科");                          //输出字符串
14       }
15   }
```

运行结果如图 3.7 所示。

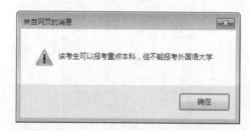

图 3.7　输出该考生能否报考外国语大学

说明

在使用嵌套的 if 语句时，最好使用大括号{}来确定相互之间的层次关系。否则，由于大括号{}使用位置的不同，可能导致程序代码的含义完全不同，从而输出不同的内容。

【例 3.04】　假设某工种的男职工 60 岁退休，女职工 55 岁退休，应用 if 语句的嵌套来判断一位 58 岁的女职工是否已经退休。代码如下：（**实例位置：资源包\源码\03\3.04**）

```
01   <script type="text/javascript">
02   var sex="女";                                      //定义表示性别的变量
03   var age=58;                                         //定义表示年龄的变量
04   if(sex=="男"){                                      //如果是男职工就执行下面的内容
05       if(age>=60){                                    //如果男职工在 60 岁以上
06           alert("该男职工已经退休"+(age-60)+"年");     //输出字符串
07       }else{                                          //如果男职工在 60 岁以下
08           alert("该男职工并未退休");                    //输出字符串
09       }
10   }else{                                              //如果是女职工就执行下面的内容
11       if(age>=55){                                    //如果女职工在 55 岁以上
12           alert("该女职工已经退休"+(age-55)+"年");     //输出字符串
```

```
13     }else{                                    //如果女职工在 55 岁以下
14         alert("该女职工并未退休");              //输出字符串
15     }
16 }
17 </script>
```

运行结果如图 3.8 所示。

图 3.8　输出该女职工是否已退休

3.1.2　switch 语句

switch 是典型的多路分支语句，其作用与 if...else if 语句基本相同，但 switch 语句比 if...else if 语句更具有可读性，它根据一个表达式的值，选择不同的分支执行。而且 switch 语句允许在找不到一个匹配条件的情况下执行默认的一组语句。switch 语句的语法格式如下：

```
switch (表达式){
    case 常量表达式 1:
        语句 1;
        break;
    case 常量表达式 2:
        语句 2;
        break;
        ...
    case 常量表达式 n:
        语句 n;
        break;
    default:
        语句 n+1;
        break;
}
```

参数说明。

☑　表达式：任意的表达式或变量。

☑　常量表达式：任意的常量或常量表达式。当表达式的值与某个常量表达式的值相等时，就执行此 case 后相应的语句；如果表达式的值与所有的常量表达式的值都不相等，则执行 default 后面相应的语句。

☑　break：用于结束 switch 语句，从而使 JavaScript 只执行匹配的分支。如果没有了 break 语句，则该匹配分支之后的所有分支都将被执行，switch 语句也就失去了使用的意义。

JavaScript 从入门到精通（微视频精编版）

switch 语句的执行流程如图 3.9 所示。

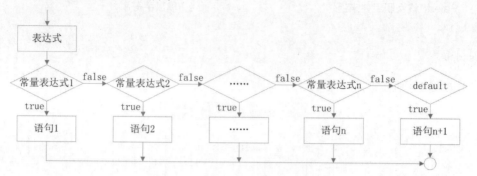

图 3.9　switch 语句的执行流程

说明

default 语句可以省略。在表达式的值不能与任何一个 case 语句中的值相匹配的情况下，JavaScript 会直接结束 switch 语句，不进行任何操作。

注意

case 后面常量表达式的数据类型必须与表达式的数据类型相同，否则匹配会全部失败，而去执行 default 语句中的内容。

【例 3.05】　某公司年会举行抽奖活动，中奖号码及其对应的奖品设置如下：
① "1" 代表 "一等奖"，奖品是 "华为手机"。
② "2" 代表 "二等奖"，奖品是 "光波炉"。
③ "3" 代表 "三等奖"，奖品是 "电饭煲"。
④ 其他号码代表 "安慰奖"，奖品是 "16G-U 盘"。
假设某员工抽中的奖号为 3，输出该员工抽中的奖项级别以及所获得的奖品。代码如下：（**实例位置：资源包\源码\03\3.05**）

```
01   <script type="text/javascript">
02   var grade="";                          //定义表示奖项级别的变量
03   var prize="";                          //定义表示奖品的变量
04   var code=3;                            //定义表示中奖号码的变量值为3
05   switch(code){
06       case 1:                            //如果中奖号码为 1
07         grade="一等奖";                   //定义奖项级别
08         prize="华为手机";                 //定义获得的奖品
09         break;                           //退出 switch 语句
10       case 2:                            //如果中奖号码为 2
11         grade="二等奖";                   //定义奖项级别
12         prize="光波炉";                   //定义获得的奖品
13         break;                           //退出 switch 语句
14       case 3:                            //如果中奖号码为 3
```

48

```
15        grade="三等奖";                              //定义奖项级别
16        prize="电饭煲";                              //定义获得的奖品
17        break;                                       //退出 switch 语句
18    default:                                         //如果中奖号码为其他号码
19        grade="安慰奖";                              //定义奖项级别
20        prize="16G-U 盘";                            //定义获得的奖品
21        break;                                       //退出 switch 语句
22    }
23    document.write("该员工获得了"+grade+"<br>奖品是"+prize);  //输出奖项级别和获得的奖品
24  </script>
```

运行结果如图 3.10 所示。

图 3.10　输出奖项和奖品

说明

在程序开发的过程中，使用 if 语句还是使用 switch 语句可以根据实际情况而定，尽量做到物尽其用，不要因为 switch 语句的效率高就一味地使用，也不要因为 if 语句常用就不应用 switch 语句。要根据实际的情况，具体问题具体分析，使用最适合的条件语句。一般情况下，对于判断条件较少的可以使用 if 条件语句，但是在实现一些多条件的判断中，就应该使用 switch 语句。

3.2　循 环 语 句

视频讲解

在日常生活中，有时需要反复地执行某些操作。例如，运动员要完成 10000 米的比赛，需要在跑道上跑 25 圈，这就是循环的一个过程。类似这样反复执行同一操作的情况，在程序设计中经常会遇到，为了满足这样的开发需求，JavaScript 提供了循环语句。所谓循环语句就是在满足条件的情况下反复地执行某一个操作。循环语句主要包括 while 语句、do…while 语句和 for 语句，下面分别进行讲解。

3.2.1　while 语句

while 循环语句也称为前测试循环语句，它是利用一个条件来控制是否要继续重复执行这个语句。while 循环语句的语法格式如下：

```
while(表达式){
    语句
}
```

参数说明。

☑ 表达式：一个包含比较运算符的条件表达式，用来指定循环条件。

☑ 语句：用来指定循环体，在循环条件的结果为 true 时，重复执行。

 说明

    while 循环语句之所以命名为前测试循环，是因为它要先判断此循环的条件是否成立，然后才进行重复执行的操作。也就是说，while 循环语句执行的过程是先判断条件表达式，如果条件表达式的值为 true，则执行循环体，并且在循环体执行完毕后，进入下一次循环，否则退出循环。

while 循环语句的执行流程如图 3.11 所示。

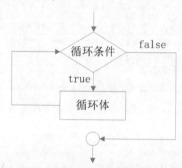

图 3.11 while 循环语句的执行流程

例如，应用 while 语句输出 1~10 这 10 个数字的代码如下：

```
01    var i = 1;                              //声明变量
02    while(i<=10){                           //定义 while 语句
03        document.write(i+"\n");             //输出变量 i 的值
04        i++;                                //变量 i 自加 1
05    }
```

运行结果为：

```
1 2 3 4 5 6 7 8 9 10
```

注意

    在使用 while 语句时，一定要保证循环可以正常结束，即必须保证条件表达式的值存在为 false 的情况，否则将形成死循环。

【例 3.06】 运动员参加 5000 米比赛，已知标准的体育场跑道一圈是 400 米，应用 while 语句计算出在标准的体育场跑道上完成比赛需要跑完整的多少圈。代码如下：（实例位置：资源包\源码\03\3.06）

```
01    <script type="text/javascript">
02    var distance=400;                       //定义表示距离的变量
03    var count=0;                            //定义表示圈数的变量
04    while(distance<=5000){
05        count++;                            //圈数加 1
```

```
06        distance=(count+1)*400;                          //每跑一圈就重新计算距离
07    }
08    document.write("5000 米比赛需要跑完整的"+count+"圈");        //输出最后的圈数
09    </script>
```

运行本实例，结果如图 3.12 所示。

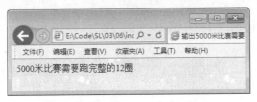

图 3.12　输出 5000 米比赛的完整圈数

3.2.2　do…while 语句

do…while 循环语句也称为后测试循环语句，它也是利用一个条件来控制是否要继续重复执行这个语句。与 while 循环所不同的是，它先执行一次循环语句，然后再去判断是否继续执行。do…while 循环语句的语法格式如下：

```
do{
    语句
} while(表达式);
```

参数说明。
- ☑ 语句：用来指定循环体，循环开始时首先被执行一次，然后在循环条件的结果为 true 时，重复执行。
- ☑ 表达式：一个包含比较运算符的条件表达式，用来指定循环条件。

说明

do…while 循环语句执行的过程是：先执行一次循环体，然后再判断条件表达式，如果条件表达式的值为 true，则继续执行，否则退出循环。也就是说，do…while 循环语句中的循环体至少被执行一次。

do…while 循环语句的执行流程如图 3.13 所示。

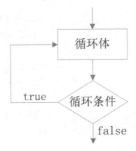

图 3.13　do…while 循环语句的执行流程

do…while 循环语句同 while 循环语句类似，也常用于循环执行的次数不确定的情况。

注意

do…while 语句结尾处的 while 语句括号后面有一个分号";"，为了养成良好的编程习惯，建议读者在书写的过程中不要将其遗漏。

例如，应用 do…while 语句输出 1~10 这 10 个数字的代码如下：

```
01    var i = 1;                          //声明变量
02    do{                                //定义 do...while 语句
03        document.write(i+"\n");          //输出变量 i 的值
04        i++;                           //变量 i 自加 1
05    }while(i<=10);
```

运行结果为：

```
1 2 3 4 5 6 7 8 9 10
```

do…while 语句和 while 语句的执行流程很相似。由于 do…while 语句在对条件表达式进行判断之前就执行一次循环体，因此 do…while 语句中的循环体至少被执行一次，下面的代码说明了这两种语句的区别。

```
01    var i = 1;                          //声明变量
02    while(i>1){                         //定义 while 语句，指定循环条件
03        document.write("i 的值是"+i);      //输出 i 的值
04        i--;                           //变量 i 自减 1
05    }
06    var j = 1;                          //声明变量
07    do{                                //定义 do...while 语句
08        document.write("j 的值是"+j);      //输出变量 j 的值
09        j--;                           //变量 j 自减 1
10    }while(j>1);
```

运行结果为：

```
j 的值是 1
```

【例 3.07】 使用 do…while 语句计算 1+2+…+100 的和，并在页面中输出计算后的结果。代码如下：（**实例位置：资源包\源码\03\3.07**）

```
01    <script type="text/javascript">
02    var i = 1;                          //声明变量并对变量初始化
03    var sum = 0;                        //声明变量并对变量初始化
04    do{
05        sum+=i;                        //对变量 i 的值进行累加
06        i++;                           //变量 i 自加 1
07    }while(i<=100);                      //指定循环条件
08    document.write("1+2+…+100="+sum);   //输出计算结果
09    </script>
```

运行本实例，结果如图 3.14 所示。

图 3.14　计算 1+2+…+100 的和

3.2.3　for 语句

for 循环语句也称为计次循环语句，一般用于循环次数已知的情况，在 JavaScript 中应用比较广泛。for 循环语句的语法格式如下：

```
for(初始化表达式;条件表达式;迭代表达式){
    语句
}
```

参数说明。

☑　初始化表达式：初始化语句，用来对循环变量进行初始化赋值。

☑　条件表达式：循环条件，一个包含比较运算符的表达式，用来限定循环变量的边限。如果循环变量超过了该边限，则停止该循环语句的执行。

☑　迭代表达式：用来改变循环变量的值，从而控制循环的次数，通常是对循环变量进行增大或减小的操作。

☑　语句：用来指定循环体，在循环条件的结果为 true 时，重复执行。

说明

for 循环语句执行的过程是，先执行初始化语句，然后判断循环条件，如果循环条件的结果为 true，则执行一次循环体，否则直接退出循环，最后执行迭代语句，改变循环变量的值，至此完成一次循环；接下来将进行下一次循环，直到循环条件的结果为 false，才结束循环。

for 循环语句的执行流程如图 3.15 所示。

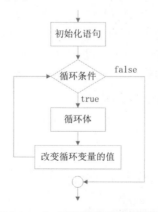

图 3.15　for 循环语句的执行流程

例如，应用 for 语句输出 1~10 这 10 个数字的代码如下：

```
01    for(var i=1;i<=10;i++){                          //定义 for 循环语句
02        document.write(i+"\n");                      //输出变量 i 的值
03    }
```

运行结果为：

```
1 2 3 4 5 6 7 8 9 10
```

在 for 循环语句的初始化表达式中可以定义多个变量。例如，在 for 语句中定义多个循环变量的代码如下：

```
01    for(var i=1,j=6;i<=6,j>=1;i++,j--){
02        document.write(i+"\n"+j);                    //输出变量 i 和 j 的值
03        document.write("<br>");                      //输出换行标记
04    }
```

运行结果为：

```
1 6
2 5
3 4
4 3
5 2
6 1
```

注意

在使用 for 语句时，也一定要保证循环可以正常结束，也就是必须保证循环条件的结果存在为 false 的情况，否则循环体将无休止地执行下去，从而形成死循环。例如，下面的循环语句就会造成死循环，原因是 i 永远大于等于 1。

```
01    for(i=1;i>=1;i++){                               //定义 for 循环语句
02        alert(i);                                    //输出变量 i 的值
03    }
```

为使读者更好地了解 for 语句的使用，下面通过一个实例来介绍 for 语句的使用方法。

【例 3.08】　应用 for 循环语句计算 100 以内所有奇数的和，并在页面中输出计算后的结果。代码如下：（**实例位置：光盘\源码\03\3.08**）

```
01    <script type="text/javascript">
02    var i,sum;                                       //声明变量
03    sum = 0;                                          //对变量初始化
04    for(i=1;i<100;i+=2){
05        sum=sum+i;                                   //计算 100 以内各奇数之和
06    }
07    alert("100 以内所有奇数的和为："+sum);              //输出计算结果
08    </script>
```

运行程序，在对话框中会显示计算结果，如图 3.16 所示。

图 3.16　输出 100 以内所有奇数的和

3.2.4　循环语句的嵌套

在一个循环语句的循环体中也可以包含其他的循环语句，这称为循环语句的嵌套。上述 3 种循环语句（while 循环语句、do…while 循环语句和 for 循环语句）都是可以互相嵌套的。

如果循环语句 A 的循环体中包含循环语句 B，而循环语句 B 中不包含其他循环语句，那么就把循环语句 A 叫作外层循环，而把循环语句 B 叫作内层循环。

例如，在 while 循环语句中包含 for 循环语句的代码如下：

```
01  var i,j;                              //声明变量
02  i = 1;                               //对变量赋初值
03  while(i<4){                          //定义外层循环
04      document.write("第"+i+"次循环：");   //输出循环变量 i 的值
05      for(j=1;j<=10;j++){              //定义内层循环
06          document.write(j+"\n");      //输出循环变量 j 的值
07      }
08      document.write("<br>");          //输出换行标记
09      i++;                            //对变量 i 自加 1
10  }
```

运行结果为：

```
第 1 次循环：1 2 3 4 5 6 7 8 9 10
第 2 次循环：1 2 3 4 5 6 7 8 9 10
第 3 次循环：1 2 3 4 5 6 7 8 9 10
```

【例 3.09】　用嵌套的 for 循环语句输出乘法口诀表。代码如下：（**实例位置：资源包\源码\03\3.09**）

```
01  <script type="text/javascript">
02  var i,j;                              //声明变量
03  document.write("<pre>");             //输出<pre>标记
04  for(i=1;i<10;i++){                   //定义外层循环
05      for(j=1;j<=i;j++){              //定义内层循环
06          if(j>1) document.write("\t");  //如果 j 大于 1 就输出一个 Tab 空格
07          document.write(j+"x"+i+"="+j*i);  //输出乘法算式
08      }
09      document.write("<br>");          //输出换行标记
10  }
```

```
11    document.write("</pre>");                                    //输出</pre>标记
12    </script>
```

运行本实例，结果如图 3.17 所示。

图 3.17　输出乘法口诀表

3.3　跳　转　语　句

假设在一个书架中寻找一本《新华字典》，如果在第二排第三个位置找到了这本书，那么就不需要去看第三排、第四排的书了。同样，在编写一个循环语句时，当循环还未结束就已经处理完了所有的任务，就没有必要让循环继续执行下去，继续执行下去既浪费时间又浪费内存资源。在 JavaScript 中提供了两种用来控制循环的跳转语句：continue 语句和 break 语句。

3.3.1　continue 语句

continue 语句用于跳过本次循环，并开始下一次循环。其语法格式如下：

```
continue;
```

注意

　continue 语句只能应用在 while、for、do…while 语句中。

例如，在 for 语句中通过 continue 语句输出 10 以内不包括 5 的自然数的代码如下：

```
01    for(i=1;i<=10;i++){
02        if(i==5) continue;                              //如果 i 等于 5 就跳过本次循环
03        document.write(i+"\n");                        //输出变量 i 的值
04    }
```

运行结果为：

```
1 2 3 4 6 7 8 9 10
```

说明

当使用 continue 语句跳过本次循环后，如果循环条件的结果为 false，则退出循环，否则继续下一次循环。

【例 3.10】　万达影城 7 号影厅的观众席有 4 排，每排有 10 个座位。其中，1 排 6 座和 3 排 9 座已经出售，在页面中输出该影厅当前的座位图。关键代码如下：（**实例位置：资源包\源码\03\3.10**）

```
01  <script type="text/javascript">
02  document.write("<table align='center'>");                                    //输出表格标签
03  for(var i = 1; i <= 4; i++){                                                  //定义外层 for 循环语句
04      document.write("<tr height=70>");                                        //输出表格行标签
05      for(var j = 1; j <= 10; j++){                                            //定义内层 for 循环语句
06          if(i == 1 && j == 6){                                               //如果当前是 1 排 6 座
07              //将座位标记为"已售"
08              document.write("<td align='center' width=80 background=yes.png>已售</td>");
09              continue;                                                        //应用 continue 语句跳过本次循环
10          }
11          if(i == 3 && j == 9){                                               //如果当前是 3 排 9 座
12              //将座位标记为"已售"
13              document.write("<td align='center' width=80 background=yes.png>已售</td>");
14              continue;                                                        //应用 continue 语句跳过本次循环
15          }
16      //输出排号和座位号
17      document.write("<td align='center' width=80 background=no.png>"+i+"排"+j+"座"+"</td>");
18      }
19      document.write("</tr>");                                                 //输出表格行结束标签
20  }
21  document.write("</table>");                                                  //输出表格结束标签
22  </script>
```

运行本实例，结果如图 3.18 所示。

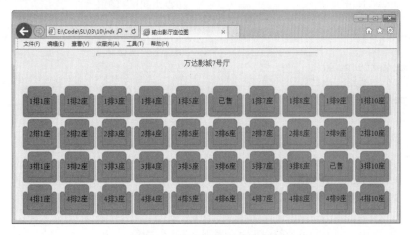

图 3.18　输出影厅当前座位图

3.3.2 break 语句

在 3.1.2 节的 switch 语句中已经用到了 break 语句，当程序执行到 break 语句时就会跳出 switch 语句。除了 switch 语句之外，在循环语句中也经常会用到 break 语句。

在循环语句中，break 语句用于跳出循环。break 语句的语法格式如下：

```
break;
```

说明

break 语句通常用在 for、while、do…while 或 switch 语句中。

例如，在 for 语句中通过 break 语句跳出循环的代码如下：

```
01    for(i=1;i<=10;i++){
02        if(i==5) break;                    //如果 i 等于 5 就跳出整个循环
03        document.write(i+"\n");             //输出变量 i 的值
04    }
```

运行结果为：

```
1 2 3 4
```

注意

在嵌套的循环语句中，break 语句只能跳出当前这一层的循环语句，而不是跳出所有的循环语句。

例如，应用 break 语句跳出当前循环的代码如下：

```
01    var i,j;                               //声明变量
02    for(i=1;i<=3;i++){                     //定义外层循环语句
03        document.write(i+"\n");            //输出变量 i 的值
04        for(j=1;j<=3;j++){                 //定义内层循环语句
05            if(j==2)                       //如果变量 j 的值等于 2
06                break;                     //跳出内层循环
07            document.write(j);             //输出变量 j 的值
08        }
09        document.write("<br>");            //输出换行标记
10    }
```

运行结果为：

```
1 1
2 1
3 1
```

由运行结果可以看出，外层 for 循环语句一共执行了 3 次（输出 1、2、3），而内层循环语句在每次外层循环里只执行了一次（只输出 1）。

视频讲解

3.4　异常处理语句

早期的 JavaScript 总会出现一些令人困惑的错误信息，为了避免类似这样的问题，在 JavaScript 3.0 中添加了异常处理机制，可以采用从 Java 语言中移植过来的模型，使用 try...catch...finally、throw 等语句处理代码中的异常。下面介绍 JavaScript 中的几个异常处理语句。

3.4.1　try...catch...finally 语句

JavaScript 从 Java 语言中引入了 try...catch...finally 语句。
语法如下：

```
try{
    somestatements;
}catch(exception){
    somestatements;
}finally{
    somestatements;
}
```

参数说明。
- ☑　try：尝试执行代码的关键字。
- ☑　catch：捕捉异常的关键字。
- ☑　finally：最终一定会被处理的区块的关键字，该关键字和后面大括号中的语句可以省略。

> **说明**
>
> JavaScript 语言与 Java 语言不同，try...catch 语句只能有一个 catch 语句。这是由于在 JavaScript 语言中无法指定出现异常的类型。

例如，当在程序中输入了不正确的方法名 charat 时，将弹出在 catch 区域中设置的异常提示信息，并且最终弹出 finally 区域中的信息提示。程序代码如下：

```
01    var str = "I like JavaScript";                        //定义字符串变量
02    try{
03        document.write(str.charat(5));                    //应用错误的方法名 charat
04    }catch(exception){
05        alert("运行时有异常发生");                          //弹出异常提示信息
06    }finally{
07        alert("结束 try...catch...finally 语句");          //弹出提示信息
08    }
```

由于在使用 charAt() 方法时将方法的大小写输入错误，所以在 try 区域中获取字符串中指定位置的字符将发生异常，这时将执行 catch 区域中的语句，弹出相应异常提示信息的对话框。运行结果如图 3.19

和图 3.20 所示。

图 3.19　弹出异常提示对话框　　　　　　　图 3.20　弹出结束语句对话框

3.4.2　Error 对象

try...catch...finally 语句中 catch 通常捕捉到的对象为 Error 对象，当运行 JavaScript 代码时，如果产生了错误或异常，JavaScript 就会生成一个 Error 对象的实例来描述错误，该实例中包含了一些特定的错误信息。

Error 对象有以下两个属性。

☑　name：表示异常类型的字符串。

☑　message：实际的异常信息。

例如，将异常提示信息放置在弹出的提示对话框中，其中包括异常的具体信息以及异常类型的字符串。程序代码如下：

```
01  var str = "I like JavaScript";                    //定义字符串变量
02  try{
03      document.write(str.charat(5));                //应用错误的方法名 charat
04  }catch(exception){
05      //弹出实际异常信息以及异常类型的字符串
06      alert("实际的错误消息为："+exception.message+"\n 错误类型字符串为："+exception.name);
07  }
```

运行结果如图 3.21 所示。

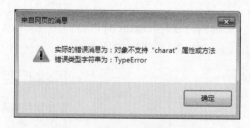

图 3.21　异常信息提示对话框

3.4.3　使用 throw 语句抛出异常

有些 JavaScript 代码并没有语法上的错误，但存在逻辑错误。对于这种错误，JavaScript 是不会抛出异常的。这时，就需要创建一个 Error 对象的实例，并使用 throw 语句来抛出异常。在程序中使用 throw

语句可以有目的地抛出异常。

语法如下：

```
throw new Error("somestatements");
```

参数说明。

throw：抛出异常关键字。

例如，定义一个变量，值为 1 与 0 的商，此变量的结果为无穷大，即 Infinity，如果希望自行检验除数为零的异常，可以使用 throw 语句抛出异常。程序代码如下：

```
01  try{
02      var num=1/0;                              //定义变量并赋值
03      if(num=="Infinity"){                      //如果变量 num 的值为 Infinity
04          throw new Error("除数不可以为 0");      //使用 throw 语句抛出异常
05      }
06  }catch(exception){
07      alert(exception.message);                 //弹出实际异常信息
08  }
```

从程序中可以看出，当变量 num 为无穷大时，使用 throw 语句抛出异常。运行结果如图 3.22 所示。

图 3.22　使用 throw 语句抛出的异常

3.5　实　　战

3.5.1　获取 4 个数字中的最小值

定义 4 个数值型变量，值分别为 9、6、5、10，应用简单 if 语句获取这 4 个数字中的最小值，运行结果如图 3.23 所示。（**实例位置：资源包\源码\03\实战\01**）

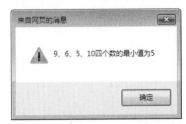

图 3.23　获取 4 个数字中的最小值

3.5.2　通过 do...while 语句计算 10 的阶乘

通过 do...while 语句计算 10 的阶乘（1*2*3*…*10），运行结果如图 3.24 所示。（**实例位置：资源包\源码\03\实战\02**）

图 3.24　输出 10 的阶乘

3.5.3　计算 1~100 以内所有 5 的倍数的数字之和

在 for 循环语句中应用 continue 语句，计算 1~100 以内所有 5 的倍数的数字之和，运行结果如图 3.25 所示。（**实例位置：资源包\源码\03\实战\03**）

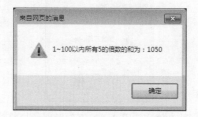

图 3.25　输出 1~100 以内所有 5 的倍数的和

3.6　小　　结

本章主要讲解了 JavaScript 中的基本语句，包括条件判断语句、循环语句、跳转语句和异常处理语句。通过本章的学习，读者可以掌握这些基本语句的使用，这些基本语句在实际编程过程中非常常用，所以读者一定要熟练掌握。

第 4 章

函数

(▶ 视频讲解：1 小时 20 分钟)

函数就是可以作为一个逻辑单元对待的一组 JavaScript 代码。使用函数可以使代码更为简洁，提高重用性。如果一段具有特定功能的程序代码需要在程序中多次使用，就可以先把它定义成函数，然后在需要这个功能的地方调用它，这样就不必多次重写这段代码。另外，将实现特定功能的代码段组织为一个函数也有利于编写较大的程序。在 JavaScript 中，大约 95%的代码都是包含在函数中的。由此可见，函数在 JavaScript 中是非常重要的。

通过学习本章，读者主要掌握以下内容：

▶▶ JavaScript 中函数的定义和调用

▶▶ 函数参数和返回值的使用

▶▶ JavaScript 中的嵌套函数和递归函数

▶▶ JavaScript 中的一些内置函数

▶▶ 匿名函数的使用

视频讲解

4.1 函数的定义和调用

在程序中要使用自己定义的函数，必须首先对函数进行定义，而在定义函数时，函数本身是不会执行的，只有在调用函数时才会执行。下面介绍函数的定义和调用的方法。

4.1.1 函数的定义

在 JavaScript 中，可以使用 function 语句来定义一个函数。这种形式是由关键字 function、函数名加一组参数以及置于大括号中需要执行的一段代码构成的。使用 function 语句定义函数的基本语法如下：

```
function 函数名([参数 1, 参数 2,...]){
    语句
    [return 返回值]
}
```

参数说明。

☑ 函数名：必选，用于指定函数名。在同一个页面中，函数名必须是唯一的，并且区分大小写。

☑ 参数：可选，用于指定参数列表。当使用多个参数时，参数间使用逗号进行分隔。一个函数最多可以有 255 个参数。

☑ 语句：必选，是函数体，用于实现函数功能的语句。

☑ 返回值：可选，用于返回函数值。返回值可以是任意的表达式、变量或常量。

例如，定义一个不带参数的函数 hello()，在函数体中输出"你好"字符串。具体代码如下：

```
01  function hello(){                              //定义函数名称为 hello
02      document.write("你好");                     //定义函数体
03  }
```

例如，定义一个用于计算商品金额的函数 account()，该函数有两个参数，用于指定单价和数量，返回值为计算后的金额。具体代码如下：

```
01  function account(price,number){               //定义含有两个参数的函数
02      var sum=price*number;                      //计算金额
03      return sum;                                //返回计算后的金额
04  }
```

4.1.2 函数的调用

函数定义后并不会自动执行，要执行一个函数需要在特定的位置调用函数。调用函数的过程就像启动机器一样，机器本身是不会自动工作的，只有按下开关来调用这个机器，它才会执行相应的操作。调用函数需要创建调用语句，调用语句包含函数名称、参数具体值。

1．函数的简单调用

函数调用的语法格式如下：

函数名(传递给函数的参数 1,传递给函数的参数 2, …);

函数的定义语句通常被放在 HTML 文件的<head>段中，而函数的调用语句可以放在 HTML 文件中的任何位置。

例如，定义一个函数 outputImage()，这个函数的功能是在页面中输出一张图片，然后通过调用这个函数实现图片的输出，代码如下：

```
01  <html>
02  <head>
03      <meta charset="UTF-8">
04      <title>函数的简单调用</title>
05      <script type="text/javascript">
06          function outputImage(){              //定义函数
07              document.write("<img src='rabbit.jpg'>");   //定义函数体
08          }
09      </script>
10  </head>
11  <body>
12  <script type="text/javascript">
13      outputImage();                            //调用函数
14  </script>
15  </body>
16  </html>
```

运行结果如图 4.1 所示。

图 4.1　调用函数输出图片

2．在事件响应中调用函数

当用户单击某个按钮或选中某个复选框时都将触发事件，通过编写程序对事件做出反应的行为称为响应事件，在 JavaScript 语言中，将函数与事件相关联就完成了响应事件的过程。例如，按下开关按钮打开电灯就可以看作是一个响应事件的过程，按下开关相当于触发了单击事件，而电灯亮起就相当于执行了相应的函数。

例如，当用户单击某个按钮时执行相应的函数，可以使用如下代码实现该功能。

```
01  <script type="text/javascript">
02      function test(){                          //定义函数
03          alert("我喜欢 JavaScript ");           //定义函数体
04      }
05  </script>
06  <form action="" method="post" name="form1">
```

```
07    <input type="button" value="提交" onClick="test();"><!--在事件触发时调用自定义函数-->
08    </form>
```

在上述代码中可以看出，首先定义一个名为 test() 的函数，函数体比较简单，使用 alert() 语句输出一个字符串，最后在按钮 onClick 事件中调用 test() 函数。当用户单击"提交"按钮后将弹出相应对话框。运行结果如图 4.2 所示。

3．通过链接调用函数

函数除了可以在响应事件中被调用之外，还可以在链接中被调用，在<a>标签中的 href 属性中使用"javascript:函数名()"格式来调用函数，当用户单击这个链接时，相关函数将被执行，下面的代码实现了通过链接调用函数。

```
01    <script type="text/javascript">
02        function test(){                              //定义函数
03            alert("我喜欢 JavaScript");               //定义函数体
04        }
05    </script>
06    <a href="javascript:test();">单击链接</a>          <!--在链接中调用自定义函数-->
```

运行程序，当用户单击"单击链接"后将弹出相应对话框。运行结果如图 4.3 所示。

图 4.2　在事件响应中调用函数

图 4.3　通过单击链接调用函数

视频讲解

4.2　函数的参数

定义函数时指定的参数称为形式参数，简称形参；而把调用函数时实际传递的值称为实际参数，简称实参。如果把函数比喻成一台生产的机器，那么，运输原材料的通道就可以看作形参，而实际运输的原材料就可以看作是实参。

在 JavaScript 中定义函数参数的格式如下：

```
function 函数名(形参 1,形参 2,…){
    函数体
}
```

定义函数时，在函数名后面的圆括号内可以指定一个或多个参数（参数之间用逗号","分隔）。指定参数的作用在于，当调用函数时，可以为被调用的函数传递一个或多个值。

如果定义的函数有参数，那么调用该函数的语法格式如下：

函数名(实参 1,实参 2,...)

通常，在定义函数时使用了多少个形参，在函数调用时也会给出多少个实参，这里需要注意的是，实参之间也必须用逗号"，"分隔。

例如，定义一个带有两个参数的函数，这两个参数用于指定姓名和年龄，然后对它们进行输出，代码如下：

```
01  function userInfo(name,age){        //定义含有两个参数的函数
02      alert("姓名： "+name+" 年龄： "+age);   //输出字符串和参数的值
03  }
04  userInfo("张三",25);                  //调用函数并传递参数
```

运行结果如图 4.4 所示。

【例 4.01】 定义一个用于输出图书名称和图书作者的函数，在调用函数时将图书名称和图书作者作为参数进行传递。代码如下：（**实例位置：资源包\源码\04\4.01**）

```
01  <script type="text/javascript">
02      function show(bookname,author){          //定义函数
03          alert("图书名称： "+bookname+"\n 图书作者： "+author);   //在页面中弹出对话框
04      }
05      show("零基础学 JavaScript","明日科技");    //调用函数并传递参数
06  </script>
```

运行结果如图 4.5 所示。

图 4.4 输出函数的参数　　图 4.5 输出图书名称和图书作者

视频讲解

4.3 函数的返回值

对于函数调用，可以通过参数向函数传递数据，也可以从函数获取数据，也就是说函数可以返回值。在 JavaScript 的函数中，可以使用 return 语句为函数返回一个值。

语法如下：

return 表达式;

这条语句的作用是结束函数，并把其后表达式的值作为函数的返回值。例如，定义一个计算两个

数的积的函数，并将计算结果作为函数的返回值，代码如下：

```
01  <script type="text/javascript">
02  function sum(x,y){          //定义含有两个参数的函数
03      var z=x*y;              //获取两个参数的积
04      return z;               //将变量 z 的值作为函数的返回值
05  }
06  alert("10*20="+sum(10,20)); //调用函数并输出结果
07  </script>
```

运行结果如图 4.6 所示。

函数返回值可以直接赋给变量或用于表达式中，也就是说函数调用可以出现在表达式中。例如，将上面示例中函数的返回值赋给变量 result，然后再进行输出，代码如下：

```
01  function sum(x,y){          //定义含有两个参数的函数
02      var z=x*y;              //获取两个参数的积
03      return z;               //将变量 z 的值作为函数的返回值
04  }
05  var result=sum(10,20);      //将函数的返回值赋给变量 result
06  alert(result);              //输出结果
```

【例 4.02】 模拟淘宝网计算购物车中商品总价的功能。假设购物车中有如下商品信息：

① 苹果手机：单价 5000 元，购买数量 2 台。

② 联想笔记本电脑：单价 4000 元，购买数量 10 台。

定义一个带有两个参数的函数 price()，将商品单价和商品数量作为参数进行传递。通过调用函数并传递不同的参数分别计算苹果手机和联想笔记本电脑的总价，最后计算购物车中所有商品的总价并输出。代码如下：（**实例位置：资源包\源码\04\4.02**）

```
01  <script type="text/javascript">
02      function price(unitPrice,number){  //定义函数，将商品单价和商品数量作为参数传递
03          var totalPrice=unitPrice*number;  //计算单个商品总价
04          return totalPrice;             //返回单个商品总价
05      }
06      var phone = price(5000,2);         //调用函数，计算手机总价
07      var computer = price(4000,10);     //调用函数，计算笔记本电脑总价
08      var total=phone+computer;          //计算所有商品总价
09      alert("购物车中商品总价: "+total+"元"); //输出所有商品总价
10  </script>
```

运行结果如图 4.7 所示。

图 4.6 计算并输出两个数的积　　　　图 4.7 输出购物车中的商品总价

视频讲解

4.4　嵌　套　函　数

在 JavaScript 中允许使用嵌套函数，嵌套函数就是在一个函数的函数体中使用了其他的函数。嵌套函数的使用包括函数的嵌套定义和函数的嵌套调用，下面分别进行介绍。

4.4.1　函数的嵌套定义

函数的嵌套定义就是在函数内部再定义其他的函数。例如，在一个函数内部嵌套定义另一个函数的代码如下：

```
01   function outFun(){                        //定义外部函数
02       function inFun(x,y){                   //定义内部函数
03           alert(x+y);                        //输出两个参数的和
04       }
05       inFun(1,5);                            //调用内部函数并传递参数
06   }
07   outFun();                                  //调用外部函数
```

运行结果如图 4.8 所示。

图 4.8　输出两个参数的和

在上述代码中定义了一个外部函数 outFun()，在该函数的内部又嵌套定义了一个函数 inFun()，它的作用是输出两个参数的和，最后在外部函数中调用了内部函数。

📢注意

虽然在 JavaScript 中允许函数的嵌套定义，但它会使程序的可读性降低，因此，尽量避免使用这种定义嵌套函数的方式。

4.4.2　函数的嵌套调用

在 JavaScript 中，允许在一个函数的函数体中对另一个函数进行调用，这就是函数的嵌套调用。例如，在函数 b() 中对函数 a() 进行调用，代码如下：

```
01  function a(){                                    //定义函数 a()
02      alert("零基础学 JavaScript");                 //输出字符串
03  }
04  function b(){                                    //定义函数 b()
05      a();                                         //在函数 b()中调用函数 a()
06  }
07  b();                                             //调用函数 b()
```

运行结果如图 4.9 所示。

【例 4.03】 《我是歌王》的比赛中有 3 位评委，在选手演唱完毕后，3 位评委分别给出分数，将 3 个分数的平均分作为该选手的最后得分。周星星在演唱完毕后，3 位评委给出的分数分别为 91 分、89 分、93 分，通过函数的嵌套调用获取周星星的最后得分。代码如下：**（实例位置：资源包\源码\04\4.03）**

```
01  <script type="text/javascript">
02  function getAverage(score1,score2,score3){       //定义含有 3 个参数的函数
03      var average=(score1+score2+score3)/3;         //获取 3 个参数的平均值
04      return average;                               //返回 average 变量的值
05  }
06  function getResult(score1,score2,score3){         //定义含有 3 个参数的函数
07      //输出传递的 3 个参数值
08      document.write("3 个评委给出的分数分别为："+score1+"分、"+score2+"分、"+score3+"分<br>");
09      var result=getAverage(score1,score2,score3);  //调用 getAverage()函数
10      document.write("周星星的最后得分为："+result+"分");  //输出函数的返回值
11  }
12  getResult(91,89,93);                              //调用 getResult()函数
13  </script>
```

运行结果如图 4.10 所示。

图 4.9　函数的嵌套调用并输出结果

图 4.10　输出选手最后得分

视频讲解

4.5　递 归 函 数

所谓递归函数就是函数在自身的函数体内调用自身，使用递归函数时一定要当心，处理不当会使程序进入死循环，递归函数只在特定的情况下使用，如处理阶乘问题。

语法如下：

```
function 函数名(参数 1){
    函数名(参数 2);
}
```

例如，使用递归函数取得 10!的值，其中 10!=10*9!，而 9!=9*8!，以此类推，最后 1!=1，这样的数学公式在 JavaScript 程序中可以很容易使用函数进行描述，可以使用 f(n)表示 n!的值，当 1<n<10 时，f(n)=n*f(n-1)，当 n≤1 时，f(n)=1。代码如下：

```
01  function f(num){                                    //定义递归函数
02      if(num<=1){                                      //如果参数 num 的值小于等于 1
03          return 1;                                    //返回 1
04      }else{
05          return f(num-1)*num;                         //调用递归函数
06      }
07  }
08  alert("10!的结果为: "+f(10));                         //调用函数输出 10 的阶乘
```

本实例运行结果如图 4.11 所示。

图 4.11　输出 10 的阶乘

在定义递归函数时需要两个必要条件。

☑　包括一个结束递归的条件。

如上面示例中的 if(num<=1)语句，如果满足条件则执行"return 1;"语句，不再递归。

☑　包括一个递归调用语句。

如上面示例中的"return f(num-1)*num;"语句，用于实现调用递归函数。

视频讲解

4.6　变量的作用域

变量的作用域是指变量在程序中的有效范围，在有效范围内可以使用该变量。变量的作用域取决于该变量是哪一种变量。

4.6.1　全局变量和局部变量

在 JavaScript 中，变量根据作用域可以分为两种：全局变量和局部变量。全局变量是定义在所有函数之外的变量，作用范围是该变量定义后的所有代码；局部变量是定义在函数体内的变量，只有在该函数中，且该变量定义后的代码中才可以使用这个变量，函数的参数也是局部性的，只在函数内部起作用。如果把函数比作一台机器，那么，在机器外摆放的原材料就相当于全局变量，这些原材料可以为所有机器使用，而机器内部所使用的原材料就相当于局部变量。

例如，下面的程序代码说明了变量的作用域的有效范围：

```
01    var a="这是全局变量";                    //该变量在函数外声明，作用于整个脚本
02    function send(){                        //定义函数
03        var b="这是局部变量";                //该变量在函数内声明，只作用于该函数体
04        document.write(a+"<br>");            //输出全局变量的值
05        document.write(b);                   //输出局部变量的值
06    }
07    send();                                 //调用函数
```

运行结果为：

这是全局变量
这是局部变量

上述代码中，局部变量 b 只作用于函数体，如果在函数之外输出局部变量 b 的值将会出现错误。错误代码如下：

```
01    var a="这是全局变量";                    //该变量在函数外声明，作用于整个脚本
02    function send(){                        //定义函数
03        var b="这是局部变量";                //该变量在函数内声明，只作用于该函数体
04        document.write(a+"<br>");            //输出全局变量的值
05    }
06    send();                                 //调用函数
07    document.write(b);                       //错误代码，不允许在函数外输出局部变量的值
```

4.6.2 变量的优先级

如果在函数体中定义了一个与全局变量同名的局部变量，那么该全局变量在函数体中将不起作用。例如，下面的程序代码将输出局部变量的值：

```
01    var a="这是全局变量";                    //声明一个全局变量 a
02    function send(){                        //定义函数
03        var a="这是局部变量";                //声明一个和全局变量同名的局部变量 a
04        document.write(a);                   //输出局部变量 a 的值
05    }
06    send();                                 //调用函数
```

运行结果为：

这是局部变量

上述代码中，定义了一个和全局变量同名的局部变量 a，此时在函数中输出变量 a 的值为局部变量的值。

视频讲解

4.7 内 置 函 数

在使用 JavaScript 语言时，除了可以自定义函数之外，还可以使用 JavaScript 的内置函数，这些内

置函数是由 JavaScript 语言自身提供的函数。JavaScript 中的一些主要内置函数如表 4.1 所示。

表 4.1　JavaScript 中的一些内置函数

函　　数	说　　明
parseInt()	将字符型转换为整型
parseFloat()	将字符型转换为浮点型
isNaN()	判断一个数值是否为 NaN
isFinite()	判断一个数值是否有限
eval()	求字符串中表达式的值
encodeURI()	将 URI 字符串进行编码
decodeURI()	对已编码的 URI 字符串进行解码

下面将对这些内置函数做详细介绍。

4.7.1　数值处理函数

1．parseInt()函数

parseInt()函数主要将首位为数字的字符串转换成数字，如果字符串不是以数字开头，那么将返回 NaN。
语法如下：

```
parseInt(string,[n])
```

参数说明。
☑　string：需要转换为整型的字符串。
☑　n：用于指出字符串中的数据是几进制的数据。这个参数在函数中不是必需的。
例如，将字符串转换成数字的示例代码如下：

```
01   var str1="123abc";                        //定义字符串变量
02   var str2="abc123";                        //定义字符串变量
03   document.write(parseInt(str1)+"<br>");     //将字符串 str1 转换成数字并输出
04   document.write(parseInt(str1,8)+"<br>");   //将字符串 str1 中的八进制数字进行输出
05   document.write(parseInt(str2));            //将字符串 str2 转换成数字并输出
```

运行结果为：

```
123
83
NaN
```

2．parseFloat()函数

parseFloat()函数主要将首位为数字的字符串转换成浮点型数字，如果字符串不是以数字开头，那么将返回 NaN。
语法如下：

```
parseFloat(string)
```

参数说明。

string：需要转换为浮点型的字符串。

例如，将字符串转换成浮点型数字的示例代码如下：

```
01    var str1="123.456abc";                              //定义字符串变量
02    var str2="abc123.456";                              //定义字符串变量
03    document.write(parseFloat(str1)+"<br>");            //将字符串 str1 转换成浮点数并输出
04    document.write(parseFloat(str2));                   //将字符串 str2 转换成浮点数并输出
```

运行结果为：

```
123.456
NaN
```

3．isNaN()函数

isNaN()函数主要用于检验某个值是否为 NaN。

语法如下：

```
isNaN(num)
```

参数说明。

num：需要验证的数字。

 说明

如果参数 num 为 NaN，函数返回值为 true；如果参数 num 不是 NaN，函数返回值为 false。

例如，判断其参数是否为 NaN 的示例代码如下：

```
01    var num1=123;                                        //定义数值型变量
02    var num2="123abc";                                   //定义字符串变量
03    document.write(isNaN(num1)+"<br>");                  //判断变量 num1 的值是否为 NaN 并输出结果
04    document.write(isNaN(num2));                         //判断变量 num2 的值是否为 NaN 并输出结果
```

运行结果为：

```
false
true
```

4．isFinite()函数

isFinite()函数主要用于检验其参数是否有限。

语法如下：

```
isFinite(num)
```

参数说明。

num：需要验证的数字。

说明

如果参数 num 是有限数字（或可转换为有限数字），函数返回值为 true；如果参数 num 是 NaN 或无穷大，函数返回值为 false。

例如，判断其参数是否为有限的示例代码如下：

```
01  document.write(isFinite(123)+"<br>");         //判断数值 123 是否为有限并输出结果
02  document.write(isFinite("123abc")+"<br>");    //判断字符串"123abc"是否为有限并输出结果
03  document.write(isFinite(1/0));                 //判断 1/0 的结果是否为有限并输出结果
```

运行结果为：

```
true
false
false
```

4.7.2　字符串处理函数

1．eval()函数

eval()函数的功能是计算字符串表达式的值，并执行其中的 JavaScript 代码。

语法如下：

```
eval(string)
```

参数说明。

string：需要计算的字符串，其中含有要计算的表达式或要执行的语句。

例如，应用 eval()函数计算字符串的示例代码如下：

```
01  document.write(eval("3+6"));                      //计算表达式的值并输出结果
02  document.write("<br>");                           //输出换行标签
03  eval("x=5;y=6;document.write(x*y)");              //执行代码并输出结果
```

运行结果为：

```
9
30
```

2．encodeURI()函数

encodeURI()函数主要用于将 URI 字符串进行编码。

语法如下：

```
encodeURI(url)
```

参数说明。

url：需要编码的 URI 字符串。

说明

　　URI 与 URL 都可以表示网络资源地址，URI 比 URL 表示范围更加广泛，但在一般情况下，URI 与 URL 可以是等同的。encodeURI() 函数只对字符串中有意义的字符进行转义。例如将字符串中的空格转换为 "%20"。

例如，应用 encodeURI() 函数对 URI 字符串进行编码的示例代码如下：

```
01    var URI="http://127.0.0.1/save.html?name=测试";        //定义 URI 字符串
02    document.write(encodeURI(URI));                        //对 URI 字符串进行编码并输出
```

运行结果为：

http://127.0.0.1/save.html?name=%E6%B5%8B%E8%AF%95

3．decodeURI()函数

decodeURI() 函数主要用于对已编码的 URI 字符串进行解码。

语法如下：

decodeURI(url)

参数说明。

url：需要解码的 URI 字符串。

说明

　　此函数可以将使用 encodeURI() 函数转码的网络资源地址转换为字符串并返回，也就是说，decodeURI() 函数是 encodeURI() 函数的逆向操作。

例如，应用 decodeURI() 函数对 URI 字符串进行解码的示例代码如下：

```
01    var URI=encodeURI("http://127.0.0.1/save.html?name=测试");  //对 URI 字符串进行编码
02    document.write(decodeURI(URI));                          //对编码后的 URI 字符串进行解码并输出
```

运行结果为：

http://127.0.0.1/save.html?name=测试

视频讲解

4.8　定义匿名函数

　　除了使用基本的 function 语句之外，还可使用另外两种方式来定义函数，即在表达式中定义函数和使用 Function() 构造函数来定义函数。因为在使用这两种方式定义函数时并未指定函数名，所以也被称为匿名函数，下面分别对这两种方式进行介绍。

4.8.1　在表达式中定义函数

在 JavaScript 中提供了一种定义匿名函数的方法，就是在表达式中直接定义函数，它的语法和 function 语句非常相似。

语法如下：

```
var 变量名 = function(参数 1,参数 2,...) {
    函数体
};
```

这种定义函数的方法不需要指定函数名，把定义的函数赋值给一个变量，后面的程序就可以通过这个变量来调用这个函数，这种定义函数的方法有很好的可读性。

例如，在表达式中直接定义一个返回两个数字和的匿名函数，代码如下：

```
01  <script type="text/javascript">
02  var sum = function(x,y){          //定义匿名函数
03      return x+y;                   //返回两个参数的和
04  };
05  alert("10+20="+sum(10,20));       //调用函数并输出结果
06  </script>
```

运行结果如图 4.12 所示。

在以上代码中定义了一个匿名函数，并把对它的引用存储在变量 sum 中。该函数有两个参数，分别为 x 和 y。该函数的函数体为"return x+y"，即返回参数 x 与参数 y 的和。

【例 4.04】　编写一个带有一个参数的匿名函数，该参数用于指定显示多少层星号"*"，通过传递的参数在页面中输出 6 层星号的金字塔形图案。代码如下：（**实例位置：资源包\源码\04\4.04**）

图 4.12　输出两个数字的和

```
01  <script type="text/javascript">
02  var star=function(n){                       //定义匿名函数
03      for(var i=1; i<=n; i++){                 //定义外层 for 循环语句
04          for(var j=1; j<=n-i; j++){           //定义内层 for 循环语句
05              document.write(" ");        //输出空格
06          }
07          for(var j=1; j<=i; j++){             //定义内层 for 循环语句
08              document.write("* ");       //输出"*"和空格
09          }
10          document.write("<br>");              //输出换行标记
11      }
12  }
13  star(6);                                     //调用函数并传递参数
14  </script>
```

说明

该实例的编码格式设置为 GB2312，另外，在不同的浏览器下运行该实例，显示效果会略有不同。

运行结果如图 4.13 所示。

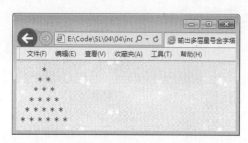

图 4.13　输出多层星号金字塔形图案

4.8.2　使用 Function()构造函数

除了在表达式中定义函数之外，还有一种定义匿名函数的方法——使用 Function()构造函数来定义函数。这种方式可以动态地创建函数。

语法如下：

```
var 变量名 = new Function("参数 1","参数 2",..."函数体");
```

使用 Function()构造函数可以接收一个或多个参数作为函数的参数，也可以一个参数也不使用。Function()构造函数的最后一个参数为函数体的内容。

注意

Function()构造函数中的所有参数和函数体都必须是字符串类型，因此一定要用双引号或单引号引起来。

例如，使用 Function()构造函数定义一个计算两个数字和的函数，代码如下：

```
01    var sum = new Function("x","y","alert(x+y);");        //使用 Function()构造函数定义函数
02    sum(10,20);                                           //调用函数
```

运行结果如图 4.14 所示。

图 4.14　输出两个数字的和

上述代码中，sum 并不是一个函数名，而是一个指向函数的变量，因此，使用 Function()构造函数创建的函数也是匿名函数。在创建的这个构造函数中有两个参数，分别为 x 和 y。该函数的函数体为"alert(x+y)"，即输出 x 与 y 的和。

4.9　实　　战

4.9.1　判断身高为 1.3 米的儿童需要购买哪种车票

在为儿童购买车票时，如果儿童身高在 1.2 米以内，则免票，如果儿童身高在 1.2 米到 1.5 米之间，须购买儿童票，身高超过 1.5 米的须购买全价车票。将儿童的身高作为函数的参数进行传递，判断身高为 1.3 米的儿童需要购买哪种车票，运行结果如图 4.15 所示。（**实例位置：资源包\源码\04\实战\01**）

图 4.15　输出身高为 1.3 米的儿童需要购买哪种车票

4.9.2　判断微信号和密码是否正确

模拟微信登录的功能。假设某用户的微信号为 mr，密码为 mrsoft，应用匿名函数判断微信号 mra 和密码 mrsoft 是否能登录成功，运行结果如图 4.16 所示。（**实例位置：资源包\源码\04\实战\02**）

图 4.16　输出微信号和密码是否正确

4.10　小　　结

本章主要讲解了 JavaScript 中函数的使用，包括定义函数、调用函数、使用函数的参数和返回值、嵌套函数、递归函数、变量的作用域、内置函数以及定义匿名函数的方法。函数在 JavaScript 中非常重要，JavaScript 程序的任何位置都可以通过引用其名称来执行。在程序中可以建立很多函数，这有利于组织自己的应用程序的结构，使程序代码的维护与修改更加容易。

第 5 章

自定义对象

（ 📹 视频讲解：1 小时 11 分钟 ）

由于 JavaScript 是一种基于对象的语言，因此对象在 JavaScript 中是很重要的概念。本章将对对象的基本概念和自定义对象的基础知识进行简单介绍。

通过学习本章，读者主要掌握以下内容：

▶▶ JavaScript 中的对象简介

▶▶ 创建自定义对象的 3 种方法

▶▶ 两种对象访问语句的使用

视频讲解

5.1　对　象　简　介

对象是 JavaScript 中的数据类型之一，是一种复合的数据类型，它将多种数据类型集中在一个数据单元中，并允许通过对象来存取这些数据的值。

5.1.1　什么是对象

对象的概念首先来自于对客观世界的认识，它用于描述客观世界存在的特定实体。例如，"人"就是一个典型的对象，"人"包括身高、体重等特性，同时又包含吃饭、睡觉等动作。"人"对象示意图如图 5.1 所示。

在计算机的世界里，不仅存在来自于客观世界的对象，也包含为解决问题而引入的比较抽象的对象。例如，一个用户可以被看作一个对象，它包含用户名、用户密码等特性，也包含注册、登录等动作。其中，用户名和用户密码等特性，可以用变量来描述；而注册、登录等动作，可以用函数来定义。因此，对象实际上就是一些变量和函数的集合。"用户"对象示意图如图 5.2 所示。

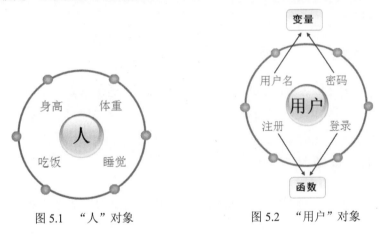

图 5.1　"人"对象　　　　图 5.2　"用户"对象

5.1.2　对象的属性和方法

在 JavaScript 中，对象包含两个要素：属性和方法。通过访问或设置对象的属性，并且调用对象的方法，就可以对对象进行各种操作，从而实现需要的功能。

1．对象的属性

包含在对象内部的变量称为对象的属性，它是用来描述对象特性的一组数据。

在程序中使用对象的一个属性类似于使用一个变量，就是在属性名前加上对象名和一个句点"."。获取或设置对象的属性值的语法格式如下：

对象名.属性名

以"用户"对象为例，该对象有用户名和密码两个属性，以下代码可以分别获取该对象的这两个属性值：

```
var name = 用户.用户名;
var pwd = 用户.密码;
```

也可以通过以下代码来设置"用户"对象的这两个属性值。

```
用户.用户名 = "mr";
用户.密码 = "mrsoft";
```

2. 对象的方法

包含在对象内部的函数称为对象的方法，它可以用来实现某个功能。

在程序中调用对象的一个方法类似于调用一个函数，就是在方法名前加上对象名和一个句点"."，语法格式如下：

```
对象名.方法名(参数)
```

与函数一样，在对象的方法中可以使用一个或多个参数，也可不使用参数，同样以"用户"对象为例，该对象有注册和登录两个方法，以下代码可以分别调用该对象的这两个方法：

```
用户.注册();
用户.登录();
```

说明

在 JavaScript 中，对象就是属性和方法的集合，这些属性和方法也叫作对象的成员。方法是作为对象成员的函数，表明对象所具有的行为；而属性是作为对象成员的变量，表明对象的状态。

5.1.3　JavaScript 对象的种类

在 JavaScript 中可以使用 3 种对象，即自定义对象、内置对象和浏览器对象。内置对象和浏览器对象又称为预定义对象。

在 JavaScript 中将一些常用的功能预先定义成对象，这些对象用户可以直接使用，这种对象就是内置对象。内置对象可以帮助用户在编写程序时实现一些最常用、最基本的功能，例如 Math、Date、String、Array、Number、Boolean、Global、Object 和 RegExp 对象等。

浏览器对象是浏览器根据系统当前的配置和所装载的页面为 JavaScript 提供的一些对象。例如 document、window 对象等。

自定义对象就是指用户根据需要自己定义的新对象。

视频讲解

5.2　自定义对象的创建

创建自定义对象主要有 3 种方法：一种是直接创建自定义对象，另一种是通过自定义构造函数来创建，还有一种是通过系统内置的 Object 对象创建。

5.2.1　直接创建自定义对象

直接创建自定义对象的语法格式如下：

```
var 对象名 = {属性名 1:属性值 1,属性名 2:属性值 2,属性名 3:属性值 3...}
```

由语法格式可以看出，直接创建自定义对象时，所有属性都放在大括号中，属性之间用逗号分隔，每个属性都由属性名和属性值两部分组成，属性名和属性值之间用冒号隔开。

例如，创建一个学生对象 student，并设置 3 个属性，分别为 name、sex 和 age，然后输出这 3 个属性的值，代码如下：

```
01    var student = {                                    //创建 student 对象
02        name:"张三",
03        sex:"男",
04        age:25
05    }
06    document.write("姓名："+student.name+"<br>");       //输出 name 属性值
07    document.write("性别："+student.sex+"<br>");        //输出 sex 属性值
08    document.write("年龄："+student.age+"<br>");        //输出 age 属性值
```

运行结果如图 5.3 所示。

图 5.3　创建学生对象并输出属性值

另外，还可以使用数组的方式对属性值进行输出，代码如下：

```
01    var student = {                                     //创建 student 对象
02        name:"张三",
03        sex:"男",
04        age:25
05    }
06    document.write("姓名："+student['name']+"<br>");     //输出 name 属性值
07    document.write("性别："+student['sex']+"<br>");      //输出 sex 属性值
08    document.write("年龄："+student['age']+"<br>");      //输出 age 属性值
```

5.2.2　通过自定义构造函数创建对象

虽然直接创建自定义对象很方便也很直观，但是如果要创建多个相同的对象，使用这种方法就很烦琐。在 JavaScript 中可以自定义构造函数，通过调用自定义的构造函数可以创建并初始化一个新的对象。与普通函数不同，调用构造函数必须要使用 new 运算符。构造函数也可以和普通函数一样使用参数，其参数通常用于初始化新对象。在构造函数的函数体内通过 this 关键字初始化对象的属性与方法。

例如，要创建一个学生对象 student，可以定义一个名称为 Student 的构造函数，代码如下：

```
01    function Student(name,sex,age){              //定义构造函数
02        this.name = name;                        //初始化对象的 name 属性
03        this.sex = sex;                          //初始化对象的 sex 属性
04        this.age = age;                          //初始化对象的 age 属性
05    }
```

上述代码中，在构造函数内部对 name、sex 和 age 3 个属性进行了初始化，其中，this 关键字表示对对象自己属性、方法的引用。

利用该函数，可以用 new 运算符创建一个新对象，代码如下：

```
var student1 = new Student("张三","男",25);              //创建对象实例
```

上述代码创建了一个名为 student1 的新对象，新对象 student1 称为对象 student 的实例。使用 new 运算符创建一个对象实例后，JavaScript 会接着自动调用所使用的构造函数，执行构造函数中的程序。

另外，还可以创建多个 student 对象的实例，每个实例都是独立的。代码如下：

```
01    var student2 = new Student("李四","女",23);          //创建其他对象实例
02    var student3 = new Student("王五","男",28);          //创建其他对象实例
```

【例 5.01】 应用构造函数创建一个球员对象，定义构造函数 Player()，在函数中应用 this 关键字初始化对象中的属性，然后创建一个对象实例，最后输出对象中的属性值，即输出球员的身高、体重、运动项目、所属球队和专业特点。程序代码如下：（**实例位置：资源包\源码\05\5.01**）

```
01    <h1 style="font-size:24px;">梅西</h1>
02    <script type="text/javascript">
03    function Player(height,weight,sport,team,character){
04        this.height = height;                       //对象的 height 属性
05        this.weight = weight;                       //对象的 weight 属性
06        this.sport = sport;                         //对象的 sport 属性
07        this.team = team;                           //对象的 team 属性
08        this.character = character;                 //对象的 character 属性
09    }
10    //创建一个新对象 player1
11    var player1 = new Player("170cm","67kg","足球","巴塞罗那","技术出色，意识好");
12    document.write("球员身高："+player1.height+"<br>");    //输出 height 属性值
13    document.write("球员体重："+player1.weight+"<br>");    //输出 weight 属性值
14    document.write("运动项目："+player1.sport+"<br>");     //输出 sport 属性值
15    document.write("所属球队："+player1.team+"<br>");      //输出 team 属性值
16    document.write("专业特点："+player1.character+"<br>"); //输出 character 属性值
17    </script>
```

运行结果如图 5.4 所示。

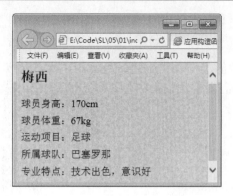

图 5.4　输出球员对象的属性值

对象不但可以拥有属性，还可以拥有方法。在定义构造函数时，也可以定义对象的方法。与对象的属性一样，在构造函数中也需要使用 this 关键字来初始化对象的方法。例如，在 student 对象中定义 3 个方法 showName()、showAge()和 showSex()，代码如下：

```
01  function Student(name,sex,age){              //定义构造函数
02      this.name = name;                        //初始化对象的属性
03      this.sex = sex;                          //初始化对象的属性
04      this.age = age;                          //初始化对象的属性
05      this.showName = showName;                //初始化对象的方法
06      this.showSex = showSex;                  //初始化对象的方法
07      this.showAge = showAge;                  //初始化对象的方法
08  }
09  function showName(){                         //定义 showName()方法
10      alert(this.name);                        //输出 name 属性值
11  }
12  function showSex(){                          //定义 showSex()方法
13      alert(this.sex);                         //输出 sex 属性值
14  }
15  function showAge(){                          //定义 showAge()方法
16      alert(this.age);                         //输出 age 属性值
17  }
```

另外，也可以在构造函数中直接使用表达式来定义方法，代码如下：

```
01  function Student(name,sex,age){              //定义构造函数
02      this.name = name;                        //初始化对象的属性
03      this.sex = sex;                          //初始化对象的属性
04      this.age = age;                          //初始化对象的属性
05      this.showName=function(){                //应用表达式定义 showName()方法
06          alert(this.name);                    //输出 name 属性值
07      };
08      this.showSex=function(){                 //应用表达式定义 showSex()方法
09          alert(this.sex);                     //输出 sex 属性值
10      };
11      this.showAge=function(){                 //应用表达式定义 showAge()方法
12          alert(this.age);                     //输出 age 属性值
```

```
13          };
14    }
```

【例 5.02】　应用构造函数创建一个演员对象 Actor，在构造函数中定义对象的属性和方法，通过创建的对象实例调用对象中的方法，输出演员的中文名、代表作品以及主要成就。程序代码如下：（**实例位置：资源包\源码\05\5.02**）

```
01    function Actor(name,work,achievement){
02        this.name = name;                                          //对象的 name 属性
03        this.work = work;                                          //对象的 work 属性
04        this.achievement = achievement;                            //对象的 achievement 属性
05        this.introduction = function(){                            //定义 introduction()方法
06            document.write("中文名："+this.name);                   //输出 name 属性值
07            document.write("<br>代表作品："+this.work);              //输出 work 属性值
08            document.write("<br>主要成就："+this.achievement);       //输出 achievement 属性值
09        }
10    }
11    var Actor1 = new Actor("威尔·史密斯","《独立日》、《黑衣人》",
                              "奥斯卡金像奖最佳男主角提名");            //创建对象 Actor1
12    Actor1.introduction();                                         //调用 introduction()方法
```

运行结果如图 5.5 所示。

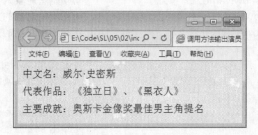

图 5.5　调用对象中的方法输出演员简介

调用构造函数创建对象需要注意一个问题。如果构造函数中定义了多个属性和方法，那么在每次创建对象实例时都会为该对象分配相同的属性和方法，这样会增加对内存的需求，这时可以通过 prototype 属性来解决这个问题。

prototype 属性是 JavaScript 中所有函数都有的一个属性。该属性可以向对象中添加属性或方法。语法如下：

```
object.prototype.name=value
```

参数说明。

☑　object：构造函数名。

☑　name：要添加的属性名或方法名。

☑　value：添加属性的值或执行方法的函数。

例如，在 student 对象中应用 prototype 属性向对象中添加一个 show()方法，通过调用 show()方法输出对象中 3 个属性的值。代码如下：

```
01  function Student(name,sex,age){                        //定义构造函数
02      this.name = name;                                  //初始化对象的属性
03      this.sex = sex;                                    //初始化对象的属性
04      this.age = age;                                    //初始化对象的属性
05  }
06  Student.prototype.show=function(){                     //添加 show()方法
07      alert("姓名："+this.name+"\n 性别："+this.sex+"\n 年龄："+this.age);
08  }
09  var student1=new Student("张三","男",25);               //创建对象实例
10  student1.show();                                       //调用对象的 show()方法
```

运行结果如图 5.6 所示。

【例 5.03】　应用构造函数创建一个圆的对象 Circle，定义构造函数 Circle()，然后应用 prototype 属性向对象中添加属性和方法，通过调用方法实现计算圆的周长和面积的功能。程序代码如下：（**实例位置：资源包\源码\05\5.03**）

```
01  function Circle(r){
02      this.r=r;                                          //设置对象的 r 属性
03  }
04  Circle.prototype.pi=3.14;                              //添加对象的 pi 属性
05  Circle.prototype.circumference=function(){             //添加计算圆周长的 circumference()方法
06      return 2*this.pi*this.r;                           //返回圆的周长
07  }
08  Circle.prototype.area=function(){                      //添加计算圆面积的 area()方法
09      return this.pi*this.r*this.r;                      //返回圆的面积
10  }
11  var c=new Circle(10);                                  //创建一个新对象 c
12  document.write("圆的半径为"+c.r+"<br>");                //输出圆的半径
13  document.write("圆的周长为"+parseInt(c.circumference())+"<br>");   //输出圆的周长
14  document.write("圆的面积为"+parseInt(c.area()));        //输出圆的面积
```

运行结果如图 5.7 所示。

图 5.6　输出 3 个属性值

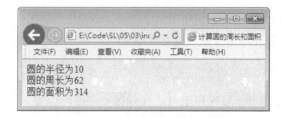

图 5.7　计算圆的周长和面积

5.2.3　通过 Object 对象创建自定义对象

Object 对象是 JavaScript 中的内部对象，它提供了对象的最基本功能，这些功能构成了所有其他对象的基础。Object 对象提供了创建自定义对象的简单方式，使用这种方式不需要再定义构造函数。可

以在程序运行时为 JavaScript 对象随意添加属性，因此使用 Object 对象能很容易地创建自定义对象。

创建 Object 对象的语法如下：

```
obj = new Object([value])
```

参数说明。

☑ obj：必选项。要赋值为 Object 对象的变量名。

☑ value：可选项。任意一种基本数据类型（Number、Boolean 或 String）。如果 value 为一个对象，返回不做改动的该对象。如果 value 为 null、undefined，或者没有给出，则产生没有内容的对象。

使用 Object 对象可以创建一个没有任何属性的空对象。如果要设置对象的属性，只需要将一个值赋给对象的新属性即可。例如，使用 Object 对象创建一个自定义对象 student，并设置对象的属性，然后对属性值进行输出，代码如下：

```
01    var student = new Object();                              //创建一个空对象
02    student.name = "王五";                                   //设置对象的 name 属性
03    student.sex = "男";                                      //设置对象的 sex 属性
04    student.age = 28;                                        //设置对象的 age 属性
05    document.write("姓名："+student.name+"<br>");            //输出对象的 name 属性值
06    document.write("性别："+student.sex+"<br>");             //输出对象的 sex 属性值
07    document.write("年龄："+student.age+"<br>");             //输出对象的 age 属性值
```

运行结果如图 5.8 所示。

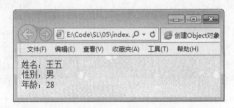

图 5.8　创建 Object 对象并输出属性值

说明

　　一旦通过给属性赋值创建了该属性，就可以在任何时候修改这个属性的值，只需要赋给它新值即可。

在使用 Object 对象创建自定义对象时，也可以定义对象的方法。例如，在 student 对象中定义方法 show()，然后对方法进行调用，代码如下：

```
01    var student = new Object();                              //创建一个空对象
02    student.name = "张三";                                   //设置对象的 name 属性
03    student.sex = "男";                                      //设置对象的 sex 属性
04    student.age = 25;                                        //设置对象的 age 属性
05    student.show = function(){                               //定义对象的方法
06        //输出属性的值
07        alert("姓名："+student.name+"\n 性别："+student.sex+"\n 年龄："+student.age);
```

```
08    };
09    student.show();                                          //调用对象的方法
```

运行结果如图 5.9 所示。

如果在创建 Object 对象时没有指定参数，JavaScript 将会创建一个 Object 实例，但该实例并没有具体指定为哪种对象类型，这种方法多用于创建一个自定义对象。如果在创建 Object 对象时指定了参数，可以直接将 value 参数的值转换为相应的对象。如以下代码就是通过 Object 对象创建了一个字符串对象。

```
var myObj = new Object("你好 JavaScript");                    //创建一个字符串对象
```

【例 5.04】　使用 Object 对象创建自定义对象 book，在 book 对象中定义方法 getBookInfo()，在方法中传递 3 个参数，然后对这个方法进行调用，输出图书信息。程序代码如下：（**实例位置：资源包\源码\05\5.04**）

```
01    var book = new Object();                                 //创建一个空对象
02    book.getBookInfo = getBookInfo;                          //定义对象的方法
03    function getBookInfo(name,type,price){
04        //输出图书的书名、类型及价格
05        document.write("书名："+name+"<br>类型："+type+"<br>价格："+price);
06    }
07    book.getBookInfo("JavaScript 入门经典","JavaScript","80");  //调用对象的方法
```

运行结果如图 5.10 所示。

图 5.9　调用对象的方法

图 5.10　创建图书对象并调用对象中的方法

5.3　对象访问语句

视频讲解

在 JavaScript 中，for…in 语句和 with 语句都是专门应用于对象的语句。下面对这两个语句分别进行介绍。

5.3.1　for…in 语句

for…in 语句和 for 语句十分相似，for…in 语句用来遍历对象的每一个属性。每次都将属性名作为字符串保存在变量中。

语法如下：

```
for (变量 in 对象) {
    语句
}
```

参数说明。
- ☑ 变量：用于存储某个对象的所有属性名。
- ☑ 对象：用于指定要遍历属性的对象。
- ☑ 语句：用于指定循环体。

for…in 语句用于对某个对象的所有属性进行循环操作。将某个对象的所有属性名称依次赋值给同一个变量，而不需要事先知道对象属性的个数。

注意

应用 for…in 语句遍历对象的属性，在输出属性值时一定要使用数组的形式（对象名[属性名]）进行输出，而不能使用"对象名.属性名"这种形式。

下面应用 for…in 循环语句输出对象中的属性名和值。首先创建一个对象，并且指定对象的属性，然后应用 for…in 循环语句输出对象的所有属性和值。程序代码如下：

```
01    var object={user:"小月",sex:"女",age:23,interest:"运动、唱歌"};    //创建自定义对象
02    for (var example in object){                                    //应用 for…in 循环语句
03        document.write ("属性："+example+"="+object[example]+"<br>");  //输出各属性名及属性值
04    }
```

运行结果如图 5.11 所示。

图 5.11　输出对象中的属性名及属性值

5.3.2　with 语句

with 语句用于在访问一个对象的属性或方法时避免重复引用指定对象名。使用 with 语句可以简化对象属性调用的层次。

语法如下：

```
with(对象名称){
    语句
}
```

参数说明。
- ☑ 对象名称：用于指定要操作的对象名称。

☑ 语句：要执行的语句，可直接引用对象的属性名或方法名。

在一个连续的程序代码中，如果多次使用某个对象的多个属性或方法，那么只要在 with 关键字后的括号()中写出该对象实例的名称，就可以在随后的大括号{}的程序语句中直接引用该对象的属性名或方法名，不必再在每个属性名或方法名前都加上对象实例名和 "."。

例如，应用 with 语句实现 student 对象的多次引用，代码如下：

```
01    function Student(name,sex,age){
02        this.name = name;                                    //设置对象的 name 属性
03        this.sex = sex;                                      //设置对象的 sex 属性
04        this.age = age;                                      //设置对象的 age 属性
05    }
06    var student=new Student("周星星","男",26);                //创建新对象
07    with(student){                                           //应用 with 语句
08        alert("姓名："+name+"\n 性别："+sex+"\n 年龄："+age);  //输出多个属性的值
09    }
```

运行结果如图 5.12 所示。

图 5.12　with 语句的应用

5.4　实　　战

5.4.1　应用自定义对象的方法统计考试分数

定义一个学生对象 student，在对象中定义统计考试分数的方法，运行结果如图 5.13 所示。（**实例位置：资源包\源码\05\实战\01**）

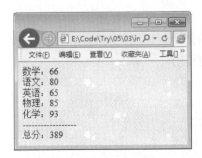

图 5.13　统计考试分数

5.4.2 通过自定义对象生成指定行数和列数的表格

应用构造函数创建一个自定义对象，通过自定义对象生成指定行数、列数的表格，运行结果如图 5.14 所示。（**实例位置：资源包\源码\05\实战\02**）

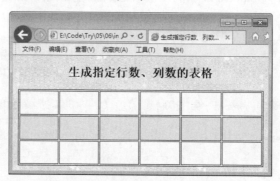

图 5.14　生成指定行数、列数的表格

5.4.3 使用 Object 对象创建一个球的对象

使用 Object 对象创建一个球的对象 Ball，通过调用对象中的方法输出球的类型、颜色和价格，运行结果如图 5.15 所示。（**实例位置：资源包\源码\05\实战\03**）

图 5.15　输出球的类型、颜色和价格

5.5 小　　结

本章主要讲解了自定义对象的创建，以及两种访问对象的语句。通过本章的学习，读者可以了解对象的创建以及对象属性和方法的使用。

第 **6** 章

常用内部对象

（ 📹 视频讲解：58 分钟 ）

　　JavaScript 的内部对象也称为内置对象，它将一些常用功能预先定义成对象，用户可以直接使用，这些内部对象可以帮助用户实现一些最常用、最基本的功能。

　　JavaScript 中的内部对象按照使用方式分为动态对象和静态对象。在引用动态对象的属性和方法时，必须使用 new 关键字来创建一个对象实例，然后才能使用"对象实例名.成员"的方式来访问其属性和方法，如 Date 对象；引用静态对象的属性和方法时，不需要用 new 关键字创建对象实例，直接使用"对象名.成员"的方式来访问其属性和方法，如数学对象 Math。下面对 JavaScript 中的 Math 对象以及 Date 对象进行详细介绍。

　　通过学习本章，读者主要掌握以下内容：

▶▶　Math 对象的使用

▶▶　Date 对象的使用

视频讲解

6.1 Math 对象

Math 对象提供了大量的数学常量和数学函数。在使用 Math 对象时，不能使用 new 关键字创建对象实例，而应直接使用"对象名.成员"的格式来访问其属性或方法。下面将对 Math 对象的属性和方法进行介绍。

6.1.1 Math 对象的属性

Math 对象的属性是数学中常用的常量，如表 6.1 所示。

表 6.1　Math 对象的属性

属　　性	描　　述	属　　性	描　　述
E	自然常数（2.718281828459045）	LOG2E	以 2 为底数的 e 的对数（1.4426950408889633）
LN2	2 的自然对数（0.6931471805599453）	LOG10E	以 10 为底数的 e 的对数（0.4342944819032518）
LN10	10 的自然对数（2.3025850994046）	PI	圆周率 π（3.141592653589793）
SQRT2	2 的平方根（1.4142135623730951）	SQRT1_2	0.5 的平方根（0.7071067811865476）

例如，已知一个圆的半径是 5，计算这个圆的周长和面积。代码如下：

```
01    var r = 5;                                              //定义圆的半径
02    var circumference = 2*Math.PI*r;                        //定义圆的周长
03    var area = Math.PI*r*r;                                 //定义圆的面积
04    document.write("圆的半径为"+r+"<br>");                    //输出圆的半径
05    document.write("圆的周长为"+parseInt(circumference)+"<br>"); //输出圆的周长
06    document.write("圆的面积为"+parseInt(area));              //输出圆的面积
```

运行结果为：

```
圆的半径为 5
圆的周长为 31
圆的面积为 78
```

6.1.2 Math 对象的方法

Math 对象的方法是数学中常用的函数，如表 6.2 所示。

表 6.2　Math 对象的方法

方　　法	描　　述	示　　例	
abs(x)	返回 x 的绝对值	Math.abs(-10);	//返回值为 10
acos(x)	返回 x 弧度的反余弦值	Math.acos(1);	//返回值为 0
asin(x)	返回 x 弧度的反正弦值	Math.asin(1);	//返回值为 1.5707963267948965

续表

方 法	描 述	示 例	
atan(x)	返回 x 弧度的反正切值	Math.atan(1);	//返回值为 0.7853981633974483
atan2(x,y)	返回从 x 轴到点(x,y)的角度，其值在-PI 与 PI 之间	Math.atan2(10,5);	//返回值为 1.1071487177940904
ceil(x)	返回大于或等于 x 的最小整数	Math.ceil(1.05);	//返回值为 2
		Math.ceil(-1.05);	//返回值为-1
cos(x)	返回 x 的余弦值	Math.cos(0);	//返回值为 1
exp(x)	返回 e 的 x 乘方	Math.exp(4);	//返回值为 54.598150033144236
floor(x)	返回小于或等于 x 的最大整数	Math.floor(1.05);	//返回值为 1
		Math.floor(-1.05);	//返回值为-2
log(x)	返回 x 的自然对数	Math.log(1);	//返回值为 0
max(n1,n2…)	返回参数列表中的最大值	Math.max(2,4);	//返回值为 4
min(n1,n2…)	返回参数列表中的最小值	Math.min(2,4);	//返回值为 2
pow(x,y)	返回 x 对 y 的次方	Math.pow(2,4);	//返回值为 16
random()	返回 0 和 1 之间的随机数	Math.random();//返回值为类似 0.8867056997839715 的随机数	
round(x)	返回最接近 x 的整数，即四舍五入函数	Math.round(1.05);	//返回值为 1
		Math.round(-1.05);	//返回值为-1
sin(x)	返回 x 的正弦值	Math.sin(0);	//返回值为 0
sqrt(x)	返回 x 的平方根	Math.sqrt(2);	//返回值为 1.4142135623730951
tan(x)	返回 x 的正切值	Math.tan(90);	//返回值为-1.995200412208242

例如，计算两个数值中的较大值，可以通过 Math 对象的 max()函数。代码如下：

```
var larger = Math.max(value1,value2);    //获取变量 value1 和 value2 的最大值
```

或者计算一个数的 10 次方，代码如下：

```
var result = Math.pow(value1,10);    //获取变量 value1 的 10 次方
```

或者使用四舍五入函数计算最相近的整数值，代码如下：

```
var result = Math.round(value);    //对变量 value 的值进行四舍五入
```

【例6.01】 应用 Math 对象中的方法实现生成指定位数的随机数的功能。实现步骤如下：（**实例位置：资源包\源码\06\6.01**）

（1）在页面中创建表单，在表单中添加一个用于输入随机数位数的文本框和一个"生成"按钮，代码如下：

```
01  请输入要生成随机数的位数：<p>
02  <form name="form">
03    <input type="text" name="digit" />
04    <input type="button" value="生成" />
05  </form>
```

（2）编写生成指定位数的随机数的函数 ran()，该函数只有一个参数 digit，用于指定生成的随机数的位数，代码如下：

```
01   function ran(digit){
02      var result="";                              //声明变量并初始化
03      for(i=0;i<digit;i++){
04         result=result+(Math.floor(Math.random()*10));   //将生成的单个随机数连接起来
05      }
06      alert(result);                              //输出随机数
07   }
```

（3）在"生成"按钮的 onClick 事件中调用 ran()函数生成随机数，代码如下：

```
<input type="button" value="生成" onclick="ran(form.digit.value)" />
```

运行程序，结果如图 6.1 所示。

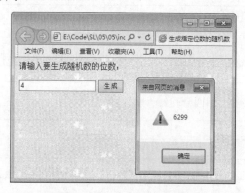

图 6.1　生成指定位数的随机数

6.2　Date 对象

在 Web 开发过程中，可以使用 JavaScript 的 Date 对象（日期对象）来实现对日期和时间的控制。如果想在网页中显示计时时钟，就得重复生成新的 Date 对象来获取当前计算机的时间。用户可以使用 Date 对象执行各种使用日期和时间的过程。

6.2.1　创建 Date 对象

日期对象是对一个对象数据类型求值，该对象主要负责处理与日期和时间有关的数据信息。在使用 Date 对象前，首先要创建该对象，其创建格式如下：

```
dateObj = new Date()
dateObj = new Date(dateVal)
dateObj = new Date(year, month, date[, hours[, minutes[, seconds[,ms]]]])
```

Date 对象语法中各参数的说明如表 6.3 所示。

表 6.3　Date 对象的参数说明

参　数	说　明
dateObj	必选项。要赋值为 Date 对象的变量名
dateVal	必选项。如果是数字值，dateVal 表示指定日期与 1970 年 1 月 1 日午夜间全球标准时间的毫秒数。如果是字符串，常用的格式为"月　日　年　小时:分钟:秒"，其中月份用英文表示，其余用数字表示，时间部分可以省略；另外，还可以使用"年/月/日　小时:分钟:秒"的格式
year	必选项。完整的年份，例如，1976（而不是 76）
month	必选项。表示的月份，是从 0 到 11 之间的整数（1 月至 12 月）
date	必选项。表示日期，是从 1 到 31 之间的整数
hours	可选项。如果提供了 minutes 则必须给出。表示小时，是从 0 到 23 的整数（午夜到 11pm）
minutes	可选项。如果提供了 seconds 则必须给出。表示分钟，是从 0 到 59 的整数
seconds	可选项。如果提供了 ms 则必须给出。表示秒钟，是从 0 到 59 的整数
ms	可选项。表示毫秒，是从 0 到 999 的整数

下面以示例的形式来介绍如何创建日期对象。

例如，输出当前的日期和时间。代码如下：

```
01   var newDate=new Date();              //创建当前日期对象
02   document.write(newDate);             //输出当前日期和时间
```

运行结果为：

Tue May 9 17:55:03 UTC+0800 2017

例如，用年、月、日（2015-6-20）来创建日期对象。代码如下：

```
01   var newDate=new Date(2015,5,20);     //创建指定年月日的日期对象
02   document.write(newDate);             //输出指定日期和时间
```

运行结果为：

Sat Jun 20 00:00:00 UTC+0800 2015

例如，用年、月、日、小时、分钟、秒（2015-6-20 13:12:56）来创建日期对象。代码如下：

```
01   var newDate=new Date(2015,5,20,13,12,56);   //创建指定时间的日期对象
02   document.write(newDate);                     //输出指定日期和时间
```

运行结果为：

Sat Jun 20 13:12:56 UTC+0800 2015

例如，以字符串形式创建日期对象（2015-6-20 13:12:56）。代码如下：

```
01   var newDate=new Date("Jun 20,2015 13:12:56");   //以字符串形式创建日期对象
02   document.write(newDate);                          //输出指定日期和时间
```

运行结果为：

Sat Jun 20 13:12:56 UTC+0800 2015

例如，以另一种字符串的形式创建日期对象（2015-6-20 13:12:56）。代码如下：

```
01    var newDate=new Date("2015/06/20 13:12:56");        //以字符串形式创建日期对象
02    document.write(newDate);                              //输出指定日期和时间
```

运行结果为：

```
Sat Jun 20 13:12:56 UTC+0800 2015
```

6.2.2 Date 对象的属性

Date 对象的属性有 constructor 和 prototype。在这里介绍这两个属性的用法。

1．constructor 属性

constructor 属性可以判断一个对象的类型，该属性引用的是对象的构造函数。
语法如下：

```
object.constructor
```

必选项 object 是对象实例的名称。
例如，判断当前对象是否为日期对象。代码如下：

```
01    var newDate=new Date();                 //创建当前日期对象
02    if (newDate.constructor==Date)          //如果当前对象是日期对象
03        document.write("日期型对象");        //输出字符串
```

运行结果为：

```
日期型对象
```

2．prototype 属性

prototype 属性可以为 Date 对象添加自定义的属性或方法。
语法如下：

```
Date.prototype.name=value
```

参数说明。
☑　name：要添加的属性名或方法名。
☑　value：添加属性的值或执行方法的函数。
例如，用自定义属性来记录当前的年份。代码如下：

```
01    var newDate=new Date();                       //创建当前日期对象
02    Date.prototype.mark=newDate.getFullYear();    //向日期对象中添加属性
03    document.write(newDate.mark);                  //输出新添加的属性的值
```

运行结果为：

```
2018
```

6.2.3　Date 对象的方法

Date 对象是 JavaScript 的一种内部对象。该对象没有可以直接读写的属性，所有对日期和时间的操作都是通过方法完成的。Date 对象的方法如表 6.4 所示。

表 6.4　Date 对象的方法

方　　法	说　　明
getDate()	从 Date 对象返回一个月中的某一天（1~31）
getDay()	从 Date 对象返回一周中的某一天（0~6）
getMonth()	从 Date 对象返回月份（0~11）
getFullYear()	从 Date 对象以四位数字返回年份
getYear()	从 Date 对象以两位或 4 位数字返回年份
getHours()	返回 Date 对象的小时（0~23）
getMinutes()	返回 Date 对象的分钟（0~59）
getSeconds()	返回 Date 对象的秒数（0~59）
getMilliseconds()	返回 Date 对象的毫秒（0~999）
getTime()	返回 1970 年 1 月 1 日至今的毫秒数
setDate()	设置 Date 对象中月的某一天（1~31）
setMonth()	设置 Date 对象中月份（0~11）
setFullYear()	设置 Date 对象中的年份（四位数字）
setYear()	设置 Date 对象中的年份（两位或四位数字）
setHours()	设置 Date 对象中的小时（0~23）
setMinutes()	设置 Date 对象中的分钟（0~59）
setSeconds()	设置 Date 对象中的秒钟（0~59）
setMilliseconds()	设置 Date 对象中的毫秒（0~999）
setTime()	通过从 1970 年 1 月 1 日午夜添加或减去指定数目的毫秒来计算日期和时间
toString()	把 Date 对象转换为字符串
toTimeString()	把 Date 对象的时间部分转换为字符串
toDateString()	把 Date 对象的日期部分转换为字符串
toGMTString()	根据格林威治时间，把 Date 对象转换为字符串
toUTCString()	根据世界时，把 Date 对象转换为字符串
toLocaleString()	根据本地时间格式，把 Date 对象转换为字符串
toLocaleTimeString()	根据本地时间格式，把 Date 对象的时间部分转换为字符串
toLocaleDateString()	根据本地时间格式，把 Date 对象的日期部分转换为字符串

说明

　　UTC 是协调世界时（Coordinated Universal Time）的简称，GMT 是格林威治时（Greenwich Mean Time）的简称。

注意

应用 Date 对象中的 getMonth()方法获取的值要比系统中实际月份的值小 1。

【例 6.02】 应用 Date 对象中的方法获取当前的完整年份、月份、日期、星期、小时数、分钟数和秒数，将当前的日期和时间分别连接在一起并输出。程序代码如下：（实例位置：资源包\源码\06\6.02）

```
01  var now=new Date();                                         //创建日期对象
02  var year=now.getFullYear();                                 //获取当前年份
03  var month=now.getMonth()+1;                                 //获取当前月份
04  var date=now.getDate();                                     //获取当前日期
05  var day=now.getDay();                                       //获取当前星期
06  var week="";                                                //初始化变量
07  switch(day){
08      case 1:                                                 //如果变量 day 的值为 1
09          week="星期一";                                       //为变量赋值
10          break;                                              //退出 switch 语句
11      case 2:                                                 //如果变量 day 的值为 2
12          week="星期二";                                       //为变量赋值
13          break;                                              //退出 switch 语句
14      case 3:                                                 //如果变量 day 的值为 3
15          week="星期三";                                       //为变量赋值
16          break;                                              //退出 switch 语句
17      case 4:                                                 //如果变量 day 的值为 4
18          week="星期四";                                       //为变量赋值
19          break;                                              //退出 switch 语句
20      case 5:                                                 //如果变量 day 的值为 5
21          week="星期五";                                       //为变量赋值
22          break;                                              //退出 switch 语句
23      case 6:                                                 //如果变量 day 的值为 6
24          week="星期六";                                       //为变量赋值
25          break;                                              //退出 switch 语句
26      default:                                                //默认值
27          week="星期日";                                       //为变量赋值
28          break;                                              //退出 switch 语句
29  }
30  var hour=now.getHours();                                    //获取当前小时数
31  var minute=now.getMinutes();                                //获取当前分钟数
32  var second=now.getSeconds();                                //获取当前秒数
33  //为字体设置样式
34  document.write("<span style='font-size:24px;font-family:楷体;color:#FF9900'>");
35  document.write("今天是："+year+"年"+month+"月"+date+"日 "+week);    //输出当前的日期和星期
36  document.write("<br>现在是："+hour+":"+minute+":"+second);       //输出当前的时间
37  document.write("</span>");                                   //输出</span>结束标记
```

运行结果如图 6.2 所示。

应用 Date 对象的方法除了可以获取日期和时间之外，还可以设置日期和时间。在 JavaScript 中只要定义了一个日期对象，就可以针对该日期对象的日期部分或时间部分进行设置。示例代码如下：

01	var myDate=new Date();	//创建当前日期对象
02	myDate.setFullYear(2012);	//设置完整的年份
03	myDate.setMonth(5);	//设置月份
04	myDate.setDate(12);	//设置日期
05	myDate.setHours(10);	//设置小时
06	myDate.setMinutes(10);	//设置分钟
07	myDate.setSeconds(10);	//设置秒钟
08	document.write(myDate);	//输出日期对象

运行结果为：

Tue Jun 12 10:10:10 UTC+0800 2012

在脚本编程中可能需要处理许多关于日期的计算，例如计算经过固定天数或星期之后的日期或计算两个日期之间的天数。在这些计算中，JavaScript 日期值都是以毫秒为单位的。

【例 6.03】　应用 Date 对象中的方法获取当前日期距离明年元旦的天数。程序代码如下：（**实例位置：资源包\源码\06\6.03**）

01	var date1=new Date();	//创建当前的日期对象
02	var theNextYear=date1.getFullYear()+1;	//获取明年的年份
03	date1.setFullYear(theNextYear);	//设置日期对象 date1 中的年份
04	date1.setMonth(0);	//设置日期对象 date1 中的月份
05	date1.setDate(1);	//设置日期对象 date1 中的日期
06	var date2=new Date();	//创建当前的日期对象
07	var date3=date1.getTime()-date2.getTime();	//获取两个日期相差的毫秒数
08	var days=Math.ceil(date3/(24*60*60*1000));	//将毫秒数转换成天数
09	alert("今天距离明年元旦还有"+days+"天");	//输出结果

运行结果如图 6.3 所示。

图 6.2　输出当前的日期和时间　　　　　图 6.3　输出当前日期距离明年元旦的天数

在 Date 对象的方法中还提供了一些以"to"开头的方法，这些方法可以将 Date 对象转换为不同形式的字符串，示例代码如下：

01	<h3>将 Date 对象转换为不同形式的字符串</h3>	
02	<script type="text/javascript">	
03	var newDate=new Date();	//创建当前日期对象
04	document.write(newDate.toString()+" ");	//将 Date 对象转换为字符串
05	document.write(newDate.toTimeString()+" ");	//将 Date 对象的时间部分转换为字符串
06	document.write(newDate.toDateString()+" ");	//将 Date 对象的日期部分转换为字符串

```
07   document.write(newDate.toLocaleString()+"<br>");          //将 Date 对象转换为本地格式的字符串
08   //将 Date 对象的时间部分转换为本地格式的字符串
09   document.write(newDate.toLocaleTimeString()+"<br>");
10   //将 Date 对象的日期部分转换为本地格式的字符串
11   document.write(newDate.toLocaleDateString());
12   </script>
```

运行结果如图 6.4 所示。

图 6.4　将日期对象转换为不同形式的字符串

6.3　实　　战

6.3.1　猜数字大小

做一个简单的猜数字大小的游戏（0~4 为小，5~9 为大），运行结果如图 6.5 所示。（**实例位置：资源包\源码\06\实战\01**）

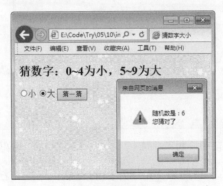

图 6.5　猜数字大小

6.3.2　根据当前小时数输出分时问候信息

通过 Date 对象获得当前时间的小时数，对小时数进行判断，根据判断结果输出自定义的分时问候信息，运行结果如图 6.6 所示。（**实例位置：资源包\源码\06\实战\02**）

图 6.6　输出自定义的分时问候信息

6.4　小　　结

本章主要讲解了 JavaScript 中比较常用的两种内部对象——Math 对象和 Date 对象。通过本章的学习，读者可以了解这些内部对象的简单应用。

第 7 章

数组

（ 📹 视频讲解：1 小时 51 分钟 ）

　　数组是 JavaScript 中常用的数据类型，它是 JavaScript 程序设计的重要内容，提供了一种快速、方便地管理一组相关数据的方法。通过数组可以对大量性质相同的数据进行存储、排序、插入及删除等操作，从而可以有效地提高程序开发效率及改善程序的编写方式。本章将介绍数组的一些基本概念和数组对象的属性和方法。

　　通过学习本章，读者主要掌握以下内容：

▶▶ **什么是数组**

▶▶ **JavaScript 中定义数组的方法**

▶▶ **JavaScript 操作数组元素的方法**

▶▶ **JavaScript 数组的常用属性和方法**

7.1　数　组　介　绍

数组是 JavaScript 中的一种复合数据类型。变量中保存单个数据，而数组中则保存的是多个数据的集合。数组与变量的比较效果如图 7.1 所示。

1. 数组概念

数组（Array）就是一组数据的集合。数组是 JavaScript 中用来存储和操作有序数据集的数据结构。可以把数组看作一个单行表格，该表格的每一个单元格中都可以存储一个数据，即一个数组中可以包含多个元素，如图 7.2 所示。

图 7.1　数组与变量的比较效果　　　　　　　　图 7.2　数组示意图

由于 JavaScript 是一种弱类型的语言，所以在数组中的每个元素的类型可以是不同的。数组中的元素类型可以是数值型、字符串型和布尔型等，甚至也可以是一个数组。

2. 数组元素

数组是数组元素的集合，在图 7.2 中，每个单元格中所存放的就是数组元素。例如，一个班级的所有学生就可以看作是一个数组，每一位学生都是数组中的一个元素；一个酒店的所有房间就相当于一个数组，每一个房间都是这个数组中的一个元素。

每个数组元素都有一个索引号（数组的下标），通过索引号可以方便地引用数组元素。数组的下标从 0 开始编号，例如，第一个数组元素的下标是 0，第二个数组元素的下标是 1，以此类推。

7.2　定　义　数　组

在 JavaScript 中数组也是一种对象，被称为数组对象。因此在定义数组时，也可以使用构造函数。JavaScript 中定义数组的方法主要有 4 种。

7.2.1　定义空数组

使用不带参数的构造函数可以定义一个空数组。顾名思义，空数组中是没有数组元素的，可以在定义空数组后再向数组中添加数组元素。

语法如下：

```
arrayObject = new Array()
```

参数说明。

arrayObject：必选项。新创建的数组对象名。

例如，创建一个空数组，然后向该数组中添加数组元素。代码如下：

```
01    var arr = new Array();                                //定义一个空数组
02    arr[0] = "零基础学 JavaScript";                       //向数组中添加第一个数组元素
03    arr[1] = "零基础学 PHP";                              //向数组中添加第二个数组元素
04    arr[2] = "零基础学 Java";                             //向数组中添加第三个数组元素
```

在上述代码中定义了一个空数组，此时数组中元素的个数为 0。在为数组的元素赋值后，数组中才有了数组元素。

7.2.2 指定数组长度

在定义数组的同时可以指定数组元素的个数。此时并没有为数组元素赋值，所有数组元素的值都是 undefined。

语法如下：

```
arrayObject = new Array(size)
```

参数说明。

☑ arrayObject：必选项。新创建的数组对象名。

☑ size：设置数组的长度。由于数组的下标是从零开始，创建元素的下标将从 0 到 size-1。

例如，创建一个数组元素个数为 3 的数组，并向该数组中存入数据。代码如下：

```
01    var arr = new Array(3);                               //定义一个元素个数为 3 的数组
02    arr[0] = 1;                                           //为第一个数组元素赋值
03    arr[1] = 2;                                           //为第二个数组元素赋值
04    arr[2] = 3;                                           //为第三个数组元素赋值
```

在上述代码中定义了一个元素个数为 3 的数组。在为数组元素赋值之前，这 3 个数组元素的值都是 undefined。

7.2.3 指定数组元素

在定义数组的同时可以直接给出数组元素的值。此时数组的长度就是在括号中给出的数组元素的个数。

语法如下：

```
arrayObject = new Array(element1, element2, element3, ...)
```

参数说明。

☑ arrayObject：必选项。新创建的数组对象名。

☑ element：存入数组中的元素。使用该语法时必须有一个以上元素。

例如，创建数组对象的同时，向该对象中存入数组元素。代码如下：

```
var arr = new Array(123, "零基础学 JavaScript", true);         //定义一个包含 3 个元素的数组
```

7.2.4　直接定义数组

在 JavaScript 中还有一种定义数组的方式，这种方式不需要使用构造函数，直接将数组元素放在一个中括号中，元素与元素之间用逗号分隔。

语法如下：

```
arrayObject = [element1, element2, element3, ...]
```

参数说明。

☑　arrayObject：必选项。新创建的数组对象名。

☑　element：存入数组中的元素。使用该语法时必须有一个以上元素。

例如，直接定义一个含有 3 个元素的数组。代码如下：

```
var arr = [123, "零基础学 JavaScript", true];         //直接定义一个包含 3 个元素的数组
```

7.3　操作数组元素

视频讲解

数组是数组元素的集合，在对数组进行操作时，实际上是对数组元素进行输入或输出、添加或删除的操作。

7.3.1　数组元素的输入和输出

数组元素的输入即为数组中的元素进行赋值，数组元素的输出即获取数组中元素的值并输出，下面分别进行介绍。

1．数组元素的输入

向数组对象中输入数组元素有 3 种方法。

（1）在定义数组对象时直接输入数组元素

这种方法只能在数组元素确定的情况下才可以使用。

例如，在创建数组对象的同时存入字符串数组。代码如下：

```
var arr = new Array("a","b","c","d");         //定义一个包含 4 个元素的数组
```

（2）利用数组对象的元素下标向其输入数组元素

该方法可以随意地向数组对象中的各元素赋值，或是修改数组中的任意元素值。

例如，在创建一个长度为 7 的数组对象后，向下标为 3 和 4 的元素中赋值。

```
01    var arr = new Array(7);                        //定义一个长度为 7 的数组
02    arr[3] = "a";                                  //为下标为 3 的数组元素赋值
03    arr[4] = "b";                                  //为下标为 4 的数组元素赋值
```

（3）利用 for 语句向数组对象中输入数组元素

该方法主要用于批量向数组对象中输入数组元素，一般用于向数组对象中赋初值。

例如，可以通过改变变量 n 的值（必须是数值型），给数组对象赋指定个数的数值元素。代码如下：

```
01    var n=7;                                       //定义变量并对其赋值
02    var arr = new Array();                         //定义一个空数组
03    for (var i=0;i<n;i++){                         //应用 for 循环语句为数组元素赋值
04        arr[i]=i;
05    }
```

2. 数组元素的输出

将数组对象中的元素值进行输出有 3 种方法。

（1）用下标获取指定元素值

该方法通过数组对象的下标，获取指定的元素值。

例如，获取数组对象中的第 3 个元素的值。代码如下：

```
01    var arr = new Array("a","b","c","d");          //定义数组
02    var third = arr[2];                            //获取下标为 2 的数组元素
03    document.write(third);                         //输出变量的值
```

运行结果为：

```
c
```

注意

> 数组对象的元素下标是从 0 开始的。

（2）用 for 语句获取数组中的元素值

该方法是利用 for 语句获取数组对象中的所有元素值。

例如，获取数组对象中的所有元素值。代码如下：

```
01    var str = "";                                  //定义变量并进行初始化
02    var arr = new Array("a","b","c","d");          //定义数组
03    for (var i=0;i<4;i++){                         //定义 for 循环语句
04        str=str+arr[i];                            //将各个数组元素连接在一起
05    }
06    document.write(str);                           //输出变量的值
```

运行结果为：

```
abcd
```

（3）用数组对象名输出所有元素值

该方法是用创建的数组对象本身显示数组中的所有元素值。

例如，显示数组中的所有元素值。代码如下：

```
01    var arr = new Array("a","b","c","d");                              //定义数组
02    document.write(arr);                                               //输出数组中所有元素的值
```

运行结果为：

```
a,b,c,d
```

【例 7.01】 某班级里有 3 个学霸，创建一个存储 3 个学霸姓名（张三、李四、王五）的数组，然后输出这 3 个数组元素。首先创建一个包含 3 个元素的数组，并为每个数组元素赋值，然后使用 for 循环语句遍历输出数组中的所有元素。代码如下：（**实例位置：资源包\源码\07\7.01**）

```
01    <script type="text/javascript">
02    var students = new Array(3);                                       //定义数组
03    students[0] = "张三";                                              //为下标为 0 的数组元素赋值
04    students[1] = "李四";                                              //为下标为 1 的数组元素赋值
05    students[2] = "王五";                                              //为下标为 2 的数组元素赋值
06    for(var i=0;i<3;i++){
07        document.write("第"+(i+1)+"个学霸姓名是："+students[i]+"<br>");    //循环输出数组元素
08    }
09    </script>
```

运行结果如图 7.3 所示。

7.3.2 数组元素的添加

在定义数组时虽然已经设置了数组元素的个数，但是该数组的元素个数并不是固定的。可以通过添加数组元素的方法来增加数组元素的个数。添加数组元素的方法非常简单，只要对新的数组元素进行赋值即可。

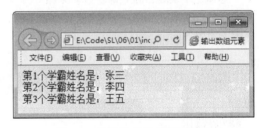

图 7.3 使用数组存储学霸姓名

例如，定义一个包含两个元素的数组，然后为数组添加 3 个元素，最后输出数组中的所有元素值，代码如下：

```
01    var arr = new Array("零基础学 JavaScript","零基础学 PHP");    //定义数组
02    arr[2] = "零基础学 Java";                                    //添加新的数组元素
03    arr[3] = "零基础学 C#";                                      //添加新的数组元素
04    arr[4] = "零基础学 Oracle";                                  //添加新的数组元素
05    document.write(arr);                                       //输出添加元素后的数组
```

运行结果为：

```
零基础学 JavaScript,零基础学 PHP,零基础学 Java,零基础学 C#,零基础学 Oracle
```

另外，还可以对已经存在的数组元素进行重新赋值。例如，定义一个包含两个元素的数组，将第

二个数组元素进行重新赋值并输出数组中的所有元素值，代码如下：

```
01    var arr = new Array("零基础学 JavaScript","零基础学 PHP");    //定义数组
02    arr[1] = "零基础学 Java";                                    //为下标为 1 的数组元素重新赋值
03    document.write(arr);                                        //输出重新赋值后的新数组
```

运行结果为：

零基础学 JavaScript,零基础学 Java

7.3.3 数组元素的删除

使用 delete 运算符可以删除数组元素的值，但是只能将该元素恢复为未赋值的状态，即 undefined，而不能真正地删除一个数组元素，数组中的元素个数也不会减少。

例如，定义一个包含 3 个元素的数组，然后应用 delete 运算符删除下标为 1 的数组元素，最后输出数组中的所有元素值。代码如下：

```
01    var arr = new Array("零基础学 JavaScript","零基础学 PHP","零基础学 Java");//定义数组
02    delete arr[1];                                              //删除下标为 1 的数组元素
03    document.write(arr);                                        //输出删除元素后的数组
```

运行结果为：

零基础学 JavaScript,,零基础学 Java

注意

应用 delete 运算符删除数组元素之前和删除数组元素之后，元素个数并没有改变，改变的只是被删除的数组元素的值，该值变为 undefined。

视频讲解

7.4 数组的属性

在数组对象中有 length 和 prototype 两个属性。下面分别对这两个属性进行详细介绍。

7.4.1 length 属性

length 属性用于返回数组的长度。
语法如下：

arrayObject.length

参数说明。
arrayObject：数组名称。

例如，获取已创建的数组对象的长度。代码如下：

```
01   var arr=new Array(1,2,3,4,5,6,7,8);          //定义数组
02   document.write(arr.length);                  //输出数组的长度
```

运行结果为：

```
8
```

例如，增加已有数组的长度。代码如下：

```
01   var arr=new Array(1,2,3,4,5,6,7,8);          //定义数组
02   arr[arr.length]=arr.length+1;                //为新的数组元素赋值
03   document.write(arr.length);                  //输出数组的新长度
```

运行结果为：

```
9
```

注意

（1）当用 new Array()创建数组时，并不对其进行赋值，length 属性的返回值为 0。
（2）数组的长度是由数组的最大下标决定的。

例如，用不同的方法创建数组，并输出数组的长度。代码如下：

```
01   var arr1 = new Array();                                           //定义数组 arr1
02   document.write("数组 arr1 的长度为："+arr1.length+"<p>");         //输出数组 arr1 的长度
03   var arr2 = new Array(3);                                          //定义数组 arr2
04   document.write("数组 arr2 的长度为："+arr2.length+"<p>");         //输出数组 arr2 的长度
05   var arr3 = new Array(1,2,3,4,5);                                  //定义数组 arr3
06   document.write("数组 arr3 的长度为："+arr3.length+"<p>");         //输出数组 arr3 的长度
07   var arr4 = [5,6];                                                 //定义数组 arr4
08   document.write("数组 arr4 的长度为："+arr4.length+"<p>");         //输出数组 arr4 的长度
09   var arr5 = new Array();                                           //定义数组 arr5
10   arr5[9] = 100;                                                    //为下标为 9 的元素赋值
11   document.write("数组 arr5 的长度为："+arr5.length+"<p>");         //输出数组 arr5 的长度
```

运行结果如图 7.4 所示。

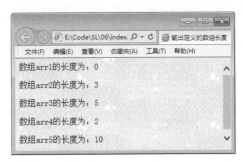

图 7.4　输出数组的长度

【例 7.02】　将东北三省的省份名称、省会城市名称以及 3 个城市的旅游景点分别定义在数组中，应用 for 循环语句和数组的 length 属性，将省份、省会以及旅游景点循环输出在表格中。代码如下：（**实例位置：资源包\源码\07\7.02**）

```
01  <table cellspacing="1" bgcolor="#CC00FF">
02    <tr height="30" bgcolor="#FFFFFF">
03     <td align="center" width="50">序号</td>
04     <td align="center" width="100">省份</td>
05     <td align="center" width="100">省会</td>
06     <td align="center" width="260">旅游景点</td>
07    </tr>
08  <script type="text/javascript">
09  var province=new Array("黑龙江省","吉林省","辽宁省");              //定义省份数组
10  var city=new Array("哈尔滨市","长春市","沈阳市");                  //定义省会数组
11  var tourist=new Array("太阳岛 圣索菲亚教堂 中央大街","净月潭 长影世纪城 动植物公园",
                    "沈阳故宫 沈阳北陵 张氏帅府");                   //定义旅游景点数组
12  for(var i=0; i<province.length; i++){                        //定义 for 循环语句
13      document.write("<tr height=26 bgcolor='#FFFFFF'>");       //输出<tr>开始标记
14      document.write("<td align='center'>"+(i+1)+"</td>");      //输出序号
15      document.write("<td align='center'>"+province[i]+"</td>"); //输出省份名称
16      document.write("<td align='center'>"+city[i]+"</td>");     //输出省会名称
17      document.write("<td align='center'>"+tourist[i]+"</td>");  //输出旅游景点
18      document.write("</tr>");                                  //输出</tr>结束标记
19  }
20  </script>
21  </table>
```

运行结果如图 7.5 所示。

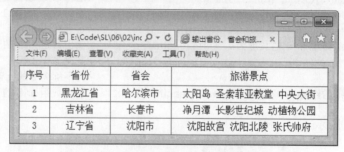

图 7.5　输出省份、省会和旅游景点

7.4.2　prototype 属性

prototype 属性可以为数组对象添加自定义的属性或方法。

语法如下：

```
Array.prototype.name=value
```

参数说明。

☑　　name：要添加的属性名或方法名。

☑　　value：添加的属性的值或执行方法的函数。

例如，利用 prototype 属性自定义一个方法，用于显示数组中的最后一个元素。代码如下：

```
01  Array.prototype.outLast=function(){        //自定义 outLast()方法
02      document.write(this[this.length-1]);   //输出数组中最后一个元素
03  }
04  var arr=new Array(1,2,3,4,5,6,7,8);        //定义数组
05  arr.outLast();                             //调用自定义方法
```

运行结果为：

```
8
```

该属性的用法与 String 对象的 prototype 属性类似，下面以实例的形式对该属性的应用进行说明。

【例 7.03】　　应用数组对象的 prototype 属性自定义一个方法，用于显示数组中的全部数据。程序代码如下：（实例位置：资源包\源码\07\7.03）

```
01  <script type="text/javascript">
02  Array.prototype.outAll=function(ar){       //自定义 outAll()方法
03      for(var i=0;i<this.length;i++){         //定义 for 循环语句
04          document.write(this[i]);            //输出数组元素
05          document.write(ar);                 //输出数组元素之间的分隔符
06      }
07  }
08  var arr=new Array(1,2,3,4,5,6,7,8);        //定义数组
09  arr.outAll(" ");                           //调用自定义的 outAll()方法
10  </script>
```

运行结果如图 7.6 所示。

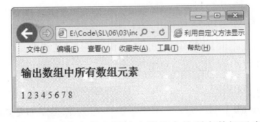

图 7.6　应用自定义方法输出数组中的所有数组元素

7.5　数组的方法

视频讲解

数组是 JavaScript 中的一个内置对象，使用数组对象的方法可以更加方便地操作数组中的数据。数组对象的方法如表 7.1 所示。

表 7.1　数组对象的方法

方　　法	说　　明
concat()	连接两个或更多的数组，并返回结果
push()	向数组的末尾添加一个或多个元素，并返回新的长度
unshift()	向数组的开头添加一个或多个元素，并返回新的长度
pop()	删除并返回数组的最后一个元素
shift()	删除并返回数组的第一个元素
splice()	删除元素，并向数组添加新元素
reverse()	颠倒数组中元素的顺序
sort()	对数组的元素进行排序
slice()	从某个已有的数组返回选定的元素
toString()	把数组转换为字符串，并返回结果
toLocaleString()	把数组转换为本地字符串，并返回结果
join()	把数组的所有元素放入一个字符串，元素通过指定的分隔符进行分隔

7.5.1　数组的添加和删除

数组的添加和删除可以使用 concat()、push()、unshift()、pop()、shift()和 splice()方法实现。

1. concat()方法

concat()方法用于将其他数组连接到当前数组的末尾。
语法如下：

```
arrayObject.concat(arrayX,arrayX,...,arrayX)
```

参数说明。

☑　arrayObject：必选项。数组名称。

☑　arrayX：必选项。该参数可以是具体的值，也可以是数组对象。

返回值：返回一个新的数组，而原数组中的元素和数组长度不变。

例如，在数组的尾部添加数组元素。代码如下：

```
01    var arr=new Array(1,2,3,4,5,6,7,8);              //定义数组
02    document.write(arr.concat(9,10));               //输出添加元素后的新数组
```

运行结果为：

```
1,2,3,4,5,6,7,8,9,10
```

例如，在数组的尾部添加其他数组。代码如下：

```
01    var arr1=new Array('a','b','c');                //定义数组 arr1
02    var arr2=new Array('d','e','f');                //定义数组 arr2
03    document.write(arr1.concat(arr2));              //输出连接后的数组
```

运行结果为：

a,b,c,d,e,f

2．push()方法

push()方法向数组的末尾添加一个或多个元素，并返回添加后的数组长度。

语法如下：

arrayObject.push(newelement1,newelement2,...,newelementX)

参数说明。

☑　　arrayObject：必选项。数组名称。

☑　　newelement1：必选项。要添加到数组的第一个元素。

☑　　newelement2：可选项。要添加到数组的第二个元素。

☑　　newelementX：可选项。可添加的多个元素。

返回值：把指定的值添加到数组后的新长度。

例如，向数组的末尾添加两个数组元素，并输出原数组、添加元素后的数组长度和新数组。代码如下：

```
01    var arr=new Array("JavaScript","HTML","CSS");              //定义数组
02    document.write('原数组: '+arr+'<br>');                      //输出原数组
03    //向数组末尾添加两个元素并输出数组长度
04    document.write('添加元素后的数组长度: '+arr.push("PHP","Java")+'<br>');
05    document.write('新数组: '+arr);                             //输出添加元素后的新数组
```

运行结果如图 7.7 所示。

图 7.7　向数组的末尾添加元素

3．unshift()方法

unshift()方法向数组的开头添加一个或多个元素。

语法如下：

arrayObject.unshift(newelement1,newelement2,...,newelementX)

参数说明。

☑　　arrayObject：必选项。数组名称。

☑　　newelement1：必选项。向数组添加的第一个元素。

☑　　newelement2：可选项。向数组添加的第二个元素。

☑　newelementX：可选项。可添加的多个元素。

返回值：把指定的值添加到数组后的新长度。

例如，向数组的开头添加两个数组元素，并输出原数组、添加元素后的数组长度和新数组。代码如下：

```
01    var arr=new Array("JavaScript","HTML","CSS");          //定义数组
02    document.write('原数组：'+arr+'<br>');                  //输出原数组
03    //向数组开头添加两个元素并输出数组长度
04    document.write('添加元素后的数组长度：'+arr.unshift("PHP","Java")+'<br>');
05    document.write('新数组：'+arr);                          //输出添加元素后的新数组
```

运行程序，会将原数组和新数组中的内容显示在页面中，如图 7.8 所示。

4．pop()方法

pop()方法用于把数组中的最后一个元素从数组中删除，并返回删除元素的值。

语法如下：

```
arrayObject.pop()
```

参数说明。

arrayObject：必选项。数组名称。

返回值：在数组中删除的最后一个元素的值。

例如，删除数组中的最后一个元素，并输出原数组、删除的元素和删除元素后的数组。代码如下：

```
01    var arr=new Array(1,2,3,4,5,6,7,8);            //定义数组
02    document.write('原数组：'+arr+'<br>');          //输出原数组
03    var del=arr.pop();                              //删除数组中最后一个元素
04    document.write('删除元素为：'+del+'<br>');       //输出删除的元素
05    document.write('删除后的数组为：'+arr);          //输出删除后的数组
```

运行结果如图 7.9 所示。

图 7.8　向数组的开头添加元素

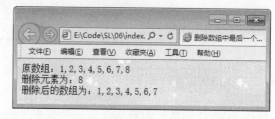

图 7.9　删除数组中最后一个元素

5．shift()方法

shift()方法用于把数组中的第一个元素从数组中删除，并返回删除元素的值。

语法如下：

```
arrayObject.shift()
```

参数说明。

arrayObject：必选项。数组名称。

返回值：在数组中删除的第一个元素的值。

例如，删除数组中的第一个元素，并输出原数组、删除的元素和删除元素后的数组。代码如下：

```
01    var arr=new Array(1,2,3,4,5,6,7,8);          //定义数组
02    document.write('原数组：'+arr+'<br>');          //输出原数组
03    var del=arr.shift();                          //删除数组中第一个元素
04    document.write('删除元素为：'+del+'<br>');          //输出删除的元素
05    document.write('删除后的数组为：'+arr);          //输出删除后的数组
```

运行结果如图 7.10 所示。

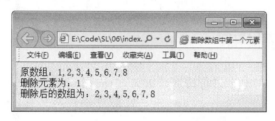

图 7.10　删除数组中第一个元素

6. splice()方法

pop()方法的作用是删除数组的最后一个元素，shift()方法的作用是删除数组的第一个元素，而要想更灵活地删除数组中的元素，可以使用 splice()方法。通过 splice()方法可以删除数组中指定位置的元素，还可以向数组中的指定位置添加新元素。

语法如下：

```
arrayObject.splice(start,length,element1,element2,…)
```

参数说明。

☑　arrayObject：必选项。数组名称。

☑　start：必选项。指定要删除数组元素的开始位置，即数组的下标。

☑　length：可选项。指定删除数组元素的个数。如果未设置该参数，则删除从 start 开始到原数组末尾的所有元素。

☑　element：可选项。要添加到数组的新元素。

例如，在 splice()方法中应用不同的参数，对相同的数组中的元素进行删除操作。代码如下：

```
01    var arr1 = new Array("a","b","c","d");          //定义数组
02    arr1.splice(1);                                //删除第二个元素和之后的所有元素
03    document.write(arr1+"<br>");                    //输出删除后的数组
04    var arr2 = new Array("a","b","c","d");          //定义数组
05    arr2.splice(1,2);                              //删除数组中的第二个和第三个元素
06    document.write(arr2+"<br>");                    //输出删除后的数组
07    var arr3 = new Array("a","b","c","d");          //定义数组
08    arr3.splice(1,2,"e","f");                      //删除数组中的第二个和第三个元素，并添加新元素
09    document.write(arr3+"<br>");                    //输出删除后的数组
```

```
10    var arr4 = new Array("a","b","c","d");              //定义数组
11    arr4.splice(1,0,"e","f");                           //在第二个元素前添加新元素
12    document.write(arr4+"<br>");                        //输出删除后的数组
```

运行结果如图 7.11 所示。

图 7.11   删除数组中指定位置的元素

7.5.2   设置数组的排列顺序

将数组中的元素按照指定的顺序进行排列可以通过 reverse()和 sort()方法实现。

1．reverse()方法

reverse()方法用于颠倒数组中元素的顺序。
语法如下：

```
arrayObject.reverse()
```

参数说明。
arrayObject：必选项。数组名称。

注意

该方法会改变原来的数组，而不创建新数组。

例如，将数组中的元素顺序颠倒后显示。代码如下：

```
01    var arr=new Array("JavaScript","HTML","CSS");       //定义数组
02    document.write('原数组：'+arr+'<br>');              //输出原数组
03    arr.reverse();                                      //对数组元素顺序进行颠倒
04    document.write('颠倒后的数组：'+arr);               //输出颠倒后的数组
```

运行结果如图 7.12 所示。

图 7.12   将数组颠倒输出

2．sort()方法

sort()方法用于对数组的元素进行排序。

语法如下：

```
arrayObject.sort(sortby)
```

参数说明。

☑　arrayObject：必选项。数组名称。

☑　sortby：可选项。规定排序的顺序，必须是函数。

 说明

如果调用该方法时没有使用参数，将按字母顺序对数组中的元素进行排序，也就是按照字符的编码顺序进行排序。如果想按照其他标准进行排序，就需要提供比较函数。

例如，将数组中的元素按字符的编码顺序进行显示。代码如下：

```
01    var arr=new Array("PHP","HTML","JavaScript");          //定义数组
02    document.write('原数组:'+arr+'<br>');                    //输出原数组
03    arr.sort();                                             //对数组进行排序
04    document.write('排序后的数组:'+arr);                      //输出排序后的数组
```

运行程序，将原数组和排序后的数组输出，结果如图 7.13 所示。

图 7.13　输出排序前与排序后的数组

如果想要将数组元素按照其他方法进行排序，就需要指定 sort()方法的参数。该参数通常是一个比较函数，该函数应该有两个参数（假设为 a 和 b）。在对元素进行排序时，每次比较两个元素都会执行比较函数，并将这两个元素作为参数传递给比较函数。其返回值有以下两种情况。

☑　如果返回值大于 0，则交换两个元素的位置。

☑　如果返回值小于等于 0，则不进行任何操作。

例如，定义一个包含 4 个元素的数组，将数组中的元素按从小到大的顺序进行输出。代码如下：

```
01    var arr=new Array(9,6,10,5);                            //定义数组
02    document.write('原数组： '+arr+'<br>');                   //输出原数组
03    function ascOrder(x,y){                                 //定义比较函数
04        if(x>y){                                            //如果第一个参数值大于第二个参数值
05            return 1;                                        //返回 1
06        }else{
07            return -1;                                       //返回-1
08        }
```

```
09     }
10     arr.sort(ascOrder);                                    //对数组进行排序
11     document.write('排序后的数组：'+arr);                   //输出排序后的数组
```

运行结果如图 7.14 所示。

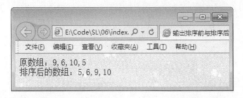

图 7.14　输出排序前与排序后的数组元素

【例 7.04】　将 2016 年电影票房排行榜前五名的影片名称和对应的影片票房分别定义在数组中，对影片票房进行降序排序，将排序后的影片排名、影片名称和票房输出在表格中。代码如下：（**实例位置：资源包\源码\07\7.04**）

```
01  <table cellspacing="1" bgcolor="#CC00FF">
02    <tr height="30" bgcolor="#FFFFFF">
03     <td align="center" width="50">排名</td>
04     <td align="center" width="210">影片</td>
05     <td align="center" width="100">票房</td>
06    </tr>
07  <script type="text/javascript">
08  //定义影片数组 movieArr
09  var movieArr=new Array("魔兽","美人鱼","西游记之孙悟空三打白骨精","疯狂动物城","美国队长 3");
10  var boxofficeArr=new Array(14.7,33.9,12,15.3,12.5);          //定义票房数组 boxofficeArr
11  var sortArr=new Array(14.7,33.9,12,15.3,12.5);              //定义票房数组 sortArr
12  function ascOrder(x,y){                                      //定义比较函数
13     if(x<y){                                                 //如果第一个参数值小于第二个参数值
14        return 1;                                             //返回 1
15     }else{
16        return -1;                                            //返回-1
17     }
18  }
19  sortArr.sort(ascOrder);                                     //为票房进行降序排序
20  for(var i=0; i<sortArr.length; i++){                        //定义外层 for 循环语句
21    for(var j=0; j<sortArr.length; j++){                      //定义内层 for 循环语句
22       if(sortArr[i]==boxofficeArr[j]){                       //分别获取排序后的票房在原票房数组中的索引
23          document.write("<tr height=26 bgcolor='#FFFFFF'>");  //输出<tr>标记
24          document.write("<td align='center'>"+(i+1)+"</td>");//输出影片排名
25          //输出票房对应的影片名称
26          document.write("<td class='left'>"+movieArr[j]+"</td>");
27          document.write("<td align='center'>"+sortArr[i]+"亿元</td>"); //输出票房
28          document.write("</tr>");                            //输出</tr>标记
29       }
30    }
31  }
32  </script>
33  </table>
```

运行结果如图 7.15 所示。

图 7.15　输出 2016 电影票房排行榜前五名

7.5.3　获取某段数组元素

获取数组中的某段数组元素主要用 slice() 方法实现。slice() 方法可从已有的数组中返回选定的元素。语法如下：

```
arrayObject.slice(start,end)
```

参数说明。

☑　start：必选项。规定从何处开始选取。如果是负数，那么它规定从数组尾部开始算起的位置。也就是说，–1 指最后一个元素，–2 指倒数第二个元素，以此类推。

☑　end：可选项。规定从何处结束选取。该参数是数组片断结束处的数组下标。如果没有指定该参数，那么切分的数组包含从 start 到数组结束的所有元素。如果这个参数是负数，那么它将从数组尾部开始算起。

返回值：返回截取后的数组元素，该方法返回的数据中不包括 end 索引所对应的数据。

例如，获取指定数组中某段数组元素。代码如下：

```
01    var arr=new Array("a","b","c","d","e","f");                                //定义数组
02    document.write("原数组："+arr+"<br>");                                     //输出原数组
03    //输出截取后的数组
04    document.write("获取数组中第 3 个元素后的所有元素："+arr.slice(2)+"<br>");
05    document.write("获取数组中第 2 个到第 5 个元素："+arr.slice(1,5)+"<br>");   //输出截取后的数组
06    document.write("获取数组中倒数第 2 个元素后的所有元素："+arr.slice(-2));    //输出截取后的数组
```

运行程序，会将原数组以及截取数组中元素后的数据输出，运行结果如图 7.16 所示。

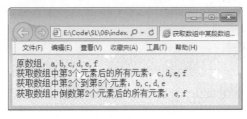

图 7.16　获取数组中某段数组元素

【例 7.05】　某歌手参加歌唱比赛，5 位评委分别给出的分数是 95、90、89、91、96，要获得最

终的得分需要去掉一个最高分和一个最低分，并计算剩余 3 个分数的平均分。试着计算出该选手的最终得分。代码如下：（**实例位置：资源包\源码\07\7.05**）

```
01  <script type="text/javascript">
02  var scoreArr=new Array(95,90,89,91,96);              //定义分数数组
03  var scoreStr="";                                     //定义分数字符串变量
04  for(var i=0; i<scoreArr.length; i++){
05      scoreStr+=scoreArr[i]+"分  ";                     //对所有分数进行连接
06  }
07  function ascOrder(x,y){                              //定义比较函数
08      if(x<y){                                         //如果第一个参数值小于第二个参数值
09          return 1;                                    //返回 1
10      }else{
11          return -1;                                   //返回-1
12      }
13  }
14  scoreArr.sort(ascOrder);                             //为分数进行降序排序
15  var newArr=scoreArr.slice(1,scoreArr.length-1);      //去除最高分和最低分
16  var totalScore=0;                                    //定义总分变量
17  for(var i=0; i<newArr.length; i++){
18      totalScore+=newArr[i];                           //计算总分
19  }
20  document.write("五位评委打分："+scoreStr);              //输出 5 位评委的打分
21  document.write("<br>去掉一个最高分："+scoreArr[0]+"分");  //输出去掉的最高分
22  //输出去掉的最低分
23  document.write("<br>去掉一个最低分："+scoreArr[scoreArr.length-1]+"分");
24  document.write("<br>选手最终得分："+totalScore/newArr.length+"分"); //输出选手最终得分
25  </script>
```

运行程序，结果如图 7.17 所示。

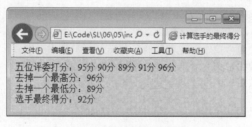

图 7.17　计算选手的最终得分

7.5.4　数组转换成字符串

将数组转换成字符串主要通过 toString()、toLocaleString()和 join()方法实现。

1．toString()方法

toString()方法可把数组转换为字符串，并返回结果。

语法如下：

arrayObject.toString()

参数说明。

arrayObject：必选项。数组名称。

返回值：以字符串显示数组对象。返回值与没有参数的 join()方法返回的字符串相同。

注意

在转换成字符串后，数组中的各元素以逗号分隔。

例如，将数组转换成字符串。代码如下：

```
01   var arr=new Array("a","b","c","d","e","f");        //定义数组
02   document.write(arr.toString());                    //输出转换后的字符串
```

运行结果为：

a,b,c,d,e,f

2．toLocaleString()方法

toLocaleString()方法将数组转换成本地字符串。
语法如下：

arrayObject.toLocaleString()

参数说明。

arrayObject：必选项。数组名称。

返回值：以本地格式的字符串显示的数组对象。

说明

该方法首先调用每个数组元素的 toLocaleString()方法，然后使用地区特定的分隔符把生成的字符串连接起来，形成一个字符串。

例如，将数组转换成用“,”号分隔的字符串。代码如下：

```
01   var arr=new Array("a","b","c","d","e","f");        //定义数组
02   document.write(arr.toLocaleString());              //输出转换后的字符串
```

运行结果为：

a, b, c, d, e, f

3．join()方法

join()方法将数组中的所有元素放入一个字符串中。

语法如下：

```
arrayObject.join(separator)
```

参数说明。

☑　arrayObject：必选项。数组名称。

☑　separator：可选项。指定要使用的分隔符。如果省略该参数，则使用逗号作为分隔符。

返回值：返回一个字符串。该字符串是把 arrayObject 的每个元素转换为字符串，然后把这些字符串用指定的分隔符连接起来。

例如，以指定的分隔符将数组中的元素转换成字符串。代码如下：

```
01    var arr=new Array("a","b","c","d","e","f");          //定义数组
02    document.write(arr.join("#"));                        //输出转换后的字符串
```

运行结果为：

```
a#b#c#d#e#f
```

7.6　实　　战

7.6.1　输出购物车中的商品信息

将购物车中的商品名称、商品单价以及商品数量分别定义在数组中，应用 for 循环语句和数组的 length 属性循环输出商品的名称、单价、数量、各商品的总价以及所有商品合计金额，运行结果如图 7.18 所示。（**实例位置：资源包\源码\07\实战\01**）

图 7.18　输出商品信息以及所有商品合计金额

7.6.2　输出周星星的期末考试成绩

周星星的期末考试成绩为：数学 80 分、语文 85 分、英语 76 分、物理 91 分、化学 88 分，对周星星的考试成绩进行升序排列，将结果输出在表格中，运行结果如图 7.19 所示。（**实例位置：资源包\源码\07\实战\02**）

图 7.19　将考试成绩进行升序排列

7.7　小　　结

　　本章主要讲解了 JavaScript 中的数组，数组在 JavaScript 中的应用是非常广泛的。通过本章的学习，读者可以了解数组的简单应用。

第 8 章

String 对象

(📹 视频讲解：1 小时 5 分钟)

　　在任何的编程语言中，字符串、数值和布尔值都是基本的数据类型。在 JavaScript 中，使用 String 对象可以对字符串进行处理。本章将对字符串对象的创建，以及字符串对象的属性和方法进行详细介绍。

　　通过学习本章，读者主要掌握以下内容：

▶▶ String 对象的创建方法

▶▶ String 对象的属性

▶▶ String 对象的常用方法

视频讲解

8.1　String 对象的创建

String 对象是动态对象，使用构造函数可以显式创建字符串对象。String 对象用于操纵和处理文本串，可以通过该对象在程序中获取字符串长度、提取子字符串，以及将字符串转换为大写或小写字符。

语法如下：

```
var newstr=new String(StringText)
```

参数说明。

☑　newstr：创建的 String 对象名。

☑　StringText：可选项。字符串文本。

例如，创建一个 String 对象。代码如下：

```
var newstr=new String("飞雪连天射白鹿，笑书神侠倚碧鸳");     //创建字符串对象
```

实际上，JavaScript 会自动在字符串与字符串对象之间进行转换。因此，任何一个字符串常量（用单引号或双引号括起来的字符串）都可以看作是一个 String 对象，可以将其直接作为对象来使用，只要在字符变量的后面加 "."，便可以直接调用 String 对象的属性和方法。字符串与 String 对象的不同在于返回的 typeof 值，前者返回的是 string 类型，后者返回的是 object 类型。

视频讲解

8.2　String 对象的属性

在 String 对象中有 3 个属性，分别是 length、constructor 和 prototype。下面对这几个属性进行详细介绍。

8.2.1　length 属性

length 属性用于获得当前字符串的长度。该字符串的长度为字符串中所有字符的个数，而不是字节数（一个英文字符占一个字节，一个中文字符占两个字节）。

语法如下：

```
stringObject.length
```

参数说明。

stringObject：当前获取长度的 String 对象名，也可以是字符变量名。

说明

通过 length 属性返回的字符串长度包括字符串中的空格。

127

例如，获取已创建的字符串对象 newString 的长度。代码如下：

```
01    var newString=new String("abcdefg");        //创建字符串对象
02    var p=newString.length;                      //获取字符串对象的长度
03    alert(p);                                    //输出字符串对象的长度
```

运行结果为：

```
7
```

例如，获取自定义的字符变量 newStr 的长度。代码如下：

```
01    var newStr="abcdefg";                        //定义一个字符串变量
02    var p=newStr.length;                         //获取字符串变量的长度
03    alert(p);                                    //输出字符串变量的长度
```

运行结果为：

```
7
```

【例 8.01】　　金庸先生的武侠小说深受广大武侠迷们的喜爱，在小说中无论是正面人物还是反面人物都很有特色。现提取小说中的一些主要人物，如张无忌、郭靖、东方不败、乔峰、令狐冲、完颜洪烈、杨过、金轮法王、韦小宝。

将以上人物按名称的字数进行分类，并将分类结果输出在页面中。代码如下：（**实例位置：资源包\源码\08\8.01**）

```
01    //定义人物数组
02    var arr=new Array("张无忌","郭靖","东方不败","乔峰","令狐冲","完颜洪烈","杨过","金轮法王",
                        "韦小宝");
03    var twoname="";                              //初始化二字人物变量
04    var threename="";                            //初始化三字人物变量
05    var fourname="";                             //初始化四字人物变量
06    for(var i=0; i<arr.length; i++){
07        if(arr[i].length==2){                    //如果人物名称长度为 2
08            twoname+=arr[i]+" ";                 //将人物名称连接在一起
09        }
10        if(arr[i].length==3){                    //如果人物名称长度为 3
11            threename+=arr[i]+" ";               //将人物名称连接在一起
12        }
13        if(arr[i].length==4){                    //如果人物名称长度为 4
14            fourname+=arr[i]+" ";                //将人物名称连接在一起
15        }
16    }
17    document.write("二字人物："+twoname);          //输出二字人物
18    document.write("<br>三字人物："+threename);     //输出三字人物
19    document.write("<br>四字人物："+fourname);      //输出四字人物
```

运行程序，结果如图 8.1 所示。

图 8.1　为金庸小说人物名称按字数分类

8.2.2　constructor 属性

constructor 属性用于对当前对象的构造函数的引用。
语法如下：

```
stringObject.constructor
```

参数说明。
stringObject：String 对象名或字符变量名。
例如，使用 constructor 属性判断当前对象的类型。代码如下：

```
01   var newStr=new String("One World One Dream");      //创建字符串对象
02   if (newStr.constructor==String){                   //判断当前对象是否为字符串对象
03       alert("这是一个字符串对象");                      //输出字符串
04   }
```

运行结果如图 8.2 所示。

图 8.2　输出对象的类型

说明

以上例子中的 newStr 对象，可以用字符串变量代替。constructor 属性是一个公共属性，在 Array、Date、Boolean 和 Number 对象中都可以调用该属性，用法与 String 对象相同。

8.2.3　prototype 属性

prototype 属性可以为字符串对象添加自定义的属性或方法。
语法如下：

```
String.prototype.name=value
```

参数说明。

☑ name：要添加的属性名或方法名。

☑ value：添加属性的值或执行方法的函数。

例如，给 String 对象添加一个自定义方法 getLength，通过该方法获取字符串的长度。代码如下：

```
01    String.prototype.getLength=function(){          //定义添加的方法
02        alert(this.length);                          //输出字符串长度
03    }
04    var str=new String("abcdefg");                   //创建字符串对象
05    str.getLength();                                 //调用添加的方法
```

运行结果如图 8.3 所示。

图 8.3　输出字符串的长度

> prototype 属性也是一个公共属性，在 Array、Date、Boolean 和 Number 对象中都可以调用该属性，用法与 String 对象相同。

8.3　String 对象的方法

在 String 对象中提供了很多处理字符串的方法，通过这些方法可以对字符串进行查找、截取、大小写转换以及格式化等一些操作。下面分别对这些方法进行详细介绍。

> String 对象中的方法与属性，字符串变量也可以使用，为了便于读者用字符串变量执行 String 对象中的方法与属性，下面的例子都用字符串变量进行操作。

8.3.1　查找字符串

字符串对象提供了几种用于查找字符串中的字符或子字符串的方法。下面对这几种方法进行详细介绍。

1. charAt()方法

charAt()方法可以返回字符串中指定位置的字符。
语法如下：

```
stringObject.charAt(index)
```

参数说明。

☑ stringObject：String 对象名或字符变量名。

☑ index：必选参数。表示字符串中某个位置的数字，即字符在字符串中的下标。

> **说明**
>
> 字符串中第一个字符的下标是 0，因此，index 参数的取值范围是 0~string.length-1。如果参数 index 超出了这个范围，则返回一个空字符串。

例如，在字符串"你好零零七，我是零零发"中返回下标为 1 的字符。代码如下：

```
01    var str="你好零零七，我是零零发";              //定义字符串
02    document.write(str.charAt(1));                 //输出字符串中下标为 1 的字符
```

查找过程示意图如图 8.4 所示。

图 8.4 查找字符示意图

运行结果为：

```
好
```

2. indexOf()方法

indexOf()方法可以返回某个子字符串在字符串中首次出现的位置。
语法如下：

```
stringObject.indexOf(substring,startindex)
```

参数说明。

☑ stringObject：String 对象名或字符变量名。

☑ substring：必选参数。要在字符串中查找的子字符串。

☑ startindex：可选参数。用于指定在字符串中开始查找的位置。它的取值范围是 0 到 stringObject.length-1。如果省略该参数，则从字符串的首字符开始查找。如果要查找的子字符串没有出现，则返回-1。

例如，在字符串"你好零零七，我是零零发"中进行不同的检索。代码如下：

```
01    var str="你好零零七，我是零零发";                      //定义字符串
02    document.write(str.indexOf("零")+"<br>");              //输出字符"零"在字符串中首次出现的位置
03    //输出字符"零"在下标为 4 的字符后首次出现的位置
04    document.write(str.indexOf("零",4)+"<br>");
05    document.write(str.indexOf("零零八"));                 //输出字符"零零八"在字符串中首次出现的位置
```

查找过程示意图如图 8.5 所示。

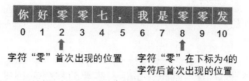

图 8.5　查找字符示意图

运行结果为：

```
2
8
-1
```

【例 8.02】　有这样一段绕口令：四是四，十是十，十四是十四，四十是四十。应用 String 对象中的 indexOf()方法获取字符"四"在绕口令中的出现次数。代码如下：（**实例位置：资源包\源码\08\8.02**）

```
01    var str="四是四，十是十，十四是十四，四十是四十";      //定义字符串
02    var position=0;                                       //字符在字符串中出现的位置
03    var num=-1;                                            //字符在字符串中出现的次数
04    var index=0;                                           //开始查找的位置
05    while(position!=-1){
06        position=str.indexOf("四",index);                 //获取指定字符在字符串中出现的位置
07        num+=1;                                            //将指定字符出现的次数加 1
08        index=position+1;                                  //指定下次查找的位置
09    }
10    document.write("定义的字符串："+str+"<br>");           //输出定义的字符串
11    document.write("字符串中有"+num+"个四");               //输出结果
```

运行程序，结果如图 8.6 所示。

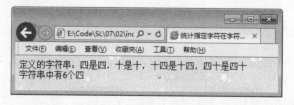

图 8.6　输出指定字符在字符串中的出现次数

3.　lastIndexOf()方法

lastIndexOf()方法可以返回某个子字符串在字符串中最后出现的位置。

语法如下：

stringObject.lastIndexOf(substring,startindex)

参数说明。

☑　stringObject：String 对象名或字符变量名。

☑　substring：必选参数。要在字符串中查找的子字符串。

☑　startindex：可选参数。用于指定在字符串中开始查找的位置，在这个位置从后向前查找。它的取值范围是 0 到 stringObject.length-1。如果省略该参数，则从字符串的最后一个字符开始查找。如果要查找的子字符串没有出现，则返回-1。

例如，在字符串"你好零零七，我是零零发"中进行不同的检索。代码如下：

```
01    var str="你好零零七，我是零零发";                    //定义字符串
02    document.write(str.lastIndexOf("零")+"<br>");         //输出字符"零"在字符串中最后出现的位置
03    //输出字符"零"在下标为 4 的字符前最后出现的位置
04    document.write(str.lastIndexOf("零",4)+"<br>");
05    document.write(str.lastIndexOf("零零八"));            //输出字符"零零八"在字符串中最后出现的位置
```

查找过程示意图如图 8.7 所示。

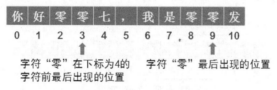

图 8.7　查找字符示意图

运行结果为：

```
9
3
-1
```

8.3.2　截取字符串

在字符串对象中提供了几种截取字符串的方法，分别是 slice()、substr()和 substring()。下面分别进行详细介绍。

1．slice()方法

slice()方法可以提取字符串的片断，并在新的字符串中返回被提取的部分。

语法如下：

stringObject.slice(startindex,endindex)

参数说明。

☑ stringObject：String 对象名或字符变量名。

☑ startindex：必选参数。指定要提取的字符串片断的开始位置。该参数可以是负数，如果是负数，则从字符串的尾部开始算起。也就是说，–1 指字符串的最后一个字符，–2 指倒数第二个字符，以此类推。

☑ endindex：可选参数。指定要提取的字符串片断的结束位置。如果省略该参数，表示结束位置为字符串的最后一个字符。如果该参数是负数，则从字符串的尾部开始算起。

说明

使用 slice() 方法提取的字符串片断中不包括 endindex 下标所对应的字符。

例如，在字符串"你好 JavaScript"中提取子字符串。代码如下：

```
01    var str="你好 JavaScript";              //定义字符串
02    document.write(str.slice(2)+"<br>");     //从下标为 2 的字符提取到字符串末尾
03    document.write(str.slice(2,6)+"<br>");   //从下标为 2 的字符提取到下标为 5 的字符
04    document.write(str.slice(0,-6));         //从第一个字符提取到倒数第 7 个字符
```

提取过程示意图如图 8.8 所示。

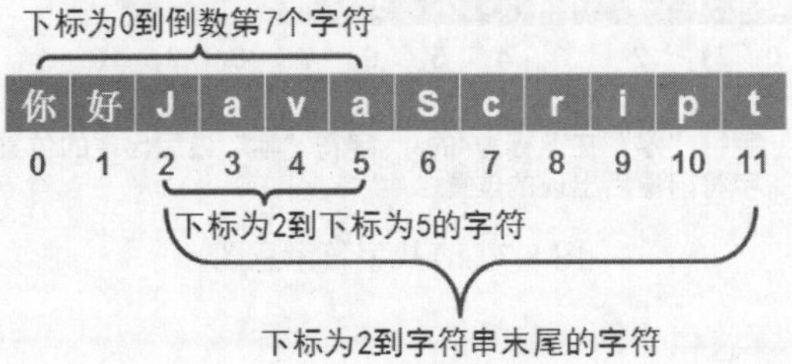

下标为0到倒数第7个字符

你	好	J	a	v	a	S	c	r	i	p	t
0	1	2	3	4	5	6	7	8	9	10	11

下标为2到下标为5的字符

下标为2到字符串末尾的字符

图 8.8 提取字符示意图

运行结果为：

```
JavaScript
Java
你好 Java
```

2．substr() 方法

substr() 方法可以从字符串的指定位置开始提取指定长度的子字符串。

语法如下：

```
stringObject.substr(startindex,length)
```

参数说明。

☑ stringObject：String 对象名或字符变量名。

☑ startindex：必选参数。指定要提取的字符串片断的开始位置。该参数可以是负数，如果是负

数，则从字符串的尾部开始算起。

☑　length：可选参数。用于指定提取的子字符串的长度。如果省略该参数，表示结束位置为字符串的最后一个字符。

注意

由于浏览器的兼容性问题，substr()方法的第一个参数不建议使用负数。

例如，在字符串"你好 JavaScript"中提取指定个数的字符。代码如下：

```
01    var str="你好 JavaScript";                //定义字符串
02    document.write(str.substr(2)+"<br>");      //从下标为 2 的字符提取到字符串末尾
03    document.write(str.substr(2,4));           //从下标为 2 的字符开始提取 4 个字符
```

运行结果为：

```
JavaScript
Java
```

【例 8.03】　在开发 Web 程序时，为了保持整个页面的合理布局，经常需要对一些（例如，公告标题、公告内容、文章的标题、文章的内容等）超长输出的字符串内容进行截取，并通过"…"代替省略内容。本实例将应用 substr()方法对网站公告标题进行截取并输出。代码如下：（**实例位置：资源包\源码\08\8.03**）

```
01    <script type="text/javascript">
02    var str1="明日科技即将重磅推出零基础学系列课程"; //定义公告标题字符串
03    var str2="明日商城热烈欢迎新老朋友光临惠顾";      //定义公告标题字符串
04    var str3="本网站所有商品让利销售欢迎订购";        //定义公告标题字符串
05    var str4="所有电子商品一律 5 折销售";              //定义公告标题字符串
06    function subStr(str){
07        if(str.length>10){                       //如果字符串长度大于 10
08            return str.substr(0,10)+"...";        //返回字符串前 10 个字符，然后输出省略号
09        }else{                                   //如果字符串长度不大于 10
10            return str;                          //直接返回该字符串
11        }
12    }
13    </script>
14    <body background="images/bg.jpeg">
15    <div class="public">
16      <ul>
17      <script type="text/javascript">
18          document.write("<li>"+subStr(str1)+"</li>"); //输出截取后的公告标题
19          document.write("<li>"+subStr(str2)+"</li>"); //输出截取后的公告标题
20          document.write("<li>"+subStr(str3)+"</li>"); //输出截取后的公告标题
21          document.write("<li>"+subStr(str4)+"</li>"); //输出截取后的公告标题
22      </script>
23      </ul>
24    </div>
25    </body>
```

运行程序，结果如图 8.9 所示。

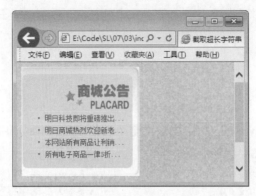

图 8.9　截取网站公告标题

3．substring()方法

substring()方法用于提取字符串中两个指定的索引号之间的字符。
语法如下：

```
stringObject.substring(startindex,endindex)
```

参数说明。

- ☑　stringObject：String 对象名或字符变量名。
- ☑　startindex：必选参数。一个非负整数，指定要提取的字符串片断的开始位置。
- ☑　endindex：可选参数。一个非负整数，指定要提取的字符串片断的结束位置。如果省略该参数，表示结束位置为字符串的最后一个字符。

说明

使用 substring()方法提取的字符串片断中不包括 endindex 下标所对应的字符。

例如，在字符串"你好 JavaScript"中提取子字符串。代码如下：

```
01   var str="你好 JavaScript";                //定义字符串
02   document.write(str.substring(2)+"<br>");    //从下标为 2 的字符提取到字符串末尾
03   document.write(str.substring(2,6)+"<br>");  //从下标为 2 的字符提取到下标为 5 的字符
```

运行结果为：

```
JavaScript
Java
```

8.3.3　大小写转换

在字符串对象中提供了两种用于对字符串进行大小写转换的方法，分别是 toLowerCase()和 toUpperCase()。下面对这两种方法进行详细介绍。

1．toLowerCase()方法

toLowerCase()方法用于把字符串转换为小写。

语法如下：

```
stringObject.toLowerCase()
```

参数说明。

stringObject：String 对象名或字符变量名。

例如，将字符串"MJH My Love"中的大写字母转换为小写。代码如下：

```
01    var str="MJH My Love";                        //定义字符串
02    document.write(str.toLowerCase());            //将字符串转换为小写
```

运行结果为：

```
mjh my love
```

2．toUpperCase()方法

toUpperCase()方法用于把字符串转换为大写。

语法如下：

```
stringObject.toUpperCase()
```

参数说明。

stringObject：String 对象名或字符变量名。

例如，将字符串"MJH My Love"中的小写字母转换为大写。代码如下：

```
01    var str="MJH My Love";                        //定义字符串
02    document.write(str.toUpperCase());            //将字符串转换为大写
```

运行结果为：

```
MJH MY LOVE
```

8.3.4　连接和拆分

在字符串对象中还提供了两种用于连接和拆分字符串的方法，分别是 concat()和 split()。下面对这两种方法进行详细介绍。

1．concat()方法

concat()方法用于连接两个或多个字符串。

语法如下：

```
stringObject.concat(stringX,stringX,...)
```

参数说明。

☑ stringObject：String 对象名或字符变量名。

☑ stringX：必选参数。将被连接的字符串，可以是一个或多个。

注意

使用 concat()方法可以返回连接后的字符串，而原字符串对象并没有改变。

例如，定义两个字符串，然后应用 concat()方法对两个字符串进行连接。代码如下：

```
01    var nickname=new Array("东邪","西毒","南帝","北丐");        //定义人物绰号数组
02    var name=new Array("黄药师","欧阳锋","段智兴","洪七公");      //定义人物姓名数组
03    for(var i=0;i<nickname.length;i++){
04        document.write(nickname[i].concat(name[i])+"<br>");       //对人物绰号和人物姓名进行连接
05    }
```

运行结果为：

```
东邪黄药师
西毒欧阳锋
南帝段智兴
北丐洪七公
```

2．split()方法

split()方法用于把一个字符串分割成字符串数组。

语法如下：

```
stringObject.split(separator,limit)
```

参数说明。

☑ stringObject：String 对象名或字符变量名。

☑ separator：必选参数。指定的分割符。如果把空字符串（""）作为分割符，那么字符串对象中的每个字符都会被分割。

☑ limit：可选参数。该参数可指定返回的数组的最大长度。如果设置了该参数，返回的数组元素个数不会多于这个参数。如果省略该参数，整个字符串都会被分割，不考虑数组元素的个数。

例如，将字符串"I like JavaScript"按照不同方式进行分割。代码如下：

```
01    var str="I like JavaScript";                           //定义字符串
02    document.write(str.split(" ")+"<br>");                 //以空格为分割符对字符串进行分割
03    document.write(str.split("")+"<br>");                  //以空字符串为分割符对字符串进行分割
04    document.write(str.split(" ",2));                      //以空格为分割符对字符串进行分割并返回两个元素
```

运行结果为：

```
I,like,JavaScript
I, ,l,i,k,e, ,J,a,v,a,S,c,r,i,p,t
I,like
```

【例 8.04】　　《水浒传》是我国古典四大名著之一，书中对宋江、卢俊义、林冲、鲁智深、武松等主要人物都作了详细的描写。现将这 5 个人物的名称、绰号和主要事迹分别定义在 3 个字符串中，各个人物、绰号和主要事迹以逗号"，"进行分隔，应用 split()方法和 for 循环语句将这些人物信息输出在表格中。代码如下：（**实例位置：资源包\源码\08\8.04**）

```
01  <table cellspacing="1" bgcolor="#999999">
02    <tr height="30" bgcolor="#FFFFFF">
03      <th align="center" width="100">人物名称</th>
04      <th align="center" width="100">人物绰号</th>
05      <th align="center" width="160">主要事迹</th>
06    </tr>
07  <script type="text/javascript">
08  var name="宋江，卢俊义，林冲，鲁智深，武松";                    //定义人物名称字符串
09  var nickname="及时雨，玉麒麟，豹子头，花和尚，行者";              //定义人物绰号字符串
10  //定义主要事迹字符串
11  var story="领导梁山起义，活捉史文恭，风雪山神庙，倒拔垂杨柳，醉打蒋门神";
12  var nameArray=name.split("，");                          //将人物名称字符串分割为数组
13  var nicknameArray=nickname.split("，");                  //将人物绰号字符串分割为数组
14  var storyArray=story.split("，");                        //将主要事迹字符串分割为数组
15  for(var i=0;i<nicknameArray.length;i++){
16      document.write("<tr height=26 bgcolor='#FFFFFF'>");    //输出<tr>标记
17      document.write("<td align='center'>"+nameArray[i]+"</td>");      //输出人物名称
18      document.write("<td align='center'>"+nicknameArray[i]+"</td>");  //输出人物绰号
19      document.write("<td align='center'>"+storyArray[i]+"</td>");     //输出主要事迹
20      document.write("</tr>");                             //定义</tr>结束标记
21  }
22  </script>
23  </table>
```

运行程序，结果如图 8.10 所示。

图 8.10　输出梁山好汉人物信息

8.3.5　格式化字符串

在字符串对象中还有一些用来格式化字符串的方法，这些方法如表 8.1 所示。

表 8.1　String 对象中格式化字符串的方法

方　　法	说　　明
anchor()	创建 HTML 锚
big()	使用大号字体显示字符串
small()	使用小字号来显示字符串
fontsize()	使用指定的字体大小来显示字符串
bold()	使用粗体显示字符串
italics()	使用斜体显示字符串
link()	将字符串显示为链接
strike()	使用删除线来显示字符串
blink()	显示闪动字符串，此方法不支持 IE 浏览器
fixed()	以打字机文本显示字符串，相当于在字符串两端增加<tt>标签
fontcolor()	使用指定的颜色来显示字符串
sub()	把字符串显示为下标
sup()	把字符串显示为上标

例如，将字符串"你好 JavaScript"按照不同的格式进行输出。代码如下：

```
01    var str="你好 JavaScript";                                    //定义字符串
02    document.write("原字符串："+str+"<br>");                      //输出原字符串
03    document.write("big："+str.big()+"<br>");                     //用大号字体显示字符串
04    document.write("small："+str.small()+"<br>");                 //用小号字体显示字符串
05    document.write("fontsize："+str.fontsize(6)+"<br>");          //设置字体大小为 6
06    document.write("bold："+str.bold()+"<br>");                   //使用粗体显示字符串
07    document.write("italics："+str.italics()+"<br>");            //使用斜体显示字符串
08    //创建超链接
09    document.write("link："+str.link("http://www.mingribook.com")+"<br>");
10    document.write("strike："+str.strike()+"<br>");              //为字符串添加删除线
11    document.write("fixed："+str.fixed()+"<br>");                //以打字机文本显示字符串
12    document.write("fontcolor："+str.fontcolor("blue")+"<br>");  //设置字体颜色
13    document.write("sub："+str.sub()+"<br>");                    //把字符串显示为下标
14    document.write("sup："+str.sup());                           //把字符串显示为上标
```

运行程序，结果如图 8.11 所示。

图 8.11　对字符串进行格式化

8.4　实　　战

8.4.1　判断邮箱格式是否正确

以"@"字符和"."字符作为依据，简单判断用户输入的是否为有效的邮箱地址，运行结果如图 8.12 所示。（**实例位置：资源包\源码\08\实战\01**）

图 8.12　验证注册邮箱格式是否正确

8.4.2　将多位数字分位显示

实际网站开发过程中，很有可能遇到这样的情况：客户要求将一串长数字分位显示，例如将"13630016"显示为"13,630,016"。试着编写一个自定义函数，实现将输入的数字字符格式化为分位显示的字符串，运行结果如图 8.13 所示。（**实例位置：资源包\源码\08\实战\02**）

图 8.13　将一串长数字分位显示

8.4.3　生成指定位数的随机字符串

在开发网络应用程序时，经常会遇到由系统自动生成指定位数的随机字符串的情况，例如，生成随机密码或验证码等。在自定义函数中应用 split()方法实现生成指定位数的随机字符串的功能，运行结果如图 8.14 所示。（**实例位置：资源包\源码\08\实战\03**）

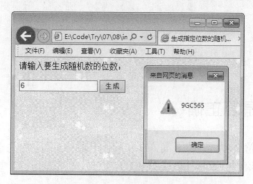

图 8.14　生成指定位数的随机字符串

8.5　小　　结

本章主要讲解了 JavaScript 中的 String 对象。在实际应用中字符串几乎无处不在，对其进行处理是开发人员经常要面临的问题。通过本章的学习，读者可以了解字符串对象的处理技术。

第 9 章

JavaScript 事件处理

（ ▤ 视频讲解：52 分钟 ）

JavaScript 是基于对象（object-based）的语言。它的一个最基本的特征是采用事件驱动（event-driven），使在图形界面环境下的一切操作变得简单化。通常鼠标或热键的动作称之为事件（Event）。由鼠标或热键引发的一连串程序动作，称之为事件驱动（Event Driver）。而对事件进行处理的程序或函数，称之为事件处理程序（Event Handler）。

通过学习本章，读者主要掌握以下内容：

▸▸ JavaScript 中的事件介绍

▸▸ 与表单相关的事件

▸▸ 与鼠标和键盘相关的事件

▸▸ 与页面相关的事件

视频讲解

9.1 事件与事件处理概述

事件处理是对象化编程的一个很重要的环节，它可以使程序的逻辑结构更加清晰，使程序更具有灵活性，提高了程序的开发效率。事件处理的过程分为 3 步：① 发生事件；② 启动事件处理程序；③ 事件处理程序做出反应。其中，要使事件处理程序能够启动，必须通过指定的对象来调用相应的事件，然后通过该事件调用事件处理程序。事件处理程序可以是任意的 JavaScript 语句，但是一般用特定的自定义函数（function）来对事件进行处理。

9.1.1 什么是事件

事件是一些可以通过脚本响应的页面动作。当用户按下鼠标键或者提交一个表单，甚至在页面上移动鼠标时，事件会出现。事件处理是一段 JavaScript 代码，总是与页面中的特定部分以及一定的事件相关联。当与页面特定部分关联的事件发生时，事件处理器就会被调用。

绝大多数事件的命名都是描述性的，很容易理解。例如 click、submit、mouseover 等，通过名称就可以猜测其含义。但也有少数事件的名称不易理解，例如 blur（英文的字面意思为"模糊"），表示一个域或者一个表单失去焦点。通常情况下，事件处理器的命名原则是，在事件名称前加上前缀 on。例如，对于 click 事件，其处理器名为 onClick。

9.1.2 JavaScript 的常用事件

为了便于读者查找 JavaScript 中的常用事件，下面以表格的形式对各事件进行说明。JavaScript 的相关事件如表 9.1 所示。

表 9.1 JavaScript 的相关事件

	事　　件	说　　明
鼠标键盘事件	onclick	单击时触发此事件
	ondblclick	双击时触发此事件
	onmousedown	按下鼠标时触发此事件
	onmouseup	鼠标按下后松开时触发此事件
	onmouseover	当鼠标移动到某对象范围的上方时触发此事件
	onmousemove	鼠标移动时触发此事件
	onmouseout	当鼠标离某对象范围时触发此事件
	onkeypress	当键盘上的某个键被按下并且释放时触发此事件
	onkeydown	当键盘上某个按键被按下时触发此事件
	onkeyup	当键盘上某个按键被按下后松开时触发此事件
表单相关事件	onfocus	当某个元素获得焦点时触发此事件
	onblur	当前元素失去焦点时触发此事件

	事　件	说　明
表单相关事件	onchange	当前元素失去焦点并且元素的内容发生改变时触发此事件
	onsubmit	一个表单被提交时触发此事件
	onreset	当表单中 RESET 的属性被激活时触发此事件
页面相关事件	onload	页面内容完成时触发此事件（也就是页面加载事件）
	onunload	当前页面将被改变时触发此事件
	onresize	当浏览器的窗口大小被改变时触发此事件

9.1.3　事件的调用

在使用事件处理程序对页面进行操作时，最主要的是如何通过对象的事件来指定事件处理程序。指定方式主要有以下两种。

1. 在 HTML 中调用

在 HTML 中分配事件处理程序，只需要在 HTML 标记中添加相应的事件，并在其中指定要执行的代码或是函数名即可。例如：

```
<input name="save" type="button" value="保存" onclick="alert('单击了保存按钮');">
```

在页面中添加如上代码，同样会在页面中显示"保存"按钮，当单击该按钮时，将弹出"单击了保存按钮"对话框。

上面的示例也可以通过调用函数来实现，代码如下：

```
01  <input name="save" type="button" value="保存" onclick="clickFunction();">
02  <script type="text/javascript">
03      function clickFunction(){              //定义 clickFunction()函数
04          alert("单击了保存按钮");            //弹出对话框
05      }
06  </script>
```

2. 在 JavaScript 中调用

在 JavaScript 中调用事件处理程序，首先需要获得要处理对象的引用，然后将要执行的处理函数赋值给对应的事件。例如，当单击"保存"按钮时将弹出提示对话框，代码如下：

```
01  <input id="save" name="save" type="button" value="保存">
02  <script type="text/javascript">
03      var b_save=document.getElementById("save");    //获取 id 属性值为 save 的元素
04      b_save.onclick=function(){                       //为按钮绑定单击事件
05          alert("单击了保存按钮");                      //弹出对话框
06      }
07  </script>
```

注意

在上面的代码中，一定要将 "<input id="save" name="save" type="button" value="保存">" 放在 JavaScript 代码的上方，否则将无法正确弹出对话框。

上面的示例也可以通过以下代码来实现：

```
01  <form id="form1" name="form1" method="post" action="">
02      <input id="save" name="save" type="button" value="保存">
03  </form>
04  <script type="text/javascript">
05      form1.save.onclick=function(){        //为按钮绑定单击事件
06          alert("单击了保存按钮");           //弹出对话框
07      }
08  </script>
```

注意

在 JavaScript 中指定事件处理程序时，事件名称必须小写，才能正确响应事件。

9.1.4 事件对象

在 IE 浏览器中事件对象是 Window 对象的一个属性 event，并且 event 对象只能在事件发生时被访问，所有事件处理完后，该对象就消失了。而标准的 DOM 中规定 event 必须作为唯一的参数传给事件处理函数。故为了实现兼容性，通常采用下面的方法：

```
01  function someHandle(event) {
02      //处理兼容性，获得事件对象
03      if(window.event)
04          event=window.event;
05  }
```

在 IE 中，发生事件的元素通过 event 对象的 srcElement 属性获取，而在标准的 DOM 浏览器中，发生事件的元素通过 event 对象的 target 属性获取。为了处理两种浏览器兼容性，举例如下：

```
01  <form id="form1" name="form1" method="post" action="">
02      <input id="save" name="save" type="button" value="保存">
03  </form>
04  <script type="text/javascript">
05      function handle(oEvent){
06          if(window.event) oEvent = window.event;      //处理兼容性，获得事件对象
07          var oTarget;
08          if(oEvent.srcElement)                         //处理兼容性，获取发生事件的元素
09              oTarget = oEvent.srcElement;
10          else
11              oTarget = oEvent.target;
12          alert(oTarget.tagName);                       //弹出发生事件的元素标记名称
```

```
13          }
14          form1.save.onclick = handle;                          //为按钮绑定单击事件
15    </script>
```

说明

上面示例中使用了 event 对象的 srcElement 属性或 target 属性在事件发生时获取鼠标单击对象的名称，便于对该对象进行操作。

视频讲解

9.2　表单相关事件

表单事件实际上就是对元素获得或失去焦点的动作进行控制。可以利用表单事件来改变获得或失去焦点的元素样式，这里所指的元素可以是同一类型，也可以是多个不同类型的元素。

9.2.1　获得焦点与失去焦点事件

获得焦点事件（onfocus）是当某个元素获得焦点时触发事件处理程序。失去焦点事件（onblur）是当前元素失去焦点时触发事件处理程序。在一般情况下，这两个事件是同时使用的。

【例 9.01】　当用户选择页面中的文本框时，改变选中文本框的背景颜色，当选择其他文本框时，将失去焦点的文本框恢复为原来的颜色。代码如下：（**实例位置：资源包\源码\09\9.01**）

```
01    <table align="center" width="300" height="160" border="0">
02      <form name="form1">
03      <tr>
04        <td width="80" align="right">用户名：</td>
05        <td width="200">
06          <input type="text" onFocus="txtfocus()" onBlur="txtblur()">
07        </td>
08      </tr>
09      <tr>
10        <td align="right">密码：</td>
11        <td>
12          <input type="text" onFocus="txtfocus()" onBlur="txtblur()">
13        </td>
14      </tr>
15      <tr>
16        <td align="right">真实姓名：</td>
17        <td>
18          <input type="text" onFocus="txtfocus()" onBlur="txtblur()">
19        </td>
20      </tr>
21      <tr>
22        <td align="right">性别：</td>
```

```
23          <td>
24            <input type="text" onFocus="txtfocus()" onBlur="txtblur()">
25          </td>
26        </tr>
27        <tr>
28          <td align="right">邮箱：</td>
29          <td>
30            <input type="text" onFocus="txtfocus()" onBlur="txtblur()">
31          </td>
32        </tr>
33      </form>
34    </table>
35    <script type="text/javascript">
36    function txtfocus(){                          //当前元素获得焦点
37        var e=window.event;                       //获取事件对象
38        var obj=e.srcElement;                     //获取发生事件的元素
39        obj.style.background="#FF9966";           //设置元素背景颜色
40    }
41    function txtblur(){                           //当前元素失去焦点
42        var e=window.event;                       //获取事件对象
43        var obj=e.srcElement;                     //获取发生事件的元素
44        obj.style.background="#FFFFFF";           //设置元素背景颜色
45    }
46    </script>
```

运行程序，可以看到当文本框获得焦点时，该文本框的背景颜色发生了改变，如图 9.1 所示。当文本框失去焦点时，该文本框的背景又恢复为原来的颜色，如图 9.2 所示。

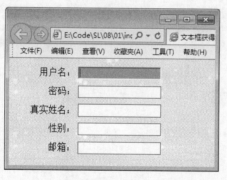

图 9.1　文本框获得焦点时改变背景颜色

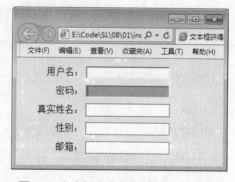

图 9.2　文本框失去焦点时恢复背景颜色

说明

由于浏览器的兼容性，请在 IE 浏览器中运行本章实例。

9.2.2　失去焦点内容改变事件

失去焦点内容改变事件（onchange）是当前元素失去焦点并且元素的内容发生改变时触发事件处

理程序。该事件一般在下拉菜单中使用。

【例 9.02】　当用户选择下拉菜单中的颜色时，通过 onchange 事件来相应地改变文本框中的字体颜色。代码如下：（**实例位置：资源包\源码\09\9.02**）

```
01  <form name="form1">
02    <input name="textfield" type="text" size="18" value="零基础学 JavaScript">
03    <select name="menu1" onChange="Fcolor()">
04      <option value="black">黑色</option>
05      <option value="yellow">黄色</option>
06      <option value="blue">蓝色</option>
07      <option value="green">绿色</option>
08      <option value="red">红色</option>
09      <option value="purple">紫色</option>
10    </select>
11  </form>
12  <script type="text/javascript">
13  function Fcolor(){
14    var e=window.event;                      //获取事件对象
15    var obj=e.srcElement;                    //获取发生事件的元素
16    form1.textfield.style.color=obj.value;   //设置文本框中的字体颜色
17  }
18  </script>
```

运行结果如图 9.3 所示。

图 9.3　改变文本框中的字体颜色

9.2.3　表单提交与重置事件

表单提交事件（onsubmit）是在用户提交表单时（通常使用"提交"按钮，也就是将按钮的 type 属性设为 submit），在表单提交之前被触发，因此，该事件的处理程序通过返回 false 值来阻止表单的提交。该事件可以用来验证表单输入项的正确性。

表单重置事件（onreset）与表单提交事件的处理过程相同，该事件只是将表单中的各元素的值设置为原始值。一般用于清空表单中的文本框。

下面给出这两个事件的使用格式：

```
<form name="formname" onsubmit="return Funname" onreset="return Funname"></form>
```

- ☑　formname：表单名称。
- ☑　Funname：函数名或执行语句，如果是函数名，在该函数中必须有布尔型的返回值。

●注意

如果在 onsubmit 和 onreset 事件中调用的是自定义函数名，那么，必须在函数名的前面加 return 语句，否则，不论在函数中返回的是 true，还是 false，当前事件所返回的值一律是 true 值。

【例 9.03】　在提交表单时，通过 onsubmit 事件来判断提交的表单中是否有空文本框，如果有空

文本框，则不允许提交。代码如下：（**实例位置：资源包\源码\09\9.03**）

```
01  <form name="form1" onsubmit="return AllSubmit()">
02      <!--省略部分 HTML 代码-->
03      <input name="sub" type="submit" id="sub2" value="提交"> 
04      <input type="reset" name="Submit2" value="重置">
05  </form>
06  <script type="text/javascript">
07  function AllSubmit(){
08      var T=true;                              //初始化变量
09      var e=window.event;                      //获取事件对象
10      var obj=e.srcElement;                    //获取发生事件的元素
11      for (var i=1;i<=7;i++){
12          if (eval("obj."+"txt"+i).value==""){  //如果表单元素有空值
13              T=false;                         //为变量 T 进行重新赋值
14              break;                           //跳出 for 循环语句
15          }
16      }
17      if (!T){                                 //如果变量 T 的值为 false
18          alert("提交信息不允许为空");          //弹出对话框
19      }
20      return T;                                //返回变量 T 的值
21  }
22  </script>
```

运行实例，当表单中有空文本框时，单击"提交"按钮将弹出提示信息，结果如图 9.4 所示。

图 9.4　表单提交的验证

视频讲解

9.3　鼠标键盘事件

鼠标和键盘事件是在页面操作中使用最频繁的操作，可以利用鼠标事件在页面中实现鼠标移动、单击时的特殊效果，也可以利用键盘事件来制作页面的快捷键等。

9.3.1　鼠标单击事件

单击事件（onclick）是在鼠标单击时被触发的事件。单击是指鼠标停留在对象上，按下鼠标键，在没有移动鼠标的同时放开鼠标键的这一完整过程。

单击事件一般应用于 Button 对象、Checkbox 对象、Image 对象、Link 对象、Radio 对象、Reset 对象和 Submit 对象。Button 对象一般只会用到 onclick 事件处理程序，因为该对象不能从用户那里得到任何信息，如果没有 onclick 事件处理程序，按钮对象将不会有任何作用。

> **注意**
>
> 在使用对象的单击事件时，如果在对象上按下鼠标键，然后移动鼠标到对象外再松开鼠标，单击事件无效，单击事件必须在对象上松开鼠标后，才会执行单击事件的处理程序。

【例 9.04】　通过单击"变换背景"按钮，动态地改变页面的背景颜色，当用户再次单击按钮时，页面背景将以不同的颜色进行显示。代码如下：（**实例位置：资源包\源码\09\9.04**）

```
01    <script type="text/javascript">
02    var Arraycolor=new Array("olive","teal","red","blue","maroon","navy","lime","fuschia",
          "green","purple","gray","yellow","aqua","white","silver");          //定义颜色数组
03    var n=0;                                                    //为变量赋初值
04    function turncolors(){                                      //自定义函数
05        if (n==(Arraycolor.length-1)) n=0;                      //判断数组下标是否指向最后一个元素
06        n++;                                                    //变量自加 1
07        document.bgColor = Arraycolor[n];                       //设置背景颜色为对应数组元素的值
08    }
09    </script>
10    <form name="form1" method="post" action="">
11    <p>
12        <input type="button" name="Submit" value="变换背景" onclick="turncolors()">
13    </p>
14    <p>用按钮随意变换背景颜色</p>
15    </form>
```

运行实例，结果如图 9.5 所示。当单击"变换背景"按钮时，页面的背景颜色就会发生变化，如图 9.6 所示。

图 9.5　按钮单击前的效果

图 9.6　按钮单击后的效果

9.3.2　鼠标按下和松开事件

鼠标的按下和松开事件分别是 onmousedown 和 onmouseup 事件。其中，onmousedown 事件用于在鼠标按下时触发事件处理程序，onmouseup 事件是在鼠标松开时触发事件处理程序。在用鼠标单击对象时，可以用这两个事件实现其动态效果。

【例 9.05】　用 onmousedown 和 onmouseup 事件将文本制作成类似于<a>（超链接）标记的功能，也就是在文本上按下鼠标时，改变文本的颜色，当在文本上松开鼠标时，恢复文本的默认颜色。代码如下：（**实例位置：资源包\源码\09\9.05**）

```
01  <p id="p1" style="color:#AA9900; cursor:pointer" onmousedown="mousedown()"
       onmouseup="mouseup()"><u>零基础学 JavaScript</u></p>
02  <script type="text/javascript">
03  function mousedown(){                        //定义 mousedown()函数
04      var obj=document.getElementById('p1');    //获取包含文本的元素
05      obj.style.color='#0022AA';                //为文本设置颜色
06  }
07  function mouseup(){                          //定义 mouseup()函数
08      var obj=document.getElementById('p1');    //获取包含文本的元素
09      obj.style.color='#AA9900';                //将文本恢复为原来的颜色
10  }
11  </script>
```

运行实例，在文本上按下鼠标时的结果如图 9.7 所示，在文本上松开鼠标时的结果如图 9.8 所示。

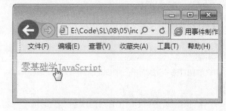

图 9.7　按下鼠标时改变字体颜色　　　　图 9.8　松开鼠标时恢复字体颜色

9.3.3　鼠标移入和移出事件

鼠标的移入和移出事件分别是 onmouseover 和 onmouseout 事件。其中，onmouseover 事件在鼠标移动到对象上方时触发事件处理程序，onmouseout 事件在鼠标移出对象上方时触发事件处理程序。可以用这两个事件在指定的对象上移动鼠标时，实现其对象的动态效果。

【例 9.06】　应用 onmouseover 和 onmouseout 事件实现动态改变图片透明度的功能。当鼠标移入图片上时，改变图片的透明度，当鼠标移出图片时，将图片恢复为初始的效果。代码如下：（**实例位置：资源包\源码\09\9.06**）

```
01  <script type="text/javascript">
02  function visible(cursor,i){                  //定义 visible()函数
03      if (i==0)                                //如果参数 i 的值为 0
```

```
04        cursor.filters.alpha.opacity=100;              //将图片透明度设置为 100
05    else
06        cursor.filters.alpha.opacity=50;               //将图片透明度设置为 50
07  }
08  </script>
09  <table border="0" cellpadding="0" cellspacing="0">
10    <tr>
11      <td align="center" bgcolor="#CCCCCC">
12        <img src="images/Temp.jpg" border="0" style="filter:alpha(opacity=100)"
              onMouseOver="visible(this,1)" onMouseOut="visible(this,0)" width="148" height="121">
13      </td>
14    </tr>
15  </table>
```

运行结果如图 9.9 和图 9.10 所示。

图 9.9　鼠标移入时改变透明度

图 9.10　鼠标移出时恢复初始效果

 说明

由于浏览器的兼容性，该实例需要在 IE 8 浏览器及其以下版本中才能看到效果。

9.3.4　鼠标移动事件

鼠标移动事件（onmousemove）是鼠标在页面上进行移动时触发事件处理程序，可以在该事件中用 Document 对象实时读取鼠标在页面中的位置。

例如，当鼠标在页面中移动时，在页面中显示鼠标的当前位置，也就是(x,y)值。代码如下：

```
01  <script type="text/javascript">
02  var x=0,y=0;                                          //初始化变量的值
03  function MousePlace(){
04      x=window.event.x;                                 //获取横坐标 X 的值
05      y=window.event.y;                                 //获取纵坐标 Y 的值
06      //输出鼠标的当前位置
07      document.getElementById('position').innerHTML="鼠标在页面中的当前位置的横坐标 X："+x
                                              +" 纵坐标 Y："+y;
08  }
```

153

```
09    document.onmousemove=MousePlace;              //鼠标在页面中移动时调用函数
10    </script>
11    <span id="position"></span>
```

运行结果如图 9.11 所示。

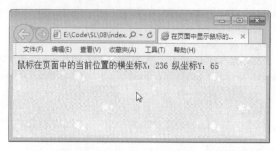

图 9.11　在页面中显示鼠标的当前位置

9.3.5　键盘事件

键盘事件包含 onkeypress、onkeydown 和 onkeyup 事件，其中 onkeypress 事件是在键盘上的某个键被按下并且释放时触发此事件的处理程序，一般用于键盘上的单键操作。onkeydown 事件是在键盘上的某个键被按下时触发此事件的处理程序，一般用于组合键的操作。onkeyup 事件是在键盘上的某个键被按下后松开时触发此事件的处理程序，一般用于组合键的操作。

为了便于读者对键盘上的按键进行操作，下面以表格的形式给出其键码值。

键盘上字母和数字键的键码值如表 9.2 所示。

表 9.2　字母和数字键的键码值

按　　键	键　　值	按　　键	键　　值	按　　键	键　　值	按　　键	键　　值
A	65	Q	81	g	103	w	119
B	66	R	82	h	104	x	120
C	67	S	83	i	105	y	121
D	68	T	84	j	106	z	122
E	69	U	85	k	107	0	48
F	70	V	86	l	108	1	49
G	71	W	87	m	109	2	50
H	72	X	88	n	110	3	51
I	73	Y	89	o	111	4	52
J	74	Z	90	p	112	5	53
K	75	a	97	q	113	6	54
L	76	b	98	r	114	7	55
M	77	c	99	s	115	8	56
N	78	d	100	t	116	9	57
O	79	e	101	u	117		
P	80	f	102	v	118		

数字键盘上按键的键码值如表 9.3 所示。

表 9.3　数字键盘上按键的键码值

按　　键	键　值	按　　键	键　值	按　　键	键　值	按　　键	键　值
0	96	8	104	F1	112	F7	118
1	97	9	105	F2	113	F8	119
2	98	*	106	F3	114	F9	120
3	99	+	107	F4	115	F10	121
4	100	Enter	108	F5	116	F11	122
5	101	-	109	F6	117	F12	123
6	102	.	110				
7	103	/	111				

键盘上控制键的键码值如表 9.4 所示。

表 9.4　控制键的键码值

按　　键	键　值	按　　键	键　值	按　　键	键　值	按　　键	键　值
Back Space	8	Esc	27	Right Arrow(→)	39	-_	189
Tab	9	Spacebar	32	Down Arrow(↓)	40	.>	190
Clear	12	Page Up	33	Insert	45	/?	191
Enter	13	Page Down	34	Delete	46	`~	192
Shift	16	End	35	Num Lock	144	[{	219
Control	17	Home	36	;:	186	|	220
Alt	18	Left Arrow(←)	37	=+	187	]}	221
Cape Lock	20	Up Arrow(↑)	38	,<	188	'"	222

注意

以上键码值只有在文本框中才完全有效，如果在页面中使用（也就是在<body>标记中使用），则只有字母键、数字键和部份控制键可用，其字母键和数字键的键值与 ASCII 值相同。

【例 9.07】　利用键盘中的 A 键，对页面进行刷新，而无须用鼠标在 IE 浏览器中单击"刷新"按钮。代码如下：（**实例位置：资源包\源码\09\9.07**）

```
01    <script type="text/javascript">
02    function Refurbish(){                              //定义 Refurbish()函数
03        if (window.event.keyCode==65){                 //如果按下了键盘上的 A 键
04            location.reload();                          //对页面进行刷新
05        }
06    }
07    document.onkeydown=Refurbish;                       //当按下键盘上的按键时调用函数
08    </script>
09    <img src="1.jpg" width="805" height="554">
```

运行结果如图 9.12 所示。

图 9.12　按 A 键对页面进行刷新

视频讲解

9.4　页面事件

页面事件是在页面加载或改变浏览器大小、位置及对页面中的滚动条进行操作时，所触发的事件处理程序。本节将通过页面事件对浏览器进行相应的控制。

9.4.1　加载与卸载事件

加载事件（onload）是在网页加载完毕后触发相应的事件处理程序，它可以在网页加载完成后对网页中的表格样式、字体、背景颜色等进行设置。卸载事件（onunload）是在卸载网页时触发相应的事件处理程序，卸载网页是指刷新、关闭当前页或从当前页跳转到其他网页中，该事件常被用于在关闭当前页或跳转其他网页时，弹出询问提示框。

在制作网页时，为了便于网页资源的利用，可以在网页加载事件中对网页中的元素进行设置。下面以实例的形式讲解如何在页面中合理利用图片资源。

【例 9.08】　在网页加载时，将图片缩小成指定的大小，当鼠标移动到图片上时，将图片大小恢复成原始大小，并在重载或离开网页时，用提示框显示欢迎信息。代码如下：（**实例位置：资源包\源码\ 09\9.08**）

```
01  <body onunload="pclose()">              <!--调用页面的卸载事件-->
02  <img src="image1.jpg" name="img1" onload="blowup()" onmouseout="blowup()"
            onmouseover="reduce()">         <!--在图片标记中调用相关事件-->
03  <script type="text/javascript">
04  var h=img1.height;                      //获取图片的原始高度
05  var w=img1.width;                       //获取图片的原始宽度
06  function blowup(){                       //缩小图片
07      if (img1.height>=h){                //如果当前图片高度大于或等于图片原始高度
08          img1.height=h-100;              //缩小图片的高度
09          img1.width=w-100;               //缩小图片的宽度
10      }
11  }
12  function reduce(){                       //恢复图片的原始大小
13      if (img1.height<h){                 //如果当前图片高度小于图片原始高度
14          img1.height=h;                  //恢复图片为原始高度
15          img1.width=w;                   //恢复图片为原始宽度
16      }
```

```
17     }
18     function pclose(){                    //定义卸载网页时的函数
19         alert("欢迎浏览本网页");           //弹出对话框
20     }
21     </script>
22     </body>
```

运行实例，结果如图 9.13 所示。当重载或离开网页时将弹出显示欢迎信息的提示框，结果如图 9.14 所示。

图 9.13　网页加载后的效果

图 9.14　重载或离开网页时的效果

9.4.2　页面大小事件

页面大小事件（onresize）是用户改变浏览器的大小时触发事件处理程序。

例如，当浏览器窗口被调整大小时，弹出一个对话框。代码如下：

```
01     <body onresize="showMsg()">
02     <script type="text/javascript">
03     function showMsg(){
04         alert("浏览器窗口大小被改变");       //弹出对话框
05     }
06     </script>
```

运行上述代码，当用户试图改变浏览器窗口的大小时，将弹出如图 9.15 所示的对话框。

图 9.15　弹出对话框

157

9.5 实　　战

9.5.1 判断用户注册信息是否合法

模拟用户注册过程，当文本框内容为空或用户输入不合法时，给出相应的提示信息，运行结果如图 9.16 所示。（**实例位置：资源包\源码\09\实战\01**）

图 9.16　验证表单并给出相应的提示信息

9.5.2 通过 onreset 事件对注册信息进行重置

在用户注册页面中，通过 onreset 事件对用户输入的注册信息进行重置，在重置之前弹出确认对话框进行确认，运行结果如图 9.17 所示。（**实例位置：资源包\源码\09\实战\02**）

图 9.17　弹出确认对话框进行确认

9.5.3　通过键盘按键选择正确答案

选择题如下：

被称为"国球"的球类运动是（　　　）。

A．篮球　　　　　B．排球　　　　　C．乒乓球　　　　　D．羽毛球

使用键盘上的"A""B""C""D"4 个按键来选择正确的答案，并判断结果是否正确，运行结果如图 9.18 所示。（**实例位置：资源包\源码\09\实战\03**）

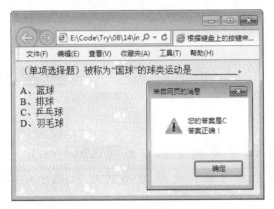

图 9.18　判断结果是否正确

9.6　小　　结

本章主要讲解了事件与事件处理相关内容，通过本章的学习，读者可以熟悉事件与事件处理的概念，并熟练掌握鼠标、键盘、页面、表单等事件的处理技术，从而实现各种网站效果。

第*10*章

文档对象

（ 🎥 视频讲解：40 分钟）

　　文档（Document）对象是浏览器窗口（Window）对象的一个主要部分，它包含了网页显示的各个元素对象，是最常用的对象之一。本章将对 Document 对象进行详细介绍。

　　通过学习本章，读者主要掌握以下内容：

▸▸　**什么是文档对象**

▸▸　**通过文档对象设置链接文字的颜色**

▸▸　**通过文档对象设置文档背景色和前景色**

▸▸　**通过文档对象动态添加 HTML 标记**

视频讲解

10.1　文档对象概述

Document 对象代表了一个浏览器窗口或框架中显示的 HTML 文档。JavaScript 会为每个 HTML 文档自动创建一个 Document 对象，通过 Document 对象可以操作 HTML 文档中的内容。

1. 文档对象介绍

文档（Document）对象代表浏览器窗口中的文档，该对象是 Window 对象的子对象，由于 Window 对象是 DOM 对象模型中的默认对象，因此 Window 对象中的方法和子对象不需要使用 window 来引用。通过 Document 对象可以访问 HTML 文档中包含的任何 HTML 标记，并可以动态地改变 HTML 标记中的内容，例如表单、图像、表格和超链接等。该对象在 JavaScript 1.0 版本中就已经存在，在随后的版本中又增加了几个属性和方法。Document 对象层次结构如图 10.1 所示。

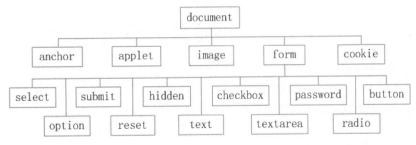

图 10.1　Document 对象层次结构

2. 文档对象的常用属性

Document 对象拥有很多属性，这些属性主要用于描述 HTML 文档中的超链接、颜色、URL 以及文档中的表单元素、图片等。Document 对象的一些常用属性及说明如表 10.1 所示。

表 10.1　Document 对象属性及说明

属　　性	说　　明
alinkColor	链接文字被单击时的颜色，对应于<body>标记中的 alink 属性
all[]	存储 HTML 标记的一个数组（该属性本身也是一个对象）
bgColor	文档的背景颜色，对应于<body>标记中的 bgcolor 属性
fgColor	文档的文本颜色（不包含超链接的文字）对应于<body>标记中的 text 属性值
forms[]	存储窗体对象的一个数组（该属性本身也是一个对象）
images[]	存储图像对象的一个数组（该属性本身也是一个对象）
linkColor	未被访问的链接文字的颜色，对应于<body>标记中的 link 属性
links[]	存储 link 对象的一个数组（该属性本身也是一个对象）
vlinkColor	表示已访问的链接文字的颜色，对应于<body>标记的 vlink 属性
title	当前文档标题对象
body	当前文档主体对象
readyState	获取某个对象的当前状态
URL	获取或设置 URL

161

3．文档对象的常用方法

Document 对象中包含了一些用来操作和处理文档内容的方法。Document 对象的常用方法和说明如表 10.2 所示。

表 10.2　Document 对象的方法及说明

方　　法	说　　明
close	关闭文档的输出流
open	打开一个文档输出流并接收 write 和 writeln 方法创建页面内容
write	向文档中写入 HTML 或 JavaScript 语句
writeln	向文档中写入 HTML 或 JavaScript 语句，并以换行符结束
createElement	创建一个 HTML 标记
getElementById	获取指定 id 的 HTML 标记

视频讲解

10.2　文档对象的应用

本节主要通过使用 Document 对象的属性和方法完成一些常用的实例，例如链接文字颜色设置、获取并设置 URL 等。下面对 Document 对象常用的应用进行详细介绍。

10.2.1　链接文字颜色设置

链接文字颜色设置通过使用 alinkColor 属性、linkColor 属性和 vlinkColor 属性来实现。

1．alinkColor 属性

alinkColor 属性用来获取或设置当链接被单击时显示的颜色。
语法如下：

```
[color=]document.alinkcolor[=setColor]
```

参数说明。
☑　setColor：可选项。用来设置颜色的名称或颜色的 RGB 值。
☑　color：可选项。是一个字符串变量，用来获取颜色值。

2．linkColor 属性

linkColor 属性用来获取或设置页面中未单击的链接的颜色。
语法如下：

```
[color=]document.linkColor[=setColor]
```

参数说明。
☑　setColor：可选项。用来设置颜色的名称或颜色的 RGB 值。

☑　color：可选项。是一个字符串变量，用来获取颜色值。

3. vlinkColor 属性

vlinkColor 属性用来获取或设置页面中单击过的链接的颜色。

语法如下：

```
[color=]document.vlinkColor[=setColor]
```

参数说明。

☑　setColor：可选项。用来设置颜色的名称或颜色的 RGB 值。

☑　color：可选项。是一个字符串变量，用来获取颜色值。

【例 10.01】　本实例将分别设置超链接 3 个状态的文字颜色。将超链接的默认文字颜色设置为蓝色，超链接被单击时的文字颜色设置为黑色，单击过的超链接的文字颜色设置为淡蓝色。代码如下：（**实例位置：资源包\源码\10\10.01**）

```
01  <span style="font-size:36px"><a id="a1" href="#">JavaScript 技术论坛</a></span>
02  <script type="text/javascript">
03  document.linkColor="blue";              //设置未单击的链接的颜色
04  document.alinkColor="#000000";          //设置当链接被单击时显示的颜色
05  document.vlinkColor ="#00CCFF";         //设置单击过的链接的颜色
06  </script>
```

运行实例，当未单击超链接时超链接文字的颜色如图 10.2 所示，当单击超链接时超链接文字的颜色如图 10.3 所示，当单击过超链接时超链接的文字颜色如图 10.4 所示。

图 10.2　未单击链接时为蓝色　　　　图 10.3　单击链接时为黑色　　　　图 10.4　单击过的链接为淡蓝色

10.2.2　文档背景色和前景色设置

文档背景色和前景色的设置可以使用 bgColor 属性和 fgColor 属性来实现。

1. bgColor 属性

bgColor 属性用来获取或设置页面的背景颜色。

语法如下：

```
[color=]document.bgColor[=setColor]
```

参数说明。

☑　setColor：可选项。用来设置颜色的名称或颜色的 RGB 值。

☑　color：可选项。是一个字符串变量，用来获取颜色值。

2. fgColor 属性

fgColor 属性用来获取或设置页面的前景颜色，即页面中文字的颜色。
语法如下：

```
[color=]document.fgColor[=setColor]
```

参数说明。

☑　setColor：可选项。用来设置颜色的名称或颜色的 RGB 值。

☑　color：可选项。是一个字符串变量，用来获取颜色值。

【例 10.02】　本实例将实现动态改变文档的前景色和背景色的功能，每间隔一秒，文档的前景色和背景色就会发生改变。代码如下：（**实例位置：资源包\源码\10\10.02**）

```
01  //背景自动变色
02  <script type="text/javascript">
03  //定义颜色数组
04  var Arraycolor=new Array("#00FF66","#FFFF99","#99CCFF","#FFCCFF","#FFCC99","#00FFFF");
05  var n=0;                                        //初始化变量
06  function changecolors(){
07      n++;                                        //对变量进行加 1 操作
08      if (n==(Arraycolor.length-1)) n=0;          //判断数组下标是否指向最后一个元素
09      document.bgColor = Arraycolor[n];           //设置文档背景颜色
10      document.fgColor=Arraycolor[n-1];           //设置文档字体颜色
11      setTimeout("changecolors()",1000);          //每隔 1 秒执行一次函数
12  }
13  changecolors();                                 //调用函数
14  </script>
```

运行实例，文档的前景色和背景色如图 10.5 所示，在间隔 1 秒后文档的前景色和背景色将会自动改变，如图 10.6 所示。

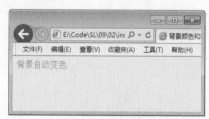

图 10.5　自动变色前

图 10.6　自动变色后

10.2.3　获取并设置 URL

获取并设置 URL 可以使用 Document 对象的 URL 属性来实现，该属性可以获取或设置当前文档的 URL。
语法如下：

```
[url=]document.URL[=setUrl]
```

参数说明。

☑ url：可选项。字符串表达式，用来存储当前文档的 URL。

☑ setUrl：可选项。字符串变量，用来设置当前文档的 URL。

【例 10.03】 本实例实现在页面中显示当前页面的 URL，代码如下：（**实例位置：资源包\源码\10\10.03**）

```
01    <script type="text/javascript">
02    document.write("<b>当前页面的 URL：</b>"+document.URL);        //获取当前页面的 URL 地址
03    </script>
```

运行结果如图 10.7 所示。

图 10.7 显示当前页面的 URL

10.2.4 在文档中输出数据

在文档中输出数据可以使用 write()方法和 writeln()方法来实现。

1．write()方法

write()方法用来向 HTML 文档中输出数据，其数据包括字符串、数字和 HTML 标记等。

语法如下：

```
document.write(text);
```

参数 text 表示在 HTML 文档中输出的内容。

2．writeln()方法

writeln()方法与 write()方法作用相同，唯一的区别在于 writeln()方法在输出的内容后，添加了一个换行符。但换行符只有在 HTML 文档中<pre></pre>标记（此标记可以把文档中的空格、回车、换行等表现出来）内才能被识别。

语法如下：

```
document.writeln(text);
```

参数 text 表示在 HTML 文档中输出的内容。

例如，使用 write()方法和 writeln()方法在页面中输出几段文字，注意这两种方法的区别，代码如下：

```
01    <script type="text/javascript">
02        document.write("使用 write 方法输出的第一段内容！");
03        document.write("使用 write 方法输出的第二段内容<hr>");
```

```
04        document.writeln("使用 writeln 方法输出的第一段内容！");
05        document.writeln("使用 writeln 方法输出的第二段内容<hr>");
06    </script>
07    <pre>
08    <script type="text/javascript">
09        document.writeln("在 pre 标记内使用 writeln 方法输出的第一段内容！");
10        document.writeln("在 pre 标记内使用 writeln 方法输出的第二段内容");
11    </script>
12    </pre>
```

运行效果如图 10.8 所示。

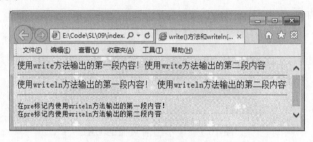

图 10.8　在文档中输出数据

10.2.5　动态添加一个 HTML 标记

动态添加一个 HTML 标记可以使用 createElement()方法来实现。createElement()方法可以根据一个指定的类型来创建一个 HTML 标记。

语法如下：

```
sElement=document.createElement(sName)
```

参数说明。

☑　sElement：用来接收该方法返回的一个对象。

☑　sName：用来设置 HTML 标记的类型和基本属性。

【例 10.04】　本实例将在页面中定义一个"动态添加文本框"按钮，每单击一次该按钮，在页面中动态添加一个文本框。代码如下：（**实例位置：资源包\源码\10\10.04**）

```
01    <script type="text/javascript">
02        function addInput(){
03            var txt=document.createElement("input");      //动态添加一个 input 文本框
04            txt.type="text";                              //为添加的文本框 type 属性赋值
05            txt.name="txt";                               //为添加的文本框 name 属性赋值
06            txt.value="动态添加的文本框";                   //为添加的文本框 value 属性赋值
07            document.form1.appendChild(txt);              //把文本框作为子节点追加到表单中
08        }
09    </script>
10    </head>
11    <body background="bg.gif">
12    <form name="form1">
```

| 13 | `<input type="button" name="btn1" value="动态添加文本框" onclick="addInput()" />` |
| 14 | `</form>` |

运行实例，结果如图 10.9 所示，当单击"动态添加文本框"按钮时，在页面中会自动添加一个文本框，结果如图 10.10 所示。

图 10.9　初始运行结果　　　　　　　　　图 10.10　动态添加文本框后的结果

10.2.6　获取文本框并修改其内容

获取文本框并修改其内容可以使用 getElementById()方法来实现。getElementById()方法可以通过指定的 id 来获取 HTML 标记，并将其返回。

语法如下：

`sElement=document.getElementById(id)`

参数说明。

☑　sElement：用来接收该方法返回的一个对象。

☑　id：用来设置需要获取 HTML 标记的 id 值。

例如，在页面加载后的文本框中显示"初始文本内容"，当单击按钮后将会改变文本框中的内容。代码如下：

```
01  <script type="text/javascript">
02  function chg(){
03      var t=document.getElementById("txt");        //获取 id 属性值为 txt 的元素
04      t.value="修改后的文本内容";                      //设置元素的 value 属性值
05  }
06  </script>
07  <input type="text" id="txt" value="初始文本内容"/>
08  <input type="button" value="更改文本内容" name="btn" onclick="chg()" />
```

程序的初始运行结果如图 10.11 所示，当单击"更改文本内容"按钮后将会改变文本框中的内容，结果如图 10.12 所示。

图 10.11　文本框中显示"初始文本内容"　　图 10.12　文本框中显示"修改后的文本内容"

10.3 实　战

10.3.1　改变页面的背景颜色

根据下拉菜单中选择的颜色值改变页面的背景颜色，运行结果如图 10.13 所示。（**实例位置：资源包\源码\10\实战\01**）

图 10.13　选择页面的背景颜色

10.3.2　动态添加用户头像

在页面中定义一个"添加用户头像"按钮，当单击该按钮时动态地向页面中添加用户头像，运行结果如图 10.14 所示。（**实例位置：资源包\源码\10\实战\02**）

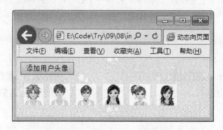

图 10.14　向页面中添加用户头像

10.4 小　结

本章主要讲解了文档对象（Document 对象）的使用方法，以及该对象的属性、方法的简单介绍。通过本章的学习，可以掌握文档对象实现的一些常用的功能，这些功能在实际开发中比较常用，有必要熟练掌握及应用。

第 **2** 篇

提高篇

　　本篇介绍了表单对象，图像对象，文档对象模型（DOM），Window 窗口对象，Ajax 技术，jQuery 基础，jQuery 控制页面，jQuery 事件处理，jQuery 动画效果等内容。学习完本篇，能够开发一些中小型应用程序。

第 11 章

表单对象

(📹 视频讲解：46 分钟)

Document 对象的 forms 属性可以返回一个数组，数组中的每个元素都是一个 Form 对象。Form 对象又称为表单对象，通过该对象可以实现输入文字、选择选项和提交数据等功能。本章将介绍表单以及表单元素的应用。

通过学习本章，读者主要掌握以下内容：

▶▶ 如何访问表单与表单元素

▶▶ 表单对象的属性、方法与事件

▶▶ 文本框的应用

▶▶ 按钮的应用

▶▶ 单选按钮和复选框的应用

▶▶ 下拉菜单的应用

视频讲解

11.1 访问表单与表单元素

Form 对象代表了 HTML 文档中的表单，由于表单是由表单元素组成的，因此 Form 对象也包含着多个子对象。

11.1.1 JavaScript 访问表单

在 HTML 文档中可能会包含多个<form>标签，JavaScript 会为每个<form>标签创建一个 Form 对象，并将这些 Form 对象存放在 forms[]数组中。在操作表单元素之前，首先应当确定要访问的表单，JavaScript 中主要有以下 3 种访问表单的方式。

☑ 通过 document.forms[]按编号进行访问，例如 document.forms[0]。

☑ 通过 document.formname 按名称进行访问，例如 document.form1。

☑ 在支持 DOM 的浏览器中，使用 document.getElementById("formID")来定位要访问的表单。

例如，定义一个用户登录表单，代码如下：

```
01   <form id="form1" name="myform" method="post" action="">
02       用户名： <input type="text" name="username" size="15"><br>
03       密码： <input type="password" name="password" maxlength="8" size="15"><br>
04       <input type="submit" name="sub1" value="登录">
05   </form>
```

对于该登录表单，可以使用如下 3 种方式访问。

☑ document.forms[0]

☑ document.myform

☑ document.getElementById("form1")

11.1.2 JavaScript 访问表单元素

每个表单都是一个表单元素的聚集，访问表单元素同样也是有以下 3 种方式。

☑ 通过 elements[]按表单元素的编号进行访问，例如 document.form1.elements[0]。

☑ 通过 name 属性按名称进行访问，例如 document.form1.text1。

☑ 在支持 DOM 的浏览器中，使用 document.getElementById("elementID")来定位要访问的表单元素。

例如，定义一个用户登录表单，代码如下：

```
01   <form name="form1" method="post" action="">
02       用户名： <input id="user" type="text" name="username" size="15"><br>
03       密码： <input type="password" name="password" maxlength="8" size="15"><br>
04       <input type="submit" name="sub1" value="登录">
05   </form>
```

对于该登录表单，可以使用 document.form1.elements[0]访问第一个表单元素；还可以使用名称访问表单元素，如 document.form1.password；还可以使用表单元素的 id 来定位表单元素，如 document. getElementById("user ")。

11.2 表单对象的属性、方法与事件

和其他对象一样，表单对象也有着属于自己的一些属性、方法和事件。本节将详细介绍表单对象的常用属性、方法和事件。

1. 表单对象的属性

表单对象的属性与 form 元素的属性相关。表单对象的常用属性如表 11.1 所示。

表 11.1 表单对象的常用属性

属　性	说　明
name	返回或设置表单的名称
action	返回或设置表单提交的 URL
method	返回或设置表单提交的方式，可取值为 get 或 post
encoding	返回或设置表单信息提交的编码方式
id	返回或设置表单的 id
length	返回表单对象中元素的个数
target	返回或设置提交表单时目标窗口的打开方式
elements	返回表单对象中的元素构成的数组，数组中的元素也是对象

2. 表单对象的方法

表单对象只有 reset()和 submit()两个方法，这两个方法相当于单击了重置按钮和提交按钮。表单对象的方法如表 11.2 所示。

表 11.2 表单对象的方法

方　法	说　明
reset()	将所有表单元素重置为初始值，相当于单击了重置按钮
submit()	提交表单数据，相当于单击了提交按钮

3. 表单对象的事件

表单对象的事件主要有两个，这两个事件和表单对象的两个方法类似。表单对象的事件如表 11.3 所示。

表 11.3 表单对象的事件

事　件	说　明
reset	重置表单时触发的事件
submit	提交表单时触发的事件

视频讲解

11.3 表 单 元 素

表单是实现动态网页的一种主要的外在形式，使用表单可以收集客户端提交的有关信息，是实现网站互动功能的重要组成部分。本节将介绍几个表单对象的常见应用。

11.3.1 文本框

在 HTML 中，文本框包括单行文本框和多行文本框两种，多行文本框又叫作文本域。密码框可以看成是一种特殊的单行文本框，在密码框中输入的文字以掩码的形式显示。

1. 文本框的属性

无论哪一种文本框，它们的属性大多都是相同的。常用的文本框属性如表 11.4 所示。

表 11.4　文本框对象常用的属性及说明

属　　性	说　　明
id	返回或设置文本框的 id 属性值
name	返回文本框的名称
type	返回文本框的类型
value	返回或设置文本框中的文本，即文本框的值
rows	返回或设置多行文本框的高度
cols	返回或设置多行文本框的宽度
disabled	返回或设置文本框是否被禁用，该属性值为 true 时禁用文本框，该属性值为 false 时启用文本框

2. 文本框的方法

无论哪一种文本框，它们的方法都是相同的。这些方法大多都与文本框中的文本相关。常用的文本框的方法如表 11.5 所示。

表 11.5　文本框对象常用的方法及说明

方　　法	说　　明
blur()	该方法用于将焦点从文本框中移开
focus()	该方法用于将焦点赋给文本框
click()	该方法可以模拟文本框被鼠标单击
select()	该方法可以选中文本框中的文字

3. 文本框的应用——验证表单内容是否为空

验证表单中输入的内容是否为空是表单对象最常见的应用之一。在提交表单前进行表单验证，可以节约服务器的处理器周期，为用户节省等待的时间。

【例 11.01】　下面制作一个简单的用户登录界面，并且验证用户名和密码不能为空，如果为空则

173

给出提示信息。具体步骤如下：（**实例位置：资源包\源码\11\11.01**）

（1）设计登录页面，效果如图 11.1 所示，具体代码请参考本书附带光盘。

（2）通过 JavaScript 脚本判断用户名和密码是否为空，具体代码如下：

```
01  <script type="text/javascript">
02  function checkinput(){                      //自定义函数
03      if(form1.name.value==""){               //判断用户名是否为空
04          alert("请输入用户名!");              //弹出对话框
05              form1.name.focus();             //为文本框设置焦点
06          return false;                       //返回 false 不允许提交表单
07      }
08      if(form1.pwd.value==""){                //判断密码是否为空
09          alert("请输入密码!");               //弹出对话框
10          form1.pwd.focus();                  //为密码框设置焦点
11          return false ;                      //返回 false 不允许提交表单
12      }
13      return true;                            //返回 true 允许提交表单
14  }
15  </script>
```

（3）通过"登录"按钮的 onclick 事件调用自定义函数 checkinput()，代码如下：

```
<input type="image" name="imageField" onclick="return checkinput()" src="images/dl_06.gif" />
```

运行结果如图 11.1 所示。

图 11.1　提示请输入用户名

11.3.2　按钮

在 HTML 中，按钮分为普通按钮、提交按钮和重置按钮 3 种。从功能上来说，普通按钮通常用来调用函数，提交按钮用来提交表单，重置按钮用来重置表单。虽然这 3 种按钮的功能有所不同，但是它们的属性和方法是完全相同的。

1．按钮的属性

无论哪一种按钮，它们的属性都是相同的。常用的按钮属性如表 11.6 所示。

表 11.6 按钮常用的属性及说明

属 性	说 明
id	返回或设置按钮的 id 属性值
name	返回按钮的名称
type	返回按钮的类型
value	返回或设置显示在按钮上的文本，即按钮的值
disabled	返回或设置按钮是否被禁用，该属性值为 true 时禁用按钮，该属性值为 false 时启用按钮

2. 按钮的方法

无论哪一种按钮，它们的方法都是相同的。常用的按钮的方法如表 11.7 所示。

表 11.7 按钮对象常用的方法及说明

方 法	说 明
blur()	该方法用于将焦点从按钮中移开
focus()	该方法用于将焦点赋给按钮
click()	该方法可以模拟按钮被鼠标单击

3. 按钮的应用——获取表单元素的值

用户在浏览网页时，经常需要填写一些动态表单。当用户单击相应的按钮时就会提交表单，这时，程序需要获取表单内容，并对表单内容进行验证或者存储。

【例 11.02】 用户在互联网上发表自己的文章时，需要填写作者名称、文章标题以及文章内容。本实例将介绍如何获取表单中的文本框、文本域以及隐藏域的值。具体步骤如下：（**实例位置：资源包\源码\11\11.02**）

（1）在页面中定义添加文章的表单，在表单中添加文本框、文本域和按钮等表单元素，具体代码如下：

```
01    <table width="500"  border="0" align="center" cellpadding="0" cellspacing="0">
02      <tr>
03        <td align="left" valign="top">
04          <table width="95%"  border="0" align="center" cellpadding="0" cellspacing="0">
05            <tr>
06              <td height="22" align="left">
07                <img src="images/dian.gif" width="7" height="7"> 文章添加
08              </td>
09            </tr>
10            <tr>
11              <td height="1">
12                <img src="images/xian.gif" width="366" height="1">
13              </td>
14            </tr>
15          </table>
16          <br>
17          <table width="500" border="0" align="center" cellpadding="0" cellspacing="0">
```

175

```
18        <form name="form1" method="post" onSubmit="return Mycheck()">
19          <tr>
20            <td height="28" align="right">作者名称：</td>
21            <td height="28"><input name="author" type="text" id="author"></td>
22          </tr>
23          <tr>
24            <td height="28" align="right">文章主题：</td>
25            <td height="28"><input name="title" type="text" id="title"></td>
26          </tr>
27          <tr>
28            <td height="22" align="right">文章内容：</td>
29            <td height="22">
30              <textarea name="content" cols="45" rows="6" id="content"></textarea>
31            </td>
32          </tr>
33          <tr>
34            <td height="28" colspan="2" align="center">
35            <input name="hid" type="hidden" id="hid" value="文章添加成功!">
36            <input name="add" type="submit" id="add" value="添 加"> 
37            <input type="reset" name="Submit2" value="重 置">
38            </td>
39          </tr>
40        </form>
41     </table></td>
42   </tr>
43 </table>
```

（2）定义 Mycheck()函数，在函数中分别获取用户输入的作者名称、文章主题和文章内容，并对获取到的信息进行连接，具体代码如下：

```
01 <script type="text/javascript">
02 function Mycheck(){
03     var checkstr="获取内容如下：\n";                                      //定义字符串变量
04     if (document.form1.author.value != ""){                              //如果作者名称不为空
05         checkstr+="作者名称："+document.form1.author.value+"\n";         //连接用户输入的作者名称
06     }else{
07         return false;                                                    //返回 false 不允许提交表单
08     }
09     if (document.form1.title.value != ""){                               //如果文章主题不为空
10         checkstr+="文章主题："+document.form1.title.value+"\n";          //连接用户输入的文章主题
11     }else{
12         return false;                                                    //返回 false 不允许提交表单
13     }
14     if (document.form1.content.value != ""){                             //如果文章内容不为空
15         checkstr+="文章内容："+document.form1.content.value+"\n";        //连接用户输入的文章内容
16     }else{
17         return false;                                                    //返回 false 不允许提交表单
18     }
19     if (document.form1.hid.value != ""){                                 //如果隐藏域的值不为空
20         checkstr+=document.form1.hid.value;                              //连接隐藏域的值
```

```
21          }
22          alert(checkstr);                                            //输出变量 checkstr 的值
23          return true;                                                //提交表单
24      }
25  </script>
```

程序运行结果如图 11.2 所示。

图 11.2　获取文本框、文本域以及隐藏域的值

11.3.3　单选按钮和复选框

在网页中，单选按钮用来进行单一选择，在页面中以圆框表示。而复选框能够进行项目的多项选择，以一个方框表示。一般情况下，单选按钮和复选框都会以组的方式出现，创建单选按钮组或复选框组，只需要将所有单选按钮或所有复选框的 name 属性值设置为相同的值即可。

单选按钮和复选框虽然在功能上有所不同，但是它们的属性和方法几乎是完全相同的。

1．单选按钮和复选框的属性

无论是单选按钮还是复选框，它们的属性都是相同的。常用的单选按钮和复选框的属性如表 11.8 所示。

表 11.8　单选按钮对象和复选框对象常用的属性及说明

属　　　性	说　　　明
id	返回或设置单选按钮或复选框的 id 属性值
name	返回单选按钮或复选框的名称
type	返回单选按钮或复选框的类型
value	返回或设置单选按钮或复选框的值
length	返回一组单选按钮或复选框中包含元素的个数
checked	返回或设置一个单选按钮或复选框是否处于被选中状态，该属性值为 true 时，单选按钮或复选框处于被选中状态，该属性值为 false 时，单选按钮或复选框处于未被选中状态
disabled	返回或设置单选按钮或复选框是否被禁用，该属性值为 true 时禁用单选按钮或复选框，该属性值为 false 时启用单选按钮或复选框

如果在一个单选按钮组中有多个选项设置了 checked 属性，那么只有最后一个设置了 checked 属性的选项被选中。

2．单选按钮和复选框的方法

无论是单选按钮还是复选框，它们的方法都是相同的。常用的单选按钮和复选框的方法如表 11.9 所示。

表 11.9　单选按钮和复选框常用的方法及说明

方　　法	说　　明
blur()	该方法用于将焦点从单选按钮或复选框中移开
focus()	该方法用于将焦点赋给单选按钮或复选框
click()	该方法可以模拟单选按钮或复选框被鼠标单击

3．单选按钮和复选框的应用——获取单选按钮和复选框的值

通过在表单中使用单选按钮和复选框，可以获得用户选择的选项。通常情况下，单选按钮和复选框是以组的形式出现的。在 JavaScript 中，将 name 属性值相同的单选按钮或复选框都放在一个数组中，这样就可以对某个单选按钮组或复选框组进行操作。通过 for 循环语句和单选按钮或复选框的 checked 属性就可以获取用户选择的单选按钮或复选框的值。下面通过一个实例来说明如何获取单选按钮和复选框的值。

【例 11.03】　制作一个简单的用户个人信息页面，获取用户的姓名、性别、爱好以及自我评价的信息。具体步骤如下：（**实例位置：资源包\源码\11\11.03**）

（1）在页面中定义用户个人信息表单，在表单中添加文本框、单选按钮、复选框和文本域等表单元素，具体代码如下：

```
01  <form id="form1" name="form1" method="post" onSubmit="getInfo()">
02    <table width="503" border="0" cellspacing="1" bgcolor="#BBBBBB">
03      <tr>
04        <td align="center" height="46" colspan="2" background="images/bg.gif">
05          <h2>请输入你的个人信息</h2>
06        </td>
07      </tr>
08      <tr>
09        <td width="82" height="20" align="right" background="images/bg.gif">姓名：</td>
10        <td width="414" height="20" background="images/bg.gif">
11          <input type="text" name="name" />
12        </td>
13      </tr>
14      <tr>
15        <td height="20" align="right" background="images/bg.gif">性别：</td>
16        <td height="20" background="images/bg.gif">
```

```
17              <input type="radio" name="sex" value="男" />男
18                <input type="radio" name="sex" value="女" />女
19          </td>
20      </tr>
21      <tr>
22          <td height="20" align="right" background="images/bg.gif">爱好：</td>
23          <td height="20" background="images/bg.gif">
24              <input type="checkbox" name="interest" value="看电影" />看电影
25              <input type="checkbox" name="interest" value="听音乐" />听音乐
26              <input type="checkbox" name="interest" value="演奏乐器" />演奏乐器
27              <input type="checkbox" name="interest" value="打篮球" />打篮球
28              <input type="checkbox" name="interest" value="看书" />看书
29              <input type="checkbox" name="interest" value="上网" />上网
30          </td>
31      </tr>
32      <tr>
33          <td align="right" valign="top" background="images/bg.gif">自我评价：</td>
34          <td background="images/bg.gif">
35              <textarea name="comment" cols="30" rows="5"></textarea>
36          </td>
37      </tr>
38      <tr>
39          <td background="images/bg.gif"> </td>
40          <td background="images/bg.gif">
41              <input type="submit" name="Submit" value="提交" />
42              <input type="reset" name="Submit2" value="重置" />
43          </td>
44      </tr>
45      </table>
46  </form>
```

（2）定义 getInfo()函数，在函数中分别获取用户输入的姓名、选择的性别和爱好，以及输入的自我评价信息，并对获取到的个人信息进行连接，具体代码如下：

```
01  <script type="text/javascript">
02  function getInfo(){                                  //定义 getInfo()函数
03      var message = "";                                //定义字符串变量
04      message += "姓名：" + form1.name.value + "\n";    //获取用户姓名并连接字符串
05      message += "性别：";                             //连接字符串
06      for(var i=0; i<form1.sex.length; i++){           //循环获取单选按钮
07          if(form1.sex[i].checked){                    //如果该单选按钮被选中
08              message += form1.sex[i].value + "\n";    //获取用户性别并连接字符串
09          }
10      }
11      message += "爱好：";                             //连接字符串
12      for(var i=0; i<form1.interest.length; i++){      //循环获取复选框
13          if(form1.interest[i].checked){               //如果该复选框被选中
14              message += form1.interest[i].value + " "; //获取用户爱好并连接字符串
15          }
16      }
```

```
17        message += "\n 自我评价：" + form1.comment.value;    //获取用户自我评价并连接字符串
18        alert(message);                                      //输出个人信息
19    }
20    </script>
```

运行结果如图 11.3 所示。

图 11.3　获取用户个人信息

11.3.4　下拉菜单

下拉菜单主要是为了节省页面空间而设计的，通过<select>和<option>标记来实现。菜单是一种最节省空间的方式，正常状态下只能看到一个选项，单击按钮打开菜单后才能看到全部的选项。

1．下拉菜单的属性

与其他表单对象的子对象相同，下拉菜单也有自己的属性。常用的下拉菜单的属性如表 11.10 所示。

表 11.10　下拉菜单常用的属性及说明

属　　性	说　　明
id	返回或设置下拉菜单的 id 属性值
name	返回下拉菜单的名称
type	返回下拉菜单的类型
value	返回下拉菜单的值
multiple	该值设置为 true 时，下拉菜单中的选项会以列表的方式显示，此时可以进行多选；该值设置为 false 时，只能进行单选
length	返回下拉菜单中的选项个数
options	返回一个数组，数组中的元素为下拉菜单中的选项
selectedIndex	返回或设置下拉菜单中当前选中的选项在 options[]数组中的下标
disabled	返回或设置下拉菜单是否被禁用，该属性值为 true 时禁用下拉菜单，该属性值为 false 时启用下拉菜单

说明

在可以进行多选的列表框中，按住 Ctrl 键就可以实现选择多个选项的功能。

2．下拉菜单的方法

常用的下拉菜单的方法如表 11.11 所示。

表 11.11　下拉菜单常用的方法及说明

方　　法	说　　明
blur()	该方法用于将焦点从下拉菜单中移开
focus()	该方法用于将焦点赋给下拉菜单
click()	该方法可以模拟下拉菜单被鼠标单击
remove(i)	该方法可以删除下拉菜单中的选项，其中，参数 i 为 options[]数组中的下标

3．Option 对象

在 HTML 中，创建下拉菜单需要使用 select 元素和 option 元素，select 元素用于声明下拉菜单，option 元素用于创建下拉菜单中的选项。在 JavaScript 中，下拉菜单中的每一个选项都可以看作是一个 Option 对象。创建下拉菜单选项的构造函数如下：

```
new Option(text,value,defaultSelected,selected)
```

参数说明。

- ☑　text：显示在下拉菜单选项中的文字。
- ☑　value：下拉菜单选项的值。
- ☑　defaultSelected：该参数是一个布尔值，用于声明该选项是否是下拉菜单中的默认选项。如果该参数为 true，在重置表单时，下拉菜单会自动选中该选项。
- ☑　selected：该参数是一个布尔值，用于声明该选项当前是否处于被选中状态。

在创建 Option 对象之后，可以直接将其赋值给下拉菜单的 Option 数组元素。例如，表单名称为 myform，下拉菜单名称为 myselect，为下拉菜单添加一个下拉菜单选项，代码如下：

```
document.myform.myselect.options[0] = new Option("text","value");
```

Option 对象虽然是下拉菜单对象的子对象，但该对象也有自己的属性。常用的 Option 对象的属性如表 11.12 所示。

表 11.12　Option 对象常用的属性及说明

属　　性	说　　明
defaultSelected	该属性值为一个布尔值，用于声明在创建该 Option 对象时，该选项是否是默认选项
index	返回当前 Option 对象在 options[]数组中的下标
selected	返回或设置当前 Option 对象是否被选中。该值为 true 时，当前 Option 对象为被选中状态；该值为 false 时，当前 Option 对象为未被选中状态
text	返回或设置选项中的文字
value	返回或设置选项中的值

4．下拉菜单的应用——简单的选职位程序

如果为 select 元素设置了 multiple 属性，下拉菜单中的选项就会以列表的方式显示，此时，列表框

中的选项可以进行多选。在实际应用中，利用列表框的多选可以实现随意添加、删除其中选项的功能。下面通过一个实例来说明如何添加、删除列表框中的选项。

【例 11.04】　制作一个简单的选择职位的程序，用户可以在"可选职位"列表框和"已选职位"列表框之间进行选项的移动。具体步骤如下：（**实例位置：资源包\源码\11\11.04**）

（1）在页面中定义表单，在表单中添加"可选职位"列表框和"已选职位"列表框，在两个列表框之间添加">>"按钮和"<<"按钮，代码如下：

```
01  <form name="myform">
02    <table>
03      <tr>
04        <td>可选职位</td>
05        <td></td>
06        <td>已选职位</td>
07      </tr>
08      <tr>
09        <td>
10          <!--添加"可选职位"列表框-->
11          <select name="job" size="6" multiple="multiple">
12           <option value="歌手">歌手</option>
13           <option value="演员">演员</option>
14           <option value="画家">画家</option>
15           <option value="教师">教师</option>
16           <option value="公务员">公务员</option>
17           <option value="职员">职员</option>
18          </select>
19        </td>
20        <td>
21          <!--添加">>"和"<<"按钮-->
22          <input type="button" value=">>" onClick="myJob()"><br>
23          <input type="button" value="<<" onClick="toJob()">
24        </td>
25        <td>
26          <!--添加"已选职位"列表框-->
27          <select name="myjob" size="6" multiple="multiple">
28          </select>
29        </td>
30      </tr>
31    </table>
32  </form>
```

（2）定义 myJob()和 toJob()两个函数，myJob()函数用于将"可选职位"列表框中的选项移动到"已选职位"列表框，toJob()函数用于将"已选职位"列表框中的选项移动到"可选职位"列表框，具体代码如下：

```
01  <script type="text/javascript">
02  function myJob(){                                    //定义 myJob()函数
```

```
03        var jobLength = document.myform.job.length;              //获取"可选职位"下拉菜单选项个数
04        for(var i=jobLength-1; i>-1; i--){                        //从最后一个选项开始循环
05            if(document.myform.job[i].selected){                  //如果该选项被选中
06                var myOption = new Option(document.myform.job[i].text,
                                    document.myform.job[i].value);//创建 Option 对象
07                //为"已选职位"下拉菜单添加选项
08                document.myform.myjob.options[document.myform.myjob.options.length] = myOption;
09                document.myform.job.remove(i);                    //删除移动的选项
10            }
11        }
12    }
13    function toJob(){                                             //定义 toJob()函数
14        var myjobLength = document.myform.myjob.length;           //获取"已选职位"下拉菜单选项个数
15        for(var i=myjobLength-1; i>-1; i--){                      //从最后一个选项开始循环
16            if(document.myform.myjob[i].selected){                //如果该选项被选中
17                var myOption = new Option(document.myform.myjob[i].text,
                                    document.myform.myjob[i].value);//创建 Option 对象
18                //为"可选职位"下拉菜单添加选项
19                document.myform.job.options[document.myform.job.options.length] = myOption;
20                document.myform.myjob.remove(i);                  //删除移动的选项
21            }
22        }
23    }
24    </script>
```

运行结果如图 11.4 所示。

图 11.4　用户选择职位

11.4　实　　战

11.4.1　判断取票兑换码是否正确

星哥在网上买了两张万达影城上映的《美女与野兽》的电影票，电影票的兑换码为 99648500463711，现模拟自动取票机取票系统的功能，判断星哥取票是否成功，运行结果如图 11.5 所示。（**实例位置：资源包\源码\11\实战\01**）

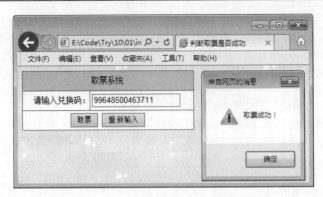

图 11.5　弹出取票成功对话框

11.4.2　制作二级联动菜单

在商品信息添加页面制作一个二级联动菜单，通过二级联动菜单选择商品的所属类别，当第一个菜单选项改变时，第二个菜单中的选项也会随之改变，运行结果如图 11.6 所示。（**实例位置：资源包\源码\11\实战\02**）

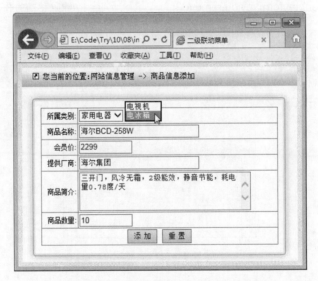

图 11.6　应用二级联动菜单选择商品所属类别

11.5　小　　结

本章主要讲解了表单及表单元素的使用，在制作网页程序时，表单是不可缺少的元素之一。通过本章的学习，读者可以了解表单中的各种标记，以及通过 JavaScript 语言访问表单及表单元素等内容。

第*12*章

图像对象

(📹 视频讲解：38 分钟)

图像是 Web 页面中非常重要的组成部分，如果一个网页只用文本、表格以及单一的颜色来表达是不够的，JavaScript 提供了图像处理的功能，本章将介绍图像处理的一些功能。

通过学习本章，读者主要掌握以下内容：

▸▸ 图像对象的常用属性和事件

▸▸ 实现图片的随机显示

▸▸ 实现图片置顶的功能

▸▸ 实现图片的翻转效果

视频讲解

12.1 图像对象概述

在网页中图片的使用非常普遍，只需要在 HTML 文件中使用<img>标签，并将其中的 src 属性值设置为图片的 URL 即可。本节将介绍在网页中引用图片的方法和图像对象的属性。

12.1.1 图像对象介绍

Document 对象的 images 属性的返回值是一个数组，数组中的每一个元素都是一个 Image 对象。Image 对象就是图像对象。在 HTML 文档中，可能会存在多张图片，在加载文档时，JavaScript 会自动创建一个 images[]数组，数组中的元素个数是由文档中的<img>标签的个数决定的。images[]数组中的每一个元素都代表着文档中的一张图片。

在操作图像对象之前，首先应当确定要引用的图片，JavaScript 中主要有以下 3 种引用图片的方式。

☑ 通过 document.images[]按编号访问，例如 document. images[0]。

☑ 通过 document.images[imageName]按名称访问，例如 document.images["book"]。

☑ 在支持 DOM 的浏览器中，使用 document.getElementById("imageID")来定位要访问的图片。

例如，页面中有一张图片，代码如下：

```
<img name="flower" id="mypic" src="flower.png">
```

要引用该图片，可以使用 document.images[0]、document.images["flower"]或者 document.getElementById ("mypic")等方式。

12.1.2 图像对象的属性

Image 对象和其他对象一样，也有属于自己的一些属性，这些属性主要用于描述图片的宽度、高度和边框等信息。网页中的 Image 对象的属性如表 12.1 所示。

表 12.1 Image 对象的属性

属 性	说 明
border	返回或设置图片的边框宽度，以像素为单位
height	返回或设置图片的高度，以像素为单位
hspace	返回或设置图片左边和右边的文字与图片之间的间距，以像素为单位
lowsrc	返回或设置替代图片的低分辨率图片的 URL
name	返回或设置图片名称
src	返回或设置图片 URL
vspace	返回或设置图片上面和下面的文字与图片之间的间距，以像素为单位
width	返回或设置图片的宽度，以像素为单位
alt	返回或设置鼠标经过图片时显示的文字
complete	判断图像是否完全被加载，如果图像完全被加载，该属性将返回 true 值

【例12.01】 本实例将通过 Image 对象的属性获取图片的一些基本信息，并将这些信息输出到页面中。代码如下：(**实例位置：资源包\源码\12\12.01**)

```
01  <img width="340" height="138" name="book" src="book.png" border="3"><br><br>
02  <script type="text/javascript">
03  document.write("图片名称："+document.images[0].name+"<br>");        //输出图片名称
04  document.write("图片宽度："+document.images[0].width+"<br>");       //输出图片宽度
05  document.write("图片高度："+document.images[0].height+"<br>");      //输出图片高度
06  document.write("图片边框："+document.images[0].border+"<br>");      //输出图片边框
07  document.write("图片 URL："+document.images[0].src);               //输出图片 URL
08  </script>
```

运行结果如图 12.1 所示。

图 12.1 显示图片信息

12.1.3 图像对象的事件

Image 对象没有可以使用的方法，除了一些常用事件之外，Image 对象还支持 abort、error 等事件，这些事件是大多数其他对象都不支持的。Image 对象支持的事件如表 12.2 所示。

表 12.2 Image 对象支持的事件

事 件	说 明
abort	当用户放弃加载图片时触发该事件
load	成功加载图片时触发该事件
error	在加载图片过程中产生错误时触发该事件
click	在图片上单击鼠标时触发该事件
dblclick	在图片上双击鼠标时触发该事件
mouseover	当鼠标移动到图片上时触发该事件
mouseout	当鼠标从图片上移开时触发该事件
mousedown	在图片上按下鼠标键时触发该事件
mouseup	在图片上释放鼠标键时触发该事件
mousemove	在图片上移动鼠标时触发该事件

【例 12.02】 本实例将实现图片置换的功能。当鼠标指向图片时，该图片会置换为另一张图片，当鼠标移出图片时，又会变成原来的图片。代码如下：（**实例位置：资源包\源码\12\12.02**）

```
01  <script type="text/javascript">
02  function changeImage(imageName){                          //定义 changeImage()函数
03      document.images[imageName].src = 'images/book2.jpg';  //将图片置换为 book2.jpg
04  }
05  function resetImage(imageName){                           //定义 resetImage()函数
06      document.images[imageName].src = 'images/book1.jpg';  //将图片置换为 book1.jpg
07  }
08  </script>
09  <img name="book1" src="images/book1.jpg" onMouseOver="changeImage('book1')"
           onMouseOut="resetImage('book1')">
```

运行结果如图 12.2 和图 12.3 所示。

图 12.2 显示默认图片

图 12.3 显示置换后的图片

视频讲解

12.2 图像对象的应用

12.2.1 图片的随机显示

在网页中随机显示图片可以达到装饰和宣传的作用，例如随机变化的网页背景和横幅广告图片等。使用随机显示图片的方式可以优化网站的整体效果。

为了可以实现图片随机显示的功能，可以使用 Math 对象的 random()函数和 floor()函数。例如，定义随机显示图片的代码如下：

```
01   <img name="book" id="imgs">
02   <script type="text/javascript">
03   //定义图片数组
04   var test = new Array("image1.gif","image2.gif","image3.gif","image4.gif");
05   var n=Math.floor(Math.random()*test.length);      //获取随机数作为数组下标
06   var img=document.getElementById('imgs');           //获取图像对象
07   img.src=test[n];                                    //将数组元素作为显示图片的 src 属性值
08   </script>
```

上述 JavaScript 代码中首先定义一个数组，然后获取 0 到数组长度的随机数，接着使用 document.getElementById('imgs') 来获取页面中的图像对象，最后将随机获取的数组元素作为图像对象的 src 属性值，实现随机显示图片的功能。

【例 12.03】 本实例将实现网页背景随机变化的功能，用户重复打开该网页可能会显示不同的页面背景，同时每隔一秒时间，图片随机变化一次。关键代码如下：（**实例位置：资源包\源码\12\12.03**）

```
01   <script type="text/javascript">
02   function changebg(){
03       var i = Math.floor(Math.random()*5);           //获取 0~5 之间的随机数
04       var src = "";                                   //初始化变量
05       switch(i){
06           case 0:                                     //如果随机数为 0
07               src = "0.jpg";                          //为变量 src 赋值
08               break;                                  //跳出 switch 语句
09           case 1:                                     //如果随机数为 1
10               src = "1.jpg";                          //为变量 src 赋值
11               break;                                  //跳出 switch 语句
12           case 2:                                     //如果随机数为 2
13               src = "2.jpg";                          //为变量 src 赋值
14               break;                                  //跳出 switch 语句
15           case 3:                                     //如果随机数为 3
16               src = "3.jpg";                          //为变量 src 赋值
17               break;                                  //跳出 switch 语句
18           case 4:                                     //如果随机数为 4
19               src = "4.jpg";                          //为变量 src 赋值
20               break;                                  //跳出 switch 语句
21       }
22       document.body.background=src;                   //将变量 src 的值作为页面的背景图片
23       setTimeout("changebg()",1000);                  //每隔一秒执行一次 changebg()函数
24   }
25   </script>
```

在上述代码中将 0~5 之间的随机数字取整，然后使用 switch 语句根据当前随机产生的值设置背景图片，最后使用 setTimeout()方法每间隔 1000 毫秒调用一次 changebg()函数。运行结果如图 12.4 和图 12.5 所示。

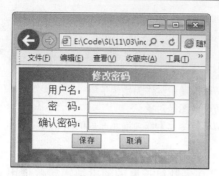

图 12.4 按时间随机变化的网页背景 1

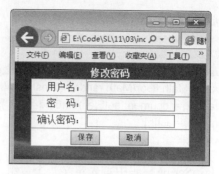

图 12.5 按时间随机变化的网页背景 2

12.2.2 图片置顶

在浏览网页时，经常会看到图片总是置于顶端的情况，不管怎样拖动滚动条，它相对于浏览器的位置都不会改变，这样图片既可以起到宣传的作用，还不遮挡网页中的主体内容。

可以通过 document 对象下的 documentElement 对象中的 scrollTop 和 scrollLeft 属性来获取当前页面中横纵向滚动条所卷去的部分的值，然后使用该值定位放入层中的图片位置，实现图片置顶的功能。

【例 12.04】 为了丰富网页的显示效果，在页面右侧顶端放置一张广告图片，当拖动页面右侧的滚动条时，实现图片总置于顶端的功能。代码如下：（**实例位置：资源包\源码\12\12.04**）

```
01  <div id="Tdiv" style="height:45px; left:0px; position:absolute; top:0px; width:45px;
                          z-index:25">
02  <input name="image1" type="image" id="image1" src="mrsoft.jpg" border="0">
03  </div>
04  <p>
05  <script type="text/javascript">
06      var ImgW=parseInt(image1.width);                    //获取图片的宽度
07      function permute(tfloor,Top,left){
08          //获取纵向滚动条滚动的距离
09          var RealTop=parseInt(document.documentElement.scrollTop);
10          buyTop=Top+RealTop;                             //获取图片在垂直方向的绝对位置
11          document.all[tfloor].style.top=buyTop+"px";     //设置图片在垂直方向的绝对位置
12          //获取图片在水平方向的绝对位置
13          var buyLeft=parseInt(document.documentElement.scrollLeft)+
                        parseInt(document.documentElement.clientWidth)-ImgW;
14          document.all[tfloor].style.left=buyLeft-left+"px";  //设置图片在水平方向的绝对位置
15      }
16  setInterval('permute("Tdiv",2,2)',1);                   //每隔一毫秒就执行一次 permute()函数
17  </script>
18  <img src="gougo.jpg">
```

上述代码中，使用 scrollTop 属性值来修改层的 style 样式中的 top 属性，使其总置于顶端。同时可以获取 scrollLeft 属性值与网页宽度（网页的宽度可以使用 clientWidth 属性来获取）的和，然后减去图片的宽度，使用所得的值来修改层的 style 样式中的 left 属性，这样就可以使图片总置于工作区的右侧。最后使用 setInterval()方法循环执行 permute()函数。运行结果如图 12.6 所示。

图 12.6 图片总置于顶端

12.2.3 图片翻转效果

使用 JavaScript 脚本和 CSS 样式中的滤镜技术可以为图片设置水平、垂直翻转效果。滤镜是 CSS 样式的一种扩充，使用滤镜可以在图片或文本容器中实现阴影、模糊、水平或垂直、透明、波纹等特殊效果。在滤镜中可以通过 Filter 来设置滤镜参数。

语法如下：

Filter:滤镜名称(参数)

其中的参数用于指定滤镜的显示效果。

如果需要使用滤镜效果，可以在各个标签的 style 属性中来设置滤镜。例如：

<img src="*.gif" width="" height="" style="Filter:filpH()">

有关滤镜的名称与参数说明如表 12.3 所示。

表 12.3 滤镜的名称与参数说明

滤 镜 名 称	参 数 说 明
alpha	设置滤镜的透明度： filter:alpha(opacity=0~100, finishOpacity=0~100, style=0~3, startX=0~100, startY=0~100, finshX=0~100, finishY= 0~100) 滤镜参数说明。 ☑ opacity：表示透明度 ☑ finishOpacity：设置渐变透明度 ☑ style：表示透明区域的形状。0 表示统一形状；1 表示线形；2 表示放射状；3 表示长方形 ☑ startX、startY：表示透明度的开始横纵坐标 ☑ finishX、finishY：表示透明度的结束横纵坐标
blendTrans	设置滤镜的淡入淡出效果 filter:blendTrans(duration=time) 参数说明。 duration：表示效果持续的时间

滤 镜 名 称	参 数 说 明
blur	设置滤镜的模糊效果 filter:blur(add=true|false, direction=value, strength=value) 参数说明。 ☑ add：确定图片是否为模糊效果 ☑ direction：设置模糊效果的方向，以度数为单位 ☑ strength：设置模糊效果的像素数
chroma	设置指定颜色为透明状态 filter:chroma(color=value) 参数说明。 color：指定颜色的颜色值
dropShadow	设置滤镜的阴影效果 filter:dropShadow(color=value, offX=value, offY=value, positive=true|false) 参数说明。 ☑ color：表示阴影的颜色 ☑ offX、offY：表示阴影的偏移量，其值为像素 ☑ positive：设置其值为 true 表示为透明的像素建立投影，设置为 false 表示不为透明的像素建立投影
flipH	设置滤镜为水平翻转效果 filter:flipH
filpV	设置滤镜为垂直翻转效果 filter:filpV
glow	设置滤镜为发光效果 filter:glow(color=value, strength=value) 参数说明。 ☑ color：用于设置滤镜发光的颜色 ☑ strength：用于设置发光的亮度，取值在 0~255 之间
gray	将可视对象变为灰度显示 filter:gray
invert	翻转可视对象的色调和亮度，创建底片效果 filter:invert
Light	模拟光源在可视对象上的投影 filter:Light
Mask	设置透明膜的效果 filter:Mask(color=value) 参数说明。 color：表示透明膜的颜色
RevealTrans	设置滤镜转换效果，可以使可视化对象显示或隐藏
shadow	设置滤镜为立体式阴影效果 filter:shadow(color=value, direction=value) 参数说明。 ☑ color：表示阴影颜色 ☑ direction：表示阴影方向

续表

滤 镜 名 称	参 数 说 明
wave	设置滤镜的波形效果 filter:wave(add=true|false, freq=value, lightStrength=0~100, phase=0~100, strength=value) 参数说明。 ☑ add：表示是否按正弦波形显示 ☑ freq：设置波形的频率 ☑ lightStrength：设置波形的光影效果 ☑ phase：设置波形开始时的偏移量 ☑ strength：设置波形的振幅
xray	设置 X 光效果 filter:xray

说明

由于浏览器的兼容性，该节中的实例需要在 IE 8 浏览器及其以下版本中才能看到效果。

实现图片翻转效果可以使用 flipH 与 flipV 滤镜。

【例 12.05】 本实例用于实现图片的翻转效果，当用户单击"水平翻转"按钮时，图片将水平翻转；当用户单击"垂直翻转"按钮时，图片将垂直翻转。实现步骤如下：（**实例位置：资源包\源码\12\12.05**）

（1）定义水平翻转的函数 Hturn()和垂直翻转的函数 Vturn()，在水平翻转函数中使用了条件表达式设置图片的水平翻转。当图片的滤镜值为 flipH 时，则使滤镜值为空；当图片滤镜值不为 flipH 时，则设置滤镜值为 flipH，从而实现图片水平翻转的功能。同理，在垂直翻转函数中也使用了条件表达式，当图片的滤镜值为 flipV 时，则使滤镜值为空；当图片滤镜值不为 flipV 时，则设置滤镜值为 flipV，从而实现图片垂直翻转的功能。关键代码如下：

```
01  <script type="text/javascript">
02  function Hturn(){
03      image11.style.filter = image11.style.filter =="flipH"?"":"flipH";      //设置水平翻转
04  }
05  function Vturn(){
06      image22.style.filter = image22.style.filter =="flipV"?"":"flipV";      //设置垂直翻转
07  }
08  </script>
```

（2）在"水平翻转"和"垂直翻转"按钮的 onClick 事件中调用上述函数。关键代码如下：

```
01  <input type="button" name="button1" value="水平翻转" onClick="Hturn()">
02  <input type="button" name="button2" value="垂直翻转" onClick="Vturn()">
```

运行结果如图 12.7 所示。

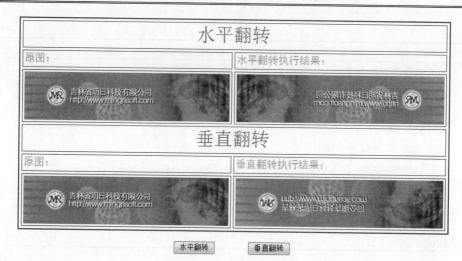

图 12.7　图片翻转效果

12.3　实　　战

12.3.1　图片验证码

在网站后台管理的登录页面中，以图片方式显示一个 4 位的随机验证码，运行结果如图 12.8 所示。
（实例位置：资源包\源码\12\实战\01）

图 12.8　显示 4 位图片验证码

12.3.2　图片时钟的显示

实现图片时钟的显示功能，在网页中放置一组图片，这组图片随着系统时间的更改而变化，运行结果如图 12.9 所示。**（实例位置：资源包\源码\12\实战\02）**

图 12.9   显示图片时钟

12.3.3   实现图片无间断滚动

实现图片无间断滚动效果，当用户将鼠标经过滚动图片时，图片停止滚动，当用户将鼠标从图片上移开时，图片又继续滚动，运行结果如图 12.10 所示。**（实例位置：资源包\源码\12\实战\03）**

图 12.10   图片无间断滚动效果

12.4   小   结

本章主要讲解了在 JavaScript 中如何使用图像处理对象，网页上视觉效果最好的部分就是图像，所以，图片在网页中是不可缺少的内容。掌握图像处理技术在 Web 程序开发中是非常重要的。通过本章的学习，读者应该可以掌握一些基本的图像处理方法。

第13章

文档对象模型（DOM）

(📹 视频讲解：41分钟)

文档对象模型也可以叫作 DOM，表示 Web 页面（也可以称为文档）中元素的层次关系。通过它能够以编程方式访问和操作 Web 页面。学习文档对象模型有助于对 JavaScript 程序的开发和理解。

通过学习本章，读者主要掌握以下内容：

▸▸ 什么是 DOM

▸▸ DOM 常用的节点属性

▸▸ 对节点的主要操作

▸▸ 获取文档中指定元素的方法

视频讲解

13.1　DOM 概述

DOM 是 Document Object Model（文档对象模型）的缩写，它是由 W3C（World Wide Web 委员会）定义的。下面分别介绍每个单词的含义。

☑　Document（文档）

创建一个网页并将该网页添加到 Web 中，DOM 就会根据这个网页创建一个文档对象。如果没有 Document（文档），DOM 也就无从谈起。

☑　Object（对象）

对象是一种独立的数据集合。例如文档对象，就是文档中元素与内容的数据集合。与某个特定对象相关联的变量被称为这个对象的属性。可以通过某个特定对象去调用的函数被称为这个对象的方法。

☑　Model（模型）

在 DOM 中，将文档对象表示为树状模型。在这个树状模型中，网页中的各个元素与内容表现为一个个相互连接的节点。

DOM 是一种与浏览器、平台、语言无关的接口，通过 DOM 可以访问页面中的其他标准组件。DOM 解决了 JavaScript 与 Jscript 之间的冲突，给开发者定义了一个标准的方法，使他们来访问站点中的数据、脚本和表现层对象。

文档对象模型采用的分层结构为树形结构，以树节点的方式表示文档中的各种内容。先以一个简单的 HTML 文档说明一下。代码如下：

```
01    <html>
02    <head>
03        <title>标题内容</title>
04    </head>
05    <body>
06    <h3>三号标题</h3>
07    <b>加粗内容</b>
08    </body>
09    </html>
```

运行结果如图 13.1 所示。

以上文档可以使用图 13.2 对 DOM 的层次结构进行说明。

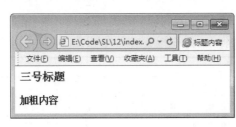

图 13.1　输出标题和加粗的文本

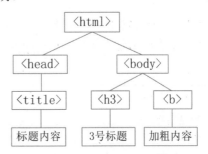

图 13.2　文档的层次结构

通过图 13.2 可以看出，在文档对象模型中，每一个对象都可以称为一个节点（Node），下面介绍一下几种节点的概念。

☑ 根节点

在最顶层的<html>节点，称为根节点。

☑ 父节点

一个节点之上的节点是该节点的父节点（parent）。例如，<html>就是<head>和<body>的父节点，<head>就是<title>的父节点。

☑ 子节点

位于一个节点之下的节点就是该节点的子节点。例如，<head>和<body>就是<html>的子节点，<title>就是<head>的子节点。

☑ 兄弟节点

如果多个节点在同一个层次，并拥有着相同的父节点，这几个节点就是兄弟节点（sibling）。例如，<head>和<body>就是兄弟节点，<h3>和<b>就是兄弟节点。

☑ 后代

一个节点的子节点的结合可以称为是该节点的后代（descendant）。例如，<head>和<body>就是<html>的后代，<h3>和<b>就是<body>的后代。

☑ 叶子节点

在树形结构最底部的节点称为叶子节点。例如，"标题内容""3 号标题""加粗内容"都是叶子节点。

在了解节点后，下面将介绍一下文档模型中节点的 3 种类型。

☑ 元素节点：在 HTML 中，<body>、<p>、<a>等一系列标记是这个文档的元素节点。元素节点组成了文档模型的语义逻辑结构。

☑ 文本节点：包含在元素节点中的内容部分，如<p>标签中的文本等。一般情况下，不为空的文本节点都是可见并呈现于浏览器中的。

☑ 属性节点：元素节点的属性，如<a>标签的 href 属性与 title 属性等。一般情况下，大部分属性节点都是隐藏在浏览器背后，并且是不可见的。属性节点总是被包含于元素节点当中。

视频讲解

13.2 DOM 对象节点属性

在 DOM 中通过使用节点属性可以对各节点进行查询，查询出各节点的名称、类型、节点值、子节点和兄弟节点等。DOM 常用的节点属性如表 13.1 所示。

表 13.1 DOM 常用的节点属性

属　　性	说　　明
nodeName	节点的名称
nodeValue	节点的值，通常只应用于文本节点
nodeType	节点的类型

续表

属　　性	说　　明
parentNode	返回当前节点的父节点
childNodes	子节点列表
firstChild	返回当前节点的第一个子节点
lastChild	返回当前节点的最后一个子节点
previousSibling	返回当前节点的前一个兄弟节点
nextSibling	返回当前节点的后一个兄弟节点
attributes	元素的属性列表

在对节点进行查询时，首先使用 getElementById()方法来访问指定 id 的节点，然后应用 nodeName
属性、nodeType 属性和 nodeValue 属性来获取该节点的名称、节点类型和节点的值。另外，通过使用
parentNode 属性、firstChild 属性、lastChild 属性、previousSibling 属性和 nextSibling 属性可以实现遍历
文档树。

13.3　节点的操作

对节点的操作主要有创建节点、插入节点、复制节点、删除节点和替换节点。下面分别对这些操
作进行详细介绍。

13.3.1　创建节点

创建节点先通过使用文档对象中的 createElement()方法和 createTextNode()方法，生成一个新元素，
并生成文本节点。最后通过使用 appendChild()方法将创建的新节点添加到当前节点的末尾处。
appendChild()方法将新的子节点添加到当前节点的末尾。
语法如下：

```
obj.appendChild(newChild)
```

参数说明。

newChild：表示新的子节点。

【例 13.01】　补全古诗《春晓》的最后一句。实现步骤如下：（**实例位置：资源包\源码\13\13.01**）

（1）在页面中首先定义一个 div 元素，其 id 属性值为 poemDiv，在该 div 元素中再定义 4 个 div
元素，分别用来输出古诗的标题和古诗的前 3 句，然后创建一个表单，在表单中添加一个用于输入古
诗最后一句的文本框和一个"添加"按钮，代码如下：

```
01    <div id="poemDiv">
02        <div class="poemtitle">春晓</div>
03        <div class="poem">春眠不觉晓</div>
04        <div class="poem">处处闻啼鸟</div>
```

```
05      <div class="poem">夜来风雨声</div>
06    </div>
07    <p>
08    <form name="myform">
09      请输入最后一句：<input type="text" name="last">
10      <input type="button" value="添加" onClick="completePoem()">
11    </form>
```

（2）编写 JavaScript 代码，定义函数 completePoem()，在函数中分别应用 createElement()方法、createTextNode()方法和 appendChild()方法将创建的节点添加到指定的 div 元素中，代码如下：

```
01    <script type="text/javascript">
02    function completePoem(){                              //定义 completePoem()函数
03      var div = document.createElement('div');            //创建 div 元素
04      div.className = 'poem';                             //为 div 元素添加 CSS 类
05      var last = myform.last.value;                       //获取用户输入的古诗最后一句
06      txt=document.createTextNode(last);                  //创建文本节点
07      div.appendChild(txt);                               //将文本节点添加到创建的 div 元素中
08      //将创建的 div 元素添加到 id 为 poemDiv 的 div 元素中
09      document.getElementById('poemDiv').appendChild(div);
10    }
11    </script>
```

运行结果如图 13.3 和图 13.4 所示。

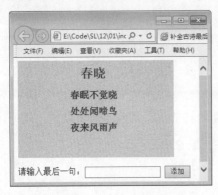

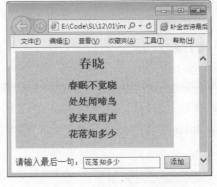

图 13.3　补全古诗之前的效果　　　　　　图 13.4　补全古诗之后的效果

13.3.2　插入节点

插入节点通过使用 insertBefore()方法来实现。insertBefore()方法将新的子节点添加到指定子节点的前面。

语法如下：

obj.insertBefore(new,ref)

参数说明。

☑　 new：表示新的子节点。

☑　ref：指定一个节点，在这个节点前插入新的节点。

【例 13.02】　在页面的文本框中输入需要插入的文本，然后通过单击"前插入"按钮将文本插入页面中。程序代码如下：（**实例位置：资源包\源码\13\13.02**）

```
01  <script type="text/javascript">
02      function crNode(str){                              //创建节点的函数
03          var newP=document.createElement("p");          //创建 p 元素
04          var newTxt=document.createTextNode(str);       //创建文本节点
05          newP.appendChild(newTxt);                      //将文本节点添加到创建的 p 元素中
06          return newP;                                   //返回创建的 p 元素
07      }
08      function insetNode(nodeId,str){                    //插入节点的函数
09          var node=document.getElementById(nodeId);      //获取指定 id 的元素
10          var newNode=crNode(str);                       //创建节点
11          if(node.parentNode)                            //判断是否拥有父节点
12              node.parentNode.insertBefore(newNode,node);//将创建的节点插入指定元素的前面
13      }
14  </script>
15  <body background="bg.gif">
16      <h2 id="h">在上面插入节点</h2>
17      <form id="frm" name="frm">
18      输入文本：<input type="text" name="txt" />
19      <input type="button" value="前插入" onclick="insetNode('h',document.frm.txt.value);" />
20      </form>
21  </body>
```

运行结果如图 13.5 和图 13.6 所示。

图 13.5　插入节点前

图 13.6　插入节点后

13.3.3　复制节点

复制节点可以使用 cloneNode()方法来实现。
语法如下：

`obj.cloneNode(deep)`

参数说明。
deep：该参数是一个 Boolean 值，表示是否为深度复制。深度复制是将当前节点的所有子节点全部

复制，当值为 true 时表示深度复制。当值为 false 时表示简单复制，简单复制只复制当前节点，不复制其子节点。

【例 13.03】 在页面中显示一个下拉菜单和两个按钮，单击两个按钮分别实现下拉菜单的简单复制和深度复制。程序代码如下：（**实例位置：资源包\源码\13\13.03**）

```
01  <script type="text/javascript">
02      function AddRow(bl){
03          var sel=document.getElementById("shopType");     //获取指定 id 的元素
04          var newSelect=sel.cloneNode(bl);                 //复制节点
05          var b=document.createElement("br");              //创建 br 元素
06           di.appendChild(newSelect);                      //将复制的新节点添加到指定节点的末尾
07          di.appendChild(b);                               //将创建的 br 元素添加到指定节点的末尾
08      }
09  </script>
10  <form>
11      <hr>
12       <select name="shopType" id="shopType">
13        <option value="%">请选择类型</option>
14        <option value="0">数码电子</option>
15        <option value="1">家用电器</option>
16        <option value="2">床上用品</option>
17       </select>
18       <hr>
19  <div id="di"></div>
20   <input type="button" value="复制" onClick="AddRow(false)"/>
21   <input type="button" value="深度复制" onClick="AddRow(true)"/>
22  </form>
```

运行实例，当单击"复制"按钮时只复制了一个新的下拉菜单，并未复制其选项，结果如图 13.7 所示。当单击"深度复制"按钮时将会复制一个新的下拉菜单并包含其选项，结果如图 13.8 所示。

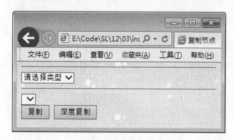

图 13.7 普通复制后

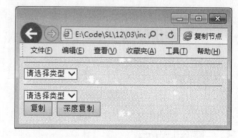

图 13.8 深度复制后

13.3.4 删除节点

删除节点通过使用 removeChild()方法来实现。该方法用来删除一个子节点。
语法如下：

```
obj.removeChild(oldChild)
```

参数说明。

oldChild：表示需要删除的节点。

【例 13.04】 通过 DOM 对象的 removeChild()方法，动态删除页面中所选中的文本。程序代码如下：（**实例位置：资源包\源码\13\13.04**）

```
01  <script type="text/javascript">
02      function delNode(){
03          var deleteN=document.getElementById('di');          //获取指定 id 的元素
04          if(deleteN.hasChildNodes()){                         //判断是否有子节点
05              deleteN.removeChild(deleteN.lastChild);          //删除节点
06          }
07      }
08  </script>
09  <h2>删除节点</h2>
10  <div id="di"><p>少林派掌门空闻大师</p><p>武当派掌门张三丰</p><p>峨眉派掌门灭绝师太</p></div>
11  <form>
12      <input type="button" value="删除" onclick="delNode()" />
13  </form>
```

运行结果如图 13.9 和图 13.10 所示。

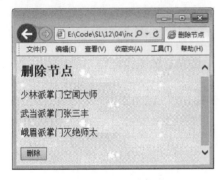

图 13.9　删除节点前

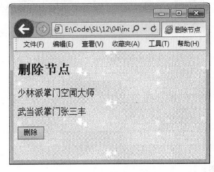

图 13.10　删除节点后

13.3.5　替换节点

替换节点可以使用 replaceChild()方法来实现。该方法用来将旧的节点替换成新的节点。

语法如下：

```
obj.replaceChild(new,old)
```

参数说明。

☑　new：替换后的新节点。

☑　old：需要被替换的旧节点。

【例 13.05】 通过 DOM 对象的 replaceChild()方法，将原来的标记和文本替换为新的标记和文本。程序代码如下：（**实例位置：资源包\源码\13\13.05**）

```
01  <script type="text/javascript">
02     function repN(str,bj){
03        var rep=document.getElementById('b1');          //获取指定 id 的元素
04        if(rep){                                          //如果指定 id 的元素存在
05           var newNode=document.createElement(bj);        //创建节点
06           newNode.id="b1";                               //设置节点的 id 属性值
07           var newText=document.createTextNode(str);      //创建文本节点
08           newNode.appendChild(newText);                  //将文本节点添加到创建的节点元素中
09           rep.parentNode.replaceChild(newNode,rep);      //替换节点
10        }
11     }
12  </script>
13  <b id="b1">要被替换的文本内容</b>
14  <p>
15  输入标记：<input id="bj" type="text" size="15" /><br />
16  输入文本：<input id="txt" type="text" size="15" /><br />
17  <input type="button" value="替换" onclick="repN(txt.value,bj.value)" />
```

运行实例，页面中显示的文本如图 13.11 所示。在文本框中输入替换后的标记和文本，单击"替换"按钮，结果如图 13.12 所示。

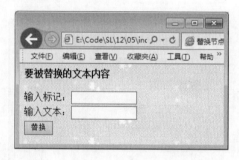

图 13.11　替换节点前

图 13.12　替换节点后

视频讲解

13.4　获取文档中的指定元素

虽然通过遍历文档树中全部节点的方法，可以找到文档中指定的元素，但是这种方法比较麻烦，下面介绍两种直接搜索文档中指定元素的方法。

13.4.1　通过元素的 id 属性获取元素

使用 Document 对象的 getElementById()方法可以通过元素的 id 属性获取元素。例如，获取文档中 id 属性值为 userId 的元素的代码如下：

```
document.getElementById("userId");                    //获取 id 属性值为 userId 的元素
```

【例 13.06】　在浏览网页时，经常会看到在页面的某个位置显示当前日期。这种方式既可填充页

面效果，也可以方便用户。本实例使用 getElementById()方法实现在页面的指定位置显示当前日期。具体步骤如下：（**实例位置：资源包\源码\13\13.06**）

（1）编写一个 HTML 文件，在该文件的<body>标记中添加一个 id 为 clock 的<div>标记，用于显示当前日期，关键代码如下：

```
<div id="clock">当前日期： </div>
```

（2）编写自定义的 JavaScript 函数，用于获取当前日期，并显示到 id 为 clock 的<div>标记中，具体代码如下：

```
01  function clockon(){
02      var now=new Date();                                      //创建日期对象
03      var year=now.getFullYear();                              //获取年份
04      var month=now.getMonth();                                //获取月份
05      var date=now.getDate();                                  //获取日期
06      var day=now.getDay();                                    //获取星期
07      var week;                                                //声明表示星期的变量
08      month=month+1;                                           //获取实际月份
09      //定义星期数组
10      var arr_week=new Array("星期日","星期一","星期二","星期三","星期四","星期五","星期六");
11      week=arr_week[day];                                      //获取中文星期
12      time=year+"年"+month+"月"+date+"日  "+week;              //组合当前日期
13      var textTime=document.createTextNode(time);              //创建文本节点
14      document.getElementById("clock").appendChild(textTime);  //显示当前日期
15  }
```

（3）编写 JavaScript 代码，在页面载入后调用 clockon()函数，具体代码如下：

```
window.onload=clockon;                                           //页面载入后调用函数
```

运行本实例，将显示如图 13.13 所示的效果。

图 13.13　在页面的指定位置显示当前日期

13.4.2　通过元素的 name 属性获取元素

使用 Document 对象的 getElementsByName()方法可以通过元素的 name 属性获取元素，该方法通常用于获取表单元素。与 getElementById()方法不同的是，使用该方法的返回值为一个数组，而不是一个元素。如果想通过 name 属性获取页面中唯一的元素，可以通过获取返回数组中下标值为 0 的元素进行获取。例如，页面中有一组单选按钮，name 属性均为 likeRadio，要获取第一个单选按钮的值，代码如下：

```
01  <input type="radio" name="likeRadio" id="radio" value="体育" />体育
02  <input type="radio" name="likeRadio" id="radio" value="美术" />美术
03  <input type="radio" name="likeRadio" id="radio" value="文艺" />文艺
04  <script type="text/javascript">
05      alert(document.getElementsByName("likeRadio")[0].value);//获取第一个单选按钮的值
06  </script>
```

【例 13.07】　　在 365 影视网中，应用 Document 对象的 getElementsByName()方法和 setInterval()
方法实现电影图片的轮换效果。实现步骤如下：（**实例位置：资源包\源码\13\13.07**）

（1）在页面中定义一个<div>元素，在该元素中定义两个图片，然后为图片添加超链接，并设置
超链接标签<a>的 name 属性值为 i，代码如下：

```
01  <div id='tabs'>
02      <a name="i" href="#"><img src="video/13.png" width="100%" height="320" /></a>
03      <a name="i" href="#"><img src="video/14.png" width="100%" height="320" /></a>
04  </div>
```

（2）在页面中定义 CSS 样式，用于控制页面显示效果，具体代码参见资源包。

（3）在页面中编写 JavaScript 代码，应用 Document 对象的 getElementsByName()方法获取 name
属性值为 i 的元素，然后编写自定义函数 changeimage()，最后应用 setInterval()方法，每隔 3 秒钟就执
行一次 changeimage()函数。具体代码如下：

```
01  <script type="text/javascript">
02  var len = document.getElementsByName("i");            //获取 name 属性值为 i 的元素
03  var pos = 0;                                          //定义变量值为 0
04  function changeimage(){
05      len[pos].style.display = "none";                 //隐藏元素
06      pos++;                                           //变量值加 1
07      if(pos == len.length) pos=0;                     //变量值重新定义为 0
08      len[pos].style.display = "block";                //显示元素
09  }
10  setInterval('changeimage()',3000);                   //每隔 3 秒钟执行一次 changeimage()函数
11  </script>
```

运行本实例，将显示如图 13.14 所示的运行结果。

图 13.14　图片轮换效果

视频讲解

13.5 与 DHTML 相对应的 DOM

我们知道通过 DOM 技术可以获取网页对象。本节将介绍另外一种获取网页对象的方法——通过 DHTML 对象模型的方法。使用这种方法可以不必了解文档对象模型的具体层次结构，而是直接得到网页中所需的对象。通过 innerHTML、innerText、outerHTML 和 outerText 属性可以很方便地读取和修改 HTML 元素内容。

说明

innerHTML 属性被多数浏览器所支持，而 innerText、outerHTML 和 outerText 属性只有 IE 浏览器才支持。

13.5.1 innerHTML 和 innerText 属性

innerHTML 属性声明了元素含有的 HTML 文本，不包括元素本身的开始标记和结束标记。设置该属性可以用于为指定的 HTML 文本替换元素的内容。

例如，通过 innerHTML 属性修改<div>标记的内容的代码如下：

```
01    <div id="clock"></div>
02    <script type="text/javascript">
03        //修改<div>标记的内容
04        document.getElementById("clock").innerHTML="2017-<b>12</b>-24";
05    </script>
```

运行结果为：

2017-**12**-24

innerText 属性与 innerHTML 属性的功能类似，只是该属性只能声明元素包含的文本内容，即使指定的是 HTML 文本，它也会认为是普通文本，而原样输出。

使用 innerHTML 和 innerText 属性还可以获取元素的内容。如果元素只包含文本，那么 innerHTML 和 innerText 属性的返回值相同。如果元素既包含文本，又包含其他元素，那么这两个属性的返回值是不同的，如表 13.2 所示。

表 13.2 innerHTML 和 innerText 属性返回值的区别

HTML 代码	innerHTML 属性	innerText 属性
<div>明日科技</div>	"明日科技"	"明日科技"
<div><b>明日科技</b></div>	"<B>明日科技</B>"	"明日科技"
<div><font color="red"></font></div>	"<FONT color=red></FONT>"	""

在本章中介绍了与 DHTML 相对应的 DOM，其中，innerHTML 属性最为常用，下面就通过一个具体的实例来说明 innerHTML 属性的应用。

【例 13.08】　在网页中显示当前的时间和分时问候语。实现步骤如下：（**实例位置：资源包\源码\13\13.08**）

（1）在页面中添加两个<div>标记，这两个标记的 id 属性值分别为 time 和 greet，代码如下：

```
01    <div id="time">显示当前时间</div>
02    <div id="greet">显示问候语</div>
```

（2）编写自定义函数 ShowTime()，用于在 id 为 time 的<div>标记中显示当前时间，在 id 为 greet 的<div>标记中显示问候语。ShowTime()函数的具体代码如下：

```
01    function ShowTime(){
02        var strgreet = "";                              //初始化变量
03        var datetime = new Date();                      //获取当前时间
04        var hour = datetime.getHours();                 //获取小时
05        var minu = datetime.getMinutes();               //获取分钟
06        var seco = datetime.getSeconds();               //获取秒钟
07        strtime =hour+":"+minu+":"+seco+" ";            //组合当前时间
08        if(hour >= 0   && hour < 8){                     //判断是否为早上
09            strgreet ="早上好";                          //为变量赋值
10        }
11        if(hour >= 8   && hour < 11){                    //判断是否为上午
12            strgreet ="上午好";                          //为变量赋值
13        }
14        if(hour >= 11   && hour < 13){                   //判断是否为中午
15            strgreet = "中午好";                         //为变量赋值
16        }
17        if(hour >= 13   && hour < 17){                   //判断是否为下午
18            strgreet ="下午好";                          //为变量赋值
19        }
20        if(hour >= 17   && hour < 24){                   //判断是否为晚上
21            strgreet ="晚上好";                          //为变量赋值
22        }
23        window.setTimeout("ShowTime()",1000);           //每隔 1 秒重新获取一次时间
24        document.getElementById("time").innerHTML="现在是：<b>"+strtime+"</b>";
25        document.getElementById("greet").innerText="<b>"+strgreet+"</b>";
26    }
```

（3）在页面的载入事件中调用 ShowTime()函数，显示当前时间和问候语，具体代码如下：

```
window.onload=ShowTime;                              //在页面载入后调用 ShowTime()函数
```

运行本实例，将显示如图 13.15 所示的运行结果。

从图 13.15 中可以看出，当前的时间（11:15:56）和问候语（中午好）虽然都使用了<b>标记括起来，但是由于问候语使用的是 innerText 属性设置的，所以<b>标记将被作为普通文本输出，而不能实现文字加粗显示的效果。从本实例中，可以清楚地看到 innerHTML 和 innerText 属性的区别。

图 13.15　分时问候

13.5.2　outerHTML 和 outerText 属性

outerHTML 和 outerText 属性与 innerHTML 和 innerText 属性类似，只是 outerHTML 和 outerText 属性替换的是整个目标节点，也就是这两个属性还对元素本身进行修改。

下面以列表的形式给出对于特定代码通过 outerHTML 和 outerText 属性获取的返回值，如表 13.3 所示。

表 13.3　outerHTML 和 outerText 属性返回值的区别

HTML 代码	outerHTML 属性	outerText 属性
\<div\>明日科技\</div\>	\<DIV\>明日科技\</DIV\>	"明日科技"
\<div id="clock"\>2011-\<b\>07\</b\>-22\</div\>	\<DIV id=clock\>2011-\<B\>07\</B\>-22\</DIV\>	"2011-07-22"
\<div id="clock"\>\<font color="red"\>\</font\>\</div\>	\<DIV id=clock\>\<FONT color=red\>\</FONT\>\</DIV\>	""

📢**注意**

在使用 outerHTML 和 outerText 属性后，原来的元素（如\<div\>标记）将被替换成指定的内容，这时当使用 document.getElementById()方法查找原来的元素（如\<div\>标记）时，将发现原来的元素（如\<div\>标记）已经不存在了。

13.6　实　　战

13.6.1　通过下拉菜单更换用户头像

将用户头像定义在下拉菜单中，通过改变下拉菜单中的头像选项实现更换头像的功能，运行结果如图 13.16 所示。（**实例位置：资源包\源码\13\实战\01**）

图 13.16　通过下拉菜单更换头像

13.6.2　测试你是否是一个金庸迷

在页面中设置 3 个关于金庸武侠小说中的问题，根据答题结果测试你是否是一个金庸迷，运行结果如图 13.17 所示。（**实例位置：资源包\源码\13\实战\02**）

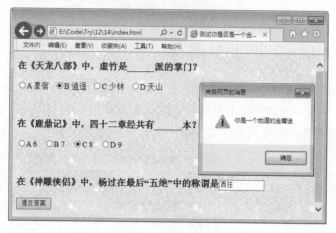

图 13.17　测试你是否是一个金庸迷

13.6.3　实现年月日的联动

实现年月日的联动的功能。当改变"年"菜单和"月"菜单的值时，"日"菜单的值的范围也会相应的改变，运行结果如图 13.18 所示。（**实例位置：资源包\源码\13\实战\03**）

图 13.18　实现年月日的联动

13.7　小　　结

本章主要讲解了文档对象模型的节点、级别以及如何获取文档中的元素和与 DHTML 相对应的 DOM 等相关内容。通过本章的学习，可以掌握页面中元素的层次关系，对今后使用 JavaScript 语言编程很有帮助。

第14章

Window 窗口对象

(📹 视频讲解：56 分钟)

在 HTML 中打开对话框的应用极为普遍，但也有一些缺陷。用户浏览器决定对话框的样式，设计者虽然左右不了其对话框的大小及样式，但 JavaScript 给了程序这种控制权。在 JavaScript 中可以使用 Window 对象来实现对对话框的控制。

通过学习本章，读者主要掌握以下内容：

▶▶ Window 对象中的属性和方法

▶▶ 3 种对话框的使用

▶▶ 打开和关闭窗口的方法

▶▶ 控制窗口的方法

视频讲解

14.1 Window 对象概述

Window 对象代表的是打开的浏览器窗口，通过 Window 对象可以控制窗口的大小和位置、由窗口弹出的对话框、打开窗口或关闭窗口，还可以控制窗口上是否显示地址栏、工具栏和状态栏等栏目。对于窗口中的内容，Window 对象可以控制是否重载网页、返回上一个文档或前进到下一个文档。

在框架方面，Window 对象可以处理框架与框架之间的关系，并通过这种关系在一个框架处理另一个框架中的文档。Window 对象还是所有其他对象的顶级对象，通过对 Window 对象的子对象进行操作，可以实现更多的动态效果。Window 对象作为对象的一种，也有着自己的方法和属性。

14.1.1 Window 对象的属性

顶层 Window 对象是所有其他子对象的父对象，它出现在每一个页面上，并且可以在单个 JavaScript 应用程序中被多次使用。

为了便于读者学习，本节将以表格的形式对 Window 对象中的属性进行详细说明。Window 对象的属性以及说明如表 14.1 所示。

表 14.1 Window 对象的属性

属 性	说 明
document	对话框中显示的当前文档
frames	表示当前对话框中所有 frame 对象的集合
location	指定当前文档的 URL
name	对话框的名字
status	状态栏中的当前信息
defaultStatus	状态栏中的默认信息
top	表示最顶层的浏览器对话框
parent	表示包含当前对话框的父对话框
opener	表示打开当前对话框的父对话框
closed	表示当前对话框是否关闭的逻辑值
self	表示当前对话框
screen	表示用户屏幕，提供屏幕尺寸、颜色深度等信息
navigator	表示浏览器对象，用于获得与浏览器相关的信息

14.1.2 Window 对象的方法

除了属性之外，Window 对象中还有很多方法。Window 对象的方法以及说明如表 14.2 所示。

表 14.2　Window 对象的方法

方　　法	说　　明
alert()	弹出一个警告对话框
confirm()	在确认对话框中显示指定的字符串
prompt()	弹出一个提示对话框
open()	打开新浏览器对话框并且显示由 URL 或名字引用的文档，并设置创建对话框的属性
close()	关闭被引用的对话框
focus()	将被引用的对话框放在所有打开对话框的前面
blur()	将被引用的对话框放在所有打开对话框的后面
scrollTo(x,y)	把对话框滚动到指定的坐标
scrollBy(offsetx,offsety)	按照指定的位移量滚动对话框
setTimeout(timer)	在指定的毫秒数过后，对传递的表达式求值
setInterval(interval)	指定周期性执行代码
moveTo(x,y)	将对话框移动到指定坐标处
moveBy(offsetx,offsety)	将对话框移动到指定的位移量处
resizeTo(x,y)	设置对话框的大小
resizeBy(offsetx,offsety)	按照指定的位移量设置对话框的大小
print()	相当于浏览器工具栏中的"打印"按钮
navigate(URL)	使用对话框显示 URL 指定的页面

14.1.3　Window 对象的使用

Window 对象可以直接调用其方法和属性，例如：

```
window.属性名
window.方法名(参数列表)
```

Window 是不需要使用 new 运算符来创建的对象。因此，在使用 Window 对象时，只要直接使用 window 来引用 Window 对象即可，代码如下：

```
01    window.alert("字符串");                          //弹出对话框
02    window.document.write("字符串");                  //输出文字
```

在实际运用中，JavaSctipt 允许使用一个字符串来给窗口命名，也可以使用一些关键字来代替某些特定的窗口。例如，使用 self 代表当前窗口、parent 代表父级窗口等。对于这种情况，可以用这些关键字来代表 window，代码如下：

```
parent.属性名
parent.方法名(参数列表)
```

213

视频讲解

14.2 对 话 框

对话框是为了响应用户的某种需求而弹出的小窗口，本节将介绍几种常用的对话框：警告对话框、确认对话框及提示对话框。

14.2.1 警告对话框

在页面中弹出警告对话框主要是在<body>标签中调用 Window 对象的 alert()方法实现的，下面对该方法进行详细说明。

利用 Window 对象的 alert()方法可以弹出一个警告框，并且在警告框内可以显示提示字符串文本。语法如下：

```
window.alert(str)
```

参数 str 表示要在警告对话框中显示的提示字符串。

用户可以单击警告对话框中的"确定"按钮来关闭该对话框。不同浏览器的警告对话框样式可能会有些不同。

【例 14.01】 在页面中定义一个函数，当页面载入时就执行这个函数，应用 alert()方法弹出一个警告对话框。代码如下：（**实例位置：资源包\源码\14\14.01**）

```
01   <body onLoad="al()">
02   <script type="text/javascript">
03   function al(){                              //自定义函数
04       window.alert("弹出警告对话框!");          //弹出警告对话框
05   }
06   </script>
07   </body>
```

运行结果如图 14.1 所示。

注意

警告对话框是由当前运行的页面弹出的，在对该对话框进行处理之前，不能对当前页面进行操作，并且其后面的代码也不会被执行。只有将警告对话框进行处理后（如单击"确定"按钮或者关闭对话框），才可以对当前页面进行操作，后面的代码也才能继续执行。

图 14.1 警告对话框的应用

说明

也可以利用 alert()方法对代码进行调试。当弄不清楚某段代码执行到哪里，或者不知道当前变量的取值情况，便可以利用该方法显示有用的调试信息。

14.2.2　确认对话框

Window 对象的 confirm()方法用于弹出一个确认对话框。该对话框中包含两个按钮（在中文操作系统中显示为"确定"和"取消"，在英文操作系统中显示为 OK 和 Cancel）。

语法如下：

window.confirm(question)

参数说明。

☑　window：Window 对象。

☑　question：要在对话框中显示的纯文本。通常，应该表达程序想要让用户回答的问题。

返回值：如果用户单击了"确定"按钮，返回值为 true；如果用户单击了"取消"按钮，返回值为 false。

例 14.02　本实例主要应用 confirm()方法实现在页面中弹出"确定要关闭浏览器窗口吗？"的对话框，代码如下：（**实例位置：资源包\源码\14\14.02**）

```
01  <script type="text/javascript">
02      var bool = window.confirm("确定要关闭浏览器窗口吗？");//弹出确认对话框并赋值变量
03      if(bool == true){                              //如果返回值为 true，即用户单击了"确定"按钮
04          window.close();                            //关闭窗口
05      }
06  </script>
```

运行结果如图 14.2 所示。

14.2.3　提示对话框

利用 Window 对象的 prompt()方法可以在浏览器窗口中弹出一个提示框。与警告框和确认框不同，在提示框中有一个输入框。当显示输入框时，在输入框内显示提示字符串，在输入文本框显示默认文本，并等待用户输入，当用户在该输入框中输入文字，并单击"确定"按钮后，返回用户输入的字符串，当单击"取消"按钮时，返回 null 值。

图 14.2　弹出确认对话框

语法如下：

window.prompt(str1,str2)

参数说明。

☑　str1：为可选项。表示字符串（String），指定在对话框内要被显示的信息。如果忽略此参数，将不显示任何信息。

☑　str2：为可选项。表示字符串（String），指定对话框内输入框（input）的值（value）。如果忽略此参数，将被设置为 undefined。

例如，将文本框中输入的数据显示在提示对话框中，将提示对话框内输入框的值作为文本框新的

值。代码如下：

```
01  <script type="text/javascript">
02      function pro(){
03          var message=document.getElementById("message");          //获取指定 id 值的元素
04          message.value=window.prompt(message.value,"返回的信息");  //设置文本框的值
05      }
06  </script>
07  <input id="message" type="text" size="40" value="请在此输入信息">
08  <br><br>
09  <input type="button" value="显示对话框" onClick="pro()">
```

运行代码，在文本框中输入数据并单击"显示对话框"按钮，会弹出一个提示对话框，运行结果如图 14.3 所示。在提示对话框内的输入框中输入数据，单击"确定"按钮后将输入框的值显示在文本框中，运行结果如图 14.4 所示。

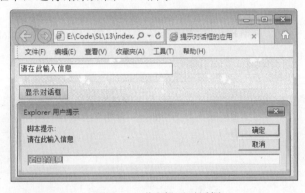

图 14.3 弹出提示对话框

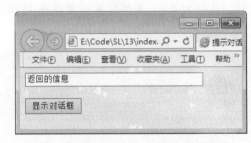

图 14.4 单击"确定"按钮后返回信息

视频讲解

14.3 打开与关闭窗口

窗口的打开和关闭主要使用 Window 对象中的 open()和 close()方法实现，也可以在打开窗口时指定窗口的大小及位置。下面介绍窗口的打开与关闭的实现方法。

14.3.1 打开窗口

打开窗口可以使用 Window 对象的 open()方法。利用 open()方法可以打开一个新的窗口，并在窗口中装载指定 URL 地址的网页，还可以指定新窗口的大小以及窗口中可用的选项，并且可以为打开的窗口定义一个名称。

语法如下：

```
WindowVar=window.open(url,windowname[,location]);
```

参数说明。

☑ WindowVar：当前打开窗口的句柄。如果 open()方法成功，则 windowVar 的值为一个 Window

216

对象的句柄，否则 windowVar 的值是一个空值。

☑　url：目标窗口的 URL。如果 URL 是一个空字符串，则浏览器将打开一个空白窗口，允许用
write()方法创建动态 HTML。

☑　windowname：Window 对象的名称。该名称可以作为属性值在<a>和<form>标记的 target 属性
中出现。如果指定的名称是一个已经存在的窗口名称，则返回对该窗口的引用，而不会再新
打开一个窗口。

☑　location：打开窗口的参数。

location 的可选参数及说明如表 14.3 所示。

表 14.3　location 的可选参数及说明

参　　数	说　　明
top	窗口顶部距离屏幕顶部的像素数
left	窗口左端距离屏幕左端的像素数
width	对话框的宽度
height	对话框的高度
scrollbars	是否显示滚动条
resizable	设定对话框大小是否固定
toolbar	浏览器工具条，包括后退及前进按钮等
menubar	菜单条，一般包括有文件、编辑及其他一些条目
location	定位区，也叫地址栏，是可以输入 URL 的浏览器文本区
direction	更新信息的按钮

例如，打开一个新窗口，代码如下：

```
window.open("new.html","new");                              //打开一个新窗口
```

打开一个指定大小的窗口，代码如下：

```
window.open("new.html","new","height=140,width=690");       //打开一个指定大小的窗口
```

打开一个指定位置的窗口，代码如下：

```
window.open("new.html","new","top=300,left=200");           //打开一个指定位置的窗口
```

打开一个带滚动条的固定窗口，代码如下：

```
window.open("new.html","new","scrollbars,resizable");       //打开一个带滚动条的固定窗口
```

打开一个新的浏览器对话框，在该对话框中显示 bookinfo.html 文件，设置打开对话框的名称为
bookinfo，并设置对话框的宽度和高度，代码如下：

```
var win=window.open("bookinfo.html","bookinfo","width=600,height=500");   //定义打开窗口的句柄
```

说明

在实际应用中，除了自动打开新窗口之外，还可以通过单击图片、单击按钮或超链接的方式来
打开新窗口。

【例 14.03】 本实例将通过 open()方法在进入首页时弹出一个指定大小及指定位置的新窗口。代码如下：（实例位置：资源包\源码\14\14.03）

```
01    <script type="text/javascript">
02    //打开指定大小及指定位置的新窗口
03    window.open("new.html","new","height=140,width=690,top=100,left=200");
04    </script>
```

运行结果如图 14.5 所示。

图 14.5 打开指定大小及指定位置的新窗口

 注意

在使用 open()方法时，需要注意以下几点：

（1）通常浏览器窗口中，总有一个文档是打开的。因而不需要为输出建立一个新文档。

（2）在完成对 Web 文档的写操作后，要使用或调用 close()方法来实现对输出流的关闭。

（3）在使用 open()方法来打开一个新流时，可为文档指定一个有效的文档类型，有效文档类型包括 text/html、text/gif、text/xim、text/plugin 等。

14.3.2 关闭窗口

在对窗口进行关闭时，主要有关闭当前窗口和关闭子窗口两种操作，下面分别对它们进行介绍。

1．关闭当前窗口

利用 Window 对象的 close()方法可以实现关闭当前窗口的功能。

语法如下：

```
window.close();
```

关闭当前窗口，可以用下面的任何一种语句来实现：

```
window.close();
close();
this.close();
```

【例 14.04】 本实例将通过 Window 对象的 open()方法打开一个新窗口（子窗口），当用户在该窗口中进行关闭操作后，关闭子窗口时，系统会自动刷新父窗口来实现页面的更新。实现步骤如下：（**实例位置：资源包\源码\14\14.04**）

（1）制作用于显示会议信息列表的会议管理页面 index.html，在该页面中加入空的超链接，并在其 onclick 事件中加入 JavaScript 脚本，实现打开一个指定大小的新窗口。关键代码如下：

```
01  <a href="#" onClick="javascript:window.open('new.html',",'width=400,height=220')">
02      会议记录
03  </a>
```

（2）制作会议记录详细信息页面 new.html，在该页面中通过"关闭"按钮的 onclick 事件调用自定义函数 clo()，从而实现关闭弹出窗口时刷新父窗口。关键代码如下：

```
01  <script type="text/javascript">
02  function clo(){
03      alert("关闭子窗口！");                        //弹出对话框
04      window.opener.location.reload();             //刷新父窗口
05      window.close();                              //关闭当前窗口
06  }
07  </script>
08  <input type="submit" name="Submit" value="关闭" onclick="clo();">
```

运行 index.html 页面，单击页面中的"会议记录"超链接，将弹出会议记录页面，在该页面中通过单击"关闭"按钮关闭会议记录页面，同时系统会自动刷新父窗口。结果如图 14.6 所示。

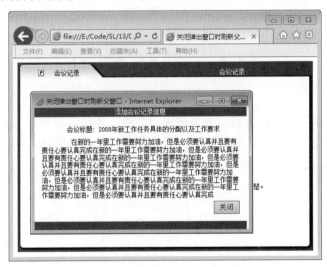

图 14.6　关闭弹出窗口时刷新父窗口

2. 关闭子窗口

通过 close()方法可以关闭以前动态创建的窗口，在窗口创建时，将窗口句柄以变量的形式进行保存，然后通过 close()方法关闭创建的窗口。

语法如下：

```
windowname.close();
```

参数 windowname 表示已打开窗口的句柄。

例如，在主窗口旁边弹出一个子窗口，当单击主窗口中的按钮后，自动关闭子窗口。代码如下：

```
01  <form name="form1">
02    <input type="button" name="Button" value="关闭子窗口" onClick="newclose()">
03  </form>
04  <script type="text/javascript">
05  var win = window.open("new.html","new","width=300,height=100");       //打开指定大小的窗口
06  function newclose(){
07    win.close();                                                        //关闭打开的窗口
08  }
09  </script>
```

运行结果如图 14.7 所示。

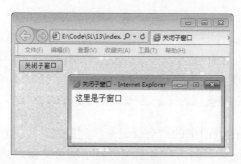

图 14.7 关闭子窗口

视频讲解

14.4 控 制 窗 口

通过 Window 对象除了可以打开窗口或关闭窗口之外，还可以控制窗口的大小和位置、由窗口弹出对话框，还可以控制窗口上是否显示地址栏、工具栏和状态栏等栏目，控制返回上一个文档或前进到下一个文档，甚至于还可以停止加载文档。

14.4.1 移动窗口

下面介绍几种移动窗口的方法。

1. moveTo()方法

利用 moveTo()方法可以将窗口移动到指定坐标(x,y)处。

语法如下：

```
window.moveTo(x,y)
```

参数说明。

☑ x：窗口左上角的 x 坐标。

☑　y：窗口左上角的 y 坐标。

例如，将窗口移动到指定坐标(500,600)处，代码如下：

```
window.moveTo(500,600);                        //将窗口移动到坐标(500,600)处
```

2．resizeTo()方法

利用 resizeTo()方法可以将当前窗口改变成(x,y)大小，x、y 分别为宽度和高度。

语法如下：

```
window.resizeTo(x,y)
```

参数说明。

☑　x：窗口的水平宽度。

☑　y：窗口的垂直高度。

例如，将当前窗口改变成(200,300)大小，代码如下：

```
window.resizeTo(200,300);                      //将当前窗口改变成(200,300)大小
```

3．screen 对象

screen 对象是 JavaScript 中的屏幕对象，反映了当前用户的屏幕设置。该对象的常用属性如表 14.4 所示。

表 14.4　screen 对象的常用属性

属　　性	说　　明
width	用户整个屏幕的水平尺寸，以像素为单位
height	用户整个屏幕的垂直尺寸，以像素为单位
pixelDepth	显示器的每个像素的位数
colorDepth	返回当前颜色设置所用的位数，1 代表黑白；8 代表 256 色；16 代表增强色；24/32 代表真彩色。8 位颜色支持 256 种颜色，16 位颜色（通常叫作"增强色"）支持大概 64000 种颜色，而 24 位颜色（通常叫作"真彩色"）支持大概 1600 万种颜色
availWidth	返回窗口内容区域的水平尺寸，以像素为单位
availHeight	返回窗口内容区域的垂直尺寸，以像素为单位

例如，使用 screen 对象设置屏幕属性，代码如下：

```
01    document.write(window.screen.width+"<br>");        //输出屏幕宽度
02    document.write(window.screen.height+"<br>");       //输出屏幕高度
03    document.write(window.screen.colorDepth);          //输出屏幕颜色位数
```

运行结果为：

```
1680
1050
32
```

【例 14.05】 本实例将在页面下方定义一个 TOP 超链接，单击该超链接，弹出居中显示的管理员登录窗口。实现步骤如下：（**实例位置：资源包\源码\14\14.05**）

（1）在页面的适当位置添加控制窗口弹出的超链接，本实例中采用的是图片热点超链接，关键代码如下：

```
01    <map name="Map">
02      <area shape="rect" coords="82,17,125,39" href="#" onClick="manage()">
03      <area shape="circle" coords="49,28,14">
04    </map>
```

（2）编写自定义的 JavaScript 函数 manage()，用于弹出新窗口并控制其居中显示，代码如下：

```
01    <script type="text/javascript">
02      function manage(){
03        var hdc=window.open('Login_M.html','','width=322,height=206');    //打开新窗口
04        width=screen.width;                                                //获取屏幕宽度
05        height=screen.height;                                              //获取屏幕高度
06        hdc.moveTo((width-322)/2,(height-206)/2);                          //移动窗口至屏幕居中
07      }
08    </script>
```

（3）设计弹出窗口页面 Login_M.html，代码请参考本书资源包。

运行结果如图 14.8 所示。

图 14.8 弹出居中显示的窗口

14.4.2 窗口滚动

利用 Window 对象的 scroll()方法可以指定窗口的当前位置，从而实现窗口滚动效果。
语法如下：

```
scroll(x,y);
```

参数说明。

☑　x：屏幕的横向坐标。

☑　y：屏幕的纵向坐标。

Window 对象中有 3 种方法可以用来滚动窗口中的文档，这 3 种方法的使用如下：

```
window.scroll(x,y);
window.scrollTo(x,y);
window.scrollBy(x,y);
```

以上 3 种方法的具体解释如下。

☑　scroll()：该方法可以将窗口中显示的文档滚动到指定的绝对位置。滚动的位置由参数 x 和 y 决定，其中 x 为要滚动的横向坐标，y 为要滚动的纵向坐标。两个坐标都是相对文档的左上角而言的，即文档的左上角坐标为(0,0)。

☑　scrollTo()：该方法的作用与 scroll()方法完全相同。scroll()方法是 JavaScript 1.1 中所规定的，而 scrollTo()方法是 JavaScript 1.2 中所规定的。建议使用 scrollTo()方法。

☑　scrollBy()：该方法可以将文档滚动到指定的相对位置上，参数 x 和 y 是相对当前文档位置的坐标。如果参数 x 的值为正数，则向右滚动文档；如果参数 x 值为负数，则向左滚动文档。与此类似，如果参数 y 的值为正数，则向下滚动文档；如果参数 y 的值为负数，则向上滚动文档。

例如，当页面出现纵向滚动条时，页面中的内容将从上向下进行滚动，当滚动到页面最底端时停止滚动。代码如下：

```
01    <img src="1.bmp">
02    <script type="text/javascript">
03    var position = 0;                          //定义滚动的纵向坐标
04    function scroller(){
05        position++;                            //纵向坐标值加 1
06        scrollTo(0,position);                  //窗口滚动
07        clearTimeout(timer);                   //中止超时
08        var timer = setTimeout("scroller()",10); //设置超时
09    }
10    scroller();                                //调用函数实现窗口滚动
11    </script>
```

运行结果如图 14.9 所示。

图 14.9　窗口自动滚动

14.4.3 改变窗口大小

利用 Window 对象的 resizeBy()方法可以实现将当前窗口改变指定的大小(x,y)，当 x 和 y 的值大于 0 时为扩大，小于 0 时为缩小。

语法如下：

```
window.resizeBy(x,y)
```

参数说明。

☑ x：放大或缩小的水平宽度。

☑ y：放大或缩小的垂直高度。

【例 14.06】 本实例将实现在打开 index.html 文件后，在该页面中单击"打开一个自动改变大小的窗口"超链接，在屏幕的左上角将会弹出一个"改变窗口大小"的窗口，并动态改变窗口的宽度和高度，直到与屏幕大小相同为止。编写用于实现打开窗口特殊效果的 JavaScript 代码，实现方法如下：（**实例位置：资源包\源码\14\14.06**）

首先自定义函数 openwin()，用于打开指定的窗口，并设置其位置和大小，然后自定义函数 resize()，用于动态改变窗口的大小，关键代码如下：

```
01    <script type="text/javascript">
02    var winheight,winsize,x;                          //声明变量
03    function openwin(){
04        winheight=100;                                //打开窗口的初始高度
05        winsize=100;                                  //打开窗口的初始宽度
06        x=5;                                          //设置窗口改变大小的垂直高度
07        win2=window.open("melody.html","","scrollbars='no'"); //打开窗口
08        win2.moveTo(0,0);                             //移动窗口至屏幕左上角
09        win2.resizeTo(100,100);                       //设置窗口大小
10        resize();                                     //调用改变窗口大小的函数
11    }
12    function resize(){
13        if (winheight>=screen.availHeight-3)          //如果窗口高度大于等于屏幕可见高度减 3
14            x=0;                                      //窗口的高度停止变化
15        win2.resizeBy(5,x);                           //改变窗口大小
16        winheight+=5;                                 //窗口的高度值加 5
17        winsize+=5;                                   //窗口的宽度值加 5
18        if (winsize>=screen.width-5){                 //如果窗口宽度大于等于屏幕宽度减 5
19            winheight=100;                            //将 winheight 变量值恢复为初始值
20            winsize=100;                              //将 winsize 变量值恢复为初始值
21            return;                                   //返回
22        }
23        setTimeout("resize()",50);                    //每隔 50 毫秒调用一次 resize()函数
24    }
25    </script>
26    <a href="javascript:openwin()">打开一个自动改变大小的窗口</a>
```

运行结果如图 14.10 和图 14.11 所示。

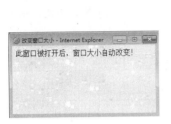

图 14.10　初始运行效果　　　　　　　　　图 14.11　窗口逐渐放大

14.4.4　访问窗口历史

利用 history 对象实现访问窗口历史，history 对象是一个只读的 URL 字符串数组，该对象主要用来存储一个最近所访问网页的 URL 地址的列表。

语法如下：

```
[window.]history.property|method([parameters])
```

history 对象的常用属性以及说明如表 14.5 所示。

表 14.5　history 对象的常用属性

属　　性	说　　明
length	历史列表的长度，用于判断列表中的入口数目
current	当前文档的 URL
next	历史列表的下一个 URL
previous	历史列表的前一个 URL

history 对象的常用方法以及说明如表 14.6 所示。

表 14.6　history 对象的常用方法

方　　法	说　　明
back()	退回前一页
forward()	重新进入下一页
go()	进入指定的网页

例如，利用 history 对象中的 back()和 forward()方法来引导用户在页面中跳转，代码如下：

```
01    <a href="javascript:window.history.forward();">forward</a>
02    <a href="javascript:window.history.back();">back</a>
```

还可以使用 history.go()方法指定要访问的历史记录。若参数为正数，则向前移动；若参数为负数，则向后移动。例如：

```
01    <a href="javascript:window.history.go(-1);">向后退一次</a>
02    <a href="javascript:window.history.go(2);">向前前进两次/a>
```

使用 history.length 属性能够访问 history 数组的长度，通过这个长度可以很容易地转移到列表的末尾。例如：

```
<a href="javascript:window.history.go(window.history.length-1);">末尾</a>
```

14.4.5 设置超时

为一个窗口设置在某段时间后执行何种操作，称为设置超时。

Window 对象的 setTimeout()方法用于设置一个超时，以便在超出这个时间后触发某段代码的运行。语法如下：

```
timerId=setTimeout(要执行的代码,以毫秒为单位的时间);
```

其中，"要执行的代码"可以是一个函数，也可以是其他 JavaScript 语句；"以毫秒为单位的时间"指代码执行前需要等待的时间，即超时时间。

在代码未执行前，还可以使用 Window 对象的 clearTimeout()方法来中止该超时设置。语法如下：

```
clearTimeout(timerId);
```

【例 14.07】 在一些网站中都会利用状态栏显示不同的信息，本实例将实现在状态栏中显示日期和时间。实现代码如下：（**实例位置：资源包\源码\14\14.07**）

```
01    <script type="text/javascript">
02    function ShowTime(){
03        var today = new Date();                              //创建日期对象
04        var hour = today.getHours();                         //获取小时数
05        var minu = today.getMinutes();                       //获取分钟数
06        var seco = today.getSeconds();                       //获取秒数
07        if(hour < 10)                                        //如果小时数小于 10
08            hour ="0" + hour;                                //在小时数前面补 0
09        if(minu < 10)                                        //如果分钟数小于 10
10            minu ="0" + minu;                                //在分钟数前面补 0
11        if(seco < 10)                                        //如果秒数小于 10
12            seco ="0" + seco;                                //在秒数前面补 0
13        //在状态栏中显示日期时间
14        window.status="-------"+today.getFullYear()+"年"+(today.getMonth()+1)+"月"+
```

```
                         today.getDate()+"日"+hour+"时"+minu+"分"+seco+"秒"+"------";
15          window.setTimeout("ShowTime();",1000);         //每隔 1 秒钟调用一次 ShowTime()函数
16       }
17    ShowTime();                                          //调用函数
18    </script>
```

运行结果如图 14.12 所示。

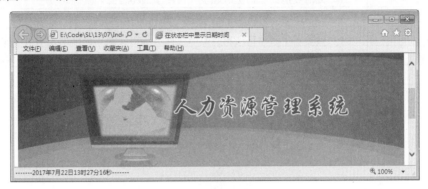

图 14.12　在状态栏中显示日期时间

视频讲解

14.5　窗　口　事　件

Window 对象支持很多事件，但绝大多数不是通用的。本节将介绍通用窗口事件和扩展窗口事件。

1. 通用窗口事件

可以通用于各种浏览器的窗口事件很少，表 14.7 中列出了这些事件，这些事件的使用方法如下：

window.通用事件名=要执行的 JavaScript 代码

表 14.7　通用窗口事件

事　件	描　述
onfocus 事件	当浏览器窗口获得焦点时激活
onblur 事件	当浏览器窗口失去焦点时激活
onload 事件	当文档完全载入窗口时触发，但需要注意，事件并非总是完全同步
onunload 事件	当文档未载入时触发
onresize 事件	当用户改变窗口大小时触发
onerror 事件	当出现 JavaScript 错误时，触发一个错误处理事件

2. 扩展窗口事件

IE 浏览器和 Netscape 浏览器为 Window 对象增加了很多事件，下面列出一些比较常用的事件，如表 14.8 所示。

227

表 14.8　常用扩展窗口事件

事　件	描　述
onafterprint	窗口被打印后触发
onbeforeprint	窗口被打印或被打印预览之前激活
onbeforeunload	窗口未被载入之前触发，发生于 onunload 事件之前
ondragdrop	文档被拖到窗口上时触发（仅用于 Netscape）
onhelp	当帮助键（通常是 F1）被按下时触发
onresizeend	调整大小的进程结束时激活。通常是用户停止拖曳浏览器窗口边角时激活
onresizestart	调整大小的进程开始时激活。通常是用户开始拖曳浏览器窗口边角时激活
onscroll	滚动条往任意方向滚动时触发

14.6　实　　战

14.6.1　打开影片详情页面

在影视网的影片列表页面，单击查看影片详情的图片，按指定的大小及位置打开影片详情页面，运行结果如图 14.13 所示。（**实例位置：资源包\源码\14\实战\01**）

图 14.13　打开影片详情页面

14.6.2　设置一个简单的计时器

使用 Window 对象的 setTimeout()和 clearTimeout()方法设置一个简单的计时器，当单击"开始计时"按钮后启动计时器，输入框会从 0 开始进行计时，单击"暂停计时"按钮后可以暂停计时，运行结果如图 14.14 所示。（**实例位置：资源包\源码\14\实战\02**）

图 14.14　简单的计时器

14.7　小　　结

本章主要讲解了 Window 窗口对象。通过本章的学习，可以掌握通过 JavaScript 语言中的 Window 对象对窗口进行简单的控制，包括对话框、窗口的打开与关闭、窗口的大小、窗口的移动等相关操作。

第15章

Ajax 技术

（ ▣ 视频讲解：31 分钟 ）

　　Ajax 是 Asynchronous JavaScript and XML 的缩写，意思是异步的 JavaScript 和 XML。Ajax 并不是一门新的语言或技术，它是 JavaScript、XML、CSS、DOM 等多种已有技术的组合，可以实现客户端的异步请求操作，从而实现在不需要刷新页面的情况下与服务器进行通信，减少了用户的等待时间，减轻了服务器和带宽的负担，提供更好的服务响应。本章将对 Ajax 的应用领域、技术特点，以及所使用的技术进行介绍。

　　通过学习本章，读者主要掌握以下内容：

　　▸▸　什么是 Ajax

　　▸▸　Ajax 的技术组成

　　▸▸　XMLHttpRequest 对象的使用方法

视频讲解

15.1　Ajax 概述

Ajax 是 JavaScript、XML、CSS、DOM 等多种已有技术的组合，可以实现客户端的异步请求操作，这样可以实现在不需要刷新页面的情况下与服务器进行通信，从而减少了用户的等待时间。Ajax 是由 Jesse James Garrett 创造的，是 Asynchronous JavaScript And XML 的缩写，即异步 JavaScript 和 XML 技术。可以说，Ajax 是"增强的 JavaScript"，是一种可以调用后台服务器获得数据的客户端 JavaScript 技术，支持更新部分页面的内容而不重载整个页面。

15.1.1　Ajax 应用案例

随着 Web 2.0 时代的到来，越来越多的网站开始应用 Ajax。实际上，Ajax 为 Web 应用带来的变化我们已经在不知不觉中体验过了。例如，Google 地图和百度地图。下面就来看看都有哪些网站在用 Ajax，从而更好地了解 Ajax 的用途。

☑　百度搜索提示

在百度首页的搜索文本框中输入要搜索的关键字时，下方会自动给出相关提示。如果给出的提示有符合要求的内容，可以直接选择，这样可以方便用户。例如，输入"明日科"后，在下面将显示如图 15.1 所示的提示信息。

图 15.1　百度搜索提示页面

☑　明日学院选择偏好课程

进入明日学院的首页，单击"选择我的偏好"超链接时会弹出推荐的语言标签列表，单击列表中某个语言标签超链接，在不刷新页面的情况下即可在下方显示该语言相应的课程，效果如图 15.2 所示。

图 15.2　明日学院首页选择偏好课程

15.1.2　Ajax 的开发模式

在 Web 2.0 时代以前，多数网站都采用传统的开发模式，而随着 Web 2.0 时代的到来，越来越多的网站开始采用 Ajax 开发模式。为了让读者更好地了解 Ajax 开发模式，下面将对 Ajax 开发模式与传统开发模式进行比较。

在传统的 Web 应用模式中，页面中用户的每一次操作都将触发一次返回 Web 服务器的 HTTP 请求，服务器进行相应的处理（获得数据、运行与不同的系统会话）后，返回一个 HTML 页面给客户端，如图 15.3 所示。

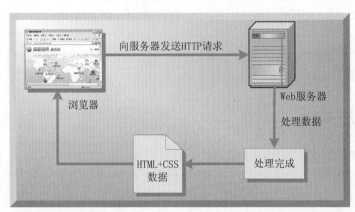

图 15.3　Web 应用的传统开发模式

而在 Ajax 应用中，页面中用户的操作将通过 Ajax 引擎与服务器端进行通信，然后将返回结果提交给客户端页面的 Ajax 引擎，再由 Ajax 引擎来决定将这些数据插入到页面的指定位置，如图 15.4 所示。

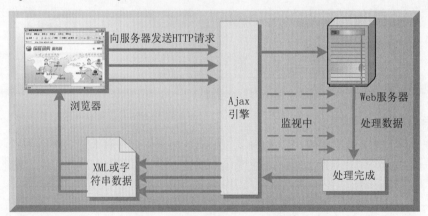

图 15.4　Web 应用的 Ajax 开发模式

从图 15.3 和图 15.4 中可以看出，对于每个用户的行为，在传统的 Web 应用模式中，将生成一次 HTTP 请求，而在 Ajax 应用开发模式中，将变成对 Ajax 引擎的一次 JavaScript 调用。在 Ajax 应用开发模式中通过 JavaScript 实现在不刷新整个页面的情况下，对部分数据进行更新，从而降低了网络流量，给用户带来了更好的体验。

15.1.3　Ajax 的优点

与传统的 Web 应用不同，Ajax 在用户与服务器之间引入一个中间媒介（Ajax 引擎），从而消除了网络交互过程中的处理——等待——处理——等待的缺点，从而大大改善了网站的视觉效果。下面就来看看使用 Ajax 的优点有哪些。

- ☑ 可以把一部分以前由服务器负担的工作转移到客户端，利用客户端闲置的资源进行处理，减轻服务器和带宽的负担，节约空间和成本。
- ☑ 无刷新更新页面，从而使用户不用再像以前一样在服务器处理数据时，只能在死板的白屏前焦急地等待。Ajax 使用 XMLHttpRequest 对象发送请求并得到服务器响应，在不需要重新载入整个页面的情况下，就可以通过 DOM 及时将更新的内容显示在页面上。
- ☑ 可以调用 XML 等外部数据，进一步促进页面显示和数据的分离。
- ☑ 基于标准化的并被广泛支持的技术，不需要下载插件或者小程序，即可轻松实现桌面应用程序的效果。
- ☑ Ajax 没有平台限制。Ajax 把服务器的角色由原本传输内容转变为传输数据，而数据格式则可以是纯文本格式和 XML 格式，这两种格式没有平台限制。

同其他事物一样，Ajax 也不尽是优点，它也有一些缺点，具体表现在以下几个方面。

- ☑ 大量的 JavaScript 代码，不易维护。
- ☑ 可视化设计上比较困难。
- ☑ 打破"页"的概念。
- ☑ 给搜索引擎带来困难。

视频讲解

15.2　Ajax 的技术组成

Ajax 是 XMLHttpRequest 对象和 JavaScript、XML 语言、DOM、CSS 等多种技术的组合。其中，只有 XMLHttpRequest 对象是新技术，其他的均为已有技术。下面就对 Ajax 使用的技术进行简要介绍。

15.2.1　XMLHttpRequest 对象

Ajax 使用的技术中，最核心的技术就是 XMLHttpRequest，它是一个具有应用程序接口的 JavaScript 对象，能够使用超文本传输协议（HTTP）连接一个服务器，是微软公司为了满足开发者的需要，于 1999 年在 IE 5.0 浏览器中率先推出的。现在许多浏览器都对其提供了支持，不过实现方式与 IE 有所不同。关于 XMLHttpRequest 对象的使用将在下面进行详细介绍。

15.2.2　XML 语言

XML 是 Extensible Markup Language（可扩展的标记语言）的缩写，它提供了用于描述结构化数据的格式，适用于不同应用程序间的数据交换，而且这种交换不以预先定义的一组数据结构为前提，增强了可扩展性。XMLHttpRequest 对象与服务器交换的数据，通常采用 XML 格式。下面将对 XML 进行简要介绍。

1. XML 文档结构

XML 是一套定义语义标记的规则，也是用来定义其他标识语言的元标识语言。使用 XML 时，首先要了解 XML 文档的基本结构，然后再根据该结构创建所需的 XML 文档。下面先通过一个简单的 XML 文档来说明 XML 文档的结构。placard.xml 文件的代码如下：

```
01  <?xml version="1.0" encoding="gb2312"?>        <!--说明是 XML 文档，并指定 XML 文档的版本和编码-->
02  <placard version="2.0">                         <!--定义 XML 文档的根元素，并设置 version 属性-->
03    <description>公告栏</description>              <!--定义 XML 文档元素-->
04    <createTime>创建于 2017 年 12 月 15 日</createTime>
05    <info id="1">                                 <!--定义 XML 文档元素-->
06      <title>重要通知</title>
07      <content><![CDATA[今天下午 1:50 将进行乒乓球比赛，请各位选手做好准备。]]></content>
08      <pubDate>2017-12-15 16:12:36</pubDate>
09    </info>                                       <!--定义 XML 文档元素的结束标记-->
10    <info id="2">
11      <title>幸福</title>
12      <content><![CDATA[一家人永远在一起就是幸福]]></content>
13      <pubDate>2017-12-16 10:19:56</pubDate>
14    </info>
15  </placard>                                      <!--定义 XML 文档根元素的结束标记-->
```

在上面的 XML 代码中，第 1 行是 XML 声明，用于说明这是一个 XML 文档，并且指定版本号及编码。除第 1 行以外的内容均为元素。在 XML 文档中，元素以树型分层结构排列，其中<placard>为根元素，其他的都是该元素的子元素。

说明

在 XML 文档中，如果元素的文本中包含标记符，可以使用 CDATA 段将元素中的文本括起来。使用 CDATA 段括起来的内容都会被 XML 解析器当作普通文本，所以任何符号都不会被认为是标记符。CDATA 的语法格式如下：

<![CDATA[文本内容]]>

注意

CDATA 段不能进行嵌套，即 CDATA 段中不能再包含 CDATA 段。另外，在字符串 "]]>" 之间不能有空格或换行符。

2. XML 语法要求

了解了 XML 文档的基本结构后，接下来还需要熟悉创建 XML 文档的语法要求。创建 XML 文档的语法要求如下。

（1）XML 文档必须有一个顶层元素，其他元素必须嵌入在顶层元素中。

（2）元素嵌套要正确，不允许元素间相互重叠或跨越。

（3）每一个元素必须同时拥有起始标记和结束标记。这点与 HTML 不同，XML 不允许忽略结束标记。

（4）起始标记中的元素类型名必须与相应结束标记中的名称完全匹配。

（5）XML 元素类型名区分大小写，而且开始和结束标记必须准确匹配。例如，分别定义起始标记<Title>、结束标记</title>，由于起始标记的类型名与结束标记的类型名不匹配，说明元素是非法的。

（6）元素类型名称中可以包含字母、数字以及其他字母元素类型，也可以使用非英文字符。名称不能以数字或符号"-"开头，名称中不能包含空格符和冒号"："。

（7）元素可以包含属性，但属性值必须用单引号或双引号括起来，但是前后两个引号必须一致，不能一个是单引号，一个是双引号。在一个元素节点中，属性名不能重复。

3．为 XML 文档中的元素定义属性

在一个元素的起始标记中，可以自定义一个或者多个属性。属性是依附于元素存在的。属性值用单引号或者双引号括起来。

例如，给元素 info 定义属性 id，用于说明公告信息的 ID 号，代码如下：

```
<info id="1">
```

给元素添加属性是为元素提供信息的一种方法。当使用 CSS 样式表显示 XML 文档时，浏览器不会显示属性以及其属性值。若使用数据绑定、HTML 页中的脚本或者 XSL 样式表显示 XML 文档则可以访问属性及属性值。

注意

相同的属性名不能在元素起始标记中出现多次。

4．XML 的注释

注释是为了便于阅读和理解，在 XML 文档中添加的附加信息。注释是对文档结构或者内容的解释，不属于 XML 文档的内容，所以 XML 解析器不会处理注释内容。XML 文档的注释以字符串"<!--"开始，以字符串"-->"结束。XML 解析器将忽略注释中的所有内容，这样可以在 XML 文档中添加注释说明文档的用途，或者临时注释掉没有准备好的文档部分。

注意

在 XML 文档中，解析器将"-->"看作是一个注释结束符号，所以字符串"-->"不能出现在注释的内容中，只能作为注释的结束符号。

15.2.3　JavaScript 脚本语言

JavaScript 是一种解释型的、基于对象的脚本语言，其核心已经嵌入目前主流的 Web 浏览器中。虽然平时应用最多的是通过 JavaScript 实现一些网页特效及表单数据验证等功能，但 JavaScript 可以实现的功能远不止这些。JavaScript 是一种具有丰富的面向对象特性的程序设计语言，利用它能执行许多复杂的任务，例如，Ajax 就是利用 JavaScript 将 DOM、XHTML（或 HTML）、XML 以及 CSS 等技术综

合起来，并控制它们的行为。因此，要开发一个复杂高效的 Ajax 应用程序，就必须对 JavaScript 有深入的了解。

JavaScript 不是 Java 语言的精简版，并且只能在某个解释器或"宿主"上运行，如 ASP、PHP、JSP、Internet 浏览器或者 Windows 脚本宿主。

JavaScript 是一种宽松类型的语言，宽松类型意味着不必显式定义变量的数据类型。此外，在大多数情况下，JavaScript 将根据需要自动进行转换。例如，如果将一个数值添加到由文本组成的某项（一个字符串），该数值将被转换为文本。

15.2.4 DOM

DOM 是 Document Object Model（文档对象模型）的缩写，它为 XML 文档的解析定义了一组接口。解析器读入整个文档，然后构建一个驻留内存的树结构，最后通过 DOM 可以遍历树以获取来自不同位置的数据，可以添加、修改、删除、查询和重新排列树及其分支。另外，还可以根据不同类型的数据源来创建 XML 文档。在 Ajax 应用中，通过 JavaScript 操作 DOM，可以达到在不刷新页面的情况下实时修改用户界面的目的。

15.2.5 CSS

CSS 是 Cascading Style Sheet（层叠样式表）的缩写，是用于控制网页样式并允许将样式信息与网页内容分离的一种标记性语言。在 Ajax 中，通常使用 CSS 进行页面布局，并通过改变文档对象的 CSS 属性控制页面的外观和行为。CSS 是一种 Ajax 开发人员所需要的重要武器，提供了从内容中分离应用样式和设计的机制。虽然 CSS 在 Ajax 应用中扮演至关重要的角色，但它也是创建跨浏览器应用的一大阻碍，因为不同的浏览器厂商支持不同的 CSS 级别。

视频讲解

15.3　XMLHttpRequest 对象

XMLHttpRequest 是 Ajax 中最核心的技术，它是一个具有应用程序接口的 JavaScript 对象，能够使用超文本传输协议（HTTP）连接一个服务器，是微软公司为了满足开发者的需要，于 1999 年在 IE 5.0 浏览器中率先推出的。现在许多浏览器都对其提供了支持，不过实现方式与 IE 有所不同。使用 XMLHttpRequest 对象，Ajax 可以像桌面应用程序一样只同服务器进行数据层面的交换，而不用每次都刷新页面，也不用每次都将数据处理的工作交给服务器来做，这样既减轻了服务器负担，又加快了响应速度、缩短了用户等待的时间。

15.3.1 XMLHttpRequest 对象的初始化

在使用 XMLHttpRequest 对象发送请求和处理响应之前，首先需要初始化该对象，由于 XMLHttpRequest 不是一个 W3C 标准，所以对于不同的浏览器，初始化的方法也是不同的。通常情况下，初始化 XMLHttpRequest 对象只需要考虑两种情况，一种是 IE 浏览器，另一种是非 IE 浏览器，下面分别进行介绍。

☑ IE 浏览器

IE 浏览器把 XMLHttpRequest 实例化为一个 ActiveX 对象。具体方法如下：

```
var http_request = new ActiveXObject("Msxml2.XMLHTTP");
```

或者

```
var http_request = new ActiveXObject("Microsoft.XMLHTTP");
```

在上面的语法中，Msxml2.XMLHTTP 和 Microsoft.XMLHTTP 是针对 IE 浏览器的不同版本而进行设置的，目前比较常用的是这两种。

☑ 非 IE 浏览器

非 IE 浏览器（如 Firefox、Opera、Mozilla、Safari）把 XMLHttpRequest 对象实例化为一个本地 JavaScript 对象。具体方法如下：

```
var http_request = new XMLHttpRequest();
```

为了提高程序的兼容性，可以创建一个跨浏览器的 XMLHttpRequest 对象。创建一个跨浏览器的 XMLHttpRequest 对象其实很简单，只需要判断一下不同浏览器的实现方式，如果浏览器提供了 XMLHttpRequest 类，则直接创建一个该类的实例，否则实例化一个 ActiveX 对象。具体代码如下：

```
01    <script type="text/javascript">
02        if (window.XMLHttpRequest) {                          //非 IE 浏览器
03            http_request = new XMLHttpRequest();
04        } else if (window.ActiveXObject) {                    //IE 浏览器
05            try {
06                http_request = new ActiveXObject("Msxml2.XMLHTTP");
07            } catch (e) {
08                try {
09                    http_request = new ActiveXObject("Microsoft.XMLHTTP");
10                } catch (e) {}
11            }
12        }
13    </script>
```

在上面的代码中，调用 window.ActiveXObject 将返回一个对象，或是 null，在 if 语句中，会把返回值看作是 true 或 false（如果返回的是一个对象，则为 true；否则返回 null，则为 false）。

说明

由于 JavaScript 具有动态类型特性，而且 XMLHttpRequest 对象在不同浏览器上的实例是兼容的，所以可以用同样的方式访问 XMLHttpRequest 实例的属性的方法，不需要考虑创建该实例的方法是什么。

15.3.2 XMLHttpRequest 对象的常用属性

XMLHttpRequest 对象提供了一些常用属性，通过这些属性可以获取服务器的响应状态及响应内容等。下面将对 XMLHttpRequest 对象的常用属性进行介绍。

1．指定状态改变时所触发的事件处理器的属性

XMLHttpRequest 对象提供了用于指定状态改变时所触发的事件处理器的属性 onreadystatechange。在 Ajax 中，每个状态改变时都会触发这个事件处理器，通常会调用一个 JavaScript 函数。

例如，通过下面的代码可以实现当指定状态改变时所要触发的 JavaScript 函数，这里为 getResult()。

```
http_request.onreadystatechange = getResult;          //当状态改变时执行 getResult()函数
```

2．获取请求状态的属性

XMLHttpRequest 对象提供了用于获取请求状态的属性 readyState，该属性共包括 5 个属性值，如表 15.1 所示。

表 15.1　readyState 属性的属性值

值	意　义	值	意　义
0	未初始化	3	交互中
1	正在加载	4	完成
2	已加载		

在实际应用中，该属性经常用于判断请求状态，当请求状态等于 4，也就是为完成时，再判断请求是否成功，如果成功将开始处理返回结果。

3．获取服务器的字符串响应的属性

XMLHttpRequest 对象提供了用于获取服务器响应的属性 responseText，表示为字符串。例如，获取服务器返回的字符串响应，并赋值给变量 h 可以使用下面的代码：

```
var h=http_request.responseText;          //获取服务器返回的字符串响应
```

在上面的代码中，http_request 为 XMLHttpRequest 对象。

4．获取服务器的 XML 响应的属性

XMLHttpRequest 对象提供了用于获取服务器响应的属性 responseXML，表示为 XML。这个对象可以解析为一个 DOM 对象。例如，获取服务器返回的 XML 响应，并赋值给变量 xmldoc 可以使用下面的代码：

```
var xmldoc = http_request.responseXML;          //获取服务器返回的 XML 响应
```

在上面的代码中，http_request 为 XMLHttpRequest 对象。

5．返回服务器的 HTTP 状态码的属性

XMLHttpRequest 对象提供了用于返回服务器的 HTTP 状态码的属性 status。
语法如下：

```
http_request.status
```

参数说明。

http_request：XMLHttpRequest 对象。

返回值：长整型的数值，代表服务器的 HTTP 状态码。常用的状态码如表 15.2 所示。

表 15.2　status 属性的状态码

值	意　义	值	意　义
100	继续发送请求	404	文件未找到
200	请求已成功	408	请求超时
202	请求被接受，但尚未成功	500	内部服务器错误
400	错误的请求	501	服务器不支持当前请求所需要的某个功能

注意

　　status 属性只能在 send()方法返回成功时才有效。

status 属性常用于当请求状态为完成时，判断当前的服务器状态是否成功。例如，当请求完成时，判断请求是否成功的代码如下：

```
01  <script type="text/javascript">
02      if (http_request.readyState == 4) {        //当请求状态为完成时
03          if (http_request.status == 200) {       //请求成功，开始处理返回结果
04              alert("请求成功！");
05          } else{                                  //请求未成功
06              alert("请求未成功！");
07          }
08      }
09  </script>
```

15.3.3　XMLHttpRequest 对象的常用方法

XMLHttpRequest 对象提供了一些常用的方法，通过这些方法可以对请求进行操作。下面对 XMLHttpRequest 对象的常用方法进行介绍。

1．创建新请求的方法

open()方法用于设置进行异步请求目标的 URL、请求方法以及其他参数信息。
语法如下：

```
open("method","URL"[,asyncFlag[,"userName"[, "password"]]])
```

open()方法的参数说明如表 15.3 所示。

表 15.3　open()方法的参数说明

参　　数	说　　明
method	用于指定请求的类型，一般为 GET 或 POST
URL	用于指定请求地址，可以使用绝对地址或者相对地址，并且可以传递查询字符串
asyncFlag	为可选参数，用于指定请求方式，异步请求为 true，同步请求为 false，默认情况下为 true
userName	为可选参数，用于指定请求用户名，没有时可省略
password	为可选参数，用于指定请求密码，没有时可省略

例如，设置异步请求目标为 deal.html，请求方法为 GET，请求方式为异步的代码如下：

```
http_request.open("GET","deal.html",true);                    //设置异步请求，请求方法为 GET
```

2．向服务器发送请求的方法

send()方法用于向服务器发送请求。如果请求声明为异步，该方法将立即返回，否则将等到接收到响应为止。
语法如下：

```
send(content)
```

参数 content 用于指定发送的数据，可以是 DOM 对象的实例、输入流或字符串。如果没有参数需要传递可以设置为 null。
例如，向服务器发送一个不包含任何参数的请求，可以使用下面的代码：

```
http_request.send(null);                    //向服务器发送一个不包含任何参数的请求
```

3．设置请求的 HTTP 头的方法

setRequestHeader()方法用于为请求的 HTTP 头设置值。
语法如下：

```
setRequestHeader("header", "value")
```

参数说明。
☑　header：用于指定 HTTP 头。
☑　value：用于为指定的 HTTP 头设置值。

说明

> setRequestHeader()方法必须在调用 open()方法之后才能调用。

例如，在发送 POST 请求时，需要设置 Content-Type 请求头的值为 application/x-www-form-urlencoded，这时就可以通过 setRequestHeader()方法进行设置，具体代码如下：

```
//设置 Content-Type 请求头的值
http_request.setRequestHeader("Content-Type","application/x-www-form-urlencoded");
```

4．停止或放弃当前异步请求的方法

abort()方法用于停止或放弃当前异步请求。

语法如下：

```
abort()
```

例如，要停止当前异步请求可以使用下面的语句：

```
http_request.abort();                                    //停止当前异步请求
```

5．返回 HTTP 头信息的方法

XMLHttpRequest 对象提供了两种返回 HTTP 头信息的方法，分别是 getResponseHeader()和 getAllResponseHeaders()方法。下面分别进行介绍。

☑　getResponseHeader()方法

getResponseHeader()方法用于以字符串形式返回指定的 HTTP 头信息。

语法如下：

```
getResponseHeader("headerLabel")
```

参数 headerLabel 用于指定 HTTP 头，包括 Server、Content-Type 和 Date 等。

说明

getResponseHeader()方法必须在调用 send()方法之后才能调用。

例如，要获取 HTTP 头 Content-Type 的值，可以使用以下代码：

```
http_request.getResponseHeader("Content-Type");          //获取 HTTP 头 Content-Type 的值
```

如果请求的是 HTML 文件，上面的代码将获取到以下内容：

```
text/html
```

☑　getAllResponseHeaders()方法

getAllResponseHeaders()方法用于以字符串形式返回完整的 HTTP 头信息。

语法如下：

```
getAllResponseHeaders()
```

说明

getAllResponseHeaders()方法必须在调用 send()方法之后才能调用。

例如，应用下面的代码调用 getAllResponseHeaders()方法，将弹出如图 15.5 所示的对话框显示完整的 HTTP 头信息。

```
alert(http_request.getAllResponseHeaders());             //输出完整的 HTTP 头信息
```

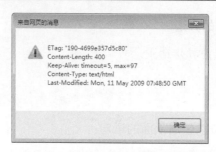

图 15.5　获取的完整 HTTP 头信息

【例 15.01】　本实例将通过 XMLHttpRequest 对象读取 HTML 文件，并输出读取结果。关键代码如下：（实例位置：资源包\源码\15\15.01）

```
01  <script type="text/javascript">
02  var xmlHttp;                                    //定义 XMLHttpRequest 对象
03  function createXmlHttpRequestObject(){
04      //如果在 IE 浏览器下运行
05      if(window.ActiveXObject){
06          try{
07              xmlHttp=new ActiveXObject("Microsoft.XMLHTTP");
08          }catch(e){
09              xmlHttp=false;
10          }
11      }else{
12      //如果在 Mozilla 或其他浏览器下运行
13          try{
14              xmlHttp=new XMLHttpRequest();
15          }catch(e){
16              xmlHttp=false;
17          }
18      }
19      //返回创建的对象或显示错误信息
20      if(!xmlHttp)
21          alert("返回创建的对象或显示错误信息");
22      else
23          return xmlHttp;
24  }
25  function ReqHtml(){
26      createXmlHttpRequestObject();                //调用函数创建 XMLHttpRequest 对象
27      xmlHttp.onreadystatechange=StatHandler;      //指定回调函数
28      xmlHttp.open("GET","text.html",true);        //调用 text.html 文件
29      xmlHttp.send(null);
30  }
31  function StatHandler(){
32      if(xmlHttp.readyState==4 && xmlHttp.status==200){   //如果请求已完成并请求成功
33          //获取服务器返回的数据
34          document.getElementById("webpage").innerHTML=xmlHttp.responseText;
```

242

```
35        }
36    }
37    </script>
38    <body>
39    <!--创建超链接-->
40    <a href="#" onclick="ReqHtml();">通过 XMLHttpRequest 对象请求 HTML 文件</a>
41    <!--通过 div 标签输出请求内容-->
42    <div id="webpage"></div>
```

运行本实例，单击"通过 XMLHttpRequest 对象请求 HTML 文件"超链接，将输出如图 15.6 所示的页面。

图 15.6　通过 XMLHttpRequest 对象读取 HTML 文件

注意

运行该实例需要搭建 Web 服务器，推荐使用 Apache 服务器。安装服务器后，将该实例文件夹"01"存储在网站根目录（通常为安装目录下的 htdocs 文件夹）下，在地址栏中输入"http://localhost/01/index.html"，然后按 Enter 键运行。

说明

通过 XMLHttpRequest 对象不但可以读取 HTML 文件，还可以读取文本文件、XML 文件，其实现交互的方法与读取 HTML 文件类似。

15.4　实　　战

15.4.1　检测用户名是否被占用

在用户注册表单中，使用 Ajax 技术检测用户名是否被占用，运行结果如图 15.7 所示。（**实例位置：资源包\源码\15\实战\01**）

243

图 15.7　检测用户名是否被占用

15.4.2　读取 XML 文件

通过 XMLHttpRequest 对象读取 XML 文件，并输出读取结果，运行结果如图 15.8 所示。（**实例位置：资源包\源码\15\实战\02**）

图 15.8　通过 XMLHttpRequest 对象读取 XML 文件

15.5　小　　结

本章主要从 Ajax 基础到 XMLHttpRequest 对象等方面对 Ajax 技术进行了介绍，并结合了常用的实例进行讲解。通过本章的学习，可以对 Ajax 技术有个全面了解，并能够掌握 Ajax 开发程序的具体过程，做到融会贯通。

第16章

jQuery 基础

（ ▶ 视频讲解：1 小时 1 分钟 ）

　　随着互联网的快速发展，涌现了一批优秀的 JavaScript 脚本库，例如 ExtJs、prototype、Dojo 等，这些脚本库将开发人员从复杂的 JavaScript 中解脱出来，将开发的重点从实现细节转向功能需求上，提高了项目开发的效率。其中，jQuery 是继 prototype 之后又一个优秀的 JavaScript 脚本库。本章将对 jQuery 的下载使用以及 jQuery 选择器进行介绍。

　　通过学习本章，读者主要掌握以下内容：

▶▶ 　使用 jQuery 的优点

▶▶ 　jQuery 的下载和配置方法

▶▶ 　基本选择器的使用

▶▶ 　层级选择器的使用

▶▶ 　过滤选择器的使用

▶▶ 　属性选择器的使用

▶▶ 　表单选择器的使用

16.1 jQuery 概述

jQuery 是一套简洁、快速、灵活的 JavaScript 脚本库，它是由 John Resig 于 2006 年创建的，它帮助开发人员简化了 JavaScript 代码。JavaScript 脚本库类似于 Java 的类库，我们将一些工具方法或对象方法封装在类库中，方便用户使用。因为简便易用，jQuery 已被大量的开发人员推崇使用。

注意

jQuery 是脚本库，而不是框架。"库"不等于"框架"，例如"System 程序集"是类库，而 Spring MVC 是框架。

脚本库能够帮助我们完成编码逻辑，实现业务功能。使用 jQuery 极大地提高了编写 JavaScript 代码的效率，让写出来的代码更加简洁、健壮。同时网络上丰富的 jQuery 插件也让开发人员的工作变得更为轻松，让项目的开发效率有了质的提升。jQuery 不仅适合于网页设计师、开发者以及编程爱好者，同样适合用于商业开发，可以说 jQuery 适合任何应用 JavaScript 的地方。

jQuery 是一个简洁快速的 JavaScript 脚本库，它能让开发人员在网页上简单地操作文档、处理事件、运行动画效果或者添加异步交互。jQuery 的设计改变开发人员编写 JavaScript 代码的方式，提高编程效率。jQuery 主要特点如下。

- ☑ 代码精致小巧。
- ☑ 强大的功能函数。
- ☑ 跨浏览器。
- ☑ 链式的语法风格。
- ☑ 插件丰富。

16.2 jQuery 下载与配置

要在网站中应用 jQuery 库，需要下载并配置，下面将介绍如何下载与配置 jQuery。

1. 下载 jQuery

jQuery 是一个开源的脚本库，可以从官方网站（http://jquery.com）下载。下面介绍具体的下载步骤。

（1）在浏览器的地址栏中输入"http://jquery.com/download"，并按下 Enter 键，将进入 jQuery 的下载页面，如图 16.1 所示。

（2）在下载页面中，可以下载最新版本的 jQuery 库，目前，jQuery 的最新版本是 jQuery 3.3.1。单击图 16.1 中的 Download the compressed, production jQuery 3.3.1 超链接，将弹出如图 16.2 所示的下载对话框。

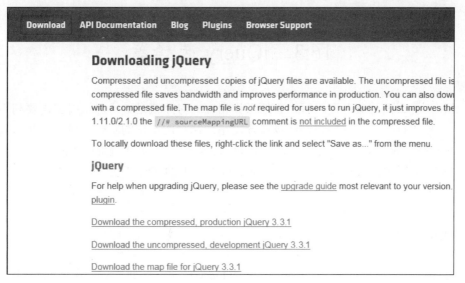

图 16.1　jQuery 的下载页面

图 16.2　下载 jquery-3.3.1.min.js

（3）单击"保存"按钮，将 jQuery 库下载到本地计算机上。下载后的文件名为 jquery-3.3.1.min.js。
此时下载的文件为压缩后的版本（主要用于项目与产品）。如果想下载完整不压缩的版本，可以在
图 16.1 中单击 Download the uncompressed, development jQuery 3.3.1 超链接，然后单击"保存"按钮进
行下载。下载后的文件名为 jquery-3.3.1.js。

说明

（1）在项目中通常使用压缩后的文件，即 jquery-3.3.1.min.js。
（2）由于新版本 jQuery 和 IE 浏览器存在兼容性问题，因此，本书中的 jQuery 程序是在 IE 11
浏览器下运行的。

2. 配置 jQuery

将 jQuery 库下载到本地计算机后，还需要在项目中配置 jQuery 库。将下载后的 jquery-3.3.1.min.js
文件放置到项目的指定文件夹中，通常放置在 JS 文件夹中，然后在需要应用 jQuery 的页面中使用下面
的语句，将其引用到文件中。

```
<script type="text/javascript" src="JS/jquery-3.3.1.min.js"></script>
```

注意

引用 jQuery 的<script>标签，必须放在所有的自定义脚本文件的<script>之前，否则在自定义的
脚本代码中应用不到 jQuery 脚本库。

视频讲解

16.3　jQuery 选择器

开发人员在实现页面的业务逻辑时，必须操作相应的对象或是数组，这时就需要利用选择器选择匹配的元素，以便进行下一步的操作，所以选择器是一切页面操作的基础，没有它开发人员将无所适从。在传统的 JavaScript 中，只能根据元素的 id 和 TagName 来获取相应的 DOM 元素。但是在 jQuery 中却提供了许多功能强大的选择器帮助开发人员获取页面上的 DOM 元素，获取到的每个对象都将以 jQuery 包装集的形式返回。本节将介绍如何应用 jQuery 的选择器选择匹配的元素。

16.3.1　jQuery 的工厂函数

在介绍 jQuery 的选择器之前，先来介绍一下 jQuery 的工厂函数 "$"。在 jQuery 中，无论使用哪种类型的选择器都需要从一个 "$" 符号和一对 "()" 开始。在 "()" 中通常使用字符串参数，参数中可以包含任何 CSS 选择符表达式。下面介绍几种比较常见的用法。

☑　在参数中使用标记名

$("div")：用于获取文档中全部的 <div>。

☑　在参数中使用 ID

$("#username")：用于获取文档中 ID 属性值为 username 的一个元素。

☑　在参数中使用 CSS 类名

$(".btn_grey")：用于获取文档中使用 CSS 类名为 btn_grey 的所有元素。

16.3.2　基本选择器

基本选择器在实际应用中比较广泛，建议重点掌握 jQuery 的基本选择器，它是其他类型选择器的基础，是 jQuery 选择器中最为重要的部分。jQuery 基本选择器包括 ID 选择器、元素选择器、类名选择器、复合选择器和通配符选择器。下面进行详细介绍。

1．ID 选择器（#id）

ID 选择器（#id）顾名思义就是利用 DOM 元素的 id 属性值来筛选匹配的元素，并以 jQuery 包装集的形式返回给对象。这就像一个学校中每个学生都有自己的学号一样，学生的姓名是可以重复的但是学号却是不可以的，根据学生的学号就可以获取指定学生的信息。

ID 选择器的使用方法如下：

```
$("#id");
```

其中，id 为要查询元素的 ID 属性值。例如，要查询 ID 属性值为 user 的元素，可以使用下面的 jQuery 代码：

```
$("#user");
```

注意

如果页面中出现了两个相同的 id 属性值，程序运行时页面会报出 JavaScript 运行错误的对话框，所以在页面中设置 id 属性值时要确保该属性值在页面中是唯一的。

【例 16.01】　本实例将在页面中添加一个 ID 属性值为 testInput 的文本框和一个按钮，通过单击按钮来获取在文本框中输入的值。关键步骤如下：（**实例位置：资源包\源码\16\16.01**）

（1）创建 index.html 文件，在该文件的<head>标记中应用下面的语句引入 jQuery 库。

```
<script type="text/javascript" src="JS/jquery-3.2.1.min.js"></script>
```

（2）在页面的<body>标记中，添加一个 ID 属性值为 testInput 的文本框和一个按钮，代码如下：

```
01   <input type="text" id="testInput" name="test" value=""/>
02   <input type="button" value="输入的值为"/>
```

（3）在引入 jQuery 库的代码下方编写 jQuery 代码，实现单击按钮来获取在文本框中输入的值，具体代码如下：

```
01   <script type="text/javascript">
02       $(document).ready(function(){
03           $("input[type='button']").click(function(){      //为按钮绑定单击事件
04               var inputValue = $("#testInput").val();       //获取文本框的值
05               alert(inputValue);                            //输出文本框的值
06           });
07       });
08   </script>
```

在上面的代码中，第 3 行使用了 jQuery 中的属性选择器匹配文档中的按钮，并且为按钮绑定单击事件。关于属性选择器的详细介绍请参见 16.3.5 节；关于按钮绑定单击事件，请参见 18.3 节。

说明

ID 选择器是以 "#id" 的形式获取对象的，在这段代码中用$("#testInput")获取了一个 id 属性值为 testInput 的 jQuery 包装集，然后调用包装集的 val()方法取得文本框的值。

运行本实例，在文本框中输入"一场说走就走的旅行"，如图 16.3 所示，单击"输入的值为"按钮，将弹出对话框显示输入的文字，如图 16.4 所示。

图 16.3　在文本框中输入文字

图 16.4　弹出的对话框

jQuery 中的 ID 选择器相当于传统的 JavaScript 中的 document.getElementById()方法，jQuery 用更简洁的代码实现了相同的功能。虽然两者都获取了指定的元素对象，但是两者调用的方法是不同的。利用 JavaScript 获取的对象只能调用 DOM 方法，而 jQuery 获取的对象既可以使用 jQuery 封装的方法，又可以使用 DOM 方法。但是 jQuery 在调用 DOM 方法时需要进行特殊的处理，也就是需要将 jQuery 对象转换为 DOM 对象。

2．元素选择器（element）

元素选择器是根据元素名称匹配相应的元素。通俗地讲，元素选择器指向的是 DOM 元素的标记名，也就是说元素选择器是根据元素的标记名选择的。可以把元素的标记名理解成学生的姓名，在一个学校中可能有多个姓名为"刘伟"的学生，但是姓名为"吴语"的学生也许只有一个，所以通过元素选择器匹配到的元素可能有多个，也可能是一个。多数情况下，元素选择器匹配的是一组元素。

元素选择器的使用方法如下：

```
$("element");
```

其中，element 为要查询元素的标记名。例如，要查询全部 div 元素，可以使用下面的 jQuery 代码：

```
$("div");
```

【例 16.02】 本实例将在页面中添加两个<div>标记和一个按钮，通过单击按钮来获取这两个<div>，并修改它们的内容。关键步骤如下：（实例位置：资源包\源码\16\16.02）

（1）创建 index.html 文件，在该文件的<head>标记中应用下面的语句引入 jQuery 库。

```
<script type="text/javascript" src="JS/jquery-3.2.1.min.js"></script>
```

（2）在页面的<body>标记中，添加两个<div>标记和一个按钮，代码如下：

```
01    <div>
02      <img src="images/strawberry.jpg"/>这里种植了一棵草莓
03    </div>
04    <div>
05      <img src="images/fish.jpg"/>这里养殖了一条鱼
06    </div>
07    <input type="button" value="若干年后" />
```

（3）在引入 jQuery 库的代码下方编写 jQuery 代码，实现单击按钮来获取全部<div>元素，并修改它们的内容，具体代码如下：

```
01    <script type="text/javascript">
02      $(document).ready(function(){
03        $("input[type='button']").click(function(){          //为按钮绑定单击事件
04          //获取第一个 div 元素
05          $("div").eq(0).html("<img src='images/strawberry1.jpg'/>这里长出了一片草莓");
06          //获取第二个 div 元素
07          $("div").get(1).innerHTML="<img src='images/fish1.jpg'/>这里的鱼没有了";
08        });
09      });
10    </script>
```

在上面的代码中，使用元素选择器获取了一组 div 元素的 jQuery 包装集，它是一组 Object 对象，存储方式为[Object Object]，但是这种方式并不能显示出单独元素的文本信息，需要通过索引器来确定要选取哪个 div 元素，在这里分别使用了两个不同的索引器 eq()和 get()。这里的索引器类似于房间的门牌号，所不同的是，门牌号是从 1 开始计数的，而索引器是从 0 开始计数的。

说明

在本实例中使用了两种方法设置元素的文本内容，html()方法是 jQuery 的方法，对 innerHTML 属性赋值的方法是 DOM 对象的方法。本实例还用了 $(document).ready()方法，当页面元素载入完成时就会自动执行程序，自动为按钮绑定单击事件。

注意

eq()方法返回的是一个 jQuery 包装集，所以它只能调用 jQuery 的方法，而 get()方法返回的是一个 DOM 对象，所以它只能用 DOM 对象的方法。eq()方法与 get()方法默认都是从 0 开始计数。

运行本实例，首先显示如图 16.5 所示的页面，单击"若干年后"按钮，将显示如图 16.6 所示的页面。

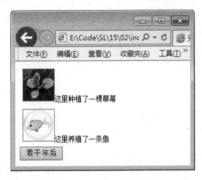

图 16.5　单击按钮前

图 16.6　单击按钮后

3. 类名选择器（.class）

类名选择器是通过元素拥有的 CSS 类的名称查找匹配的 DOM 元素。在一个页面中，一个元素可以有多个 CSS 类，一个 CSS 类又可以匹配多个元素，如果在元素中有一个匹配的类的名称就可以被类名选择器选取到。

类名选择器可以这样理解，在大学的时候大部分人都选过课，可以把 CSS 类名理解为课程名称，元素理解成学生，学生可以选择多门课程，而一门课程又可以被多名学生所选择。CSS 类与元素的关系既可以是多对多的关系，也可以是一对多或多对一的关系。

类名选择器的使用方法如下：

```
$(".class");
```

其中，class 为要查询元素所用的 CSS 类名。例如，要查询使用 CSS 类名为 word_orange 的元素，可以使用下面的 jQuery 代码：

```
$(".word_orange");
```

【例 16.03】 在页面中，首先添加两个<div>标记，并为其中的一个设置 CSS 类，然后通过 jQuery 的类名选择器选取设置 CSS 类的<div>标记，并设置其 CSS 样式。关键步骤如下：（**实例位置：资源包\ 源码\16\16.03**）

（1）创建 index.html 文件，在该文件的<head>标记中应用下面的语句引入 jQuery 库。

```
<script type="text/javascript" src="JS/jquery-3.2.1.min.js"></script>
```

（2）在页面的<body>标记中，添加两个<div>标记，一个使用 CSS 类 myClass，另一个不设置 CSS 类，代码如下：

```
01    <div class="myClass">注意观察我的样式</div>
02    <div>我的样式是默认的</div>
```

 说明

> 这里添加了两个<div>标记是为了对比效果，默认的背景颜色都是蓝色的，文字颜色都是黑色的。

（3）为页面中的两个 div 元素添加 CSS 样式，代码如下：

```
01    <style type="text/css">
02        div{
03            border:1px solid #003a75;
04            background-color:#cef;
05            margin:5px;
06            height:35px;
07            width:75px;
08            float:left;
09            font-size:12px;
10            padding:5px;
11        }
12    </style>
```

（4）在引入 jQuery 库的代码下方编写 jQuery 代码，实现按 CSS 类名选取 DOM 元素，并更改其样式（这里更改了背景颜色和文字颜色），具体代码如下：

```
01    <script type="text/javascript">
02        $(document).ready(function() {
03            var myClass = $(".myClass");                         //选取 DOM 元素
04            myClass.css("background-color","#C50210");           //为选取的 DOM 元素设置背景颜色
05            myClass.css("color","#FFF");                         //为选取的 DOM 元素设置文字颜色
06        });
07    </script>
```

在上面的代码中，只为其中的一个<div>标记设置了 CSS 类名称，但是由于程序中并没有名称为 myClass 的 CSS 类，所以这个类是没有任何属性的。类名选择器将返回一个名为 myClass 的 jQuery 包装集，利用 css()方法可以为对应的 div 元素设定 CSS 属性值，这里将元素的背景颜色设置为深红色，文字颜色设置为白色。

注意

类名选择器也可能会获取一组 jQuery 包装集，因为多个元素可以拥有同一个 CSS 样式。

运行本实例，将显示如图 16.7 所示的页面。其中，左边的 DIV 为更改样式后的效果，右边的 DIV 为默认的样式。由于使用了 $(document).ready() 方法，所以选择元素并更改样式在 DOM 元素加载就绪时就已经自动执行完毕。

4. 复合选择器（selector1,selector2,…,selectorN）

图 16.7 通过类名选择器选择元素并更改样式

复合选择器将多个选择器（可以是 ID 选择器、元素选择器或是类名选择器）组合在一起，两个选择器之间以逗号","分隔，只要符合其中的任何一个筛选条件就会被匹配，返回的是一个集合形式的 jQuery 包装集，利用 jQuery 索引器可以取得集合中的 jQuery 对象。

注意

多种匹配条件的选择器并不是匹配同时满足这几个选择器的匹配条件的元素，而是将每个选择器匹配的元素合并后一起返回。

复合选择器的使用方法如下：

```
$(" selector1,selector2,...,selectorN");
```

- ☑ selector1：为一个有效的选择器，可以是 ID 选择器、元素选择器或是类名选择器等。
- ☑ selector2：为另一个有效的选择器，可以是 ID 选择器、元素选择器或是类名选择器等。
- ☑ selectorN：（可选择）为第 N 个有效的选择器，可以是 ID 选择器、元素选择器或是类名选择器等。

例如，要查询文档中全部的 <span> 标记和使用 CSS 类 myClass 的 <div> 标记，可以使用下面的 jQuery 代码：

```
$("span,div.myClass");
```

【例 16.04】 在页面中添加 3 种不同元素并统一设置样式。使用复合选择器筛选 <div> 元素和 id 属性值为 span 的元素，并为它们添加新的样式。关键步骤如下：（**实例位置：资源包\源码\16\16.04**）

（1）创建 index.html 文件，在该文件的 <head> 标记中应用下面的语句引入 jQuery 库。

```
<script type="text/javascript" src="JS/jquery-3.2.1.min.js"></script>
```

（2）在页面的 <body> 标记中，添加一个 <p> 标记、一个 <div> 标记、一个 ID 为 span 的 <span> 标记和一个按钮，并为除按钮以外的 3 个标记指定 CSS 类名，代码如下：

```
01    <p class="default">p 元素</p>
02    <div class="default">div 元素</div>
```

```
03    <span class="default" id="span">ID 为 span 的元素</span>
04    <input type="button" value="为 div 元素和 ID 为 span 的元素换肤" />
```

（3）编写 CSS 代码，为页面中的元素定义一个默认样式和一个新的样式，代码如下：

```
01    <style type="text/css">
02       .default{
03          border:1px solid #003a75;
04          background-color:yellow;
05          margin:5px;
06          width:90px;
07          float:left;
08          font-size:12px;
09          padding:5px;
10       }
11       .change{
12          background-color:#C50210;
13          color:#FFF;
14       }
15    </style>
```

（4）在引入 jQuery 库的代码下方编写 jQuery 代码，实现单击按钮来获取全部<div>元素和 id 属性值为 span 的元素，并为它们添加新的样式，具体代码如下：

```
01    <script type="text/javascript">
02    $(document).ready(function() {
03       $("input[type=button]").click(function(){        //绑定按钮的单击事件
04          $("div,#span").addClass("change");            //添加所使用的 CSS 类
05       });
06    });
07    </script>
```

运行本实例，将显示如图 16.8 所示的页面，单击"为 div 元素和 ID 为 span 的元素换肤"按钮，将为 div 元素和 ID 为 span 的元素换肤，如图 16.9 所示。

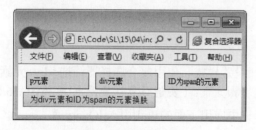

图 16.8　单击按钮前

图 16.9　单击按钮后

5．通配符选择器（*）

所谓的通配符，就是指符号"*"，它代表着页面上的每一个元素，也就是说如果使用$("*")将取得页面上所有的 DOM 元素集合的 jQuery 包装集。通配符选择器比较好理解，这里就不再给予示例程序。

254

16.3.3　层级选择器

所谓的层级选择器，就是根据页面 DOM 元素之间的父子关系作为匹配的筛选条件。首先来看什么是页面上元素的关系。例如，下面的代码是最为常用也是最简单的 DOM 元素结构。

```
01    <html>
02        <head></head>
03        <body></body>
04    </html>
```

在这段代码所示的页面结构中，html 元素是页面上其他所有元素的祖先元素，那么 head 元素就是 html 元素的子元素，同时 html 元素也是 head 元素的父元素。页面上的 head 元素与 body 元素就是同辈元素。也就是说，html 元素是 head 元素和 body 元素的"父亲"，head 元素和 body 元素是 html 元素的"儿子"，head 元素与 body 元素是"兄弟"。具体关系如图 16.10 所示。

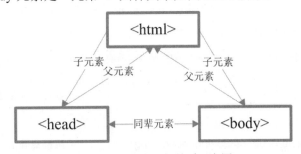

图 16.10　元素层级关系示意图

在了解了页面上元素的关系后，再来介绍 jQuery 提供的层级选择器。jQuery 提供了 ancestor descendan 选择器、parent > child 选择器、prev + next 选择器和 prev ~ siblings 选择器，下面进行详细介绍。

1．ancestor descendant 选择器

ancestor descendant 选择器中的 ancestor 代表祖先，descendant 代表子孙，用于在给定的祖先元素下匹配所有的后代元素。ancestor descendant 选择器的使用方法如下：

```
$("ancestor descendant");
```

☑　ancestor 是指任何有效的选择器。

☑　descendant 是用以匹配元素的选择器，并且它是 ancestor 所指定元素的后代元素。

例如，要匹配 ul 元素下的全部 li 元素，可以使用下面的 jQuery 代码：

```
$("ul li");
```

【例 16.05】　本实例将通过 jQuery 为版权列表设置样式。关键步骤如下：（**实例位置：资源包\源码\16\16.05**）

（1）创建 index.html 文件，在该文件的<head>标记中应用下面的语句引入 jQuery 库。

```
<script type="text/javascript" src="JS/jquery-3.2.1.min.js"></script>
```

（2）在页面的<body>标记中，首先添加一个<div>标记，并在该<div>标记内添加一个<ul>标记及其子标记<li>，然后在<div>标记的后面再添加一个<ul>标记及其子标记<li>，代码如下：

```
01  <div id="bottom">
02  <ul>
03      <li>技术服务热线：400-675-1066 传真：0431-84978981 企业邮箱：mingrisoft@mingrisoft.com
04      </li>
05      <li>Copyright &copy; www.mrbccd.com All Rights Reserved! </li>
06  </ul>
07  </div>
08  <ul>
09      <li>技术服务热线：400-675-1066 传真：0431-84978981 企业邮箱：mingrisoft@mingrisoft.com
10      </li>
11      <li>Copyright &copy; www.mrbccd.com All Rights Reserved! </li>
12  </ul>
```

（3）编写 CSS 样式，通过 ID 选择符设置<div>标记的样式，并且编写一个类选择符 copyright，用于设置<div>标记内的版权列表的样式，具体代码如下：

```
01  <style type="text/css">
02      body{
03          margin:0px;                                      /*设置外边距*/
04      }
05      #bottom{
06          background-image:url(images/bg_bottom.jpg);      /*设置背景*/
07          width:800px;                                     /*设置宽度*/
08          height:58px;                                     /*设置高度*/
09          clear: both;                                     /*设置左右两侧无浮动内容*/
10          text-align:center;                               /*设置文字居中对齐*/
11          padding-top:10px;                                /*设置顶边距*/
12          font-size:12px;                                  /*设置字体大小*/
13      }
14      .copyright{
15          color:#FFFFFF;                                   /*设置文字颜色*/
16          list-style:none;                                 /*不显示项目符号*/
17          line-height:20px;                                /*设置行高*/
18      }
19  </style>
```

（4）在引入 jQuery 库的代码下方编写 jQuery 代码，匹配 div 元素的子元素 ul，并为其添加 CSS 样式，具体代码如下：

```
01  <script type="text/javascript">
02  $(document).ready(function(){
03      $("div ul").addClass("copyright");                   //为 div 元素的子元素 ul 添加样式
04  });
05  </script>
```

256

运行本实例，将显示如图 16.11 所示的效果，其中上面的版权信息是通过 jQuery 添加样式的效果，下面的版权信息为默认的效果。

图 16.11　通过 jQuery 为版权列表设置样式

2．parent > child 选择器

parent > child 选择器中的 parent 代表父元素，child 代表子元素。使用该选择器只能选择父元素的直接子元素。parent > child 选择器的使用方法如下：

```
$("parent > child");
```

☑　parent 是指任何有效的选择器。

☑　child 是用以匹配元素的选择器，并且它是 parent 元素的直接子元素。

例如，要匹配表单中的直接子元素 input，可以使用下面的 jQuery 代码：

```
$("form > input");
```

【例 16.06】　本实例将应用选择器匹配表单中的直接子元素 input，实现为匹配元素换肤的功能。关键步骤如下：（**实例位置：资源包\源码\16\16.06**）

（1）创建 index.html 文件，在该文件的<head>标记中应用下面的语句引入 jQuery 库。

```
<script type="text/javascript" src="JS/jquery-3.2.1.min.js"></script>
```

（2）在页面的<body>标记中添加一个表单，并在该表单中添加 6 个 input 元素，并且将"换肤"按钮用<span>标记括起来，关键代码如下：

```
01   <form id="form1" name="form1" method="post" action="">
02   姓  名：<input type="text" name="name" id="name" /><br />
03   籍  贯：<input name="native" type="text" id="native" /><br />
04   生  日：<input type="text" name="birthday" id="birthday" /><br />
05   E-mail：<input type="text" name="email" id="email" /><br />
06   <span>
07   <input type="button" name="change" id="change" value="换肤"/>
08   </span>
09   <input type="button" name="default" id="default" value="恢复默认"/>
10   </form>
```

（3）编写 CSS 样式，用于指定 input 元素的默认样式，并且添加一个用于改变 input 元素样式的

CSS 类，具体代码如下：

```
01  <style type="text/css">
02    input{
03      margin:5px;                        /*设置 input 元素的外边距为 5 像素*/
04    }
05    .input {
06      font-size:12pt;                    /*设置文字大小*/
07      color:#333333;                     /*设置文字颜色*/
08      background-color:#cef;             /*设置背景颜色*/
09      border:1px solid #000000;          /*设置边框*/
10    }
11  </style>
```

（4）在引入 jQuery 库的代码下方编写 jQuery 代码，实现匹配表单元素的直接子元素并为其添加和移除 CSS 样式，具体代码如下：

```
01  <script type="text/javascript">
02    $(document).ready(function(){
03      $("#change").click(function(){            //绑定"换肤"按钮的单击事件
04        $("form>input").addClass("input");      //为表单元素的直接子元素 input 添加样式
05      });
06      $("#default").click(function(){           //绑定"恢复默认"按钮的单击事件
07        $("form>input").removeClass("input");   //移除为表单元素的直接子元素 input 添加的样式
08      });
09    });
10  </script>
```

📖 **说明**

在上面的代码中，addClass()方法用于为元素添加 CSS 类，removeClass()方法用于移除为元素添加的 CSS 类。

运行本实例，将显示如图 16.12 所示的效果，单击"换肤"按钮，将显示如图 16.13 所示的效果，单击"恢复默认"按钮，将再次显示如图 16.12 所示的效果。

图 16.12　默认的效果

图 16.13　单击"换肤"按钮之后的效果

在图 16.13 中，虽然"换肤"按钮也是 form 元素的子元素 input，但由于该元素不是 form 元素的直接子元素，所以在执行换肤操作时，该按钮的样式并没有改变。

3．prev + next 选择器

prev + next 选择器用于匹配所有紧接在 prev 元素后的 next 元素。其中，prev 和 next 是两个相同级别的元素。prev + next 选择器的使用方法如下：

```
$("prev + next");
```

☑　prev 是指任何有效的选择器。

☑　next 是一个有效选择器并紧接着 prev 选择器。

例如，要匹配<div>标记后的<img>标记，可以使用下面的 jQuery 代码：

```
$("div + img");
```

【例 16.07】　本实例将筛选紧跟在<lable>标记后的<p>标记，并将匹配元素的背景颜色改为淡蓝色。关键步骤如下：（**实例位置：资源包\源码\16\16.07**）

（1）创建 index.html 文件，在该文件的<head>标记中应用下面的语句引入 jQuery 库。

```
<script type="text/javascript" src="JS/jquery-3.2.1.min.js"></script>
```

（2）在页面的<body>标记中，首先添加一个<div>标记，并在该<div>标记中添加两个<label>标记和<p>标记，其中第二对<label>标记和<p>标记用<fieldset>括起来，然后在<div>标记的下方再添加一个<p>标记，关键代码如下：

```
01    <div>
02        <label>第一个 label</label>
03        <p>第一个 p</p>
04        <fieldset>
05            <label>第二个 label</label>
06            <p>第二个 p</p>
07        </fieldset>
08    </div>
09    <p>div 外面的 p</p>
```

（3）编写 CSS 样式，用于设置 body 元素的字体大小，并且添加一个用于设置背景的 CSS 类，具体代码如下：

```
01    <style type="text/css">
02        body{
03            font-size:12px;                    /*设置字体大小*/
04        }
05        .background{
06            background:#cef;                   /*设置背景颜色*/
07        }
08    </style>
```

（4）在引入 jQuery 库的代码下方编写 jQuery 代码，实现匹配 label 元素的同级元素 p，并为其添加 CSS 类，具体代码如下：

```
01    <script type="text/javascript">
02       $(document).ready(function(){
03          $("label+p").addClass("background");      //为匹配的元素添加 CSS 类
04       });
05    </script>
```

运行本实例，将显示如图 16.14 所示的效果。在图中可以看到"第一个 p"和"第二个 p"的段落被添加了背景，而"div 外面的 p"由于不是 label 元素的同级元素，所以没有被添加背景。

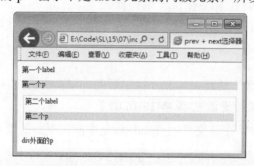

图 16.14　将 label 元素的同级元素 p 的背景设置为淡蓝色

4．prev ~ siblings 选择器

prev ~ siblings 选择器用于匹配 prev 元素之后的所有 siblings 元素。其中，prev 和 siblings 是两个同辈元素。prev ~ siblings 选择器的使用方法如下：

```
$("prev ~ siblings");
```

☑　prev 是指任何有效的选择器。
☑　siblings 是一个有效选择器，其匹配的元素和 prev 选择器匹配的元素是同辈元素。
例如，要匹配 div 元素的同辈元素 ul，可以使用下面的 jQuery 代码：

```
$("div ~ ul");
```

【例 16.08】　本实例将应用选择器筛选页面中 div 元素的同辈元素，并为其添加 CSS 样式。关键步骤如下：（**实例位置：资源包\源码\16\16.08**）

（1）创建 index.html 文件，在该文件的<head>标记中应用下面的语句引入 jQuery 库。

```
<script type="text/javascript" src="JS/jquery-3.2.1.min.js"></script>
```

（2）在页面的<body>标记中，首先添加一个<div>标记，并在该<div>标记中添加两个<p>标记，然后在<div>标记的下方再添加一个<p>标记，关键代码如下：

```
01    <div>
02       <p>第一个 p</p>
```

```
03        <p>第二个 p</p>
04    </div>
05    <p>div 外面的 p</p>
```

（3）编写 CSS 样式，用于设置 body 元素的字体大小，并且添加一个用于设置背景的 CSS 类，具体代码如下：

```
01    <style type="text/css">
02        body{
03            font-size:12px;                        /*设置字体大小*/
04        }
05        .background{
06            background:#cef;                       /*设置背景颜色*/
07        }
08    </style>
```

（4）在引入 jQuery 库的代码下方编写 jQuery 代码，实现匹配 div 元素的同辈元素 p，并为其添加 CSS 类，具体代码如下：

```
01    <script type="text/javascript">
02        $(document).ready(function(){
03            $("div~p").addClass("background");     //为匹配的元素添加 CSS 类
04        });
05    </script>
```

运行本实例，将显示如图 16.15 所示的效果。在图中可以看到"div 外面的 p"被添加了背景，而"第一个 p"和"第二个 p"的段落由于不是 div 元素的同辈元素，所以没有被添加背景。

图 16.15　为 div 元素的同辈元素设置背景

16.3.4　过滤选择器

过滤选择器包括简单过滤器、内容过滤器、可见性过滤器、表单对象的属性过滤器和子元素选择器等。下面分别进行详细介绍。

1．简单过滤器

简单过滤器是指以冒号开头，通常用于实现简单过滤效果的过滤器。例如，匹配找到的第一个元素等。jQuery 提供的简单过滤器如表 16.1 所示。

表 16.1　jQuery 的简单过滤器

过　滤　器	说　　明	示　　例
:first	匹配找到的第一个元素，它是与选择器结合使用的	$("tr:first")　//匹配表格的第一行
:last	匹配找到的最后一个元素，它是与选择器结合使用的	$("tr:last")　//匹配表格的最后一行
:even	匹配所有索引值为偶数的元素，索引值从 0 开始计数	$("tr:even")　//匹配索引值为偶数的行
:odd	匹配所有索引值为奇数的元素，索引值从 0 开始计数	$("tr:odd")　//匹配索引值为奇数的行
:eq(index)	匹配一个给定索引值的元素	$("div:eq(1)")　//匹配第二个 div 元素
:gt(index)	匹配所有大于给定索引值的元素	$("div:gt(0)")//匹配第二个及以上的 div 元素
:lt(index)	匹配所有小于给定索引值的元素	$("div:lt(2)")//匹配第二个及以下的 div 元素
:header	匹配如 h1, h2, h3……之类的标题元素	$(":header")　//匹配全部的标题元素
:not(selector)	去除所有与给定选择器匹配的元素	$("input:not(:checked)")　//匹配没有被选中的 input 元素
:animated	匹配所有正在执行动画效果的元素	$(":animated ")　//匹配所有正在执行的动画

【例 16.09】　本实例将通过几个简单过滤器控制表格中相应行的样式，实现一个带表头的双色表格。关键步骤如下：（**实例位置：资源包\源码\16\16.09**）

（1）创建 index.html 文件，在该文件的<head>标记中应用下面的语句引入 jQuery 库。

```
<script type="text/javascript" src="JS/jquery-3.2.1.min.js"></script>
```

（2）在页面的<body>标记中，添加一个五行五列的表格，代码如下：

```
01   <table width="98%" border="0" align="center" cellpadding="0" cellspacing="1" bgcolor="#3F873B">
02       <tr>
03           <td width="11%" height="27">编号</td>
04           <td width="14%">祝福对象</td>
05           <td width="12%">祝福者</td>
06           <td width="33%">字条内容</td>
07           <td width="30%">发送时间</td>
08       </tr>
09       <tr>
10           <td height="27">1</td>
11           <td>mjh</td>
12           <td>云远</td>
13           <td>愿你幸福快乐每一天！</td>
14           <td>2017-07-05 13:06:06</td>
15       </tr>
16       <tr>
17           <td height="27">2</td>
18           <td>云远</td>
19           <td>mjh</td>
20           <td>每天有份好心情！</td>
21           <td>2017-07-05 13:26:17</td>
22       </tr>
23       <tr>
24           <td height="27">3</td>
25           <td>mjh</td>
```

```
26          <td>云远</td>
27          <td>谢谢你陪我到任何地方！</td>
28          <td>2017-07-05 13:36:06</td>
29        </tr>
30        <tr>
31          <td height="27">4</td>
32          <td>云远</td>
33          <td>mjh</td>
34          <td>跟着我海角和天涯！</td>
35          <td>2017-07-05 13:46:06</td>
36        </tr>
37    </table>
```

（3）编写 CSS 样式，通过元素选择符设置单元格的样式，并且编写 th、even 和 odd 3 个类选择符，用于控制表格中相应行的样式，具体代码如下：

```
01    <style type="text/css">
02        td{
03            font-size:12px;              /*设置单元格中的字体大小*/
04            padding:3px;                 /*设置内边距*/
05        }
06        .th{
07            background-color:#B6DF48;     /*设置背景颜色*/
08            font-weight:bold;            /*设置文字加粗显示*/
09            text-align:center;           /*文字居中对齐*/
10        }
11        .even{
12            background-color:#E8F3D1;     /*设置奇数行的背景颜色*/
13        }
14        .odd{
15            background-color:#F9FCEF;     /*设置偶数行的背景颜色*/
16        }
17    </style>
```

（4）在引入 jQuery 库的代码下方编写 jQuery 代码，实现匹配表格中相应的行，并为其添加 CSS 类，具体代码如下：

```
01    <script type="text/javascript">
02        $(document).ready(function() {
03            $("tr:even").addClass("even");      //设置偶数行所用的 CSS 类
04            $("tr:odd").addClass("odd");        //设置奇数行所用的 CSS 类
05            $("tr:first").removeClass("even");  //移除 even 类
06            $("tr:first").addClass("th");       //添加 th 类
07        });
08    </script>
```

在上面的代码中，为表格的第 1 行添加 th 类时，需要先将该行应用的 even 类移除，然后再进行添加，否则，新添加的 CSS 类将不起作用。

运行本实例，将显示如图 16.16 所示的效果。其中，第 1 行为表头，编号分别为 1 和 3 的行采用的是偶数行样式，编号分别为 2 和 4 的行采用的是奇数行的样式。

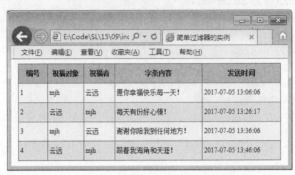

图 16.16　带表头的双色表格

2. 内容过滤器

内容过滤器就是通过 DOM 元素包含的文本内容以及是否含有匹配的元素进行筛选。内容过滤器共包括:contains(text)、:empty、:has(selector)和:parent 4 种，如表 16.2 所示。

表 16.2　jQuery 的内容过滤器

过　滤　器	说　　明	示　　例
:contains(text)	匹配包含给定文本的元素	$("li:contains('DOM')")　//匹配含有 DOM 文本内容的 li 元素
:empty	匹配所有不包含子元素或者文本的空元素	$("td:empty")　//匹配不包含子元素或者文本的单元格
:has(selector)	匹配含有选择器所匹配元素的元素	$("td:has(p)")　//匹配含有\<p\>标记的单元格
:parent	匹配含有子元素或者文本的元素	$("td:parent")　//匹配含有子元素或者文本的单元格

【例 16.10】　本实例将应用内容过滤器匹配为空的单元格、不为空的单元格和包含指定文本的单元格。关键步骤如下：（**实例位置：资源包\源码\16\16.10**）

（1）创建 index.html 文件，在该文件的\<head\>标记中应用下面的语句引入 jQuery 库。

```
<script type="text/javascript" src="JS/jquery-3.2.1.min.js"></script>
```

（2）在页面的\<body\>标记中，添加一个五行五列的表格，代码如下：

```
01  <table width="98%" border="0" align="center" cellpadding="0" cellspacing="1" bgcolor="#3F873B">
02      <tr>
03          <td width="11%" height="27" align="center">编号</td>
04          <td width="14%" align="center">祝福对象</td>
05          <td width="12%" align="center">祝福者</td>
06          <td width="33%" align="center">字条内容</td>
07          <td width="30%" align="center">发送时间</td>
08      </tr>
09      <tr>
10          <td height="27">1</td>
11          <td>mjh</td>
```

```
12        <td>云远</td>
13        <td>愿你幸福快乐每一天！</td>
14        <td>2017-07-05 13:06:06</td>
15      </tr>
16      <tr>
17        <td height="27">2</td>
18        <td>云远</td>
19        <td>mjh</td>
20        <td>每天有份好心情！</td>
21        <td>2017-07-05 13:26:17</td>
22      </tr>
23      <tr>
24        <td height="27">3</td>
25        <td>mjh</td>
26        <td>云远</td>
27        <td>谢谢你陪我到任何地方！</td>
28        <td></td>
29      </tr>
30      <tr>
31        <td height="27">4</td>
32        <td>云远</td>
33        <td>mjh</td>
34        <td>跟着我海角和天涯！</td>
35        <td>2017-07-05 13:46:06</td>
36      </tr>
37    </table>
```

（3）在引入 jQuery 库的代码下方编写 jQuery 代码，实现匹配表格中不同的单元格，并分别为匹配到的单元格设置背景颜色、添加默认内容和设置文字颜色，具体代码如下：

```
01  <script type="text/javascript">
02    $(document).ready(function(){
03      $("td:parent").css("background-color","#E8F3D1");    //为不为空的单元格设置背景颜色
04      $("td:empty").html("暂无内容");                       //为空的单元格添加默认内容
05      //将含有文本 mjh 的单元格的文字颜色设置为红色
06      $("td:contains('mjh')").css("color","red");
07    });
08  </script>
```

运行本实例将显示如图 16.17 所示的效果。

3．可见性过滤器

元素的可见状态有两种，分别是隐藏状态和显示状态。可见性过滤器就是利用元素的可见状态匹配元素的。因此，可见性过滤器也有两种，一种是匹配所有可见元素的:visible 过滤器，另一种是匹配所有不可见元素的:hidden 过滤器。

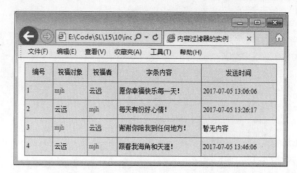

图 16.17　匹配表格中不同的单元格

说明

在应用:hidden 过滤器时，display 属性是 none 以及 input 元素的 type 属性为 hidden 的元素都会被匹配到。

例如，在页面中添加 3 个 input 元素，其中第一个为显示的文本框，第二个为不显示的文本框，第三个为隐藏域，代码如下：

```
01    <input type="text" value="显示的 input 元素">
02    <input type="text" value="不显示的 input 元素" style="display:none">
03    <input type="hidden" value="我是隐藏域">
```

通过可见性过滤器获取页面中显示和隐藏的 input 元素的值，代码如下：

```
01    <script type="text/javascript">
02        $(document).ready(function() {
03            var visibleVal = $("input:visible").val();            //获取显示的 input 的值
04            var hiddenVal1 = $("input:hidden:eq(0)").val();        //获取第一个隐藏的 input 的值
05            var hiddenVal2 = $("input:hidden:eq(1)").val();        //获取第二个隐藏的 input 的值
06            alert(visibleVal+"\n"+hiddenVal1+"\n"+hiddenVal2);     //弹出获取的信息
07        });
08    </script>
```

运行结果如图 16.18 所示。

图 16.18　弹出显示和隐藏的 input 元素的值

4．表单对象的属性过滤器

表单对象的属性过滤器通过表单元素的状态属性（例如选中、不可用等状态）匹配元素，包括:checked 过滤器、:disabled 过滤器、:enabled 过滤器和:selected 过滤器 4 种，如表 16.3 所示。

表 16.3　jQuery 的表单对象的属性过滤器

过滤器	说　明	示　例
:checked	匹配所有被选中元素	$("input:checked") //匹配 checked 属性为 checked 的 input 元素
:disabled	匹配所有不可用元素	$("input:disabled") //匹配 disabled 属性为 disabled 的 input 元素
:enabled	匹配所有可用的元素	$("input:enabled ") //匹配 enabled 属性为 enabled 的 input 元素
:selected	匹配所有选中的 option 元素	$("select option:selected") //匹配 select 元素中被选中的 option 元素

【例 16.11】　本实例将利用表单对象的属性过滤器匹配表单中相应的元素，并为匹配到的元素执行不同的操作。关键步骤如下：（**实例位置：资源包\源码\16\16.11**）

（1）创建 index.html 文件，在该文件的<head>标记中应用下面的语句引入 jQuery 库。

```
<script type="text/javascript" src="JS/jquery-3.2.1.min.js"></script>
```

（2）在页面的<body>标记中，添加一个表单，并在该表单中添加 3 个复选框、一个不可用按钮和一个下拉菜单，其中，前两个复选框为选中状态，关键代码如下：

```
01  <form>
02    复选框 1：<input type="checkbox" checked="checked" value="复选框 1"/>
03    复选框 2：<input type="checkbox" checked="checked" value="复选框 2"/>
04    复选框 3：<input type="checkbox" value="复选框 3"/><br />
05    不可用按钮：<input type="button" value="不可用按钮" disabled><br />
06    下拉菜单：
07    <select onchange="selectVal()">
08      <option value="菜单项 1">菜单项 1</option>
09      <option value="菜单项 2">菜单项 2</option>
10      <option value="菜单项 3">菜单项 3</option>
11    </select>
12  </form>
```

（3）在引入 jQuery 库的代码下方编写 jQuery 代码，实现匹配表单中的被选中的 checkbox 元素、不可用元素和被选中的 option 元素，具体代码如下：

```
01  <script type="text/javascript">
02    $(document).ready(function() {
03      $("input:checked").css("display","none");        //隐藏选中的复选框
04      $("input:disabled").val("我是不可用的");          //为灰色不可用按钮赋值
05    });
06    function selectVal(){                               //下拉菜单变化时执行的函数
07      alert($("select option:selected").val());        //显示选中的值
08    }
09  </script>
```

运行本实例，选中下拉菜单中的菜单项 3，将弹出对话框显示选中菜单项的值，如图 16.19 所示。在该图中，设置选中的两个复选框为隐藏状态，另外的一个复选框没有被隐藏，不可用按钮的 value 值被修改为"我是不可用的"。

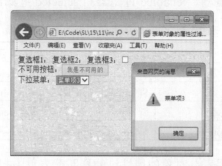

图 16.19　利用表单对象的属性过滤器匹配表单中相应的元素

5．子元素选择器

子元素选择器就是筛选给定某个元素的子元素，具体的过滤条件由选择器的种类而定。jQuery 提供的子元素选择器如表 16.4 所示。

表 16.4　jQuery 的子元素选择器

选　择　器	说　　明	示　　例
:first-child	匹配所有给定元素的第一个子元素	$("ul li:first-child")　//匹配 ul 元素中的第一个子元素 li
:last-child	匹配所有给定元素的最后一个子元素	$("ul li:last-child")　//匹配 ul 元素中的最后一个子元素 li
:only-child	匹配元素中唯一的子元素	$("ul li:only-child")　//匹配只含有一个 li 元素的 ul 元素中的 li
:nth-child(index/even/odd/equation)	匹配其父元素下的第 N 个子元素或奇偶元素，index 从 1 开始，而不是从 0 开始	$("ul li:nth-child(even)")　//匹配 ul 中索引值为偶数的 li 元素 $("ul li:nth-child(3)")　//匹配 ul 中第三个 li 元素

16.3.5　属性选择器

属性选择器就是通过元素的属性作为过滤条件进行筛选对象。jQuery 提供的属性选择器如表 16.5 所示。

表 16.5　jQuery 的属性选择器

选　择　器	说　　明	示　　例
[attribute]	匹配包含给定属性的元素	$("div[name]")　//匹配含有 name 属性的 div 元素
[attribute=value]	匹配给定的属性是某个特定值的元素	$("div[name='test']")　//匹配 name 属性是 test 的 div 元素
[attribute!=value]	匹配所有含有指定的属性，但属性不等于特定值的元素	$("div[name!='test']")　//匹配 name 属性不是 test 的 div 元素

续表

选 择 器	说　明	示　例
[attribute*=value]	匹配给定的属性是包含某些值的元素	$("div[name*='test']")　//匹配 name 属性中含有 test 值的 div 元素
[attribute^=value]	匹配给定的属性是以某些值开始的元素	$("div[name^='test']")　//匹配 name 属性以 test 开头的 div 元素
[attribute$=value]	匹配给定的属性是以某些值结尾的元素	$("div[name$='test']")　//匹配 name 属性以 test 结尾的 div 元素
[selector1][selector2][selectorN]	复合属性选择器，需要同时满足多个条件时使用	$("div[id][name^='test']")　//匹配具有 id 属性并且 name 属性是以 test 开头的 div 元素

16.3.6　表单选择器

表单选择器是匹配经常在表单中出现的元素，但是匹配的元素不一定在表单中。jQuery 提供的表单选择器如表 16.6 所示。

表 16.6　jQuery 的表单选择器

选 择 器	说　明	示　例
:input	匹配所有的 input 元素	$(":input")　//匹配所有的 input 元素 $("form :input")　//匹配<form>标记中的所有 input 元素，需要注意，在 form 和:之间有一个空格
:button	匹配所有的普通按钮，即 type="button"的 input 元素	$(":button")　//匹配所有的普通按钮
:checkbox	匹配所有的复选框	$(":checkbox")　//匹配所有的复选框
:file	匹配所有的文件域	$(":file")　//匹配所有的文件域
:hidden	匹配所有的不可见元素，或者 type 属性为 hidden 的元素	$(":hidden")　//匹配所有的不可见元素
:image	匹配所有的图像域	$(":image")　//匹配所有的图像域
:password	匹配所有的密码域	$(":password")　//匹配所有的密码域
:radio	匹配所有的单选按钮	$(":radio")　//匹配所有的单选按钮
:reset	匹配所有的重置按钮，即 type="reset"的 input 元素	$(":reset")　//匹配所有的重置按钮
:submit	匹配所有的提交按钮，即 type="submit"的 input 元素	$(":submit")　//匹配所有的提交按钮
:text	匹配所有的单行文本框	$(":text")　//匹配所有的单行文本框

【例 16.12】　本实例将利用表单选择器匹配表单中相应的元素，并为匹配到的元素执行不同的操作。关键步骤如下：（**实例位置：资源包\源码\16\16.12**）

（1）创建 index.html 文件，在该文件的<head>标记中应用下面的语句引入 jQuery 库。

```
<script type="text/javascript" src="JS/jquery-3.2.1.min.js"></script>
```

（2）在页面的<body>标记中，添加一个表单，并在该表单中添加复选框、单选按钮、图像域、文件域、密码域、文本框、普通按钮、重置按钮、提交按钮和隐藏域等 input 元素，关键代码如下：

```
01    <form>
02        复选框：<input type="checkbox" />
03        单选按钮：<input type="radio" />
04        图像域：<input type="image" /><br>
05        文件域：<input type="file" /><br>
06        密码域：<input type="password" width="150px" /><br>
07        文本框：<input type="text" width="150px" /><br>
08        普通按钮：<input type="button" value="普通按钮" /><br>
09        重置按钮：<input type="reset" value="" /><br>
10        提交按钮：<input type="submit" value="" /><br>
11        <input type="hidden" value="这是隐藏的元素" />
12        <div id="testDiv"><span style="color:blue;">隐藏域的值：</span></div>
13    </form>
```

（3）在引入 jQuery 库的代码下方编写 jQuery 代码，实现匹配表单中的各个表单元素，并实现不同的操作，具体代码如下：

```
01    <script type="text/javascript">
02        $(document).ready(function() {
03            $(":checkbox").attr("checked","checked");           //选中复选框
04            $(":radio").attr("checked","checked");              //选中单选按钮
05            $(":image").attr("src","images/fish1.jpg");         //设置图片路径
06            $(":file").hide();                                  //隐藏文件域
07            $(":password").val("123");                          //设置密码域的值
08            $(":text").val("文本框");                            //设置文本框的值
09            $(":button").attr("disabled","disabled");           //设置按钮不可用
10            $(":reset").val("重置按钮");                         //设置重置按钮的值
11            $(":submit").val("提交按钮");                        //设置提交按钮的值
12            $("#testDiv").append($("input:hidden:eq(1)").val()); //显示隐藏域的值
13        });
14    </script>
```

运行本实例，将显示如图 16.20 所示的页面。

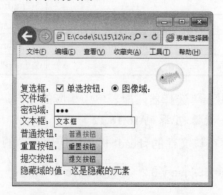

图 16.20　利用表单选择器匹配表单中相应的元素

16.4　实　　战

16.4.1　鼠标指向行变色

为表格添加隔行换色并且鼠标指向行变色的功能，运行结果如图 16.21 所示。（**实例位置：资源包\源码\16\实战\01**）

图 16.21　鼠标指向行变色

16.4.2　为指定的图书名称添加字体颜色

在图书列表中，为指定的图书名称添加字体颜色，运行结果如图 16.22 所示。（**实例位置：资源包\源码\16\实战\02**）

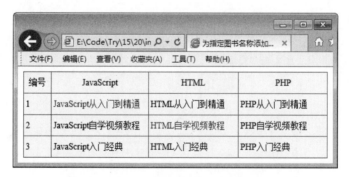

图 16.22　为指定的图书名称添加字体颜色

16.4.3　设置注册页面中的按钮是否可用

设置用户注册页面中的按钮是否可用，当任意一个表单元素内容不为空时，"重置"按钮可用；当所有表单元素内容不为空时，"提交"按钮可用，运行结果如图 16.23 和图 16.24 所示。（**实例位置：资源包\源码\16\实战\03**）

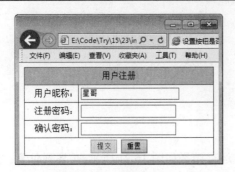

图 16.23　重置按钮可用

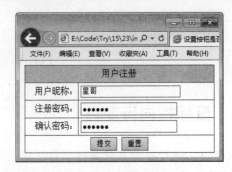

图 16.24　提交按钮可用

16.5　小　　结

　　本章介绍了 jQuery 的特点、下载和配置，并详细地介绍了 jQuery 选择器。相对于传统的 JavaScript 而言，jQuery 选择对象的方法更多样、更简洁、更方便。通过本章的学习，可以使读者对 jQuery 有一个基本的了解。

第17章

jQuery 控制页面

（ 📹 视频讲解：34 分钟 ）

jQuery 提供了对页面元素进行操作的方法，这些方法相比 JavaScript 操作页面元素的方法更加方便灵活。本章将对 jQuery 控制页面元素进行介绍。

通过学习本章，读者主要掌握以下内容：

▸▸ 对元素的内容和值进行操作的方法

▸▸ 对页面中的 DOM 节点进行操作的方法

▸▸ 对页面元素的属性进行操作的方法

▸▸ 对元素的 CSS 样式进行操作的方法

视频讲解

17.1 对元素内容和值进行操作

jQuery 提供了对元素的内容和值进行操作的方法。其中，元素的值是元素的一种属性，大部分元素的值都对应 value 属性。

元素的内容是指定义元素的起始标记和结束标记中间的内容，又可分为文本内容和 HTML 内容。下面通过一段代码来说明。

```
01    <div>
02        <p>测试内容</p>
03    </div>
```

在这段代码中，div 元素的文本内容就是"测试内容"，文本内容不包含元素的子元素，只包含元素的文本内容。而"<p>测试内容</p>"就是<div>元素的 HTML 内容，HTML 内容不仅包含元素的文本内容，而且还包含元素的子元素。

17.1.1 对元素内容操作

由于元素内容又可分为文本内容和 HTML 内容，那么，对元素内容的操作也可以分为对文本内容操作和对 HTML 内容进行操作。下面分别进行详细介绍。

☑ 对文本内容操作

jQuery 提供了 text()和 text(val)两个方法用于对文本内容操作，其中，text()方法用于获取全部匹配元素的文本内容，text(val)方法用于设置全部匹配元素的文本内容。例如，在一个 HTML 页面中，包括下面 3 行代码。

```
01    <div>
02        <span id="clock">当前时间：2017-07-12 星期三 13:20:10</span>
03    </div>
```

要获取并输出 div 元素的文本内容，可以使用下面的代码：

```
alert($("div").text());                              //输出 div 元素的文本内容
```

得到的结果如图 17.1 所示。

图 17.1 获取到的 div 元素的文本内容

说明

　　text()方法取得的结果是所有匹配元素包含的文本组合起来的文本内容，这个方法也对 XML 文档有效，可以用 text()方法解析 XML 文档元素的文本内容。

要重新设置 div 元素的文本内容，可以使用下面的代码：

```
$("div").text("我是通过 text()方法设置的文本内容");              //重新设置 div 元素的文本内容
```

注意

　　使用 text()方法重新设置 div 元素的文本内容后，div 元素原来的内容将被新设置的内容替换掉，包括 HTML 内容。例如，对下面的代码：

```
<div><span id="clock">当前时间：2017-07-12 星期三  13:20:10</span></div>
```

　　应用 "$("div").text("我是通过 text()方法设置的文本内容");" 设置值后，该<div>标记的内容将变为：

```
<div>我是通过 text()方法设置的文本内容</div>
```

　☑　对 HTML 内容操作

jQuery 提供了 html()和 html(val)两个方法用于对 HTML 内容操作，其中，html()方法用于获取第一个匹配元素的 HTML 内容，text(val)方法用于设置全部匹配元素的 HTML 内容。例如，在一个 HTML 页面中，包括下面 3 行代码。

```
01    <div>
02        <span id="clock">当前时间：2017-07-12 星期三  13:20:10</span>
03    </div>
```

要获取并输出 div 元素的 HTML 内容，可以使用下面的代码：

```
alert($("div").html());                                      //输出 div 元素的 HTML 内容
```

得到的结果如图 17.2 所示。

图 17.2　获取到的 div 元素的 HTML 内容

要重新设置 div 元素的 HTML 内容，可以使用下面的代码：

```
$("div").html("<span style='color:#FF0000'>我是通过 html()方法设置的 HTML 内容</span>");//重新设置 div 元素
的 HTML 内容
```

注意

html()方法与 html(val)方法不能用于 XML 文档，但是可以用于 XHTML 文档。

下面通过一个具体的例子，说明对元素的文本内容与 HTML 内容操作的区别。

【例 17.01】 本实例将对页面中元素的文本内容与 HTML 内容进行重新设置。实现步骤如下：
（实例位置：资源包\源码\17\17.01）

（1）创建 index.html 文件，在该文件的<head>标记中应用下面的语句引入 jQuery 库。

```
<script type="text/javascript" src="JS/jquery-3.2.1.min.js"></script>
```

（2）在页面的<body>标记中，添加两个<div>标记，这两个<div>标记除了 id 属性不同外，其他均相同，关键代码如下：

```
01  应用 text()方法设置的内容
02  <div id="div1">
03  <span id="clock">默认显示的文本</span>
04  </div>
05  <br />应用 html()方法设置的内容
06  <div id="div2">
07  <span id="clock">默认显示的文本</span>
08  </div>
```

（3）在引入 jQuery 库的代码下方编写 jQuery 代码，实现为<div>标记重新设置文本内容和 HTML 内容，具体代码如下：

```
01  <script type="text/javascript">
02      $(document).ready(function(){
03          //为<div>标记重新设置文本内容
04          $("#div1").text("<span style='color:#FF0000'>重新设置的文本内容</span>");
05          //为<div>标记重新设置 HTML 内容
06          $("#div2").html("<span style='color:#FF0000'>重新设置的 HTML 内容</span>");
07      });
08  </script>
```

运行本实例，将显示如图 17.3 所示的运行结果。在运行结果中可以看出，在应用 text()方法设置文本内容时，即使内容中包含 HTML 代码，也将被认为是普通文本，并不能作为 HTML 代码被浏览器解析，而应用 html()方法设置的 HTML 内容中包括的 HTML 代码就可以被浏览器解析。

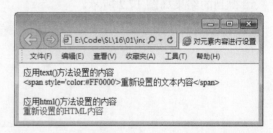

图 17.3 重新设置元素的文本内容与 HTML 内容

17.1.2 对元素值操作

jQuery 提供了 3 种对元素值操作的方法，如表 17.1 所示。

表 17.1 对元素的值进行操作的方法

方　　法	说　　明	示　　例
val()	用于获取第一个匹配元素的当前值，返回值可能是一个字符串，也可能是一个数组。例如，当 select 元素有两个选中值时，返回结果就是一个数组	$("#username").val(); //获取 id 为 username 的元素的值
val(val)	用于设置所有匹配元素的值	$("input:text").val("新值") //为全部文本框设置值
val(arrVal)	用于为 checkbox、select 和 radio 等元素设置值，参数为字符串数组	$("select").val(['列表项 1','列表项 2']); //为下拉列表框设置多选值

【例 17.02】 将列表框中的第一个和第二个列表项设置为选中状态，并获取该多行列表框的值。实现步骤如下：（**实例位置：资源包\源码\17\17.02**）

（1）创建 index.html 文件，在该文件的<head>标记中应用下面的语句引入 jQuery 库。

```
<script type="text/javascript" src="JS/jquery-3.2.1.min.js"></script>
```

（2）在页面的<body>标记中，添加一个包含 3 个列表项的可多选的多行列表框，默认为后两项被选中，代码如下：

```
01  <select name="like" size="3" multiple="multiple" id="like">
02    <option>列表项 1</option>
03    <option selected="selected">列表项 2</option>
04    <option selected="selected">列表项 3</option>
05  </select>
```

（3）在引入 jQuery 库的代码下方编写 jQuery 代码，应用 jQuery 的 val(arrVal)方法将其第一个和第二个列表项设置为选中状态，并应用 val()方法获取该多行列表框的值，具体代码如下：

```
01  <script type="text/javascript">
02    $(document).ready(function(){
03      $("select").val(['列表项 1','列表项 2']);      //设置多行列表框的值
04      alert($("select").val());                    //获取并输出多行列表框的值
05    });
06  </script>
```

运行实例，结果如图 17.4 所示。

图 17.4 获取到的多行列表框的值

277

17.2　对 DOM 节点进行操作

了解 JavaScript 的读者应该知道，通过 JavaScript 可以实现对 DOM 节点的操作，例如查找节点、创建节点、插入节点、复制节点或者删除节点，不过比较复杂。jQuery 为了简化开发人员的工作，也提供了对 DOM 节点进行操作的方法，其中，查找节点可以通过 jQuery 提供的选择器实现。下面对节点的其他操作进行详细介绍。

17.2.1　创建节点

创建元素节点包括两个步骤，一是创建新元素，二是将新元素插入文档中（即父元素中）。例如，要在文档的 body 元素中创建一个新的段落节点可以使用下面的代码：

```
01  <script type="text/javascript">
02      $(document).ready(function(){
03          //方法一
04          var $p=$("<p></p>");
05          $p.html("<span style='color:#FF0000'>方法一添加的内容</span>");
06          $("body").append($p);
07          //方法二
08          var $txtP=$("<p><span style='color:#FF0000'>方法二添加的内容</span></p>");
09          $("body").append($txtP);
10          //方法三
11          $("body").append("<p><span style='color:#FF0000'>方法三添加的内容</span></p>");
12      });
13  </script>
```

> **说明**
> 在创建节点时，浏览器会将所添加的内容视为 HTML 内容进行解释执行，无论是否是使用 html() 方法指定的 HTML 内容。上面所使用的 3 种方法都将在文档中添加一个颜色为红色的段落文本。

17.2.2　插入节点

在创建节点时，应用了 append() 方法将定义的节点内容插入指定的元素。实际上，该方法是用于插入节点的方法，除了 append() 方法外，jQuery 还提供了几种插入节点的方法。在 jQuery 中，插入节点可以分为在元素内部插入和在元素外部插入两种，下面分别进行介绍。

☑　在元素内部插入

在元素内部插入就是向一个元素中添加子元素和内容。jQuery 提供了如表 17.2 所示的在元素内部插入的方法。

表 17.2　在元素内部插入的方法

方　　法	说　　明	示　　例
append(content)	为所有匹配的元素的内部追加内容	$("#B").append("<p>A</p>");　//向 id 为 B 的元素中追加一个段落
appendTo(content)	将所有匹配的元素添加到另一个元素的元素集合中	$("#B").appendTo("#A");　//将 id 为 B 的元素追加到 id 为 A 的元素后面
prepend(content)	为所有匹配的元素的内部前置内容	$("#B").prepend("<p>A</p>");　//向 id 为 B 的元素内容前添加一个段落
prependTo(content)	将所有匹配的元素前置到另一个元素的元素集合中	$("#B").prependTo("#A");　//将 id 为 B 的元素添加到 id 为 A 的元素前面

从表 17.2 中可以看出 append()方法与 prepend()方法类似，所不同的是 prepend()方法将添加的内容插入到原有内容的前面。

appendTo()方法实际上是颠倒了 append()方法，例如下面这行代码：

```
$("<p>A</p>").appendTo("#B");                    //将指定内容追加到 id 为 B 的元素中
```

等同于：

```
$("#B").append("<p>A</p>");                      //向 id 为 B 的元素中追加指定内容
```

说明

prepend()方法是向所有匹配元素内部的开始处插入内容的最佳方法。prepend()方法与 prependTo()方法的区别同 append()方法与 appendTo()方法的区别。

☑　在元素外部插入

在元素外部插入就是将要添加的内容添加到元素之前或元素之后。jQuery 提供了如表 17.3 所示的在元素外部插入的方法。

表 17.3　在元素外部插入的方法

方　　法	说　　明	示　　例
after(content)	在每个匹配的元素之后插入内容	$("#B").after("<p>A</p>");　//向 id 为 B 的元素的后面添加一个段落
insertAfter(content)	将所有匹配的元素插入到另一个指定元素的元素集合的后面	$("<p>test</p>").insertAfter("#B");　// 将要添加的段落插入到 id 为 B 的元素的后面
before(content)	在每个匹配的元素之前插入内容	$("#B").before("<p>A</p>");　//向 id 为 B 的元素前添加一个段落
insertBefore(content)	将所有匹配的元素插入到另一个指定元素的元素集合的前面	$("#B").insertBefore("#A");　//将 id 为 B 的元素添加到 id 为 A 的元素前面

17.2.3　删除、复制与替换节点

在页面上只执行插入和移动元素的操作是远远不够的，在实际开发的过程中还经常需要删除、复

制和替换相应的元素。下面将介绍如何应用 jQuery 实现删除、复制和替换节点。

☑ 删除节点

jQuery 提供了两种删除节点的方法，分别是 empty()方法和 remove([expr])方法。其中，empty()方法用于删除匹配的元素集合中所有的子节点，并不删除该元素；remove([expr])方法用于从 DOM 中删除所有匹配的元素。例如，在文档中存在下面的内容：

```
01   div1:
02   <div id="div1" style="border: 1px solid #0000FF; height: 26px">
03      <span>谁言寸草心，报得三春晖</span>
04   </div>
05   div2:
06   <div id="div2" style="border: 1px solid #0000FF; height: 26px">
07      <span>谁言寸草心，报得三春晖</span>
08   </div>
```

执行下面的 jQuery 代码后，将得到如图 17.5 所示的运行结果。

```
01   <script type="text/javascript">
02      $(document).ready(function(){
03         $("#div1").empty();                      //调用 empty()方法删除 div1 中的所有子节点
04         $("#div2").remove();                     //调用 remove()方法删除 id 为 div2 的元素
05      });
06   </script>
```

```
div1:

div2:
```

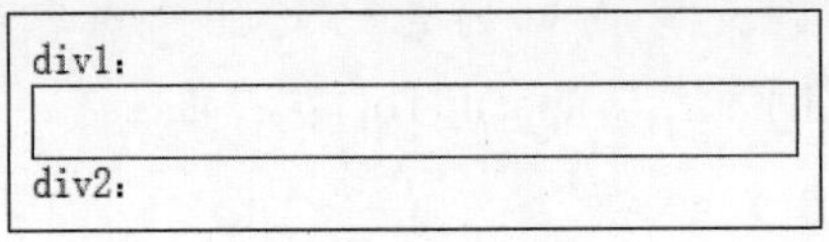

图 17.5　删除节点

☑ 复制节点

jQuery 提供了 clone()方法用于复制节点，该方法有两种形式，一种是不带参数的形式，用于克隆匹配的 DOM 元素并且选中这些克隆的副本；另一种是带有一个布尔型的参数，当参数为 true 时，表示克隆匹配的元素及其所有的事件处理并且选中这些克隆的副本，当参数为 false 时，表示不复制元素的事件处理。

例如，在页面中添加一个按钮，并为该按钮绑定单击事件，在单击事件中复制该按钮，但不复制它的事件处理，可以使用下面的 jQuery 代码：

```
01   <script type="text/javascript">
02      $(function(){
03         $("input").bind("click",function() {         //为按钮绑定单击事件
04            $(this).clone().insertAfter(this);         //复制自己但不复制事件处理
05         });
06      });
07   </script>
```

运行上面的代码，当单击页面上的按钮时，会在该元素之后插入复制后的元素副本，但是复制的

按钮没有复制事件，如果需要同时复制元素的事件处理，可用 clone(true)方法代替。

☑　替换节点

jQuery 提供了两个替换节点的方法，分别是 replaceAll(selector)方法和 replaceWith(content)方法。其中，replaceAll(selector)方法用于使用匹配的元素替换掉所有 selector 匹配到的元素，replaceWith(content)方法用于将所有匹配的元素替换成指定的 HTML 或 DOM 元素。这两种方法的功能相同，只是两者的表现形式不同。

例如，使用 replaceWith()方法替换页面中 id 为 div1 的元素，以及使用 replaceAll()方法替换 id 为 div2 的元素可以使用下面的代码：

```
01  <script type="text/javascript">
02      $(document).ready(function() {
03          //替换 id 为 div1 的<div>元素
04          $("#div1").replaceWith("<div>replaceWith()方法的替换结果</div>");
05          //替换 id 为 div2 的<div>元素
06          $("<div>replaceAll()方法的替换结果</div>").replaceAll("#div2");
07      });
08  </script>
```

【例 17.03】　本实例将应用 jQuery 提供的对 DOM 节点进行操作的方法实现我的开心小农场。实现步骤如下：（实例位置：资源包\源码\17\17.03）

（1）创建 index.html 文件，在该文件的<head>标记中应用下面的语句引入 jQuery 库。

```
<script type="text/javascript" src="JS/jquery-3.2.1.min.js"></script>
```

（2）在页面的<body>标记中，添加一个显示农场背景的<div>标记，并且在该标记中添加 4 个<span>标记，用于设置控制按钮，代码如下：

```
01  <div id="bg">
02      <span id="seed"></span>
03      <span id="grow"></span>
04      <span id="bloom"></span>
05      <span id="fruit"></span>
06  </div>
```

（3）编写 CSS 代码，控制农场背景、控制按钮和图片的样式，具体代码如下：

```
01  <style type="text/css">
02      #bg{                                        /*控制页面背景*/
03          width:456px;
04          height:266px;
05          background-image:url(images/plowland.jpg);
06          border:#999 1px solid;
07          padding:5px;
08      }
09      img{                                        /*控制图片*/
10          position:absolute;
11          top:85px;
```

```
12              left:195px;
13          }
14      #seed{                                    /*控制"播种"按钮*/
15          background-image:url(images/btn_seed.png);
16          width:56px;
17          height:56px;
18          position:absolute;
19          top:229px;
20          left:49px;
21          cursor:pointer;
22      }
23      #grow{                                    /*控制"生长"按钮*/
24          background-image:url(images/btn_grow.png);
25          width:56px;
26          height:56px;
27          position:absolute;
28          top:229px;
29          left:154px;
30          cursor:pointer;
31      }
32      #bloom{                                   /*控制"开花"按钮*/
33          background-image:url(images/btn_bloom.png);
34          width:56px;
35          height:56px;
36          position:absolute;
37          top:229px;
38          left:259px;
39          cursor:pointer;
40      }
41      #fruit{                                   /*控制"结果"按钮*/
42          background-image:url(images/btn_fruit.png);
43          width:56px;
44          height:56px;
45          position:absolute;
46          top:229px;
47          left:368px;
48          cursor:pointer;
49      }
50  </style>
```

（4）编写 jQuery 代码，分别为"播种""生长""开花""结果"按钮绑定单击事件，并在其单击事件中应用操作 DOM 节点的方法控制作物的生长，具体代码如下：

```
01  <script type="text/javascript">
02      $(document).ready(function(){
03          $("#seed").bind("click",function(){        //绑定"播种"按钮的单击事件
04              $("img").remove();                      //移除 img 元素
05              $("#bg").prepend("<img src='images/seed.png' />");
06          });
```

```
07        $("#grow").bind("click",function(){           //绑定"生长"按钮的单击事件
08            $("img").remove();                        //移除 img 元素
09            $("#bg").append("<img src='images/grow.png' />");
10        });
11        $("#bloom").bind("click",function(){          //绑定"开花"按钮的单击事件
12            $("img").replaceWith("<img src='images/bloom.png' />");
13        });
14        $("#fruit").bind("click",function(){          //绑定"结果"按钮的单击事件
15            $("<img src='images/fruit.png' />").replaceAll("img");
16        });
17    });
18 </script>
```

运行本实例，单击"播种"按钮，将显示如图 17.6 所示的效果；单击"生长"按钮，将显示如图 17.7 所示的效果；单击"开花"按钮，将显示如图 17.8 所示的效果；单击"结果"按钮，将显示一棵结满果实的草莓秧，效果如图 17.9 所示。

图 17.6　单击"播种"按钮的结果

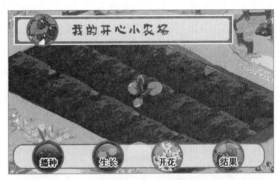

图 17.7　单击"生长"按钮的结果

图 17.8　单击"开花"按钮的结果

图 17.9　单击"结果"按钮的结果

17.3　对元素属性进行操作

视频讲解

jQuery 提供了如表 17.4 所示的对元素属性进行操作的方法。

表 17.4　对元素属性进行操作的方法

方　　法	说　　明	示　　例
attr(name)	获取匹配的第一个元素的属性值（无值时返回 undefined）	$("img").attr('src');　//获取页面中第一个 img 元素的 src 属性的值
attr(key,value)	为所有匹配的元素设置一个属性值（value 是设置的值）	$("img").attr("title","草莓正在生长");　//为图片添加一标题属性，属性值为"草莓正在生长"
attr(key,fn)	为所有匹配的元素设置一个函数返回值的属性值（fn 代表函数）	$("#fn").attr("value", function() {　　return this.name; //将元素的名称作为其 value 属性值 });
attr(properties)	为所有匹配元素以集合（{名:值,名:值}）形式同时设置多个属性	//为图片同时添加两个属性，分别是 src 和 title $("img").attr({src:"test.gif",title:"图片示例"});
removeAttr(name)	为所有匹配元素删除一个属性	$("img").removeAttr("title"); //移除所有图片的 title 属性

在表 17.4 所列的这些方法中，key 和 name 都代表元素的属性名称，properties 代表一个集合。

【例 17.04】　对复选框最基本的应用，就是对复选框的全选、反选与全不选操作，本实例实现定义用户注册页面，在该页面中可添加爱好信息，并添加"全选""反选""全不选"按钮，实现复选框的全选、反选和全不选操作。实现步骤如下：**（实例位置：资源包\源码\17\17.04）**

（1）创建 index.html 文件，在该文件的<head>标记中应用下面的语句引入 jQuery 库。

```
<script type="text/javascript" src="JS/jquery-3.2.1.min.js"></script>
```

（2）在页面中定义表格，为用户提供注册信息表，其中包含由复选框组成的"爱好"列表，所有复选框的 name 属性值全部为 checkbox，具体代码如下：

```
01    <form name="form1">
02    <div align="center">
03      <table width="400" border="1" bgcolor="#FFCCCC">
04        <tr height="36"><td colspan="2" class="style1">用户注册信息表</td></tr>
05        <tr>
06          <td width="100"><div align="right">用户名</div></td>
07          <td width="267"><div align="left">
08            <input type="text" name="textfield">
09            <span class="style2">*</span></div></td>
10        </tr>
11        <tr>
12          <td><div align="right">密码</div></td>
13          <td><div align="left">
14            <input type="password" name="textfield2">
15            <span class="style2">*(6-15)位</span></div></td>
16        </tr>
17        <tr>
18          <td><div align="right">确认密码</div></td>
19          <td><div align="left">
20            <input type="password" name="textfield3">
21            <span class="style2">*</span></div></td>
22        </tr>
```

```
23      <tr>
24        <td><div align="right">性别</div></td>
25        <td><div align="left">
26          <select name="select">
27            <option>男</option>
28            <option>女</option>
29            <option selected>--</option>
30          </select>
31        </div></td>
32      </tr>
33      <tr>
34        <td height="98"><div align="right">爱好</div></td>
35        <td><div align="left">
36            <p>
37            <input type="checkbox" name="checkbox" value="checkbox">
38            上网
39            <input type="checkbox" name="checkbox" value="checkbox">
40            旅游
41            <input type="checkbox" name="checkbox" value="checkbox">
42            交友
43            <input type="checkbox" name="checkbox" value="checkbox">
44            逛街                </p>
45            <p>
46              <input type="checkbox" name="checkbox" value="checkbox">
47              看书
48              <input type="checkbox" name="checkbox" value="checkbox">
49              书法
50              <input type="checkbox" name="checkbox" value="checkbox">
51              游戏
52              <input type="checkbox" name="checkbox" value="checkbox">
53      球类</p>
54            <p align="right">
55            <input type="button" name="Submit" id="checkAll" value="全选">
56              <input type="button" name="Submit2" id="inverse" value="反选">
57            <input type="button" name="Submit3" id="checkNo" value="全不选">
58            </p>
59        </div></td>
60      </tr>
61      <tr>
62        <td><div align="right">邮箱</div></td>
63        <td><div align="left">
64          <input type="text" name="textfield4">
65        </div></td>
66      </tr>
67      <tr>
68        <td colspan="2"><div align="center">
69          <input type="button" name="Submit3" value="按钮" >
70          <input type="reset" name="Submit4" value="重置">
71        </div></td>
```

```
72                </tr>
73            </table>
74            <p align="left" class="style1"> </p>
75        </div>
76    </form>
```

（3）在页面中编写 jQuery 代码，判断用户是否单击了"全选""反选"或"全不选"按钮，并给出相应的操作，具体代码如下：

```
01    <script type="text/javascript">
02        $(function(){
03            $("#checkAll").click(function(){               //判断用户是否单击了"全选"按钮
04                $('[name = checkbox]:checkbox').prop('checked',true);  //将全部复选框设为选中状态
05            });
06            $("#inverse").click(function(){               //判断用户是否单击了"反选"按钮
07                $('[name = checkbox]:checkbox').each(function(){  //每个复选框都进行判断
08                    if($(this).prop('checked')){           //如果复选框为选中状态
09                        $(this).prop('checked',false);     //将复选框设为不选中状态
10                    }else{
11                        $(this).prop('checked',true);      //将复选框设为选中状态
12                    }
13                });
14            });
15            $("#checkNo").click(function(){               //判断用户是否单击了"全不选"按钮
16                $('[name = checkbox]:checkbox').prop('checked',false);  //将全部复选框设为不选中状态
17            });
18        });
19    </script>
```

运行实例，结果如图 17.10 所示。

图 17.10　复选框的全选、反选和全不选操作

视频讲解

17.4　对元素的 CSS 样式进行操作

在 jQuery 中，对元素的 CSS 样式操作可以通过修改 CSS 类或者 CSS 的属性来实现。下面进行详细介绍。

17.4.1　通过修改 CSS 类实现

在网页中，如果想改变一个元素的整体效果（例如，在实现网站换肤时），可以通过修改该元素所使用的 CSS 类来实现。在 jQuery 中，提供了如表 17.5 所示的几种用于修改 CSS 类的方法。

表 17.5　修改 CSS 类的方法

方　法	说　明	示　例
addClass(class)	为所有匹配的元素添加指定的 CSS 类名	$("div").addClass("blue line");　//为全部 div 元素添加 blue 和 line 两个 CSS 类
removeClass(class)	从所有匹配的元素中删除全部或者指定的 CSS 类	$("div").removeClass("line");　//删除全部 div 元素中名称为 line 的 CSS 类
toggleClass(class)	如果存在（不存在）就删除（添加）一个 CSS 类	$("div").toggleClass("yellow");　//当 div 元素中存在名称为 yellow 的 CSS 类时，则删除该类，否则添加该类
toggleClass(class,switch)	如果 switch 参数为 true 则添加对应的 CSS 类，否则就删除，通常 switch 参数为一个布尔型的变量	$("img").toggleClass("show",true);　//为 img 元素添加 CSS 类 show $("img").toggleClass("show",false);　//为 img 元素删除 CSS 类 show

📖 **说明**

在使用 addClass()方法添加 CSS 类时，并不会删除现有的 CSS 类。同时，在使用表 17.5 所列的方法时，其 class 参数都可以设置多个类名，类名与类名之间用空格分隔。

17.4.2　通过修改 CSS 属性实现

如果需要获取或修改某个元素的具体样式（即修改元素的 style 属性），jQuery 也提供了相应的方法，如表 17.6 所示。

表 17.6　获取或修改 CSS 属性的方法

方　法	说　明	示　例
css(name)	返回第一个匹配元素的样式属性	$("div").css("color");　//获取第一个匹配的 div 元素的 color 属性值

续表

方　　法	说　　明	示　　例
css(name,value)	为所有匹配元素的指定样式设置值	$("img").css("border","1px solid #000000"); //为全部 img 元素设置边框样式

css(properties)	以{属性:值,属性:值,…}的形式为所有匹配的元素设置样式属性	$("tr").css({
		    "background-color":"#0A65F3",//设置背景颜色
		    "font-size":"14px",　　　　　//设置字体大小
		    "color":"#FFFFFF"　　　　　//设置字体颜色
		});

说明

在使用 css()方法设置属性时，既可以解释连字符形式的 CSS 表示法（如 background-color），也可以解释大小写形式的 DOM 表示法（如 backgroundColor）。

17.5　实　　战

17.5.1　判断两次输入密码是否一致

在用户注册表单中，应用 val()方法判断用户两次输入的密码是否一致，运行结果如图 17.11 所示。（**实例位置：资源包\源码\17\实战\01**）

图 17.11　判断用户两次输入的密码是否一致

17.5.2　通过下拉菜单选择头像

模拟聊天系统中选择头像的功能，通过下拉菜单选择头像，运行结果如图 17.12 所示。（**实例位置：资源包\源码\17\实战\02**）

图 17.12　通过下拉菜单选择头像

17.5.3　模拟点歌系统的歌曲置顶和删除功能

　　模拟点歌系统的歌曲置顶和删除的功能，单击歌曲名称右侧的"置顶"按钮置顶该歌曲，单击歌曲名称右侧的"删除"按钮删除该歌曲，运行结果如图 17.13 所示。（**实例位置：资源包\源码\17\实战\03**）

图 17.13　歌曲置顶和删除

17.6　小　　结

　　本章主要介绍了 jQuery 控制页面元素的方法，包括对页面元素的值进行操作、对元素的属性和 CSS 样式进行操作，以及对 DOM 节点进行操作，通过本章的学习可以在页面中实现一些简单的动态效果。

第**18**章

jQuery 事件处理

（ 🎥 视频讲解：14 分钟 ）

虽然在传统的 JavaScript 中内置了一些事件响应的方式，但是 jQuery 增强、优化并扩展了基本的事件处理机制。本章将对 jQuery 的事件处理进行介绍。

通过学习本章，读者主要掌握以下内容：

▸▸ jQuery 中有哪些事件

▸▸ jQuery 中的事件绑定

▸▸ 两种模拟用户操作的方法

视频讲解

18.1　页面加载响应事件

$(document).ready()方法是事件模块中最重要的一个函数，它极大地提高了 Web 响应速度。$(document)是获取整个文档对象，从这个方法名称来理解，就是获取文档就绪的时候。方法的书写格式为：

```
$(document).ready(function(){
    //在这里写代码
});
```

可以简写成：

```
$().ready(function(){
    //在这里写代码
});
```

当$()不带参数时，默认的参数就是 document，所以$()是$(document)的简写形式。
还可以进一步简写成：

```
$(function(){
    //在这里写代码
});
```

虽然语法可以更短一些，但是不提倡使用简写的方式，因为较长的代码更具可读性，也可以防止与其他方法混淆。

18.2　jQuery 中的事件

只有页面加载显然是不够的，程序在其他的时候也需要完成某个任务。例如鼠标单击（onclick）事件、敲击键盘（onkeypress）事件以及失去焦点（onblur）事件等。在不同的浏览器中事件名称是不同的，例如在 IE 中的事件名称大部分都含有 on，如 onkeypress()事件，但是在火狐浏览器中却没有这个事件名称，而 jQuery 统一了所有事件的名称。jQuery 中的事件如表 18.1 所示。

表 18.1　jQuery 中的事件

方　　法	说　　明
blur()	触发元素的 blur 事件
blur(fn)	在每一个匹配元素的 blur 事件中绑定一个处理函数，在元素失去焦点时触发
change()	触发元素的 change 事件
change(fn)	在每一个匹配元素的 change 事件中绑定一个处理函数，在元素的值改变并失去焦点时触发

续表

方　　法	说　　明
click()	触发元素的 chick 事件
click(fn)	在每一个匹配元素的 click 事件中绑定一个处理函数，在元素上单击时触发
dblclick()	触发元素的 dblclick 事件
dblclick(fn)	在每一个匹配元素的 dblclick 事件中绑定一个处理函数，在元素上双击时触发
error()	触发元素的 error 事件
error(fn)	在每一个匹配元素的 error 事件中绑定一个处理函数，当 JavaScript 发生错误时触发
focus()	触发元素的 focus 事件
focus(fn)	在每一个匹配元素的 focus 事件中绑定一个处理函数，当匹配的元素获得焦点时触发
keydown()	触发元素的 keydown 事件
keydown(fn)	在每一个匹配元素的 keydown 事件中绑定一个处理函数，当键盘按下时触发
keyup()	触发元素的 keyup 事件
keyup(fn)	在每一个匹配元素的 keyup 事件中绑定一个处理函数，在按键释放时触发
keypress()	触发元素的 keypress 事件
keypress(fn)	在每一个匹配元素的 keypress 事件中绑定一个处理函数，按下并抬起按键时触发
load(fn)	在每一个匹配元素的 load 事件中绑定一个处理函数，匹配的元素内容完全加载完毕后触发
mousedown(fn)	在每一个匹配元素的 mousedown 事件中绑定一个处理函数，在元素上按下鼠标时触发
mousemove(fn)	在每一个匹配元素的 mousemove 事件中绑定一个处理函数，鼠标在元素上移动时触发
mouseout(fn)	在每一个匹配元素的 mouseout 事件中绑定一个处理函数，鼠标从元素上离开时触发
mouseover(fn)	在每一个匹配元素的 mouseover 事件中绑定一个处理函数，鼠标移入元素时触发
mouseup(fn)	在每一个匹配元素的 mouseup 事件中绑定一个处理函数，鼠标在元素上按下并松开时触发
resize(fn)	在每一个匹配元素的 resize 事件中绑定一个处理函数，当文档窗口改变大小时触发
scroll(fn)	在每一个匹配元素的 scroll 事件中绑定一个处理函数，当滚动条发生变化时触发
select()	触发元素的 select 事件
select(fn)	在每一个匹配元素的 select 事件中绑定一个处理函数，在元素上选中某段文本时触发
submit()	触发元素的 submit 事件
submit(fn)	在每一个匹配元素的 submit 事件中绑定一个处理函数，在表单提交时触发
unload(fn)	在每一个匹配元素的 unload 事件中绑定一个处理函数，在元素卸载时触发

这些都是对应的 jQuery 事件，和传统的 JavaScript 中的事件几乎相同，只是名称不同。方法中的 fn 参数表示一个函数，事件处理程序就写在这个函数中。

【例 18.01】　应用 jQuery 中的 mouseover 事件和 mouseout 事件实现横向导航菜单的功能。实现步骤如下：（**实例位置：资源包\源码\18\18.01**）

（1）创建 index.html 文件，在该文件的<head>标记中应用下面的语句引入 jQuery 库。

```
<script type="text/javascript" src="JS/jquery-3.3.1.min.js"></script>
```

（2）在文件中创建一个表格，在表格中完成横向主菜单和相应子菜单的创建，关键代码如下：

```
01  <table width="400" border="0" align="center" cellpadding="0" cellspacing="0" style="font-size:15px">
02    <tr>
03      <td width="20%">
04        <div align="center" id="Tdiv_1" class="menubar">
05          <div class="header">教育网站</div>
06          <div align="left" id="Div1" class="menu">
07            <a href="#">重庆 XX 大学</a><br>
08            <a href="#">长春 XX 大学</a><br>
09            <a href="#">吉林 XX 大学</a>
10          </div>
11        </div>
12      </td>
13      <td width="20%">
14        <div align="center" id="Tdiv_2" class="menubar">
15          <div class="header">电脑丛书网站</div>
16          <div align="left" id="Div2" class="menu">
17            <a href="#">PHP 图书</a><br>
18            <a href="#">JScript 图书</a><br>
19            <a href="#">Java 图书</a>
20          </div>
21        </div>
22      </td>
23      <td width="20%">
24        <div align="center" id="Tdiv_3" class="menubar">
25          <div class="header">新出图书</div>
26          <div align="left" id="Div3" class="menu">
27            <a href="#">Delphi 图书</a><br>
28            <a href="#">VB 图书</a><br>
29            <a href="#">Java 图书</a>
30          </div>
31        </div>
32      </td>
33      <td width="20%">
34        <div align="center" id="Tdiv_4" class="menubar">
35          <div class="header">其它网站</div>
36          <div align="left" id="Div4" class="menu">
37            <a href="#">明日科技</a><br>
38            <a href="#">明日图书网</a><br>
39            <a href="#">技术支持网</a>
40          </div>
41        </div>
42      </td>
43    </tr>
44  </table>
```

（3）编写 CSS 样式，用于控制横向导航菜单的显示样式，具体代码如下：

```
01  <style type="text/css">
02  .menubar{
03    position:absolute;
04    top:10px;
05    width:100px;
06    height:20px;
07    line-height:20px;
08    cursor:default;
09    border-width:1px;
10    border-style:outset;
11    color:#99FFFF;
12    background:#669900
13  }
14  .menu{top:32px;
15    width:90px;
16    display:none;
17    border-width:2px;
18    border-style:outset;
19    border-color:white sliver sliver white;
20    background:#333399;
21    padding:5px
22  }
23  .menu a{
24    text-decoration:none;
25    color:#99FFFF;
26  }
27  .menu a:hover{
28    color: #FFFFFF;
29  }
30  </style>
```

（4）编写 jQuery 代码，通过 mouseover 事件显示当前主菜单下的子菜单，并通过 mouseout 事件将所有子菜单隐藏，具体代码如下：

```
01  <script type="text/javascript">
02    $(document).ready(function(){
03      $(".menubar").mouseover(function(){      //当鼠标移到元素上时
04        $(this).find(".menu").show();          //显示当前的子菜单
05      }).mouseout(function(){                   //当鼠标移出元素时
06        $(this).find(".menu").hide();          //将该子菜单隐藏
07      });
08    });
09  </script>
```

运行本实例，效果如图 18.1 所示。当把鼠标指向某个主菜单时，将展开该主菜单下的子菜单，例如，把鼠标指向"电脑丛书网站"主菜单，将显示该主菜单下的子菜单，如图 18.2 所示。

图 18.1　未展开任何菜单的效果

图 18.2　展开子菜单的效果

18.3　事件绑定

视频讲解

在页面加载完毕时，程序可以通过为元素绑定事件完成相应的操作。在 jQuery 中，事件绑定通常可以分为为元素绑定事件、移除绑定和绑定一次性事件处理 3 种情况，下面分别进行介绍。

18.3.1　为元素绑定事件

在 jQuery 中，为元素绑定事件可以使用 bind()方法。
语法如下：

```
bind(type,[data],fn)
```

参数说明。
☑　type：事件类型，就是表 18.1（jQuery 中的事件）中所列的事件。
☑　data：可选参数，作为 event.data 属性值传递给事件对象的额外数据对象。大多数的情况下不使用该参数。
☑　fn：绑定的事件处理程序。
例如，为普通按钮绑定一个单击事件，在单击该按钮时弹出一个对话框，可以使用下面的代码：

```
$("input:button").bind("click",function(){alert('您单击了按钮');});      //为普通按钮绑定单击事件
```

18.3.2　移除绑定

在 jQuery 中，为元素移除绑定事件可以使用 unbind()方法。
语法如下：

```
unbind([type],[data])
```

参数说明。
☑　type：可选参数，用于指定事件类型。
☑　data：可选参数，用于指定要从每个匹配元素的事件中反绑定的事件处理函数。

说明

在 unbind()方法中，两个参数都是可选的，如果不填参数，将会删除匹配元素上所有绑定的事件。

例如，要移除为普通按钮绑定的单击事件，可以使用下面的代码：

```
$("input:button").unbind("click");                              //移除为普通按钮绑定的单击事件
```

18.3.3 绑定一次性事件处理

在 jQuery 中，为元素绑定一次性事件处理可以使用 one()方法。
语法如下：

```
one(type,[data],fn)
```

参数说明。

☑ type：用于指定事件类型。

☑ data：可选参数，作为 event.data 属性值传递给事件对象的额外数据对象。

☑ fn：绑定到每个匹配元素的事件上面的处理函数。

例如，要实现只有当用户第一次单击匹配的 div 元素时，弹出对话框显示 div 元素的内容，可以使用下面的代码：

```
01   $("div").one("click", function(){
02       alert($(this).text());                                 //在弹出的对话框中显示 div 元素的内容
03   });
```

视频讲解

18.4 模拟用户操作

在 jQuery 中提供了模拟用户的操作触发事件和模仿悬停事件两种模拟用户操作的方法，下面分别进行介绍。

18.4.1 模拟用户的操作触发事件

在 jQuery 中一般常用 triggerHandler()和 trigger()方法来模拟用户的操作触发事件。这两个方法的语法格式完全相同，所不同的是：triggerHandler()方法不会导致浏览器同名的默认行为被执行，而 trigger()会导致浏览器同名的默认行为的执行，例如使用 trigger()方法触发一个名称为 submit 的事件，同样会导致浏览器执行提交表单的操作。要阻止浏览器的默认行为，只需返回 false。另外，使用 trigger()方法和 triggerHandler()方法还可以触发 bind()绑定的事件，并且还可以为事件传递参数。

【例 18.02】　在页面载入完成就执行按钮的 click 事件，而不需要用户自己执行单击的操作。关键代码如下：（**实例位置：资源包\源码\18\18.02**）

```
01  <script type="text/javascript">
02  $(document).ready(function(){
03      $("input:button").bind("click",function(event,msg1,msg2){
04          alert(msg1+msg2);                          //弹出对话框
05      }).trigger("click",["欢迎访问","明日科技"]);      //页面加载触发单击事件
06  });
07  </script>
08  <input type="button" name="button" id="button" value="普通按钮" />
```

运行实例，结果如图 18.3 所示。

图 18.3　页面加载时触发按钮的单击事件

18.4.2　模仿悬停事件

模仿悬停事件是指模仿鼠标移动到一个对象上面又从该对象上面移出的事件，可以通过 jQuery 提供的 hover(over,out)方法实现。

语法如下：

```
hover(over,out)
```

参数说明。

☑　over：用于指定当鼠标移动到匹配元素上时触发的函数。

☑　out：用于指定当鼠标移出匹配元素上时触发的函数。

【例 18.03】　本实例将实现当鼠标指向图片时为图片加边框，当鼠标移出图片时去除图片边框。关键代码如下：（**实例位置：资源包\源码\18\18.03**）

```
01  <script type="text/javascript">
02  $(document).ready(function() {
03      $("#pic").hover(function(){
04          $(this).attr("border",1);                  //为图片加边框
```

```
05        },function(){
06            $(this).attr("border",0);                              //去除图片边框
07        });
08    });
09    </script>
10    <img id="pic" src="images/mr.gif" />
```

运行本实例，效果如图 18.4 所示。当鼠标指向图片时的效果如图 18.5 所示。

图 18.4　页面初始效果

图 18.5　鼠标指向图片时的效果

18.5　实　　战

18.5.1　验证用户注册信息

设计一个简单的用户注册页面，应用 trigger()方法模拟用户操作，实现对用户注册信息的验证。当用户输入正确或错误时，在右侧会给出相应的提示信息，运行结果如图 18.6 所示。（**实例位置：资源包\源码\18\实战\01**）

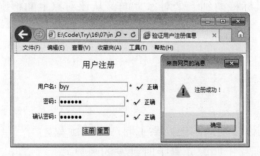

图 18.6　验证用户注册信息

18.5.2　为文本框添加样式

在页面中添加一个用户登录表单，当鼠标指向文本框时为文本框添加样式，当鼠标移出文本框时使其恢复为原来的样式，运行结果如图 18.7 所示。（**实例位置：资源包\源码\18\实战\02**）

图 18.7　为文本框添加样式

18.5.3　实现滑动门的效果

通过隐藏和显示不同的内容实现滑动门的效果。应用这种技术实现影视网中热播电影和经典电影之间的切换，运行结果如图 18.8 和图 18.9 所示。（**实例位置：资源包\源码\18\实战\03**）

图 18.8　显示热播电影

图 18.9　显示经典电影

18.6　小　结

本章主要介绍了 jQuery 中的事件处理，包括对页面元素进行事件绑定和模拟用户操作的方法，通过本章的学习可以实现一些用户与页面之间的交互。

第19章

jQuery 动画效果

（ 🎥 视频讲解：26分钟 ）

应用 jQuery 可以实现丰富的动画特效，通过 jQuery 的动画方法，可以轻松地为网页添加动态效果，给用户全新的体验。本章将详细介绍 jQuery 的几种常见的动画效果。

通过学习本章，读者主要掌握以下内容：

▶▶ 实现元素的隐藏和显示
▶▶ 实现淡入、淡出的动画效果
▶▶ 实现元素的滑动效果
▶▶ 实现自定义的动画效果

视频讲解

19.1　基本的动画效果

基本的动画效果指的就是元素的隐藏和显示。在 jQuery 中提供了两种控制元素隐藏和显示的方法，一种是分别隐藏和显示匹配元素，另一种是切换元素的可见状态，也就是如果元素是可见的，切换为隐藏；如果元素是隐藏的，切换为可见。

19.1.1　隐藏匹配元素

使用 hide()方法可以隐藏匹配的元素。hide()方法相当于将元素 CSS 样式属性 display 的值设置为 none，它会记住原来的 display 的值。hide()方法有两种语法格式，一种是不带参数的形式，用于实现不带任何效果的隐藏匹配元素，其语法格式如下：

```
hide()
```

例如，要隐藏页面中的全部图片，可以使用下面的代码：

```
$("img").hide();                        //隐藏全部图片
```

另一种是带参数的形式，用于以优雅的动画隐藏所有匹配的元素，并在隐藏完成后可选地触发一个回调函数，其语法格式如下：

```
hide(speed,[callback])
```

参数说明。

☑ speed：用于指定动画的时长。可以是数字，也就是元素经过多少毫秒（1000 毫秒=1 秒）后完全隐藏。也可以是默认参数 slow（600 毫秒）、normal（400 毫秒）和 fast（200 毫秒）。

☑ callback：可选参数，用于指定隐藏完成后要触发的回调函数。

例如，要在 300 毫秒内隐藏页面中的 id 为 ad 的元素，可以使用下面的代码：

```
$("#ad").hide(300);                     //在 300 毫秒内隐藏 id 为 ad 的元素
```

19.1.2　显示匹配元素

使用 show()方法可以显示匹配的元素。show()方法相当于将元素 CSS 样式属性 display 的值设置为 block 或 inline 或除了 none 以外的值，它会恢复为应用 display:none 之前的可见属性。show()方法有两种语法格式，一种是不带参数的形式，用于实现不带任何效果的显示匹配元素，其语法格式如下：

```
show()
```

例如，要显示页面中的全部图片，可以使用下面的代码：

```
$("img").show();                        //显示全部图片
```

另一种是带参数的形式，用于以优雅的动画显示所有匹配的元素，并在显示完成后可选择地触发一个回调函数，其语法格式如下：

```
show(speed,[callback])
```

参数说明。

☑ speed：用于指定动画的时长。可以是数字，也就是元素经过多少毫秒（1000 毫秒=1 秒）后完全显示，也可以是默认参数 slow（600 毫秒）、normal（400 毫秒）和 fast（200 毫秒）。

☑ callback：可选参数，用于指定显示完成后要触发的回调函数。

例如，要在 300 毫秒内显示页面中的 id 为 ad 的元素，可以使用下面的代码：

```
$("#ad").show(300);                          //在 300 毫秒内显示 id 为 ad 的元素
```

 说明

> jQuery 的任何动画效果，都可以使用默认的 3 个参数，即 slow（600 毫秒）、normal（400 毫秒）和 fast（200 毫秒）。在使用默认参数时需要加引号，例如 show("fast")；使用自定义参数时，不需要加引号，例如 show(300)。

【例 19.01】 在设计网页时，可以在页面中添加自动隐藏式菜单，这种菜单简洁易用，在不使用时能自动隐藏，保持页面的整洁。本实例将介绍如何通过 jQuery 实现自动隐藏式菜单。实现步骤如下：
（**实例位置：资源包\源码\19\19.01**）

（1）创建 index.html 文件，在该文件的<head>标记中应用下面的语句引入 jQuery 库。

```
<script type="text/javascript" src="JS/jquery-3.2.1.min.js"></script>
```

（2）在页面的<body>标记中，首先添加一个 id 为 box 的<span>标记，然后在该标记中添加一张图片，用于控制菜单显示，再添加一个 id 为 menu 的<div>标记，用于显示菜单，最后在<div>标记中添加用于显示菜单项的<ul>和<li>标记，关键代码如下：

```
01  <span id="box">
02  <img   src="images/title.gif" width="30" height="80" id="flag" />
03  <div id="menu">
04  <ul>
05      <li><a href="#">图书介绍</a></li>
06      <li><a href="#">新书预告</a></li>
07      <li><a href="#">图书销售</a></li>
08      <li><a href="#">勘误发布</a></li>
09      <li><a href="#">资料下载</a></li>
10      <li><a href="#">好书推荐</a></li>
11      <li><a href="#">技术支持</a></li>
12      <li><a href="#">联系我们</a></li>
13  </ul>
14  </div>
15  </span>
```

（3）编写 CSS 样式，用于控制菜单的显示样式，具体代码如下：

```
01   <style type="text/css">
02   ul{
03      font-size:12px;                                  /*设置字体大小*/
04      list-style:none;                                 /*不显示项目符号*/
05      margin:0px;                                      /*设置外边距*/
06      padding:0px;                                     /*设置内边距*/
07   }
08   li{
09      padding:7px;                                     /*设置内边距*/
10   }
11   a{
12      color:#000;                                      /*设置文字颜色*/
13      text-decoration:none;                            /*不显示下划线*/
14   }
15   a:hover{
16      color:#F90;                                      /*设置文字颜色*/
17   }
18   #menu{
19      float:left;                                      /*浮动在左侧*/
20      text-align:center;                               /*文字水平居中显示*/
21      width:70px;                                      /*设置宽度*/
22      height:295px;                                    /*设置高度*/
23      padding-top:5px;                                 /*设置顶内边距*/
24      display:none;                                    /*显示状态为不显示*/
25      background-image:url(images/menu_bg.gif);        /*设置背景图片*/
26   }
27   </style>
```

（4）在引入 jQuery 库的代码下方编写 jQuery 代码，应用 jQuery 的 hover()方法实现菜单的显示与隐藏，具体代码如下：

```
01   <script type="text/javascript">
02      $(document).ready(function(){
03         $("#box").hover(function(){
04            $("#menu").show(300);                      //显示菜单
05         },function(){
06            $("#menu").hide(300);                      //隐藏菜单
07         });
08      });
09   </script>
```

运行本实例，将显示如图 19.1 所示的效果，将鼠标移到"隐藏菜单"图片上时，将显示如图 19.2 所示的菜单，将鼠标从该菜单上移出后，又将显示为图 19.1 所示的效果。

图 19.1　鼠标移出隐藏菜单的效果

图 19.2　鼠标移入隐藏菜单的效果

视频讲解

19.2　淡入、淡出的动画效果

如果在显示或隐藏元素时不需要改变元素的高度和宽度，只单独改变元素的透明度，可以使用淡入、淡出的动画效果。jQuery 中提供了如表 19.1 所示的实现淡入、淡出动画效果的方法。

表 19.1　实现淡入、淡出动画效果的方法

方　　法	说　　明	示　　例
fadeIn(speed,[callback])	通过增大不透明度实现匹配元素淡入的效果	$("img").fadeIn(300);　//淡入效果
fadeOut(speed,[callback])	通过减小不透明度实现匹配元素淡出的效果	$("img").fadeOut(300); //淡出效果
fadeTo(speed,opacity,[callback])	将匹配元素的不透明度以渐进的方式调整到指定的参数	$("img").fadeTo(300,0.15);//在 0.3 秒内将图片调整到 15% 不透明

这 3 种方法都可以为其指定速度参数，参数的规则与 hide() 和 show() 方法的速度参数一致。在使用 fadeTo() 方法指定不透明度时，参数只能是 0~1 之间的数字，0 表示完全透明，1 表示完全不透明，数值越小图片的可见性就越差。

例如，如果想把实例 19.01 修改成带淡入、淡出动画效果的隐藏菜单，可以将对应的 jQuery 代码修改如下：

```
01    <script type="text/javascript">
02        $(document).ready(function(){
03            $("#box").hover(function(){
04                $("#menu").fadeIn(700);                //淡入效果
05            },function(){
06                $("#menu").fadeOut(700);               //淡出效果
07            });
08        });
09    </script>
```

修改后的运行效果如图 19.3 所示。

图 19.3　采用淡入、淡出效果的自动隐藏式菜单

19.3　滑动效果

在 jQuery 中，提供了 slideDown()方法（用于滑动显示匹配的元素）、slideUp()方法（用于滑动隐藏匹配的元素）和 slideToggle()方法（用于通过高度的变化动态切换元素的可见性）来实现滑动效果。下面分别进行介绍。

19.3.1　滑动显示匹配的元素

使用 slideDown()方法可以向下增加元素高度动态显示匹配的元素。slideDown()方法会逐渐向下增加匹配的隐藏元素的高度，直到元素完全显示为止。

语法如下：

```
slideDown(speed,[callback])
```

参数说明。

☑　speed：用于指定动画的时长。可以是数字，也就是元素经过多少毫秒后完全显示，还可以是默认参数 slow（600 毫秒）、normal（400 毫秒）和 fast（200 毫秒）。

☑　callback：可选参数，用于指定元素显示完成后要触发的回调函数。

例如，要在 300 毫秒内滑动显示页面中的 id 为 ad 的元素，可以使用下面的代码：

```
$("#ad").slideDown(300);          //在 300 毫秒内滑动显示 id 为 ad 的元素
```

19.3.2　滑动隐藏匹配的元素

使用 slideUp()方法可以向上减少元素高度动态隐藏匹配的元素。slideUp()方法会逐渐向上减少匹配的显示元素的高度，直到元素完全隐藏为止。

语法如下：

slideUp(speed,[callback])

参数说明。

- ☑ speed：用于指定动画的时长。可以是数字，也就是元素经过多少毫秒后完全隐藏，还可以是默认参数 slow（600 毫秒）、normal（400 毫秒）和 fast（200 毫秒）。
- ☑ callback：可选参数，用于指定元素隐藏完成后要触发的回调函数。

例如，要在 300 毫秒内滑动隐藏页面中的 id 为 ad 的元素，可以使用下面的代码：

```
$("#ad").slideUp(300);                              //在 300 毫秒内滑动隐藏 id 为 ad 的元素
```

19.3.3 通过高度的变化动态切换元素的可见性

通过 slideToggle()方法可以实现通过高度的变化动态切换元素的可见性。在使用 slideToggle()方法时，如果元素是可见的，就通过减小元素的高度使元素全部隐藏；如果元素是隐藏的，就通过增加元素的高度使元素最终全部可见。

语法如下：

slideToggle(speed,[callback])

参数说明。

- ☑ speed：用于指定动画的时长。可以是数字，也就是元素经过多少毫秒后完全显示或隐藏，还可以是默认参数 slow（600 毫秒）、normal（400 毫秒）和 fast（200 毫秒）。
- ☑ callback：可选参数，用于指定动画完成时触发的回调函数。

例如，要实现单击 id 为 flag 的图片时，控制菜单的显示或隐藏（默认为不显示，奇数次单击时显示，偶数次单击时隐藏），可以使用下面的代码：

```
01    $("#flag").click(function(){
02        $("#menu").slideToggle(300);             //显示或隐藏菜单
03    });
```

【例 19.02】　应用 jQuery 实现滑动效果的具体应用——伸缩式导航菜单。实现步骤如下：（**实例位置：资源包\源码\19\19.02**）

（1）创建 index.html 文件，在该文件的<head>标记中应用下面的语句引入 jQuery 库。

```
<script type="text/javascript" src="JS/jquery-3.2.1.min.js"></script>
```

（2）在页面的<body>标记中，首先添加一个<div>标记，用于显示导航菜单的标题，然后添加一个<dl>标记，在标记内添加主菜单项及其子菜单项，其中主菜单项由<dt>标记定义，子菜单项由<dd>标记定义，最后再添加一个<div>标记，用于显示导航菜单的结尾，关键代码如下：

```
01  <div id="top"></div>
02  <dl>
03      <dt>员工管理</dt>
04      <dd>
05          <div class="item">添加员工信息</div>
06          <div class="item">管理员工信息</div>
07      </dd>
08      <dt>招聘管理</dt>
09      <dd>
10          <div class="item">浏览应聘信息</div>
11          <div class="item">添加应聘信息</div>
12          <div class="item">浏览人才库</div>
13      </dd>
14      <dt>薪酬管理</dt>
15      <dd>
16          <div class="item">薪酬登记</div>
17          <div class="item">薪酬调整</div>
18          <div class="item">薪酬查询</div>
19      </dd>
20      <dt class="title"><a href="#">退出系统</a></dt>
21  </dl>
22  <div id="bottom"></div>
```

（3）编写 CSS 样式，用于控制导航菜单的显示样式，具体代码如下：

```
01  <style type="text/css">
02    dl {
03        width: 158px;
04        margin:0px;
05    }
06    dt {
07        font-size: 14px;
08        padding: 0px;
09        margin: 0px;
10        width:146px;                                /*设置宽度*/
11        height:19px;                                /*设置高度*/
12        background-image:url(images/title_show.gif);  /*设置背景图片*/
13        padding:6px 0px 0px 12px;
14        color:#215dc6;
15        font-size:12px;
16        cursor:hand;
17    }
18    dd{
19        color: #000;
20        font-size: 12px;
21        margin:0px;
22    }
23    a {
```

```
24        text-decoration: none;                              /*不显示下划线*/
25     }
26    a:hover {
27        color: #FF6600;
28    }
29    #top{
30        width:158px;                                        /*设置宽度*/
31        height:30px;                                        /*设置高度*/
32        background-image:url(images/top.gif);               /*设置背景图片*/
33    }
34    #bottom{
35        width:158px;                                        /*设置宽度*/
36        height:31px;                                        /*设置高度*/
37        background-image:url(images/bottom.gif);            /*设置背景图片*/
38    }
39    .title{
40        background-image:url(images/title_quit.gif);        /*设置背景图片*/
41    }
42    .item{
43        width:146px;                                        /*设置宽度*/
44        height:15px;                                        /*设置高度*/
45        background-image:url(images/item_bg.gif);           /*设置背景图片*/
46        padding:6px 0px 0px 12px;
47        color:#215dc6;
48        font-size:12px;
49        cursor:hand;
50        background-position:center;
51        background-repeat:no-repeat;
52    }
53  </style>
```

（4）在引入 jQuery 库的代码下方编写 jQuery 代码，首先隐藏全部子菜单，然后应用 click()方法，当单击主菜单时实现相应子菜单的显示和隐藏，具体代码如下：

```
01  <script type="text/javascript">
02  $(document).ready(function(){
03      $("dd").hide();                                                        //隐藏全部子菜单
04      $("dt[class!='title']").click(function(){                              //单击主菜单执行函数
05          if($(this).next().is(":hidden")){                                  //如果匹配的元素被隐藏
06              $(this).css("backgroundImage","url(images/title_hide.gif)");   //改变主菜单的背景
07              $(this).next().slideDown("slow");                              //滑动显示匹配的元素
08          }else{
09              $(this).css("backgroundImage","url(images/title_show.gif)");   //改变主菜单的背景
10              $(this).next().slideUp("slow");                                //滑动隐藏匹配的元素
11          }
12      });
13  });
14  </script>
```

运行本实例，将显示如图 19.4 所示的效果，单击某个主菜单时，将展开该主菜单下的子菜单，例如，单击"薪酬管理"主菜单，将显示如图 19.5 所示的子菜单。通常情况下，"退出系统"主菜单没有子菜单，所以单击"退出系统"主菜单将不展开对应的子菜单，而是激活一个超链接。

图 19.4　未展开任何菜单的效果

图 19.5　展开"薪酬管理"主菜单的效果

19.4　自定义的动画效果

视频讲解

前面已经介绍了 3 种类型的动画效果，但是有时，开发人员需要一些更加高级的动画效果，这时就需要采取高级的自定义动画来解决这个问题。在 jQuery 中，要实现自定义动画效果，主要应用 animate() 方法创建自定义动画，应用 stop() 方法停止动画。下面分别进行介绍。

19.4.1　使用 animate() 方法创建自定义动画

animate() 方法的操作更加自由，可以随意控制元素的属性，实现更加绚丽的动画效果。

语法如下：

```
animate(params,speed,callback)
```

参数说明。

☑　params：表示一个包含属性和值的映射，可以同时包含多个属性，例如 {left:"200px",top:"100px"}。

☑　speed：表示动画运行的速度，参数规则同其他动画效果的 speed 一致，它是一个可选参数。

☑　callback：表示一个回调函数，当动画效果运行完毕后执行该回调函数，它也是一个可选参数。

注意

在使用 animate() 方法时，必须设置元素的定位属性 position 为 relative 或 absolute，元素才能动起来。如果没有明确定义元素的定位属性，并试图使用 animate() 方法移动元素时，它们只会静止不动。

例如，要实现将 id 为 fish 的元素在页面移动一圈并回到原点，可以使用下面的代码：

```
01  <script type="text/javascript">
02      $(document).ready(function(){
03          $("#fish").animate({left:300},1000)
04              .animate({top:200},1000)
05              .animate({left:0},200)
06              .animate({top:0},200);
07      });
08  </script>
```

在上面的代码中，使用了连缀方式的排队效果，这种排队效果，只对 jQuery 的动画效果函数有效，对于 jQuery 其他的功能函数无效。

【例 19.03】　本实例将使用 jQuery 中的 animate()方法创建自定义动画，实现拉开幕帘的效果，该效果可以用作广告特效，也可以用于个人主页。实现步骤如下：（**实例位置：资源包\源码\19\19.03**）

（1）创建 index.html 文件，在该文件的<head>标记中应用下面的语句引入 jQuery 库。

```
<script type="text/javascript" src="JS/jquery-3.2.1.min.js"></script>
```

（2）在页面中定义两个 div 元素，并分别设置 class 属性值为 leftcurtain 和 rightcurtain，再把幕帘图片放置在这两个 div 中。然后定义一个超链接，用来控制幕帘的拉开与关闭，代码如下：

```
01  欢迎光临奥纳影城<hr />
02  <div class="leftcurtain"><img src="images/frontcurtain.jpg"/></div>
03  <div class="rightcurtain"><img src="images/frontcurtain.jpg"/></div>
04  <a class="rope" href="#">拉开幕帘</a>
```

（3）编写 CSS 样式，用于设置页面背景以及控制幕帘和文字的显示样式，具体代码如下：

```
01  <style type="text/css">
02      *{
03      margin:0;
04      padding:0;
05      }
06      body {
07          color: #FFFFFF;
08      text-align: center;
09      background: #4f3722 url('images/darkcurtain.jpg') repeat-x;
10      }
11      img{
12          border: none;
13      }
14      p{
15      margin-bottom:10px;
16      color:#FFFFFF;
17      }
18      .leftcurtain{
19          width: 50%;
20          height: 495px;
```

```
21                  top: 0px;
22                  left: 0px;
23                  position: absolute;
24                  z-index: 2;
25             }
26          .rightcurtain{
27                  width: 51%;
28                  height: 495px;
29                  right: 0px;
30                  top: 0px;
31                  position: absolute;
32                  z-index: 3;
33             }
34          .rightcurtain img, .leftcurtain img{
35                  width: 100%;
36                  height: 100%;
37             }
38          .rope{
39                  position: absolute;
40                  top: 70%;
41                  left: 60%;
42                  z-index: 100;
43                  font-size:36px;
44                  color:#FFFFFF;
45             }
46      </style>
```

（4）在引入 jQuery 库的代码下方编写 jQuery 代码。首先定义一个布尔型变量，根据该变量可以判断当前操作幕帘的动作。当单击"拉开幕帘"超链接时，超链接的文本被重新设置成"关闭幕帘"，并设置两侧幕帘的动画效果；当单击"关闭幕帘"超链接时，超链接的文本被重新设置成"拉开幕帘"，并设置两侧幕帘的动画效果，代码如下：

```
01   <script type="text/javascript">
02   $(document).ready(function() {
03       var curtainopen = false;                           //定义布尔型变量
04       $(".rope").click(function(){                        //当单击超链接时
05           $(this).blur();                                 //使超链接失去焦点
06           if (curtainopen == false){                      //判断变量值是否为 false
07               $(this).text("关闭幕帘");                     //设置超链接文本
08               $(".leftcurtain").animate({width:'60px'}, 2000 );    //设置左侧幕帘动画
09               $(".rightcurtain").animate({width:'60px'},2000 );    //设置右侧幕帘动画
10               curtainopen = true;                         //变量值设为 true
11           }else{
12               $(this).text("拉开幕帘");                     //设置超链接文本
13               $(".leftcurtain").animate({width:'50%'}, 2000 );     //设置左侧幕帘动画
14               $(".rightcurtain").animate({width:'51%'}, 2000 );    //设置右侧幕帘动画
15               curtainopen = false;                        //变量值设为 false
```

```
16        }
17    });
18 });
19 </script>
```

运行实例，效果如图 19.6 所示，此时幕帘是关闭的。当单击"拉开幕帘"超链接时，幕帘会向两边拉开，效果如图 19.7 所示。

图 19.6　关闭幕帘效果

图 19.7　拉开幕帘效果

19.4.2　使用 stop()方法停止动画

stop()方法也属于自定义动画函数，它会停止匹配元素正在运行的动画，并立即执行动画队列中的下一个动画。

语法如下：

```
stop(clearQueue,gotoEnd)
```

参数说明。

☑　clearQueue：表示是否清空尚未执行完的动画队列（值为 true 时表示清空动画队列）。

☑　gotoEnd：表示是否让正在执行的动画直接到达动画结束时的状态（值为 true 时表示直接到达动画结束时状态）。

例如，当单击"停止动画"按钮时停止 id 为 fish 的元素正在执行的动画效果，清空动画序列并直接到达动画结束时的状态，只需在$(document).ready()方法中加入下面这行代码即可：

```
01 $("#btn_stop").click(function(){
02     $("#fish").stop("true","true");          //停止动画效果
03 });
```

19.5　实　　战

19.5.1　滑动显示和隐藏文章内容

在页面中定义一个文章标题，当单击该标题时向下滑动显示文章内容，当再次单击该标题时向上滑动隐藏文章内容，运行结果如图 19.8 所示。（**实例位置：资源包\源码\19\实战\01**）

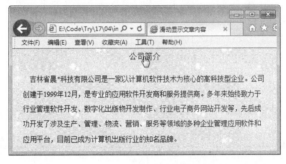

图 19.8　滑动显示文章内容

19.5.2　全部资源与精简资源之间的切换

实现一个显示全部资源与精简资源切换的功能，运行结果如图 19.9 和图 19.10 所示。（**实例位置：资源包\源码\19\实战\02**）

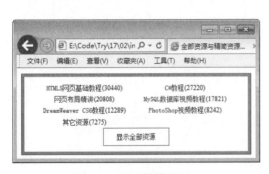

图 19.9　显示精简资源

图 19.10　显示全部资源

19.5.3　实现影片信息向上滚动效果

在影视网站中，应用自定义动画的方法实现即将上线影片信息向上滚动的效果，运行结果如图 19.11 所示。（**实例位置：资源包\源码\19\实战\03**）

313

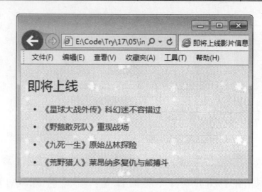

图 19.11　即将上线影片信息向上滚动效果

19.6　小　　结

本章详细地介绍了 jQuery 动画效果的实现。这些动画效果包括元素的隐藏和显示、淡入/淡出效果、滑动效果以及自定义动画效果。本章内容应用比较广泛，希望读者认真学习。

第**3**篇

项目篇

▶▶ 第 20 章　365 影视网站设计

　　本篇通过一个完整的 365 影视网站设计，运用软件工程的设计思想，让读者学习如何进行 Web 项目的实践开发。书中按照"系统分析→系统设计→网页预览→关键技术→首页技术实现→查看影片详情页面"的流程进行介绍，带领读者亲身体验开发项目的全过程。

第20章

365 影视网站设计

（ ▣ 视频讲解：46分钟 ）

在全球知识经济和信息化高速发展的今天，网络化是企业发展的趋势，人们更习惯在网站上看电影，企业要想得到突飞猛进的发展，就必须借助网络。

当今社会进入了一个信息快速发展的时代，网络也出现了很多的影视网站，都很受欢迎。未来视听生活的新空间，也必然在宽带互联网上开启。VOD（视频点播）的概念已经被越来越多的人所接受，成为网络发展的必然趋势之一。本章将使用JavaScript技术开发一个影视网站。

通过学习本章，读者主要掌握以下内容：

▶▶ 应用 JavaScript 实现网站导航菜单

▶▶ 应用 JavaScript 实现图片的轮换效果

▶▶ 应用 Ajax 实现热门专题页面

▶▶ 应用 JavaScript 实现电影图片不间断滚动

▶▶ 应用 JavaScript 实现浮动窗口

▶▶ 应用 jQuery 实现滑动门效果

▶▶ 应用 jQuery 实现向上间断滚动效果

视频讲解

20.1　系 统 分 析

　　计算机技术、网络通信技术、多媒体技术的飞速发展，对人类的生产和生活方式产生了很大影响。随着多媒体应用技术的不断成熟，以及宽带网络的不断发展，我们相信在线影视点播一定会成为网络内容创新的重头戏。影视网站可以满足用户查看电影排行，浏览影片资讯和在线观看等需求。

视频讲解

20.2　系 统 设 计

20.2.1　系统目标

　　结合实际情况及需求分析，365 影视网将具有如下特点。
- ☑　操作简单方便、界面简洁美观。
- ☑　能够全面展示影片分类，及影片详细信息。
- ☑　浏览速度快，尽量避免长时间打不开页面的情况发生。
- ☑　影片图片清楚，文字醒目。
- ☑　系统运行稳定、安全可靠。
- ☑　易维护，并提供二次开发支持。

　　在制作项目时，项目的需求是十分重要的，需求就是项目要实现的目的。例如，我要去医院买药，去医院只是一个过程，编写程序代码也是一个过程，目的就是去买药（需求）。

20.2.2　系统功能结构

　　365 影视网的系统功能结构如图 20.1 所示。

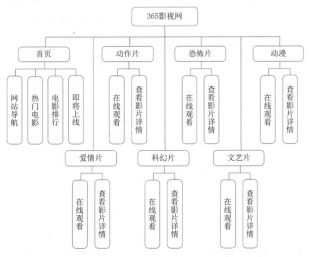

图 20.1　365 影视网功能结构图

20.2.3　开发环境

在开发 365 影视网时，使用的软件开发环境如下。

- ☑　操作系统：Windows 7。
- ☑　PHP 运行环境：phpStudy20161103
- ☑　jQuery 版本：jquery-3.2.1.min.js。
- ☑　开发工具：WebStorm 2016.3。
- ☑　浏览器：IE 11。
- ☑　分辨率：最佳效果为 1680×1050 像素。

由于该项目使用了 Ajax 技术请求 PHP 文件，所以需要在计算机中安装 PHP 运行环境。下面以 PHP 集成环境 phpStudy 为例，介绍 PHP 运行环境的搭建。

首先需要在 phpStudy 的官方网站中下载 phpStudy 的压缩包，下载地址为 http://www.phpstudy. net/a.php/211.html，下载后开始执行安装操作。安装步骤如下：

（1）对 phpStudy 的压缩包进行解压缩，然后双击 phpStudy20161103.exe 安装文件，此时将弹出如图 20.2 所示的对话框。

（2）在图 20.2 所示的对话框中单击文件夹小图标选择存储路径，将 phpStudy 解压在计算机中的 D 盘，单击 OK 按钮开始解压文件，解压过程如图 20.3 所示。解压文件完成后会弹出防止重复初始化的确认对话框，如图 20.4 所示。单击"是"按钮后进入 phpStudy 的启动界面，启动完成后的结果如图 20.5 所示。

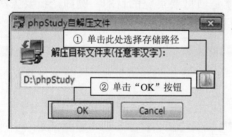

图 20.2　phpStudy 解压对话框

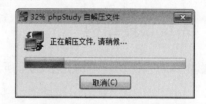

图 20.3　解压文件进度条

图 20.4　防止重复初始化确认对话框

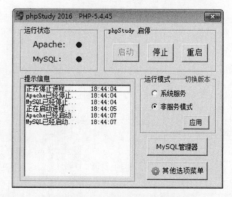

图 20.5　phpStudy 启动界面

在 Apache 服务和 MySQL 服务启动成功之后,即完成了 phpStudy 的安装操作。这时,将项目文件夹 Movie 存储在"D:\phpStudy\WWW"目录下即可。

注意

访问该网站,需要在浏览器的地址栏中输入"http://localhost/Movie/index.html",然后按 Enter 键运行。

20.2.4 文件夹组织结构

365 影视网的文件夹组织结构如图 20.6 所示。

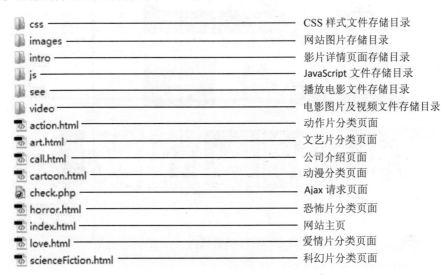

css	CSS 样式文件存储目录
images	网站图片存储目录
intro	影片详情页面存储目录
js	JavaScript 文件存储目录
see	播放电影文件存储目录
video	电影图片及视频文件存储目录
action.html	动作片分类页面
art.html	文艺片分类页面
call.html	公司介绍页面
cartoon.html	动漫分类页面
check.php	Ajax 请求页面
horror.html	恐怖片分类页面
index.html	网站主页
love.html	爱情片分类页面
scienceFiction.html	科幻片分类页面

图 20.6　365 影视网文件夹组织结构图

视频讲解

20.3 网 页 预 览

在设计 365 影视网的页面时,应用 CSS 样式、<div>标签、JavaScript 和 jQuery 技术,打造了一个更具有时代气息的网页。其页面效果如下。

☑ 首页

首页主要用于展示热门影片、电影排行、即将上线影片等信息。首页页面的运行结果如图 20.7 所示。

☑ 动作片分类页面

动作片分类页面主要显示动作类型影片的列表信息,运行结果如图 20.8 所示。

图 20.7　首页页面

图 20.8　动作片分类显示页面

☑　查看影片详情页面

查看影片详情页面用于展示该电影的详细信息，运行结果如图 20.9 所示。

图 20.9　查看影片详情页面

☑　影片播放页面

当用户单击电影图片、电影名称或▓图标时会打开影片播放页面进行观看，运行结果如图 20.10 所示。

图 20.10　影片播放页面

视频讲解

20.4 关 键 技 术

本章主要使用了 JavaScript 脚本、Ajax 技术、jQuery 技术等关键技术。下面对本章中用到的这几种关键技术进行简单介绍。

20.4.1 JavaScript 脚本技术

使用 JavaScript 脚本实现的动态页面在 Web 上随处可见。例如，本程序中使用 JavaScript 脚本技术实现了导航菜单的设计、图片不间断滚动以及浮动窗口的设计等。

☑ 导航菜单设计

编写 JavaScript 代码，实现当鼠标经过主菜单时显示或隐藏子菜单，关键代码如下：

```
01  <script type="text/javascript">
02  function showadv(par,par2,par3){
03      document.getElementById("a0").style.display = "none";            //隐藏 id 为 a0 的元素
04      //设置 id 为 a0bg 的元素的背景图片为空
05      document.getElementById("a0bg").style.backgroundImage="";
06      document.getElementById("a1").style.display = "none";            //隐藏 id 为 a1 的元素
07      //设置 id 为 a1bg 的元素的背景图片为空
08      document.getElementById("a1bg").style.backgroundImage="";
09      document.getElementById("a2").style.display = "none";            //隐藏 id 为 a2 的元素
10      //设置 id 为 a2bg 的元素的背景图片为空
11      document.getElementById("a2bg").style.backgroundImage="";
12      document.getElementById("a3").style.display = "none";            //隐藏 id 为 a3 的元素
13      //设置 id 为 a3bg 的元素的背景图片为空
14      document.getElementById("a3bg").style.backgroundImage="";
15      document.getElementById("a4").style.display = "none";            //隐藏 id 为 a4 的元素
16      //设置 id 为 a4bg 的元素的背景图片为空
17      document.getElementById("a4bg").style.backgroundImage="";
18      document.getElementById("a5").style.display = "none";            //隐藏 id 为 a5 的元素
19      //设置 id 为 a5bg 的元素的背景图片为空
20      document.getElementById("a5bg").style.backgroundImage="";
21      document.getElementById("a6").style.display = "none";            //隐藏 id 为 a6 的元素
22      //设置 id 为 a6bg 的元素的背景图片为空
23      document.getElementById("a6bg").style.backgroundImage="";
24      document.getElementById(par).style.display = "";                 //显示指定的元素
25      //设置指定元素的背景图片
26      document.getElementById(par3).style.backgroundImage = "url(images/i13.gif)";
27  }
28  </script>
```

☑ 电影图片不间断滚动效果设计

编写 JavaScript 代码，定义 Marquee()方法实现电影图片的滚动效果，关键代码如下：

```
01  <script type="text/javascript">
02  var speed=30;                                          //设置超时时间
03  demo2.innerHTML=demo1.innerHTML;                       //设置 id 为 demo2 的元素的 HTML 内容
04  //设置图片向左滚动
05  function Marquee(){
06      if(demo2.offsetWidth-demo.scrollLeft<=0){
07          demo.scrollLeft-=demo1.offsetWidth;
08      }else{
09          demo.scrollLeft++;
10      }
11  }
12  var MyMar=setInterval(Marquee,speed);                  //实现图片滚动
13  //鼠标移入图片时停止滚动
14  demo.onmouseover=function(){
15      clearInterval(MyMar);
16  }
17  //鼠标移出图片时继续滚动
18  demo.onmouseout=function(){
19      MyMar=setInterval(Marquee,speed);
20  }
21  </script>
```

20.4.2　Ajax 无刷新技术

在本程序中使用 Ajax 无刷新技术实现了热门专题的显示，创建一个单独的 JavaScript 文件，名称为 AjaxRequest.js，并且在该文件中编写重构 Ajax 所需的代码，关键代码如下：

```
01  var net=new Object();                                  //定义一个全局的变量
02  //编写构造函数
03  net.AjaxRequest=function(url,onload,onerror,method,params){
04      this.req=null;
05      this.onload=onload;
06      this.onerror=(onerror) ? onerror : this.defaultError;
07      this.loadDate(url,method,params);
08  }
09  //编写用于初始化 XMLHttpRequest 对象并指定处理函数，最后发送 HTTP 请求的方法
10  net.AjaxRequest.prototype.loadDate=function(url,method,params){
11      if (!method){
12          method="GET";                                  //设置默认的请求方式为 GET
13      }
14      if (window.XMLHttpRequest){                         //非 IE 浏览器
15          this.req=new XMLHttpRequest();                 //创建 XMLHttpRequest 对象
16      } else if (window.ActiveXObject){                  //IE 浏览器
17          try {
18              this.req=new ActiveXObject("Microsoft.XMLHTTP"); //创建 XMLHttpRequest 对象
19          } catch (e) {
20              try {
21                  this.req=new ActiveXObject("Msxml2.XMLHTTP"); //创建 XMLHttpRequest 对象
```

```
22            } catch (e) {}
23        }
24    }
25    if (this.req){
26      try{
27        var loader=this;
28        this.req.onreadystatechange=function(){
29          net.AjaxRequest.onReadyState.call(loader);
30        }
31        this.req.open(method,url,true);                              //建立对服务器的调用
32        if(method=="POST"){                                          //如果提交方式为 POST
33        //设置请求的内容类型
34        this.req.setRequestHeader("Content-Type","application/x-www-form-urlencoded");
35        this.req.setRequestHeader("x-requested-with", "ajax");       //设置请求的发出者
36        }
37        this.req.send(params);                                       //发送请求
38      }catch (err){
39        this.onerror.call(this);                                     //调用错误处理函数
40      }
41    }
42  }
43  //重构回调函数
44  net.AjaxRequest.onReadyState=function(){
45    var req=this.req;
46    var ready=req.readyState;                                        //获取请求状态
47    if (ready==4){                                                   //请求完成
48        if (req.status==200 ){                                       //请求成功
49            this.onload.call(this);
50        }else{
51            this.onerror.call(this);                                 //调用错误处理函数
52        }
53    }
54  }
55  //重构默认的错误处理函数
56  net.AjaxRequest.prototype.defaultError=function(){
57    alert("错误数据\n\n 回调状态:" + this.req.readyState + "\n 状态: " + this.req.status);
58  }
```

20.4.3　jQuery 技术

要在自己的网站中应用 jQuery 库，需要下载并配置它。要想在文件中引入 jQuery 库，需要在<head>标记中应用下面的语句引入。

```
<script type="text/javascript" src="js/jquery-3.2.1.min.js"></script>
```

例如，在本程序中使用 jQuery 实现了滑动门的技术，通过编写 jQuery 代码，实现电影排行中热播影片和经典影片的切换效果。关键代码如下：

```
01  <script type="text/javascript">
02  $(document).ready(function() {
03      $(".tab_content").hide();                        //将 class 值为 tab_content 的 div 隐藏
04      $("ul.tabs li a:first").addClass("active");      //为第一个选项卡添加样式
05      $(".tab_content:first").show();                  //将第一个 class 值为 tab_content 的 div 显示
06      $("ul.tabs li a").hover(function() {             //将鼠标移到某选项卡上
07          $("ul.tabs li a").removeClass("active");     //移除样式
08          $(this).addClass("active");                  //为当前的选项卡添加样式
09          $(".tab_content").hide();                    //将所有 class 值为 tab_content 的 div 隐藏
10          var activeTab = $(this).attr("name");        //获取当前选项卡的 name 属性值
11          $(activeTab).show();                         //将相同 id 值的 div 显示
12      });
13  });
14  </script>
```

视频讲解

20.5　首页技术实现

20.5.1　JavaScript 实现导航菜单

在网站的首页 index.html 中，通过导航菜单实现在不同页面之间的跳转。导航菜单的运行结果如图 20.11 所示。

| 首页 | 爱情片 | 动作片 | 科幻片 | 恐怖片 | 文艺片 | 动漫 |

爱情喜剧　　古典爱情　　现代爱情

图 20.11　导航菜单的运行结果

导航菜单主要通过 JavaScript 技术实现，具体实现过程如下：

（1）在页面中添加显示导航菜单的<div>，通过 css 控制 div 标签的样式，在<div>中插入表格，然后在表格中添加菜单名称和图片，具体代码如下：（**实例位置：资源包\源码\20\Movie\index.html**）

```
01  <div>
02      <table cellspacing="0" cellpadding="0" width="100%" border="0">
03          <tr>
04              <td><div class="i01w">
05                  <table cellspacing="0" cellpadding="0" width="100%" border="0">
06                      <tr>
07                          <td width="166" height="42" align="center" id="a0bg">
08                          <span id="a0color" onmouseover="showadv('a0','a0color','a0bg')">
09                              <a href="index.html"><span style="color:#FA4A05">首页</span></a>
10                          </span>
11                          </td>
12                          <td width="1"><img src="images/i14.gif" width="1" height="25" /></td>
13                          <td id="a1bg" align="center" width="166">
14                          <span id="a1color" onmouseover="showadv('a1','a1color','a1bg')">
```

```
15              <a href="love.html">爱情片</a>
16           </span>
17        </td>
18        <!--省略部分主菜单代码-->
19           <td width="1"><img src="images/i14.gif" width="1" height="25" /></td>
20           <td id="a6bg" align="center" width="166">
21           <span id="a6color" onmouseover="showadv('a6','a6color','a6bg')">
22              <a href="cartoon.html">动漫</a>
23           </span>
24        </td>
25        </tr>
26     </table>
27  </div></td>
28     </tr>
29     <tr>
30 <td><table width="100%" height="41" cellpadding="0" cellspacing="0" id="a0" border="0">
31        <tr>
32           <td align="left" style="padding-left:12px">欢迎来到 365 影视网</td>
33        </tr>
34     </table>
35        <table id="a1" style="display: none" height="41" cellspacing="0"
             cellpadding="0" width="100%" border="0">
36        <tr>
37           <td   style="padding-left:97px" align="left"><ul class="i02w">
38              <li>爱情喜剧</li>
39              <li>古典爱情</li>
40              <li>现代爱情</li>
41           </ul></td>
42        </tr>
43     </table>
44     <!--省略部分子菜单代码-->
45     <table id="a6" style="display: none" height="41" cellspacing="0" cellpadding="0"
          width="100%" border="0">
46        <tr>
47           <td style="padding-right:2px"><ul class="i03w">
48              <li>历史动漫</li>
49              <li>搞笑动漫</li>
50              <li>英雄动漫</li>
51           </ul></td>
52        </tr>
53     </table></td>
54     </tr>
55  </table>
56 </div>
```

（2）编写 JavaScript 代码，实现当鼠标经过主菜单时显示或隐藏子菜单，具体代码如下：（**实例位置：资源包\源码\20\Movie\index.html**）

```
01 <script type="text/javascript">
02 function showadv(par,par2,par3){
```

```
03      document.getElementById("a0").style.display = "none";      //隐藏 id 为 a0 的元素
04      //设置 id 为 a0bg 的元素的背景图片为空
05      document.getElementById("a0bg").style.backgroundImage="";
06      document.getElementById("a1").style.display = "none";      //隐藏 id 为 a1 的元素
07      //设置 id 为 a1bg 的元素的背景图片为空
08      document.getElementById("a1bg").style.backgroundImage="";
09      document.getElementById("a2").style.display = "none";      //隐藏 id 为 a2 的元素
10      //设置 id 为 a2bg 的元素的背景图片为空
11      document.getElementById("a2bg").style.backgroundImage="";
12      document.getElementById("a3").style.display = "none";      //隐藏 id 为 a3 的元素
13      //设置 id 为 a3bg 的元素的背景图片为空
14      document.getElementById("a3bg").style.backgroundImage="";
15      document.getElementById("a4").style.display = "none";      //隐藏 id 为 a4 的元素
16      //设置 id 为 a4bg 的元素的背景图片为空
17      document.getElementById("a4bg").style.backgroundImage="";
18      document.getElementById("a5").style.display = "none";      //隐藏 id 为 a5 的元素
19      //设置 id 为 a5bg 的元素的背景图片为空
20      document.getElementById("a5bg").style.backgroundImage="";
21      document.getElementById("a6").style.display = "none";      //隐藏 id 为 a6 的元素
22      //设置 id 为 a6bg 的元素的背景图片为空
23      document.getElementById("a6bg").style.backgroundImage="";
24      document.getElementById(par).style.display = "";             //显示指定的元素
25      //设置指定元素的背景图片
26      document.getElementById(par3).style.backgroundImage = "url(images/i13.gif)";
27  }
28  </script>
```

20.5.2　JavaScript 实现图片的轮换效果

在 index.html 首页中，应用 JavaScript 实现电影图片轮换效果的网页特效，以此来展示近期较热门的电影，其运行效果如图 20.12 所示。

图 20.12　电影图片轮换效果

电影图片轮换效果的实现过程如下：

（1）在页面中定义一个<div>元素，在该元素中定义两个图片，然后为图片添加超链接，并设置超链接标签<a>的 name 属性值为 i，代码如下：（**实例位置：资源包\源码\20\Movie\index.html**）

```
01  <div id='tabs'>
02      <a name="i" href="#"><img src="video/13.png" width="100%" height="320" /></a>
```

```
03    <a name="i" href="#"><img src="video/14.png" width="100%" height="320" /></a>
04  </div>
```

（2）在页面中定义 CSS 样式，用于控制页面显示效果，具体代码如下：（**实例位置：资源包\源码\20\Movie\css\style.css**）

```
01  <style type="text/css">
02      #tabs{
03          width:100%;
04          height:320px;
05          overflow:hidden;
06          float:left;
07          position:relative;
08      }
09  </style>
```

（3）在页面中编写 JavaScript 代码，应用 Document 对象的 getElementsByName()方法获取 name 属性值为 i 的元素，然后编写自定义函数 changeimage()，最后应用 setInterval()方法，每隔 3 秒钟就执行一次 changeimage()函数。具体代码如下：（**实例位置：资源包\源码\20\Movie\js\script.js**）

```
01  <script type="text/javascript">
02      var len = document.getElementsByName("i");      //获取 name 属性值为 i 的元素
03      var pos = 0;                                     //定义变量值为 0
04      function changeimage(){
05          len[pos].style.display = "none";             //隐藏元素
06          pos++;                                       //变量值加 1
07          if(pos == len.length) pos=0;                 //变量值重新定义为 0
08          len[pos].style.display = "block";            //显示元素
09      }
10      setInterval("changeimage()",3000);               //每隔 3 秒钟执行一次 changeimage()函数
11  </script>
```

20.5.3　Ajax 实现热门专题页面

热门专题页面主要显示热门电影的相关信息，应用 Ajax 技术，每隔一定时间就会无刷新获取最新的热门专题信息。热门专题信息展示的运行效果如图 20.13 所示。

热门专题

《愤怒的小鸟》小鸟飞起来

《极度惊悚》胆小者勿入

《黑海夺金》裴德 洛成摸金校尉

《潜伏者》毒师卧底贩毒集团

图 20.13　热门专题信息展示

热门专题信息的展示主要通过 Ajax 重构技术实现，具体实现过程如下：

（1）在页面中添加一个<span>标签用于显示热门专题标题，再添加一个显示热门专题信息的

<div>，具体代码如下：（**实例位置：资源包\源码\20\Movie\index.html**）

```
01    <span class="hot">热门专题</span>
02    <div id="showInfo"></div>
```

（2）创建一个单独的 JavaScript 文件，名称为 AjaxRequest.js，在该文件中编写重构 Ajax 所需的
代码，具体代码如下：（**实例位置：资源包\源码\20\Movie\js\AjaxRequest.js**）

```
01    var net=new Object();                                               //创建一个自定义对象
02    //编写构造函数
03    net.AjaxRequest=function(url,onload,onerror,method,params){
04      this.req=null;
05      this.onload=onload;
06      this.onerror=(onerror) ? onerror : this.defaultError;
07      this.loadDate(url,method,params);
08    }
09    //编写用于初始化 XMLHttpRequest 对象并指定处理函数，最后发送 HTTP 请求的方法
10    net.AjaxRequest.prototype.loadDate=function(url,method,params){
11      if (!method){
12        method="GET";                                                   //设置默认的请求方式为 GET
13      }
14      if (window.XMLHttpRequest){                                       //非 IE 浏览器
15        this.req=new XMLHttpRequest();                                  //创建 XMLHttpRequest 对象
16      } else if (window.ActiveXObject){                                 //IE 浏览器
17        try {
18          this.req=new ActiveXObject("Microsoft.XMLHTTP");             //创建 XMLHttpRequest 对象
19        } catch (e) {
20          try {
21            this.req=new ActiveXObject("Msxml2.XMLHTTP");              //创建 XMLHttpRequest 对象
22          } catch (e) {}
23        }
24      }
25      if (this.req){
26        try{
27          var loader=this;
28          this.req.onreadystatechange=function(){
29            net.AjaxRequest.onReadyState.call(loader);
30          }
31          this.req.open(method,url,true);                               //建立对服务器的调用
32          if(method=="POST"){                                           //如果提交方式为 POST
33          //设置请求的内容类型
34          this.req.setRequestHeader("Content-Type","application/x-www-form-urlencoded");
35          this.req.setRequestHeader("x-requested-with", "ajax");        //设置请求的发出者
36          }
37          this.req.send(params);                                        //发送请求
38        }catch(err){
39          this.onerror.call(this);                                      //调用错误处理函数
40        }
```

```
41        }
42    }
43    //重构回调函数
44    net.AjaxRequest.onReadyState=function(){
45        var req=this.req;
46        var ready=req.readyState;                    //获取请求状态
47        if (ready==4){                               //请求完成
48            if (req.status==200 ){                   //请求成功
49                this.onload.call(this);
50            }else{
51                this.onerror.call(this);             //调用错误处理函数
52            }
53        }
54    }
55    //重构默认的错误处理函粖
56    net.AjaxRequest.prototype.defaultError=function(){
57        alert("错误数据\n\n 回调状态:" + this.req.readyState + "\n 状态: " + this.req.status);
58    }
```

（3）在需要应用 Ajax 的页面 index.html 中应用以下语句引入步骤（2）中创建的 JavaScript 文件。
（**实例位置：资源包\源码\20\Movie\index.html**）

```
<script type="text/javascript" src="js/AjaxRequest.js"></script>
```

（4）在应用 Ajax 的页面中编写错误处理的函数、实例化 Ajax 对象的函数 getInfo()和回调函数，并每隔 10 分钟调用一次 getInfo()函数，实现获取最新消息的功能。具体代码如下：（**实例位置：资源包\源码\20\Movie\index.html**）

```
01    <script type="text/javascript">
02    /*****************错误处理的函数********************************/
03    function onerror(){
04        alert("您的操作有误！");
05    }
06    /*****************实例化 Ajax 对象的函数********************************/
07    function getInfo(){
08        var loader=new net.AjaxRequest("check.php?nocache="+new Date().getTime(),
                                    deal_getInfo,onerror,"GET");
09    }
10    /*********************回调函数****************************************/
11    function deal_getInfo(){
12        document.getElementById("showInfo").innerHTML=this.req.responseText;
13    }
14    window.onload=function(){
15        getInfo();                                   //调用 getInfo()函数获取最新消息
16        window.setInterval("getInfo()", 600000);     //每隔 10 分钟调用一次 getInfo()函数
17    }
18    </script>
```

20.5.4　JavaScript 实现电影图片不间断滚动

在 index.html 页面中，以图片滚动的形式来展示电影信息。电影图片不间断滚动的运行结果如图 20.14 所示。

| 飓风营救 | 罗马假日 | 机械师2：复活 | 变形金刚 | 暮光之城 | 怦然心动 |
| 老特工重新出山 | 好莱坞黑白电影经典之作 | 冷面杀手铁汉柔情 | 以动画为基础的创新作品 | 吸血鬼的爱情故事 | 男孩女孩间的有趣 |

图 20.14　电影图片不间断滚动

电影图片不间断滚动的效果主要通过 JavaScript 技术实现，具体实现过程如下：

（1）在页面中添加显示电影图片的<div>标签，同时插入要输出的影片名称和简介等信息，并且通过 CSS 控制输出内容的样式。具体代码如下：（**实例位置：资源包\源码\20\Movie\index.html**）

```
01  <div id="demo" class="top_box" style="overflow: hidden; width: 1206px; height: 264px">
02    <table width="100%" cellpadding="0" cellspacing="0">
03     <tr>
04      <td id="demo1"><table cellpadding="0" cellspacing="0">
05       <tr>
06        <td width="191" height="200" style="padding-right:10px">
07         <a href="see/see6.html" target="_blank">
08          <img src="video/6.jpg" width="191" height="200" border="0" />
09         </a>
10        <div class="title"><a href="see/see6.html" target="_blank">机械师 2：复活</a></div>
11         <div class="content">冷面杀手铁汉柔情</div></td>
12        <td width="191" height="200" style="padding-right:10px">
13         <a href="see/see7.html" target="_blank">
14          <img src="video/7.jpg" width="191" height="200" border="0" />
15         </a>
16         <div class="title"><a href="see/see7.html" target="_blank">变形金刚</a></div>
17         <div class="content">以动画为基础的创新作品</div></td>
18        <td width="191" height="200" style="padding-right:10px">
19         <a href="see/see8.html" target="_blank">
20          <img src="video/8.jpg" width="191" height="200" border="0" />
21         </a>
22         <div class="title"><a href="see/see8.html" target="_blank">暮光之城</a></div>
23         <div class="content">吸血鬼的爱情故事</div></td>
24        <td width="191" height="200" style="padding-right:10px">
25         <a href="see/see9.html" target="_blank">
26          <img src="video/9.jpg" width="191" height="200" border="0" />
```

```
27          </a>
28          <div class="title"><a href="see/see9.html" target="_blank">怦然心动</a></div>
29          <div class="content">男孩女孩间的有趣战争</div></td>
30        <td width="191" height="200" style="padding-right:10px">
31          <a href="see/see10.html" target="_blank">
32            <img src="video/10.jpg" width="191" height="200" border="0" />
33          </a>
34          <div class="title"><a href="see/see10.html" target="_blank">飓风营救</a></div>
35          <div class="content">老特工重新出山</div></td>
36        <td width="191" height="200" style="padding-right:10px">
37          <a href="see/see11.html" target="_blank">
38            <img src="video/11.jpg" width="191" height="200" border="0" />
39          </a>
40          <div class="title"><a href="see/see11.html" target="_blank">罗马假日</a></div>
41          <div class="content">好莱坞黑白电影经典之作</div></td>
42      </tr>
43    </table></td>
44    <td id="demo2"></td>
45    </tr>
46  </table>
47 </div>
```

（2）编写 JavaScript 代码，定义 Marquee()方法实现图片的滚动效果，代码如下：（**实例位置：资源包\源码\20\Movie\index.html**）

```
01  <script type="text/javascript">
02  var speed=30;                          //设置超时时间
03  demo2.innerHTML=demo1.innerHTML;       //设置 id 为 demo2 的元素的 HTML 内容
04  //设置图片向左滚动
05  function Marquee(){
06      if(demo2.offsetWidth-demo.scrollLeft<=0){
07          demo.scrollLeft-=demo1.offsetWidth;
08      }else{
09          demo.scrollLeft++;
10      }
11  }
12  var MyMar=setInterval(Marquee,speed);  //实现图片滚动
13  //鼠标移入图片时停止滚动
14  demo.onmouseover=function(){
15      clearInterval(MyMar);
16  }
17  //鼠标移出图片时继续滚动
18  demo.onmouseout=function(){
19      MyMar=setInterval(Marquee,speed);
20  }
21  </script>
```

20.5.5　JavaScript 实现浮动窗口

在 index.html 页面中，通过 JavaScript 脚本插入了一个浮动的窗口，通过这个浮动窗口可以实现一些扩展功能。浮动窗口的运行结果如图 20.15 所示。

图 20.15　浮动窗口的运行结果

浮动窗口的设计主要使用了 JavaScript 技术实现，代码封装于 float.js 文件中，具体代码如下：（**实例位置：资源包\源码\20\Movie\js\float.js**）

```
01    var ImgW=parseInt(float.width);                              //获取浮动窗口的宽度
02    function permute(tfloor,Top,left){
03        //获取纵向滚动条滚动的距离
04        var scrollTop=document.documentElement.scrollTop || document.body.scrollTop;
05         buyTop=Top+scrollTop;                                    //获取图片在垂直方向的绝对位置
06         document.all[tfloor].style.top=buyTop+"px";              //设置图片在垂直方向的绝对位置
07        //获取横向滚动条滚动的距离
08        var scrollLeft=document.documentElement.scrollLeft || document.body.scrollLeft;
09         var buyLeft=scrollLeft+document.body.clientWidth-ImgW;   //获取图片在水平方向的绝对位置
10         document.all[tfloor].style.left=buyLeft-left+"px";       //设置图片在水平方向的绝对位置
11    }
12    setInterval('permute("float",300,50)',1);                    //每隔 1 毫秒就执行一次 permute()函数
```

在需要加载浮动窗口的页面中，使用下面的代码来加载 float.js 文件：（**实例位置：资源包\源码\20\Movie\index.html**）

```
<script type="text/javascript" src="js/float.js"></script>
```

20.5.6　jQuery 实现滑动门效果

在 index.html 页面中，使用 jQuery 技术实现了滑动门的效果，通过编写 jQuery 代码，实现电影排行中热播影片和经典影片之间的切换。当用户将鼠标移动到"热播"选项卡上时，页面中将显示热播影片列表，效果如图 20.16 所示。当用户将鼠标移动到"经典"选项卡上时，页面中将显示经典影片列表，效果如图 20.17 所示。

电影排行	热播 经典		电影排行	热播 经典
1 终结者5	阿诺德.施瓦辛格		1 机械师2：复活	杰森斯坦森
2 飓风营救	连姆.尼森		2 变形金刚	希亚.拉博夫
3 我是传奇	威尔.史密斯		3 暮光之城	克里斯汀.斯图尔特
4 一线声机	杰森.斯坦森		4 怦然心动	玛德琳.卡罗尔
5 罗马假日	格里高利.派克		5 电话情缘	杰西.麦特卡尔菲
6 史密斯夫妇	布拉德.皮特		6 超凡蜘蛛侠	安德鲁.加菲尔德
7 午夜邂逅	克里斯.埃文斯		7 雷神	克里斯.海姆斯沃斯

图 20.16 显示热播影片列表   图 20.17 显示经典影片列表

在 Web 页面中实现滑动门的效果，原理比较简单，通过隐藏和显示页面中的元素来切换不同的内容。具体步骤如下：

（1）在页面中定义一个表格，在表格的单元格中定义一个<ul>元素，并设置其 class 属性值为 tabs，在该元素中添加两个<li>用于输出"热播"和"经典"两个滑动选项卡，具体代码如下：（**实例位置：资源包\源码\20\Movie\index.html**）

```
01  <table width="100%" border="0" cellpadding="0" cellspacing="0"
          style="margin-top:0px;margin-left:5%;">
02    <tr>
03      <td align="left" height="50" style="font-size:22px;" valign="bottom">电影排行</td>
04      <td align="center" valign="bottom">
05        <ul class="tabs">
06          <li><a name="#tab1">热播</a></li>
07          <li><a name="#tab2">经典</a></li>
08        </ul>
09      </td>
10    </tr>
11  </table>
```

（2）在页面中定义两个<div>元素，其 id 值分别为 tab1 和 tab2，在 id 值为 tab1 的<div>元素中添加热播影片列表，在 id 值为 tab2 的<div>元素中添加经典影片列表，具体代码如下：（**实例位置：资源包\源码\20\Movie\index.html**）

```
01  <div id="tab1" class="tab_content">
02  <table width="95%" border="0" cellpadding="0" cellspacing="0" style="position:relative;
          margin-top: 2px;margin-left:5%;">
03  <script>
04      var num = 1;                                        //定义影片排名变量
05      var nameArr = new Array("终结者 5","飓风营救","我是传奇","一线声机","罗马假日",
              "史密斯夫妇","午夜邂逅");                        //定义影片名称数组
06      var dnumArr = new Array("阿诺德.施瓦辛格","连姆.尼森","威尔.史密斯","杰森.斯坦森",
              "格里高利.派克","布拉德.皮特","克里斯.埃文斯");    //定义影片主演数组
07      for(var i=0; i<nameArr.length; i++){
```

```
08        document.write('<tr height="43">');
09        //输出影片排名
10        document.write('<td width="26" align="center" class="f_td">'+(num++)+'</td>');
11        document.write('<td width="75" align="left" class="f_td"><a href="#">'+nameArr[i]
12                    +'</td>');                                    //输出影片名称
13        document.write('<td width="90" align="right" class="f_td">'+dnumArr[i]
14                    +'</td></tr>');                               //输出影片主演
15      }
16  </script>
17  </table>
18  </div>
19  <div id="tab2" class="tab_content">
20  <table width="95%" border="0" cellpadding="0" cellspacing="0" style="position:relative;
            margin-top: 2px;margin-left:5%;">
21  <script>
22      var num = 1;                                              //定义影片排名变量
23      var nameArr = new Array("机械师 2：复活","变形金刚","暮光之城","怦然心动","电话情缘",
                    "超凡蜘蛛侠","雷神");                            //定义影片名称数组
24      var dnumArr = new Array("杰森.斯坦森","希亚.拉博夫","克里斯汀.斯图尔特","玛德琳.卡罗尔",
                    "杰西.麦特卡尔菲","安德鲁.加菲尔德","克里斯.海姆斯沃斯"); //定义影片主演数组
25      for(var i=0; i<nameArr.length; i++){
26          document.write('<tr height="43">');
27          //输出影片排名
28          document.write('<td width="26" align="center" class="f_td">'+(num++)+'</td>');
29          document.write('<td width="75" align="left" class="f_td"><a href="#">'+nameArr[i]
                        +'</td>');                                //输出影片名称
30          document.write('<td width="90" align="right" class="f_td">'+dnumArr[i]
                        +'</td></tr>');                           //输出影片主演
31      }
32  </script>
33  </table>
34  </div>
```

（3）在页面中定义 CSS 样式，用于控制页面显示效果，具体代码如下：（**实例位置：资源包\源码\20\Movie\css\style.css**）

```
01  ul.tabs{
02      list-style:none;
03      margin-left:70px;
04  }
05  ul.tabs li{
06      margin: 0;
07      padding: 0;
08      float:left;
09      width:50px;
10      height: 26px;
11      line-height: 26px;
12      font-size:16px;
13  }
```

```
14    ul.tabs li a.active{
15        display:block;
16        width:50px;
17        height: 26px;
18        line-height: 26px;
19        background-color:#66CCFF;
20        color:#FFFFFF;
21        cursor:pointer;
22    }
```

（4）在页面中编写 jQuery 代码，当用户将鼠标移到某选项卡上时，为该选项卡添加样式，并显示相对应的<div>中特定的内容，具体代码如下：（**实例位置：资源包\源码\20\Movie\index.html**）

```
01    <script type="text/javascript">
02    $(document).ready(function() {
03        $(".tab_content").hide();                    //将 class 值为 tab_content 的 div 隐藏
04        $("ul.tabs li a:first").addClass("active");  //为第一个选项卡添加样式
05        $(".tab_content:first").show();              //将第一个 class 值为 tab_content 的 div 显示
06        $("ul.tabs li a").hover(function() {         //将鼠标移到某选项卡上
07            $("ul.tabs li a").removeClass("active"); //移除样式
08            $(this).addClass("active");              //为当前的选项卡添加样式
09            $(".tab_content").hide();                //将所有 class 值为 tab_content 的 div 隐藏
10            var activeTab = $(this).attr("name");    //获取当前选项卡的 name 属性值
11            $(activeTab).show();                     //将相同 id 值的 div 显示
12        });
13    });
14    </script>
```

20.5.7　jQuery 实现向上间断滚动效果

在网站的首页中实现了即将上线影片信息向上间断滚动的效果，通过 jQuery 中的 animate()方法可以实现这个功能。即将上线影片信息向上间断滚动的运行结果如图 20.18 所示。

即将上线

- 《星球大战外传》科幻迷不容错过
- 《野鹅敢死队》重现战场
- 《九死一生》原始丛林探险
- 《荒野猎人》莱昂纳多复仇与熊搏斗

图 20.18　影片信息向上滚动

具体实现过程如下：

（1）在页面中首先创建一个表格和一个 div 标签，并设置 div 的 class 属性值为 scroll，然后在 div 中定义一个用于实现动态滚动的影片信息列表，具体代码如下：（**实例位置：资源包\源码\20\Movie\index.html**）

```
01  <table width="100%" border="0" cellpadding="0" cellspacing="0"
           style="margin-top:0px;margin-left:5%;">
02    <tr>
03      <td align="left" height="50" style="font-size:22px;" valign="bottom">即将上线</td>
04    </tr>
05  </table>
06  <div class="scroll">
07    <ul class="list">
08      <li><a href="#">《荒野大镖客》重磅来袭</a></li>
09      <li><a href="#">《星球大战外传》科幻迷不容错过</a></li>
10      <li><a href="#">《野鹅敢死队》重现战场</a></li>
11      <li><a href="#">《九死一生》原始丛林探险</a></li>
12      <li><a href="#">《荒野猎人》莱昂纳多复仇与熊搏斗</a></li>
13    </ul>
14  </div>
```

（2）在页面中定义 CSS 样式，用于控制页面显示效果，具体代码如下：（**实例位置：资源包\源码\ 20\Movie\css\style.css**）

```
01  .scroll{
02      margin-left:10px;
03      margin-top:10px;
04      width:270px;
05      height:120px;
06      overflow:hidden;
07  }
08  .scroll li{
09      width:270px;
10      height:30px;
11      line-height:30px;
12      margin-left:26px;
13  }
14  .scroll li a{
15      font-size:14px;
16      color:#333;
17      text-decoration:none;
18  }
19  .scroll li a:hover{
20      color:#66CCFF;
21  }
```

（3）在页面中编写 jQuery 代码，定义滚动函数 autoScroll()实现影片信息向上滚动的效果，然后定义超时函数 setInterval()，设置每过 3 秒执行一次滚动函数。具体代码如下：（**实例位置：资源包\源码\ 20\Movie\index.html**）

```
01  $(document).ready(function(){
02    $(".scroll").hover(function(){          //鼠标指向滚动区域
03      clearTimeout(timeID);                  //中止超时，即停止滚动
04    },function(){                            //鼠标离开滚动区域
```

```
05          timeID=setInterval('autoScroll()',3000);          //设置超时函数，每过 3 秒执行一次函数
06      });
07  });
08  function autoScroll(){
09      $(".scroll").find(".list").animate({                    //自定义动画效果
10          marginTop : "-25px"
11      },500,function(){
12          //把列表第 1 行内容移动到列表最后
13          $(this).css({"margin-top" : "0px"}).find("li:first").appendTo(this);
14      })
15  }
16  var timeID=setInterval('autoScroll()',3000);          //设置超时函数，每过 3 秒执行一次函数
```

视频讲解

20.6　查看影片详情页面

在影片分类展示的页面中，用户不但可以通过单击电影图片、电影名称或 图标打开影片播放页面进行观看，还可以单击 图标打开电影详情页面查看影片详情。打开影片详情页面的运行结果如图 20.19 所示。

图 20.19　影片详情页面

打开影片详情页面主要通过 JavaScript 中的 open()方法实现。以影片"飓风营救"为例，打开该影

338

片详情页面的具体实现过程如下：

（1）在 intro 文件夹下创建 intro10.html 文件，在页面中输出影片"飓风营救"的详细信息，包括电影图片、电影名称、导演、主演以及影片详情等信息，具体代码如下：（**实例位置：资源包\源码\20\Movie\intro\intro10.html**）

```
01   <table width="660">
02     <tr>
03       <td width="34"> </td>
04       <td colspan="3"><span class="moviedetail">电影详情</span></td>
05     </tr>
06     <tr>
07       <td width="34"></td>
08       <td colspan="2" height="1" bgcolor="#e5e5e5"></td>
09     </tr>
10     <tr>
11       <td></td>
12       <td align="left" valign="top" style="padding-top:30px;">
13         <table width="98%">
14           <tr>
15             <td width="20%" align="left" valign="middle">
16               <img src="../video/10.jpg" width="280" height="362" class="pic"/>
17             </td>
18             <td width="80%" align="left" valign="top">
19             <table style="margin-top:10px; padding-left:20px;">
20               <tr>
21                 <td height="60" class="moviename">飓风营救</td>
22               </tr>
23               <tr>
24                 <td width="280" height="50">导演：皮埃尔.莫瑞尔</td>
25               </tr>
26               <tr>
27                 <td height="50">主演：连姆.尼森</div></td>
28               </tr>
29               <tr>
30                 <td height="50">类型：动作片</td>
31               </tr>
32               <tr>
33                 <td height="50">语言：英文</td>
34               </tr>
35               <tr>
36                 <td height="50">发行时间：2008-04-09</td>
37               </tr>
38             </table>
39             </td>
40           </tr>
41           <tr>
42             <td height="48" colspan="2">  影片详情：</td>
43           </tr>
44           <tr>
```

```
45          <td colspan="2" class="movieintro">  该片讲述的是 Bryan（连姆.尼森饰）是一名退休
的特工，常年的特工生活使其与妻子女儿的关系越来越疏远。一次，女儿 Kim（玛姬.格蕾斯饰）想征得 Bryan 同
意去巴黎游玩，身为父亲的 Bryan 并不放心 17 岁的女儿独自出行，在一番争吵后，固执的 Bryan 终于答应女儿。
然而在巴黎，Kim 却遭到了黑帮卖淫团伙的拐卖。为拯救女儿，这名老特工重新出山。</td>
46          </tr>
47        </table>
48      </td>
49    </tr>
50  </table>
```

（2）在动作电影分类页面 action.html 中，为影片"飓风营救"的📄图标添加 onclick 事件，通过 JavaScript 中的 open()方法打开影片详情页面，关键代码如下：（**实例位置：资源包\源码\20\Movie\ action.html**）

```
<img src="images/show_icon.png" alt="介绍" border="0" style="cursor:pointer;" onclick="javascript:window.
open('intro/intro10.html','new','height=660,width=690,top=100,left=400');"/>
```

20.7 小　　结

本章使用 JavaScript、Ajax 和 jQuery 等目前的主流技术，制作了一个简单的影视网站。通过本章的学习，希望读者可以掌握网页的页面框架设计，以及网页中 JavaScript 和 jQuery 技术的应用。

JavaScript 从入门到精通

（微视频精编版）

明日科技　编著

清华大学出版社

北　京

内 容 简 介

本书浅显易懂，实例丰富，详细介绍了 JavaScript 开发需要掌握的各类实战知识。

全书分为两册：核心技术分册和强化训练分册。核心技术分册共 20 章，包括 JavaScript 简介、JavaScript 语言基础、JavaScript 基本语句、函数、自定义对象、常用内部对象、数组、String 对象、JavaScript 事件处理、文档对象、表单对象、图像对象、文档对象模型（DOM）、Window 窗口对象、Ajax 技术、jQuery 基础、jQuery 控制页面、jQuery 事件处理、jQuery 动画效果和 365 影视网站设计等内容。通过学习，读者可快速开发出一些中小型应用程序。强化训练分册共 18 章，通过大量源于实际生活的趣味案例，强化上机实践，拓展和提升 JavaScript 开发中对实际问题的分析与解决能力。

本书除纸质内容外，配书资源包中还给出了海量开发资源库，主要内容如下。

☑ 微课视频讲解：总时长 19 小时，共 186 集　　　　☑ 技术资源库：800 页技术参考文档
☑ 实例资源库：400 个实用范例　　　　　　　　　　☑ 测试题库系统：138 道能力测试题目
☑ 面试资源库：369 个企业面试真题

本书可作为软件开发入门者的自学用书或高等院校相关专业的教学参考书，也可供开发人员查阅、参考使用。

本书封面贴有清华大学出版社防伪标签，无标签者不得销售。

版权所有，侵权必究。侵权举报电话：010-62782989　13701121933

图书在版编目（CIP）数据

JavaScript 从入门到精通：微视频精编版/明日科技编著. —北京：清华大学出版社，2019.12
（软件开发微视频讲堂）
ISBN 978-7-302-51488-6

Ⅰ. ①J… Ⅱ. ①明… Ⅲ. ①JAVA 语言-程序设计 Ⅳ. ①TP312.8

中国版本图书馆 CIP 数据核字（2018）第 256516 号

责任编辑：贾小红
封面设计：魏润滋
版式设计：文森时代
责任校对：马军令
责任印制：宋　林

出版发行：清华大学出版社
　　　　网　　址：http://www.tup.com.cn，http://www.wqbook.com
　　　　地　　址：北京清华大学学研大厦 A 座　　　　邮　　编：100084
　　　　社　总　机：010-62770175　　　　　　　　　邮　　购：010-62786544
　　　　投稿与读者服务：010-62776969，c-service@tup.tsinghua.edu.cn
　　　　质量反馈：010-62772015，zhiliang@tup.tsinghua.edu.cn
印　装　者：三河市铭诚印务有限公司
经　　销：全国新华书店
开　　本：203mm×260mm　　　　　印　　张：32.5　　　　字　　数：951 千字
版　　次：2019 年 12 月第 1 版　　　　　　　　　　印　　次：2019 年 12 月第 1 次印刷
定　　价：99.80 元（全 2 册）

产品编号：079176-01

前 言
Preface

　　JavaScript 是 Web 页面的一种脚本编程语言，可为网页添加各式各样的动态功能，被广泛应用于 Web 应用开发。目前，大多数高校的计算机相关专业和 IT 培训学校，都将 JavaScript 作为教学内容之一，这对于培养学生的计算机应用能力具有非常重要的意义。

本书内容

　　本书分为两册：核心技术分册和强化训练分册。
　　核心技术分册共 20 章，提供了从入门到编程高手所必需的各类 JavaScript 核心知识，大体结构如下图所示。

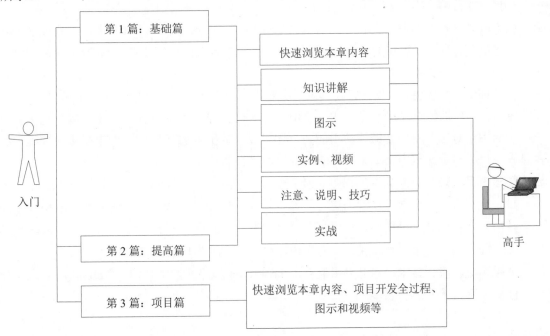

　　基础篇。本篇包括 JavaScript 简介、JavaScript 语言基础、JavaScript 基本语句、函数、自定义对象、常用内部对象、数组、String 对象、JavaScript 事件处理、文档对象等内容，同时结合大量的图示、实例、视频和实战等，使读者快速掌握 JavaScript 语言基础，为后续编程奠定坚实的基础。

　　提高篇。本篇介绍了表单对象、图像对象、文档对象模型（DOM）、Window 窗口对象、Ajax 技术、jQuery 基础、jQuery 控制页面、jQuery 事件处理、jQuery 动画效果等内容。学习完本篇，读者将能够开发一些中小型应用程序。

项目篇。本篇通过一个完整的 365 影视网站设计，运用软件工程的设计思想，让读者学习如何进行 Web 项目的实践开发。书中按照"系统分析→系统设计→网页预览→关键技术→首页技术实现→查看影片详情页面"的流程进行介绍，带领读者亲身体验项目开发的全过程。

强化训练分册共 18 章，通过 240 多个来源于实际生活的趣味案例，强化上机实战，拓展和提升读者对实际问题的分析与解决能力。

本书特点

- ☑ **深入浅出，循序渐进。**本书以初、中级程序员为对象，先从 JavaScript 语言基础学起，再学习 JavaScript 的核心技术，然后学习 JavaScript 的高级应用，最后学习开发一个完整项目。讲解过程中步骤详尽，版式新颖，使读者在阅读时一目了然，从而快速掌握书中内容。

- ☑ **实例典型，轻松易学。**通过例子学习是最好的学习方式之一，本书通过"一个知识点、一个例子、一个结果、一段评析，一个综合应用"的模式，透彻、详尽地讲述了实际开发中所需的各类知识。另外，为了便于读者阅读程序代码，快速学习编程技能，书中几乎每行代码都提供了注释。

- ☑ **微课视频，可听可看。**为便于读者直观感受程序开发的全过程，书中大部分章节都配备了教学微视频。这些微课可听、可看，能快速引导初学者入门，使其感受到编程的快乐和成就感，进一步增强学习的信心。

- ☑ **强化训练，实战提升。**软件开发学习，实战才是硬道理。核心技术分册中提供了 40 多个实战练习，强化训练分册中更是给出了 240 多个源自生活的真实案例。应用编程思想来解决这些生活中的难题，不但能锻炼动手能力，还可以快速提升实战技巧。如果在实现过程中遇到问题，可以从资源包中获取相应实战的源码，进行解读。

- ☑ **精彩栏目，贴心提醒。**本书根据需要在各章安排了很多"注意""说明""技巧"等小栏目，让读者可以在学习过程中更轻松地理解相关知识点及概念，更快地掌握个别技术的应用技巧。在强化训练分册中，更设置了"▷①②③④⑤⑥"栏目，读者每亲手完成一次实战练习，即可涂上一个序号。通过反复实践，可真正实现强化训练和提升。

- ☑ **紧跟潮流，流行技术。**本书采用最新的 JavaScript 程序开发工具——WebStorm 实现，使读者能够紧跟技术发展的脚步。

本书资源

为帮助读者学习，本书配备了长达 19 小时（共 186 集）的微课视频讲解。除此之外，还为读者提供了"Java Web 开发资源库"系统，以帮助读者快速提升编程水平和解决实际问题的能力。

本书和 Java Web 开发资源库配合学习的流程如下图所示。

Java Web 开发资源库系统的主界面如下图所示。

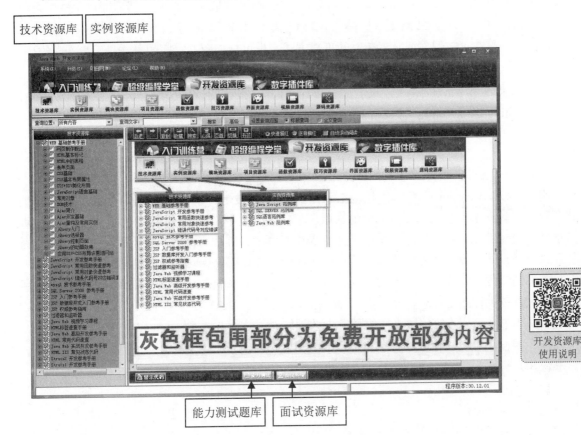

在学习本书的过程中，配合技术资源库和实例资源库的相应内容，可以全面提升个人综合编程技能和解决实际开发问题的能力，为成为软件开发工程师打下坚实基础。

对于数学逻辑能力和英语基础较为薄弱的读者，或者想了解个人数学逻辑思维能力和编程英语基础的用户，本书提供了数学及逻辑思维能力测试和编程英语能力测试，以供练习和提升。

面试资源库提供了大量国内外软件企业的常见面试真题，同时还提供了程序员职业规划、程序员面试技巧、虚拟面试系统等精彩内容，是程序员求职面试的绝佳指南。

读者对象

☑ 初学编程的自学者　　　　　　　☑ 编程爱好者
☑ 大中专院校的老师和学生　　　　☑ 相关培训机构的老师和学员

☑ 做毕业设计的学生   ☑ 初、中级程序开发人员

☑ 程序测试及维护人员   ☑ 参加实习的"菜鸟"程序员

读者服务

学习本书时，请先扫描封底的权限二维码（需要刮开涂层）获取学习权限，然后即可免费学习书中的所有线上线下资源。本书附赠的各类学习资源，读者均可登录清华大学出版社网站（www.tup.com.cn），在对应图书页面下获取其下载方式。也可扫描图书封底的"文泉云盘"二维码，获取其下载方式。

学习过程中如果遇到什么疑难问题，读者朋友可加我们的企业 QQ：4006751066（可容纳 10 万人），也可以登录 www.mingrisoft.com 留言，我们将竭诚为您服务。

致读者

本书由明日科技 JavaScript 程序开发团队组织编写。明日科技是一家专业从事软件开发、教育培训的高科技公司，其教材重点突出，会尽可能地选取软件实际开发中必需、常用的内容，同时非常注重内容的易学性、便捷性以及相关知识的拓展性，深受读者喜爱。其编写的教材多次荣获"全行业优秀畅销品种""中国大学出版社优秀畅销书"等奖项，多个品种长期位居同类图书销售排行榜的前列。

在编写本书的过程中，我们始终本着科学、严谨的态度，力求精益求精，但错误、疏漏之处在所难免，敬请广大读者批评指正。

感谢您购买本书，希望本书能成为您编程路上的领航者。

"零门槛"编程，一切皆有可能。

祝读书快乐！

编　者

2019 年 12 月

目 录

Contents

VIII

第 1 章 JavaScript 语言基础

学习指南

本章训练任务对应核心技术分册第 2 章 JavaScript 语言基础部分。

重点练习内容:

1. 常用转义字符的使用。
2. 使用变量并输出。
3. 各种运算符的使用。
4. JavaScript表达式的应用。

应用技能拓展学习

1. 应用 if…else 语句实现判断

if…else 语句是 if 语句的标准形式,语法格式如下:

```
if(expression){
    statement1
}else{
    statement2
}
```

执行这种格式的 if 语句时,首先计算条件表达式 expression 的值,如果返回的是 true,就执行 statement1 语句,执行后结束 if 语句,不再执行 statement2 语句;如果 expression 返回 false,就执行 else 后面的 statement2 语句。

例如,根据变量的值不同,输出不同的内容。代码如下:

```
<script type="text/javascript">
    var a=0;                        //定义一个变量,值为 0
    if(a==1){                       //判断变量的值是否为 1
        alert("a 的值是 1");         //如果变量的值为 1,则提示"a 的值是 1"
    }else{                          //使用 else 从句
        alert("a 的值不是 1");       //如果变量的值不为 1,则提示"a 的值不是 1"
    }
</script>
```

运行结果:a 的值不是 1。

2．Date 对象

在 JavaScript 中，使用 Date 对象可以操作日期和时间。

（1）创建 Date 对象

要使用 Date 对象操作日期和时间，首先需要使用 new 运算符创建 Date 对象。创建一个不带参数的 Date 对象的语法格式如下：

```
dateObj = new Date()
```

参数 dateObj 为要赋值为 Date 对象的变量名。

例如，在页面中输出当前的日期和时间。代码如下：

```
<script type="text/javascript">
    var newDate=new Date();
    document.write(newDate);
</script>
```

运行结果：Thu Jun 27 2019 13:58:26 GMT+0800 (中国标准时间)

（2）获取完整年份

Date 对象的 getFullYear()方法用于从 Date 对象中以四位数字返回当前日期的年份。语法格式如下：

```
dateObj.getFullYear()
```

参数 dateObj 为创建的 Date 对象名。

例如，获取当前日期的完整年份。代码如下：

```
<script type="text/javascript">
    var now = new Date();
    var year = now.getFullYear();
    alert(year);
</script>
```

运行结果：2019

3．常用转义字符

转义字符是一种具有特定含义的字符常量，以反斜杠开头，不可显示。JavaScript 中常用的转义字符如表 1.1 所示。

表 1.1　JavaScript 常用的转义字符

转 义 字 符	描　　述	转 义 字 符	描　　述
\b	退格	\v	垂直制表符
\n	换行符	\r	回车符
\t	水平制表符，Tab 空格	\\	反斜杠
\f	换页	\OOO	单引号

转 义 字 符	描　　述	转 义 字 符	描　　述
\'	双引号	\xHH	十六进制整数，范围 00~FF
\"	八进制整数，范围 000~777	\uhhhh	十六进制编码的 Unicode 字符

在 "document.writeln() ;" 语句中使用转义字符时，只有将其放在格式化文本块中才会起作用，所以脚本必须在<pre>和</pre>的标签内。

例如，下面应用转义字符使字符串换行，代码如下：

```
<script type="text/javascript">
    document.writeln("<pre>");
    document.writeln("不经一番寒彻骨，\n 怎得梅花扑鼻香。");
    document.writeln("</pre>");
</script>
```

运行结果：不经一番寒彻骨，
　　　　　怎得梅花扑鼻香。

4．String 对象

在 JavaScript 中，使用 String 对象可以对字符串进行操作。

（1）indexOf()方法

indexOf()方法可以返回某个指定字符串在字符串中首次出现的位置。语法格式如下：

```
stringObject.indexOf(searchvalue,start)
```

☑　stringObject：String 对象名或字符变量名。

☑　searchvalue：必选参数，表示要在字符串中查找的子字符串。

☑　start：可选参数，用于指定在字符串中开始查找的位置，取值范围是 0～stringObject.length-1。如果省略该参数，则从字符串的首字符开始查找。如果要查找的子字符串没有出现，则返回-1。

例如，在字符串 "你好 JavaScript" 中查找字符 "a" 首次出现的位置。代码如下：

```
<script type="text/javascript">
    var str="你好 JavaScript";                    //定义字符串
    document.write(str.indexOf("a"));
</script>
```

运行结果：3

例如，在字符串 "你好 JavaScript" 中，从下标是 4 的字符开始，查找字符 "a" 首次出现的位置，代码如下：

```
<script type="text/javascript">
    var str="你好 JavaScript";                    //定义字符串
    document.write(str.indexOf("a",4));
</script>
```

运行结果：5

例如，在字符串"你好 JavaScript"中查找字符串"java"首次出现的位置。代码如下：

```
<script type="text/javascript">
    var str="你好 JavaScript";              //定义字符串
    document.write(str.indexOf("java"));
</script>
```

运行结果：−1

（2）slice()方法

slice()方法可以提取字符串的某个部分，并在新的字符串中返回被提取的部分。语法格式如下：

```
stringObject.slice(start,end)
```

☑ stringObject：String 对象名或字符变量名。

☑ start：必选参数，用于指定要提取的字符串片断的开始位置。该参数可以是负数，如果是负数，则从字符串的尾部倒数计算提取开始位置。也就是说，−1 指字符串的最后一个字符，−2 指倒数第二个字符，以此类推。

☑ end：可选参数，用于指定要提取的字符串片断的结束位置。如果省略该参数，表示结束位置为字符串的最后一个字符。如果该参数是负数，则从字符串的尾部倒数计算提取结束位置。

📖说明：使用 slice()方法提取的字符串片断中不包括 endindex 下标所对应的字符。

例如，在字符串"你好 JavaScript"中，从下标为 2 的字符提取到字符串末尾。代码如下：

```
<script type="text/javascript">
    var str="你好 JavaScript";              //定义字符串
    document.write(str.slice(2));
</script>
```

运行结果：JavaScript

例如，在字符串"你好 JavaScript"中，从下标为 2 的字符提取到下标为 5 的字符。代码如下：

```
<script type="text/javascript">
    var str="你好 JavaScript";              //定义字符串
    document.write(str.slice(2,6));
</script>
```

运行结果：Java

例如，在字符串"你好 JavaScript"中，从第一个字符提取到倒数第 7 个字符。代码如下：

```
<script type="text/javascript">
    var str="你好 JavaScript";              //定义字符串
    document.write(str.slice(0,-6));
</script>
```

运行结果：你好 Java

（3）substr()方法

substr()方法可以从字符串的指定位置开始提取指定长度的子字符串。语法格式如下：

```
stringObject.substr(start,length)
```

☑ stringObject：String 对象名或字符变量名。

☑ start：必选参数，用于指定要提取的字符串片断的开始位置。该参数可以是负数，如果是负数，则从字符串的尾部，倒数计算提取开始位置。

☑ length：可选参数，用于指定要提取的子字符串的长度。如果省略该参数，表示结束位置为字符串的最后一个字符。

◀ 注意：由于浏览器的兼容性问题，substr()方法的第一个参数不建议使用负数。

例如，在字符串"你好 JavaScript"中，从下标为 2 的字符开始提取到字符串末尾。代码如下：

```
<script type="text/javascript">
    var str="你好 JavaScript";                              //定义字符串
    document.write(str.substr(2));
</script>
```

运行结果：JavaScript

例如，在字符串"你好 JavaScript"中，从下标为 2 的字符开始提取 4 个字符。代码如下：

```
<script type="text/javascript">
    var str="你好 JavaScript";                              //定义字符串
    document.write(str.substr(2,4));
</script>
```

运行结果：Java

5．parseInt()函数

parseInt()函数可解析一个字符串，并返回一个整数。语法如下：

```
parseInt(string, radix)
```

☑ string：要被解析的字符串。

☑ radix：可选参数，表示要解析的数字的基数。该值所在范围为 2~36。

◀ 注意：如果字符串的第一个字符不能被转换为数字，那么 parseInt()函数将返回 NaN。

例如，将字符串"123abc"转换为整数。代码如下：

```
<script type="text/javascript">
    var str="123abc";                                       //定义字符串
    document.write(parseInt(str));
</script>
```

运行结果：123

6．toString()方法

toString()方法可以将数字转换为字符串。语法如下：

```
number.toString(radix)
```

参数 radix 为可选参数，表示数字的基数，是 2~36 的整数。若省略该参数，则使用基数 10。注意，如果该参数是 10 以外的其他值，则 ECMAScript 标准允许实现返回任意值。

7. random()方法

random()是 Math 对象的一个方法，用于返回介于 0（包含）~1（不包含）的一个随机数。语法格式如下：

```
Math.random()
```

例如，输出一个 0~1 的随机数，代码如下：

```
<script type="text/javascript">
    document.write(Math.random());
</script>
```

运行结果：0.979182268421426

实战技能强化训练

训练一：基本功强化训练

1. 输出俄罗斯国土面积　　　　　　　▷①②③④⑤⑥

俄罗斯是世界上国土面积最大的国家，面积约为 1710 万平方千米。编写一个程序，输出俄罗斯的国土面积，实现效果如图 1.1 所示。

2. 输出《将进酒》中的诗句　　　　　　▷①②③④⑤⑥

编写一个程序，应用转义字符"\n"输出李白《将进酒》中的两句诗，效果如图 1.2 所示。

3. 输出香蕉的价格　　　　　　　　　▷①②③④⑤⑥

某顾客去水果超市买了 6.5 千克香蕉，已知香蕉的单价为 3.5 元/千克，计算并输出该顾客购买香蕉的价格。效果如图 1.3 所示。

俄罗斯的国土面积约为1710万平方千米	天生我材必有用， 千金散尽还复来	该顾客购买香蕉的价格为：22.75元
图 1.1　输出俄罗斯国土面积	图 1.2　输出《将进酒》诗句	图 1.3　输出香蕉价格

4. 输出张无忌个人信息　　　▷①②③④⑤⑥

将张无忌的个人信息定义在变量中，并在页面中输出，效果如图 1.4 所示。

5. 判断英语成绩是否及格　　　▷①②③④⑤⑥

考试成绩达到 60 分以上表示及格。周星星的英语考试成绩是 65 分，使用条件运算符判断该考试成绩是否及格，实现效果如图 1.5 所示。

6. 计算存款本息合计　　　▷①②③④⑤⑥

假设某银行定期存款 3 年的年利率为 2.75%，某客户的存款金额为 100000 元，计算该客户存款 3 年后的本息合计是多少，实现效果如图 1.6 所示。

（提示：本息合计=存款金额+存款金额×年利率×存款期限）

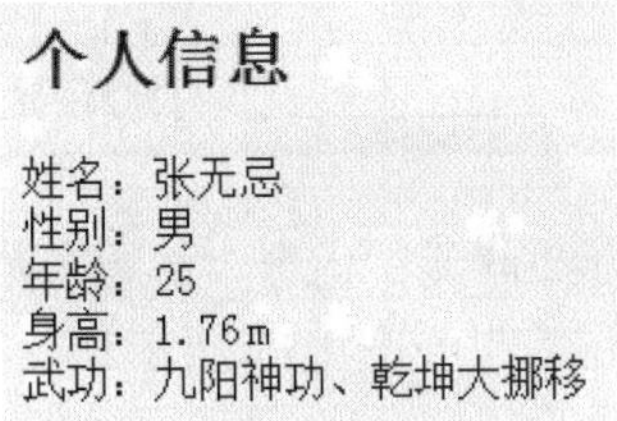

个人信息

姓名：张无忌
性别：男
年龄：25
身高：1.76m
武功：九阳神功、乾坤大挪移

周星星的英语成绩是65分
周星星的英语成绩及格

存款金额：100000元
年利率：2.75%
存款期限：3年
本息合计：108250元

图 1.4　输出张无忌个人信息 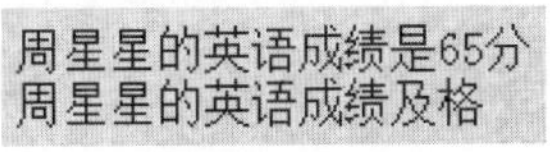　　　图 1.5　判断英语成绩是否及格 　　　图 1.6　计算存款本息合计

7. 计算员工的实际收入　　　▷①②③④⑤⑥

假设某员工的月薪为 6500 元，扣除各项保险费用共 500 元，个人所得税起征点是 5000 元，税率为 3%，计算该员工的实际收入是多少，实现效果如图 1.7 所示。

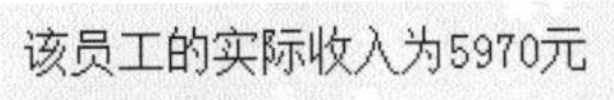

该员工的实际收入为5970元

图 1.7　计算员工的实际收入

训练二：实战能力强化训练

8. 输出《九阳神功》口诀　　　▷①②③④⑤⑥

应用<pre>标签和转义字符输出《九阳神功》中的口诀，实现效果如图 1.8 所示。

9. 输出自动柜员机客户凭条　　　▷①②③④⑤⑥

将客户凭条中的交易日期及时间、受理银行行号、ATM 编号、交易序号、银行卡号、金额和手续费定义在变量中，并输出自动柜员机客户凭条中的这些信息，实现效果如图 1.9 所示。

他强任他强，清风抚山冈
他横由他横，明月照大江
他自狠来他自恶，我自一口真气足
——《九阳神功》

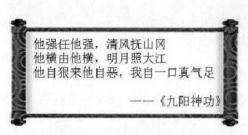

图 1.8　输出《九阳神功》口诀

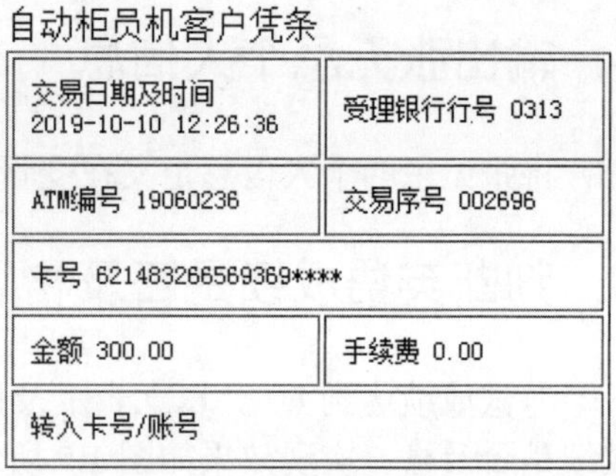

自动柜员机客户凭条
交易日期及时间
2019-10-10 12:26:36
受理银行行号 0313
ATM编号 19060236
交易序号 002696
卡号 621483266569369****
金额 300.00
手续费 0.00
转入卡号/账号

图 1.9　输出自动柜员机客户凭条

10. 输出流量使用情况　▷①②③④⑤⑥

模拟输出手机流量的使用情况。将截至日期、可享受的总流量和当前剩余流量定义在变量中，并输出截至指定日期的手机流量使用情况，实现效果如图 1.10 所示。

11. 判断顾客是否可获得返现优惠　▷①②③④⑤⑥

某商场店庆搞活动，凡是商场会员，购物满 3000 元即可获得返现 200 元的优惠。某顾客是该商场会员，购物消费了 3160 元，判断该顾客是否可以获得返现优惠，实现效果如图 1.11 所示。

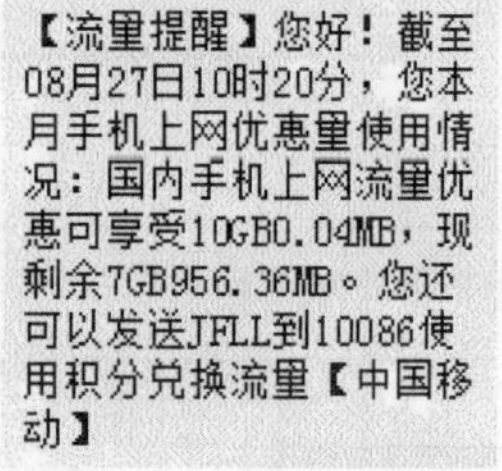

【流量提醒】您好！截至08月27日10时20分，您本月手机上网优惠量使用情况：国内手机上网流量优惠可享受10GB0.04MB，现剩余7GB956.36MB。您还可以发送JFLL到10086使用积分兑换流量【中国移动】

图 1.10　输出流量使用情况

是否会员：是
消费金额：3160元
该顾客可以获得返现优惠

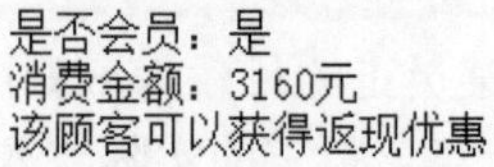

图 1.11　判断顾客是否可获得返现优惠

12. 判断当前年份是否是闰年　▷①②③④⑤⑥

如果某年的年份值是 4 的倍数但不是 100 的倍数，或者该年份值是 400 的倍数，那么这一年就是闰年。编写程序，应用条件运算符判断当前年份是否是闰年，实现效果如图 1.12 所示。

此网页显示：
今年是2019年，今年不是闰年
禁止此页再显示对话框。
确定

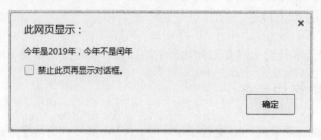

图 1.12　判断当前年份是否是闰年

13．判断 2020 年 2 月的天数　　　　　▷①②③④⑤⑥

闰年 2 月份的天数是 29 天，非闰年 2 月份的天数是 28 天。应用条件运算符判断 2020 年 2 月的天数，实现效果如图 1.13 所示。

图 1.13　判断 2020 年 2 月的天数

14．对数字进行四舍五入　　　　　　　▷①②③④⑤⑥

定义一个数值型变量，值为 5.66，应用条件运算符判断并输出该数字四舍五入为整数后的结果，实现效果如图 1.14 所示。

（提示：应用条件运算符判断数字中的十分位是否大于等于 5，如果是，则整数位加 1）

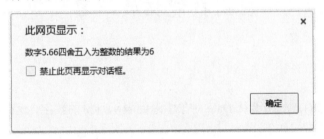

图 1.14　对数字进行四舍五入

15．输出两个随机数的最大值　　　　　　▷①②③④⑤⑥

随机生成两个小数，并分别赋值给变量 x 和 y，显示这两个小数以及两个数中的最大值。实现效果如图 1.15 所示。

图 1.15　输出两个随机数的最大值

9

学习指南

第 2 章　JavaScript 基本语句

本章训练任务对应核心技术分册第 3 章 JavaScript 基本语句部分。

重点练习内容：

1. if语句的使用。
2. switch语句的使用。
3. while语句的使用。
4. do…while语句的使用。
5. for语句的使用。
6. continue语句的使用。
7. break语句的使用。

应用技能拓展学习

1. getMonth()方法

Date 对象的 getMonth()方法用于从 Date 对象中返回表示月份的数字，返回值是 0（一月）～11（十二月）的一个整数。语法格式如下：

```
dateObj.getMonth()
```

参数 dateObj 为创建的 Date 对象名。

例如，创建一个数组，输出当前月份的英文名称。代码如下：

```
<script type="text/javascript">
    var now=new Date();
    var month=new Array();
    month[0]="January";
    month[1]="February";
    month[2]="March";
    month[3]="April";
    month[4]="May";
    month[5]="June";
    month[6]="July";
    month[7]="August";
    month[8]="September";
    month[9]="October";
```

```
    month[10]="November";
    month[11]="December";
    var n = month[now.getMonth()];
    document.write("现在的月份: "+n);
</script>
```

运行结果：现在的月份：July

2. getDay()方法

Date 对象的 getDay()方法可以返回表示一周某一天（0~6）的数字。语法格式如下：

```
dateObj.getDay()
```

参数 dateObj 为创建的 Date 对象名。

例如，创建一个数组，输出当前星期的英文名称。代码如下：

```
<script type="text/javascript">
    var now=new Date();
    var weekday=new Array(7);
    weekday[0]="Sunday";
    weekday[1]="Monday";
    weekday[2]="Tuesday";
    weekday[3]="Wednesday";
    weekday[4]="Thursday";
    weekday[5]="Friday";
    weekday[6]="Saturday";
    var n = weekday[now.getDay()];
    document.write("今天是"+n);
</script>
```

运行结果：今天是 Monday

3. Number()函数

Number()函数是 JavaScript 全局函数，用于将对象的值转换为数字。如果对象的值无法转换为数字，Number()函数将返回 NaN。语法格式如下：

```
Number(object)
```

参数 object 为可选参数，表示一个 JavaScript 对象。如果没有提供参数，则返回 0。

📖说明：如果参数是 Date 对象，Number()函数将返回从 1970 年 1 月 1 日至今的毫秒数。

例如，将不同的对象转换为数字，代码如下：

```
<script type="text/javascript">
    var bool = true;
    var date = new Date();
    var str = "666";
    document.write(Number(bool)+"<br>");
```

```
    document.write(Number(date)+"<br>");
    document.write(Number(str));
</script>
```

运行结果：1

1561957737369

666

4. round()方法

Math 对象的 round()方法用于将数字四舍五入为最接近的整数。语法如下：

```
Math.round(x)
```

参数 x 为必选参数，表示用于操作的数字。

例如，将不同的数四舍五入为最接近的整数。代码如下：

```
<script type="text/javascript">
    var a=Math.round(3.6);
    var b=Math.round(3.5);
    var c=Math.round(3.4);
    var d=Math.round(-3.6);
    var e=Math.round(-3.5);
    var f=Math.round(-3.4);
    document.write(a+"<br>");
    document.write(b+"<br>");
    document.write(c+"<br>");
    document.write(d+"<br>");
    document.write(e+"<br>");
    document.write(f);
</script>
```

运行结果：4

4

3

-4

-3

-3

5. 函数的定义和调用

JavaScript 中函数使用关键字 function 进行定义。函数可以通过声明定义，也可以在表达式中定义。
函数声明的语法如下：

```
function  函数名(参数 1,参数 2,……) {
    函数体
}
```

在表达式中定义函数的语法如下：

```
var 变量名 = function(参数 1,参数 2,……) {
    函数体
};
```

函数有多种调用方式。其中，最常用的一种方式是在事件响应中调用函数。当用户单击某个按钮时将触发事件，通过编写程序对事件做出反应的行为称为响应事件。在 JavaScript 中，将函数与事件相关联，就完成了响应事件的过程。例如，当用户单击某个按钮时，执行相应的函数，代码如下：

```
<script type="text/javascript">
    function test(){        //定义函数
        alert("单击按钮弹出对话框");
    }
</script>
<form name="form1">
    <input type="button" value="提交" onClick="test();">
</form>
```

运行结果：单击按钮弹出对话框

6. 获取文本框的值

访问表单元素通常有 3 种方式。比较常用的一种是通过表单元素的 name 属性按名称进行访问。例如，在 name 属性值为 form 的表单中有一个 name 属性值为 user 的文本框,可以使用 document. form.user 访问该文本框。另外，通过文本框的 value 属性可以返回或设置文本框中的文本，即文本框的值。

例如，单击"提交"按钮，输出文本框中的默认值，代码如下：

```
<script type="text/javascript">
    function test(){        //定义函数
        alert(form.address.value);
    }
</script>
<form name="form">
    <input type="text" name="address" value="吉林省长春市">
    <input type="button" value="提交" onClick="test();">
</form>
```

运行结果：吉林省长春市

7. floor()方法

Math 对象的 floor()方法用于返回小于等于 x 的最大整数。如果传递的参数是一个整数，则该值不变。语法如下：

```
Math.floor(x)
```

参数 x 为必选参数，表示用于操作的数字。

例如，将不同的数应用 floor()方法。代码如下：

```
<script type="text/javascript">
    var a=Math.floor(2.6);
    var b=Math.floor(2.3);
    var c=Math.floor(6);
    var d=Math.floor(6.1);
    var e=Math.floor(-6.1);
    var f=Math.floor(-6.9)
    document.write(a+"<br>");
    document.write(b+"<br>");
    document.write(c+"<br>");
    document.write(d+"<br>");
    document.write(e+"<br>");
    document.write(f);
</script>
```

运行结果：2
            2
            6
            6
            -7
            -7

8．confirm()方法

Window 对象的 confirm()方法用于显示一个带有指定消息以及"确定"和"取消"按钮的对话框。如果用户单击"确定"按钮，该方法返回 true，否则返回 false。语法如下：

```
confirm(message)
```

参数 message 为要在对话框中显示的纯文本。

例如，在页面中弹出"确定要退出游戏吗？"对话框，代码如下：

```
<script type="text/javascript">
    var bool = window.confirm("确定要退出游戏吗？");
    if(bool == true){                    //如果用户单击了"确定"按钮
        alert("您已退出游戏房间！");
    }
</script>
```

9．prompt()方法

Window 对象的 prompt()方法用于显示可提示用户进行输入的对话框。语法如下：

```
prompt(msg,defaultText)
```

☑ msg：可选参数，表示要在对话框中显示的纯文本。

☑ defaultText：可选参数，表示默认的输入文本。

例如，当浏览器打开时，弹出一个提示对话框，单击"确定"按钮后，返回输入框中的数据，代码如下：

```html
<p id="demo"></p>
<script type="text/javascript">
    var x;
    var person=prompt("请输入名字","张三");
    if (person!=null && person!=""){
        x="你好！" + person;
        document.getElementById("demo").innerHTML=x;
    }
</script>
```

10．getElementById()方法

getElementById()方法是 DOM 中定义的查找元素的方法，用于返回对拥有指定 id 的第一个对象的引用。语法如下：

```
document.getElementById(elementID)
```

参数 elementID 为必选参数，表示元素的 id 属性值。

11．innerHTML 属性

innerHTML 属性用于设置或返回元素含有的 HTML 文本,不包括元素本身的开始标记和结束标记。例如，通过 innerHTML 属性设置<div>标记的内容，代码如下：

```html
<div id="demo"></div>
<script type="text/javascript">
    document.getElementById("demo").innerHTML="功夫不负有心人";
</script>
```

运行结果：功夫不负有心人

实战技能强化训练

训练一：基本功强化训练

1．获取 3 个数字中的最小值　　　　　　　▷①②③④⑤⑥

定义 3 个数值型变量，值分别为 9、6 和 3。应用简单 if 语句获取这 3 个数字中的最小值，实现效

果如图 2.1 所示。

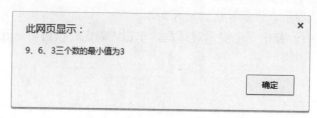

图 2.1 获取 3 个数字中的最小值

2. 判断身体质量指数 ▷①②③④⑤⑥

身体质量指数（BMI）是目前国际上常用的衡量人体胖瘦程度以及是否健康的一个标准。以男性为例，BMI 值低于 20 表示体重过轻，BMI 值在 20 到 25 之间表示体重适中，BMI 值在 25 到 30 之间表示体重过重，BMI 值在 30 到 35 之间表示肥胖，BMI 值高于 35 表示非常肥胖。假如某男性的 BMI 值为 23，判断该男性的体重状况，实现效果如图 2.2 所示。

3. 判断当前季节 ▷①②③④⑤⑥

使用 switch 语句判断当前月份属于哪个季节，效果如图 2.3 所示。

（提示：应用 Date 对象获取当前的月份）

4. 输出员工每年的工资情况 ▷①②③④⑤⑥

某企业正式员工的工龄每增加一年，工龄工资增长 50 元。假设某员工已经工作了 5 年，他的基本工资为 3000 元，应用 do...while 语句计算并输出该员工每一年的实际工资情况，效果如图 2.4 所示。

5. 循环输出年份和月份 ▷①②③④⑤⑥

为了使用户能够方便地选择年、月、日等日期信息，可以把它们放在下拉列表中输出。编写程序，通过循环语句输出年份和月份，实现效果如图 2.5 所示。

（提示：应用 for 语句循环输出 option 元素）

BMI：23
结果：体重适中

现在是 6 月
当前月份属于夏季

员工工作 1 年后的工资为 3050 元
员工工作 2 年后的工资为 3100 元
员工工作 3 年后的工资为 3150 元
员工工作 4 年后的工资为 3200 元
员工工作 5 年后的工资为 3250 元

图 2.2 判断 BMI   图 2.3 判断当前季节   图 2.4 输出工资情况   图 2.5 循环输出年份和月份

6. 计算 1~1000 以内 26 的倍数之和　▷①②③④⑤⑥

在 for 循环语句中应用 continue 语句，计算 1~1000 所有 26 的倍数的和，效果如图 2.6 所示。

图 2.6　计算 1~1000 以内 26 的倍数之和

7. 判断当前月份的天数　▷①②③④⑤⑥

应用 switch 语句判断当前月份有多少天，并将结果输出到页面中，实现效果如图 2.7 所示。

（提示：应用 Date 对象获取当前的月份）

图 2.7　判断当前月份的天数

训练二：实战能力强化训练

8. 显示数字对应的星期　▷①②③④⑤⑥

编写程序，根据用户在文本框中输入的数字（0~6），通过对话框显示对应的是星期几（0 对应星期日，1 对应星期一，……，6 对应星期六），实现效果如图 2.8 所示。

（提示：应用 switch 语句判断数字对应的星期，并将其定义在函数中）

9. 输出数字图案　▷①②③④⑤⑥

在页面中输出如图 2.9 所示的数字图案，其中，相临数字之间用空格进行分隔。

（提示：应用嵌套的 for 循环语句）

图 2.8 显示数字对应的星期

图 2.9 输出数字图案

10．输出由 "*" 组成的三角形   ▷①②③④⑤⑥

输出由 "*" 组成的三角形图案。该三角形图案共 5 行，第 1 行 1 颗星，第 2 行 2 颗星，第 3 行 3 颗星，第 4 行 4 颗星，第 5 行 5 颗星，其中，每行的 "*" 之间有一个空格间隔，实现效果如图 2.10 所示。

（提示：应用嵌套的 for 循环语句）

11．获取满足条件的三位数   ▷①②③④⑤⑥

某三位数 ABC 是 6 的倍数，并且个位数加上十位数等于百位数（即：A=B+C）。获取满足条件的所有三位数，实现效果如图 2.11 所示。

图 2.10 输出由 "*" 组成的三角形

图 2.11 获取满足条件的三位数

12．计算两个一位整数相加的结果   ▷①②③④⑤⑥

编写一个计算两个一位整数相加的程序。随机生成两个一位整数，在提示对话框中回答相加结果，根据回答结果给出 "正确" 或 "错误" 的提示，并询问是否继续答题，效果如图 2.12 和图 2.13 所示。

（提示：应用 break 语句跳出 while 循环）

图 2.12 整数相加

图 2.13 判断答题结果

13．检测空气质量状况 ▷①②③④⑤⑥

空气污染指数（API）是评估空气质量状况的一组数字。如果空气污染指数为 0~100，空气质量状况属于良好；如果空气污染指数为 101~200，空气质量状况属于轻度污染；如果空气污染指数为 201~300，空气质量状况属于中度污染；如果空气污染指数大于 300，空气质量状况属于重度污染。编写程序，根据输入的数值判断相应的空气污染程度，实现效果如图 2.14 所示。

14．输出 5 行 6 列的表格 ▷①②③④⑤⑥

应用嵌套的循环语句，输出一个 5 行 6 列的表格，并在单元格中输出对应的数字，如图 2.15 所示。

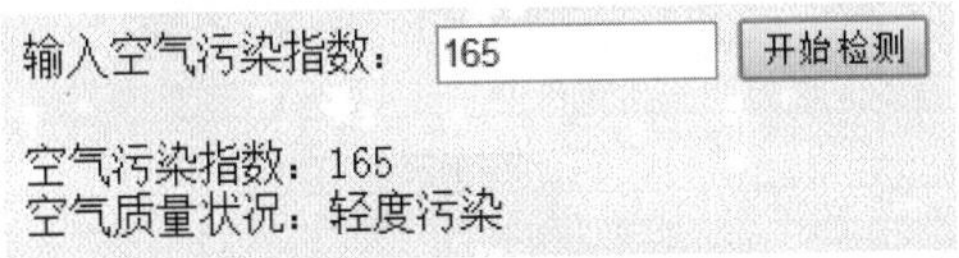

图 2.14 检测空气质量状况

1	2	3	4	5	6
7	8	9	10	11	12
13	14	15	16	17	18
19	20	21	22	23	24
25	26	27	28	29	30

图 2.15 输出 5 行 6 列的表格

学习指南

第3章 函 数

本章训练任务对应核心技术分册第4章函数部分。

重点练习内容：

1. 函数的几种定义方法。
2. 函数参数的使用。
3. 函数返回值的使用。
4. 嵌套函数的使用。
5. 递归函数的使用。
6. 熟悉变量的作用域。

应用技能拓展学习

1. 事件属性

（1）onblur 事件属性

onblur 事件属性在元素失去焦点时触发。语法格式如下：

```
<element onblur="script">
```

参数 script 用于规定该 onblur 事件触发时执行的脚本。

例如，在文本框中输入小写字符，当文本框失去焦点时将字符转换为大写。代码如下：

```
<script type="text/javascript">
    function toUpper(){
        var str = document.getElementById("name");
        str.value = str.value.toUpperCase();
    }
</script>
<input type="text" name="name" id="name" onblur="toUpper()">
```

运行结果如图 3.1 和图 3.2 所示。

www.mingrisoft.com	WWW.MINGRISOFT.COM
图 3.1　输入小写字符	图 3.2　文本框失去焦点时转为大写字符

（2）onchange 事件属性

onchange 事件属性在元素值发生改变时触发。语法格式如下：

```
<element onchange="script">
```

参数 script 用于规定该 onchange 事件触发时执行的脚本。

例如，当改变下拉菜单选项时输出选择的选项。代码如下：

```
<script type="text/javascript">
    function show(type){
        alert("您选择的是"+type);
    }
</script>
<select onchange="show(this.value)">
    <option value="OPPO 手机">OPPO 手机</option>
    <option value="华为手机">华为手机</option>
    <option value="小米手机">小米手机</option>
</select>
```

运行结果如图 3.3 所示。

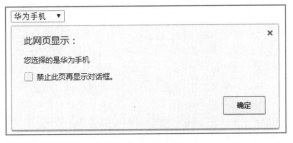

图 3.3　实现效果

（3）　onfocus 事件属性

onfocus 事件属性在元素获得焦点时触发。语法格式如下：

```
<element onfocus="script">
```

参数 script 用于规定该 onfocus 事件触发时执行的脚本。

例如，当文本框获得焦点时设置文本框的背景颜色，代码如下：

```
<script type="text/javascript">
    function setColor(){
        var word = document.getElementById("name");
        word.style.background = 'lightgreen';
    }
</script>
<input type="text" id="name" onfocus="setColor()">
```

运行结果如图 3.4 和图 3.5 所示。

图 3.4　文本框原背景色　　　　　　　　　　图 3.5　文本框获得焦点时的背景色

2．style 对象简介

（1）什么是 style 对象

style 对象是 HTML 对象的一个属性。style 对象提供了一组对应于浏览器所支持的 CSS 样式的属性（如 background、fontSize 和 borderColor 等）。每一个 HTML 对象都有一个 style 属性，可以使用这个属性访问 CSS 样式属性。

在 style 对象中，样式标签属性和样式属性基本上是相互对应的，两种属性的用法也基本相同。唯一的区别是样式标签属性用于设置对象的属性，而样式属性用于检索或更改对象的属性。也可以说，样式标签属性是静态属性，样式属性是动态属性。

例如，利用 style 对象改变字体的大小，代码如下：

```
<style type="text/css">
    body{
        color: green;
    }
    p{
        font-size: 12px;
    }
</style>
<body>
<p id="pid">改变字体大小</p>
<script type="text/javascript">
    document.getElementById("pid").style.fontSize = '36px';
</script>
</body>
```

（2）borderColor 属性

通过 style 对象的 borderColor 属性可以设置元素边框的颜色。borderColor 属性可以使用 1~4 种颜色，具体说明如下。

☑　使用 1 种颜色：代码"Object.style.borderColor= 'red'"表示将所有边框设置为红色。

☑　使用 2 种颜色：代码"Object.style.borderColor='red green'"表示将上、下边框设置为红色，左、右边框设置为绿色。

☑　使用 3 种颜色：代码"Object.style.borderColor='red green blue'"表示将上边框设置为红色，左、右边框设置为绿色，下边框设置为蓝色。

☑　使用 4 种颜色：代码"Object.style.borderColor='red green blue yellow'"表示将上边框设置为红色，右边框设置为绿色，下边框设置为蓝色，左边框设置为黄色。

（3）display 属性

通过 style 对象中的 display 属性可以设置或返回元素的显示类型。display 属性允许用户显示或隐藏一个元素，与 visibility 属性类似。所不同的是，如果设置 display:none，将隐藏整个元素；如果设置 visibility:hidden，元素的内容将不可见，但元素会保持原来的位置和大小。

设置 display 属性的语法格式如下：

```
Object.style.display="value"
```

返回 display 属性的语法格式如下：

```
Object.style.display
```

display 属性的可选值及其说明如表 3.1 所示。

表 3.1　display 属性的可选值及说明

属　　性	说　　明
block	设置元素为块级元素
compact	设置元素为块级元素或内联元素，取决于上下文
inherit	display 属性的值从父元素继承
inline	默认，设置元素为内联元素
inline-block	设置元素为内联盒子内的块盒子
inline-table	设置元素为内联表格（类似<table>），表格前后没有换行符
list-item	设置元素为列表
marker	该值在盒子前后设置内容作为标记(与:before 和:after 伪元素一起使用,否则该值与 inline 相同)
none	设置元素不被显示
run-in	设置元素为块级或内联元素，取决于上下文
table	设置元素为块级表格（类似<table>），表格前后带有换行符
table-caption	设置元素为表格标题（类似<caption>）
table-cell	设置元素为表格单元格（类似<td>和<th>）
table-column	设置元素为单元格的列（类似<col>）
table-column-group	设置元素为一个或多个列的分组（类似<colgroup>）
table-footer-group	设置元素为表格页脚行（类似<tfoot>）
table-header-group	设置元素为表格页眉行（类似<thead>）
table-row	设置元素为表格行（类似<tr>）
table-row-group	设置元素为一个或多个行的分组（类似<tbody>）

例如，单击"隐藏文本"按钮时设置文本隐藏，代码如下：

```
<script type="text/javascript">
    function hiddenText(){
        document.getElementById("demo").style.display="none";
```

```
    }
</script>
<p id="demo">天生我材必有用</p>
<input type="button" onclick="hiddenText()" value="隐藏文本">
```

3. ceil()方法

ceil()方法是 Math 对象中的一个方法，用于对一个数字进行上舍入。如果参数是一个整数，则该值不变。语法如下：

```
Math.ceil(x)
```

参数 x 为必选参数，表示用于操作的数字。

例如，将不同的数应用 ceil()方法。代码如下：

```
<script type="text/javascript">
    var a=Math.ceil(2.6);
    var b=Math.ceil(2.3);
    var c=Math.ceil(6);
    var d=Math.ceil(6.1);
    var e=Math.ceil(-6.1);
    var f=Math.ceil(-6.9);
    document.write(a+"<br>");
    document.write(b+"<br>");
    document.write(c+"<br>");
    document.write(d+"<br>");
    document.write(e+"<br>");
    document.write(f);
</script>
```

运行结果：3
　　　　　3
　　　　　6
　　　　　7
　　　　　-6
　　　　　-6

4. getElementsByName()方法

getElementsByName()方法是 DOM 中定义的查找元素的方法，用于返回带有指定名称的对象的集合。语法如下：

```
document.getElementsByName(name)
```

参数 name 为必选参数，表示元素的名称。

例如，单击按钮获取指定名称的复选框的个数，代码如下：

```
<script type="text/javascript">
    function getElements(){
        var likes=document.getElementsByName("like");
        alert(likes.length);
    }
</script>
<input name="like" type="checkbox" value="游戏">游戏
<input name="like" type="checkbox" value="娱乐">娱乐
<input name="like" type="checkbox" value="体育">体育
<input type="button" onclick="getElements()" value="获取复选框个数">
```

运行结果如图 3.6 所示。

图 3.6　实现效果

5．focus()方法

focus()方法用于为元素设置焦点。语法如下：

```
HTMLElementObject.focus()
```

例如，当单击按钮时使文本框获得焦点。代码如下：

```
<script type="text/javascript">
    function getFocus() {
        document.getElementById("myText").focus();
    }
</script>
<input type="text" id="myText">
<input type="button" value="获取焦点" onclick="getFocus()">
```

运行结果如图 3.7 和图 3.8 所示。

图 3.7　获得焦点前 　　　　　　　　　　　图 3.8　获得焦点后

实战技能强化训练

训练一：基本功强化训练

1. 输出收货地址　▷①②③④⑤⑥

在电子商城网站收货人信息的收货地址栏中，地址由省、市、区和详细地址组成。试着定义一个address()函数，该函数包含省、市、区和详细地址 4 个参数，调用函数时通过传递的参数可以拼接出一个完整的收货地址，实现效果如图 3.9 所示。

2. 输出商品信息　▷①②③④⑤⑥

在定义的函数中将商品信息作为函数的返回值，通过调用函数及传递参数，输出商品信息，实现效果如图 3.10 所示。

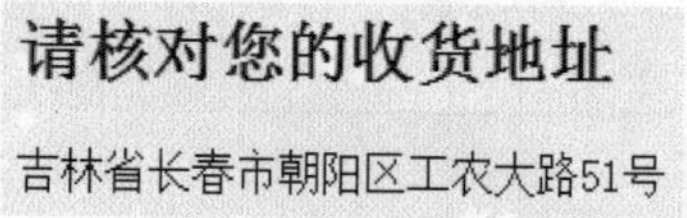
请核对您的收货地址
吉林省长春市朝阳区工农大路51号

图 3.9　输出收货地址

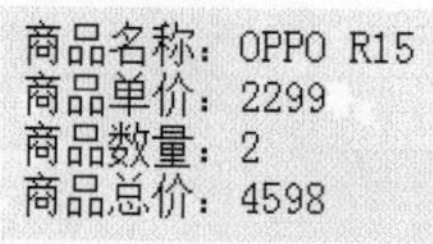
商品名称：OPPO R15
商品单价：2299
商品数量：2
商品总价：4598

图 3.10　输出商品信息

3. 获取 3 个数字的最小值　▷①②③④⑤⑥

定义一个获取 3 个数字中最小值的函数，将要比较的 3 个数字作为函数的参数进行传递，输出 12、10、15 三个数字中的最小值，实现效果如图 3.11 所示。

此网页显示：
12、10、15三个数字的最小值为10
确定

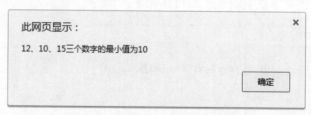

图 3.11　获取 3 个数字的最小值

4. 计算数字的平方　▷①②③④⑤⑥

编写一个函数，计算文本框中输入数字的平方数，实现效果如图 3.12 所示。

（提示：将文本框中输入的数字作为函数参数）

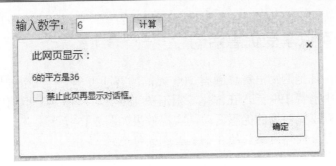

图 3.12　计算数字的平方

5. 输出自定义的表格

▷①②③④⑤⑥

利用自定义函数向页面中输出一个自定义的表格，将表格的行数、列数、宽度、高度、边框宽度和边框颜色作为函数的参数进行传递，输出一个 4 行 6 列的表格，实现效果如图 3.13 所示。

（提示：在函数中应用嵌套 for 循环语句）

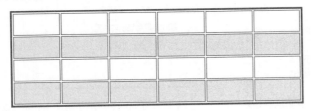

图 3.13　输出自定义的表格

6. 判断游客需要购买哪种门票

▷①②③④⑤⑥

某动物园规定：游客在购买门票时，如果游客年龄在 65 周岁以上，则免票；如果游客年龄在 60 周岁到 65 周岁之间，则需购买半价票；如果游客年龄在 60 周岁以下，则需购买全价票。在文本框中输入游客年龄，当文本框失去焦点时，输出该游客需要购买哪种门票，实现效果如图 3.14 所示。

（提示：将文本框中输入的游客年龄作为函数参数进行传递）

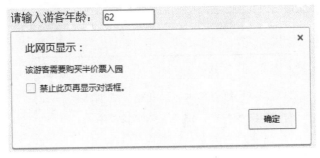

图 3.14　判断游客需要购买哪种门票

7. 判断顾客是否可以享受优惠活动　▷①②③④⑤⑥

　　某商场搞促销活动，凡是购物消费总额满 500 元的顾客即可享受打九折的优惠活动。某顾客去商场购物，他在商场超市中消费 199 元，在洗化专柜消费 156 元，在服装专柜消费 165 元，应用函数的嵌套判断该顾客是否可以享受商场的优惠活动。实现效果如图 3.15 所示。

　　（提示：将 3 个消费金额作为函数的 3 个参数进行传递）

8. 计算两个数的最大公约数　▷①②③④⑤⑥

　　应用递归函数计算两个正整数的最大公约数。计算两个正整数 m 和 n 的最大公约数的递归算法为：如果 m 能够被 n 整除，那么 n 即为最大公约数；否则先计算出 m 除以 n 后的余数，然后计算除数 n 和余数的最大公约数即为 m 和 n 的最大公约数。实现效果如图 3.16 所示。

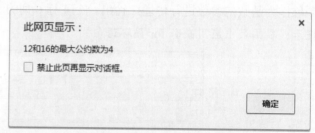

该顾客一共消费520元
该顾客可以享受9折优惠

图 3.15　判断顾客是否可以享受优惠活动　　　　图 3.16　计算两个数的最大公约数

训练二：实战能力强化训练

9. 设置对话框的边框样式　▷①②③④⑤⑥

　　编写程序，对页面弹出对话框的边框样式进行设置。在页面中会输出"单击打开对话框"超链接，单击该超链接将弹出一个有特殊样式边框的对话框。如图 3.17 所示，窗口左、右边框为蓝色虚线，上、下边框为红色实线。单击对话框右上角的"关闭"按钮，将关闭对话框。

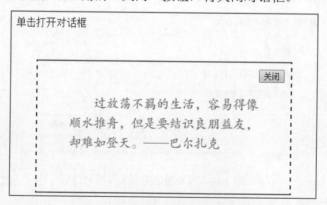

图 3.17　设置对话框的边框样式

10. 判断指定年份和月份的天数　　　　　　▷①②③④⑤⑥

在下拉菜单中选择年份和月份，将年份和月份作为函数的参数进行传递，应用函数的嵌套判断指定年份和月份对应的天数。实现效果如图 3.18 所示。

（提示：将年份和月份作为函数参数，在函数中根据月份判断对应的天数）

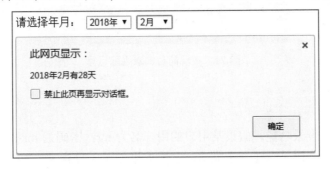

图 3.18　判断指定年份和月份的天数

11. 模拟抽奖游戏　　　　　　　　　　　　▷①②③④⑤⑥

编写程序，模拟幸运数字抽奖游戏。设置幸运数字为 6，每次随机生成 3 个 1~9（包括 1 和 9）的整数，当 3 个随机数中有一个数字为 6 时，表示中奖。实现效果如图 3.19 所示。

（提示：在函数中将 3 个随机数与幸运数字 6 进行比较，判断是否中奖）

12. 输出 1000 以内能同时被 6 和 9 整除的正整数　▷①②③④⑤⑥

编写一个判断某个整数是否能同时被 6 和 9 整除的匿名函数，在页面中输出 1000 以内所有能同时被 6 和 9 整除的正整数，要求每行显示 7 个数字，实现效果如图 3.20 所示。

（提示：在 for 循环语句中循环调用定义的匿名函数）

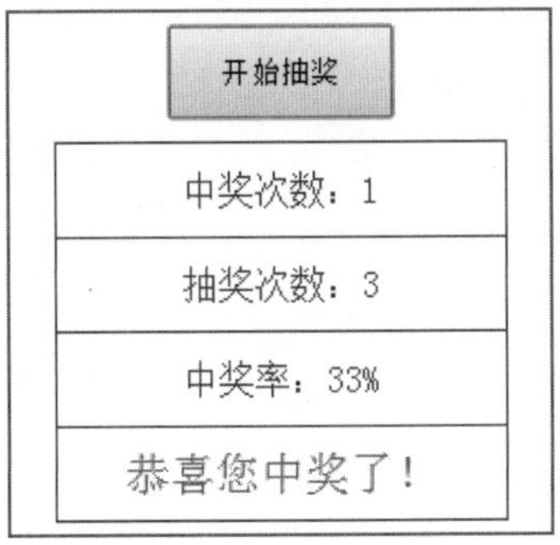

开始抽奖
中奖次数：1
抽奖次数：3
中奖率：33%
恭喜您中奖了！

图 3.19　模拟抽奖游戏

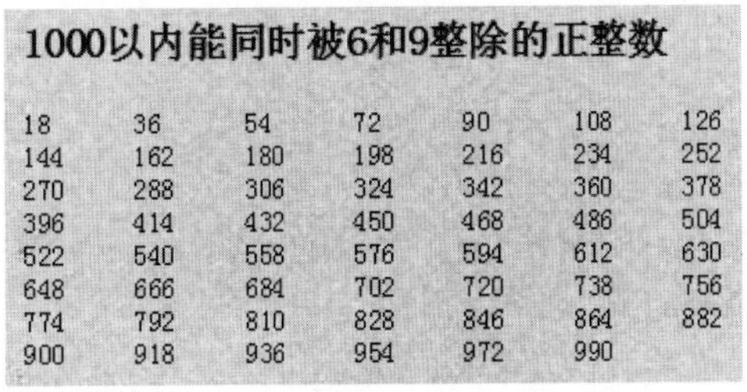

1000以内能同时被6和9整除的正整数

18	36	54	72	90	108	126
144	162	180	198	216	234	252
270	288	306	324	342	360	378
396	414	432	450	468	486	504
522	540	558	576	594	612	630
648	666	684	702	720	738	756
774	792	810	828	846	864	882
900	918	936	954	972	990	

图 3.20　输出 1000 以内能同时被 6 和 9 整除的正整数

13. 实现简易加减乘除运算　▷①②③④⑤⑥

　　编写程序，实现简易的加减乘除运算功能。运行程序，在页面中输出 3 个文本框和一个下拉菜单，在前两个文本框中输入要进行运算的数字，然后选择下拉菜单中的某个运算符，当鼠标单击第 3 个文本框时会显示运算结果，实现效果如图 3.21 所示。

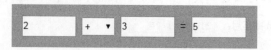

图 3.21　实现简易加减乘除运算

14. 模拟用户登录　▷①②③④⑤⑥

　　编写程序，模拟用户登录功能。假设某用户的用户名为 mr，密码为 mrsoft，应用匿名函数判断登录表单中输入的用户名和密码是否能登录成功，实现效果如图 3.22 所示。

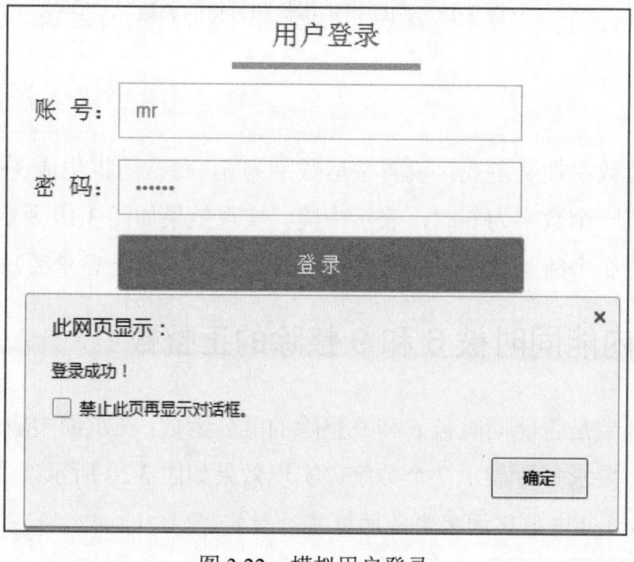

图 3.22　模拟用户登录

第 4 章　自定义对象

学习指南

本章训练任务对应核心技术分册第 5 章自定义对象部分。

重点练习内容：

1. 直接创建自定义对象的方法。
2. 通过自定义构造函数创建对象的方法。
3. 通过Object对象创建自定义对象的方法。
4. for…in语句的使用。
5. with语句的使用。

应用技能拓展学习

1. JavaScript 数组

（1）什么是数组

数组（Array）是一组数据的集合，可以使用单独的变量名来存储一系列的值。数组中的每个元素都有自己的索引，通过索引可以很容易地访问到每个数组元素。数组的索引从 0 开始编号，例如，第一个数组元素的索引是 0，第二个数组元素的索引是 1，以此类推。

（2）定义数组的几种方式

☑　常规方式

可以定义一个空数组，不包含数组元素，后期再向数组中添加数组元素。例如：

```
<script type="text/javascript">
    var phones=new Array();
    phones[0]="OPPO";
    phones[1]="vivo";
    phones[2]="华为";
</script>
```

☑　简洁方式

定义数组的同时直接给出数组元素的值。此时，数组的长度就是在括号中给出的数组元素的个数。例如：

```
<script type="text/javascript">
    var phones=new Array("OPPO","vivo","华为");
</script>
```

☑ 字面方式

定义数组时，直接将数组元素放在一个中括号中，元素之间用逗号分隔。例如：

```
<script type="text/javascript">
    var phones=["OPPO","vivo","华为"];
</script>
```

（3）访问数组元素

通过指定数组名以及数组元素索引号，可以访问某个特定的数组元素。例如：

```
<script type="text/javascript">
    var phones=["OPPO","vivo","华为"];
    document.write(phones[0]+"<br>");
    document.write(phones[1]+"<br>");
    document.write(phones[2]);
</script>
```

运行结果：OPPO

　　　　vivo

　　　　华为

（4）获取数组长度

数组长度即数组元素的数量。通过 length 属性可以返回数组的长度。例如：

```
<script type="text/javascript">
    var phones=["OPPO","vivo","华为"];
    document.write(phones.length);
</script>
```

运行结果：3

2. Date 对象的 4 个方法

（1）getDate()方法

在 Date 对象中提供了 getDate()方法，该方法用于返回月份的某一天，返回值是 1~31 的一个整数。语法格式如下：

```
dateObj.getDate()
```

参数 dateObj 为创建的 Date 对象名。

例如，输出使用数字表示的当前日期。代码如下：

```
<script type="text/javascript">
    var now = new Date();
    document.write(now.getDate());
</script>
```

运行结果：11

（2）getHours()方法

在 Date 对象中提供了 getHours()方法，该方法用于返回时间的小时字段，返回值是 0（午夜）~23（晚上 11 点）的一个整数。语法格式如下：

```
dateObj.getHours()
```

参数 dateObj 为创建的 Date 对象名。

（3）getMinutes()方法

在 Date 对象中提供了 getMinutes()方法，该方法用于返回时间的分钟字段，返回值是 0~59 的一个整数。语法格式如下：

```
dateObj.getMinutes()
```

参数 dateObj 为创建的 Date 对象名。

（4）getSeconds()方法

在 Date 对象中提供了 getSeconds()方法，该方法用于返回时间的秒字段，返回值是 0~59 的一个整数。语法格式如下：

```
dateObj.getSeconds()
```

参数 dateObj 为创建的 Date 对象名。

例如，应用 getHours()方法、getMinutes()方法和 getSeconds()方法获取当前时间，代码如下：

```
<script type="text/javascript">
    var now = new Date();
    var h = now.getHours();
    var m = now.getMinutes();
    var s = now.getSeconds();
    document.write(h + ":" + m + ":" + s);
</script>
```

运行结果：10:21:57

3．为元素绑定 onclick 事件

在 JavaScript 中，为元素绑定 onclick 事件的语法如下：

```
object.onclick=function(){
    SomeJavaScriptCode
};
```

参数 SomeJavaScriptCode 为必选参数，用于指定该事件发生时执行的 JavaScript 代码。

例如，为"测试"按钮绑定 onclick 事件，当单击按钮时弹出相应的对话框。代码如下：

```
<button id="test">测试</button>
<script type="text/javascript">
    document.getElementById("test").onclick = function () {
```

```
        alert("您单击了测试按钮");
    }
</script>
```

4．onload 事件

onload 事件在页面或图像加载完成后触发。在 JavaScript 中，触发 onload 事件的语法如下：

```
window.onload=function(){
    SomeJavaScriptCode
};
```

参数 SomeJavaScriptCode 为必选参数。用于规定该事件发生时执行的 JavaScript 代码。
例如，当页面加载完成后弹出"页面加载完成"的对话框，代码如下：

```
<script type="text/javascript">
    window.onload = function () {
        alert("页面加载完成");
    }
</script>
```

实战技能强化训练

训练一：基本功强化训练

1．输出歌曲信息　▷①②③④⑤⑥

应用直接创建自定义对象的方法，定义一个歌曲对象，属性包括歌曲的名称（name）、歌曲原唱
（original）、发行时间（time）和音乐风格（style），并输出这些属性，实现效果如图 4.1 所示。

2．输出影片信息　▷①②③④⑤⑥

通过自定义构造函数的方法，定义一个电影对象，属性包括电影的名称（name）、导演（director）、
类型（type）和主演（actor），并输出这些属性，实现效果如图 4.2 所示。

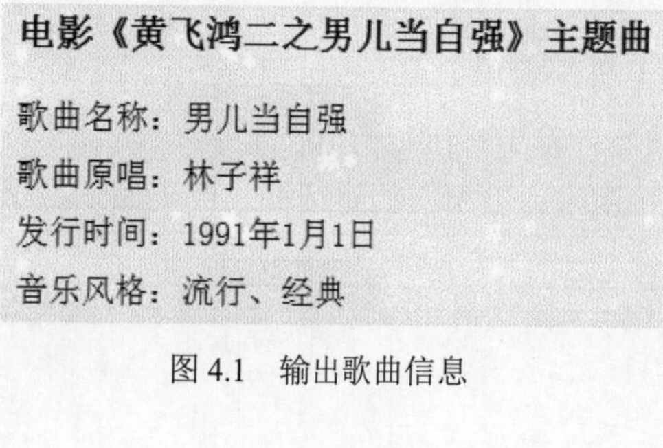

电影《黄飞鸿二之男儿当自强》主题曲

歌曲名称：男儿当自强
歌曲原唱：林子祥
发行时间：1991年1月1日
音乐风格：流行、经典

图 4.1　输出歌曲信息

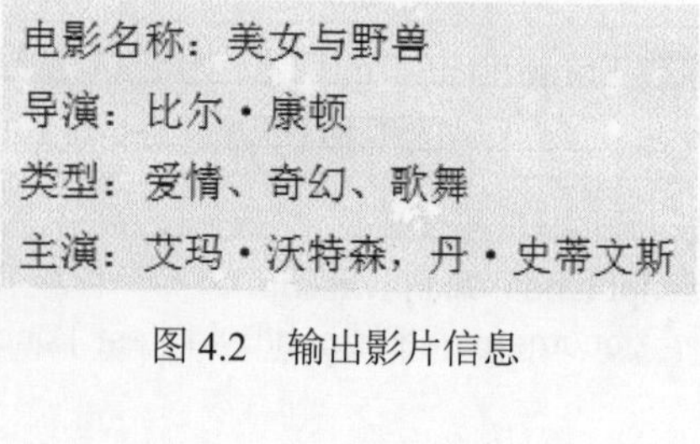

电影名称：美女与野兽
导演：比尔·康顿
类型：爱情、奇幻、歌舞
主演：艾玛·沃特森，丹·史蒂文斯

图 4.2　输出影片信息

3．输出高考成绩表　▷①②③④⑤⑥

定义一个考试成绩对象，在对象中定义高考各科的考试成绩以及统计高考总分的方法，输出该学生的高考成绩表，实现效果如图 4.3 所示。

（提示：在对象的方法中输出各科成绩以及总分）

4．输出人物信息　▷①②③④⑤⑥

创建一个人物对象，通过对象实例调用对象中的方法，输出人物的中文名、别名、师传、爱好、职业及主要成就，实现效果如图 4.4 所示。

高考成绩表	
数学	116
语文	123
外语	126
理科综合	236
总分	601

图 4.3　输出高考成绩表

中文名	令狐冲
别　名	风二中、吴天德、令狐掌门
师　传	岳不群、风清扬、任我行、方证
爱　好	喝酒、弹琴
职　业	侠客、恒山派掌门、武林盟主
主要成就	击杀东方不败，阻止武林动乱

图 4.4　输出人物信息

5．输出购物车信息　▷①②③④⑤⑥

应用构造函数创建一个购物车对象，向对象中添加方法，通过调用方法输出购物车中的商品，实现效果如图 4.5 所示。

（提示：为每一个商品创建一个对象实例）

商品名称	商品单价	商品数量	商品总价
海尔热水器	2300	1	2300
海信电视	3600	2	7200

图 4.5　输出购物车信息

6．输出球员信息　▷①②③④⑤⑥

使用 Object 对象创建一个球员对象，通过调用对象中的方法输出球员的中文名、所属运动队、位置和主要成就，效果如图 4.6 所示。

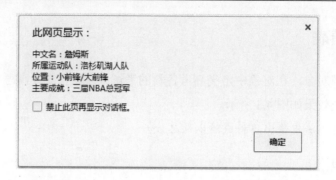

图 4.6　输出球员信息

7. 输出当前的日期和时间　　　　　▷①②③④⑤⑥

应用 with 语句实现对 Date 对象的多次引用，输出当前的日期和时间，实现效果如图 4.7 所示。

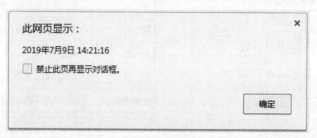

图 4.7　输出当前的日期和时间

8. 输出手机基本信息　　　　　▷①②③④⑤⑥

应用 for...in 循环语句，输出 OPPO R15 手机的基本信息，包括手机的中文名、存储和系统，实现效果如图 4.8 所示。

中文名	存储	系统
OPPO R15	6GB+128GB	ColorOS 5.0

图 4.8　输出手机基本信息

训练二：实战能力强化训练

9. 生成指定行数、列数的表格　　　　　▷①②③④⑤⑥

在 4 个文本框中分别输入表格的行数、列数、宽度和高度，单击"生成"按钮生成指定行数、列数、宽度和高度的表格，并且要求生成的表格隔行变色，效果如图 4.9 所示。

（提示：在单击按钮调用的函数中创建对象实例，并调用对象中的方法生成表格）

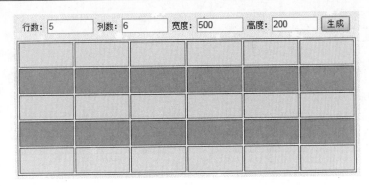

图 4.9　生成指定行数、列数的表格

10. 实现用户登录　▷①②③④⑤⑥

使用 Object 对象创建一个用户对象，当单击"登录"按钮时，通过调用方法传递用户输入的用户名和密码，实现用户登录功能，效果如图 4.10 所示。

（提示：在单击"登录"按钮调用的函数中实现判断用户登录的方法）

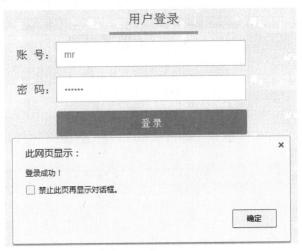

图 4.10　实现用户登录

11. 输出东北三省各省会城市旅游景点　▷①②③④⑤⑥

应用 for...in 循环语句输出东北三省的省份、省会以及旅游景点信息，实现效果如图 4.11 所示。

（提示：在 for...in 循环语句中应用 for 语句循环输出对象中定义的省份、省会以及旅游景点）

省份	省会	旅游景点
黑龙江省	哈尔滨市	太阳岛 圣索菲亚教堂 伏尔加庄园
吉林省	长春市	净月潭 长影世纪城 伪满皇宫博物院
辽宁省	沈阳市	沈阳故宫 沈阳北陵 张氏帅府

图 4.11　输出东北三省各省会城市旅游景点

12. 输出员工工资条   ▷①②③④⑤⑥

应用构造函数创建一个工资条对象，向对象中添加方法，在页面中以表格的形式输出员工的工资条，实现效果如图 4.12 所示。

序号	姓名	部门	基本工资	岗位工资	技能工资	工龄工资	实际工资	养老保险	失业保险	医疗保险	住房公积金	个税	实发工资
10	张无忌	开发部	3500	1500	2000	50	7050	377	30	80	366	200	5997

图 4.12　输出员工工资条

13. 随机生成指定位数的验证码   ▷①②③④⑤⑥

在 Web 应用程序中，通常在网站的注册页面或登录页面中加入随机生成的验证码。这里将应用自定义对象实现该功能。在文本框中输入生成验证码的位数，单击"生成"按钮，即可显示生成的随机验证码。实现效果如图 4.13 所示。

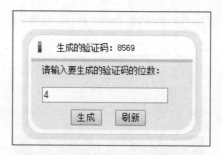

图 4.13　随机生成指定位数的验证码

第 5 章　常用内部对象

学习指南

本章训练任务对应核心技术分册第 6 章常用内部对象部分。

重点练习内容：

1．Math对象方法的使用。
2．创建Date对象的方法。
3．Date对象方法的使用。

应用技能拓展学习

1．String 对象中的 3 个方法

（1）substring()方法

substring()方法用于提取字符串中介于两个指定下标之间的字符。返回的子字符串包括开始下标处的字符，但不包括结束下标处的字符。语法格式如下：

```
stringObject.substring(from, to)
```

☑　stringObject：String 对象名或字符变量名。
☑　from：必选参数。一个非负的整数，用于指定要提取的子字符串的第一个字符在 stringObject 中的位置。
☑　to：可选参数。一个非负的整数，比要提取的子字符串的最后一个字符在 stringObject 中的位置多 1。如果省略该参数，那么返回的子字符串会一直提取到字符串的结尾。

例如，在字符串"你好 JavaScript"中，从下标为 2 的字符开始提取到字符串末尾。代码如下：

```
<script type="text/javascript">
    var str="你好 JavaScript";            //定义字符串
    document.write(str.substring(2));
</script>
```

运行结果：JavaScript

例如，在字符串"你好 JavaScript"中，从下标为 2 的字符开始提取到下标为 5 的字符。代码如下：

```
<script type="text/javascript">
    var str="你好 JavaScript";            //定义字符串
    document.write(str.substring(2,6));
</script>
```

运行结果：Java

（2）split()方法

split()方法用于将一个字符串分割成字符串数组。语法格式如下：

```
stringObject.split(separator,limit)
```

- ☑ stringObject：String 对象名或字符变量名。
- ☑ separator：可选参数。字符串或正则表达式，用于指定分割符。
- ☑ limit：可选参数。该参数可指定返回数组的最大长度。如果设置了该参数，返回的数组元素个数不会多于这个参数。如果没有设置该参数，整个字符串都会被分割，不考虑它的长度。

例如，将字符串"How are you"按照不同方式进行分割。代码如下：

```
<script type="text/javascript">
    var str="How are you";
    document.write(str.split(" ")+"<br>");
    document.write(str.split("")+"<br>");
    document.write(str.split(" ",2));
</script>
```

运行结果：How,are,you

H,o,w, ,a,r,e, ,y,o,u

How,are

（3）charAt()方法

charAt()方法可返回字符串中指定位置的字符。语法格式如下：

```
stringObject.charAt(index)
```

参数 index 为必选参数，表示字符串中某个位置的数字，即字符在字符串中的下标。

例如，获取字符串中下标为 2 的字符。代码如下：

```
<script type="text/javascript">
    var str = "未来值得期待";
    document.write(str.charAt(2));
</script>
```

运行结果：值

2. setTimeout()方法

Window 对象的 setTimeout()方法用于在指定的毫秒数后调用函数或计算表达式。语法格式如下：

```
setTimeout(要执行的代码或函数, 等待的毫秒数)
```

例如，经过 3 秒钟执行 JavaScript 代码，在页面中弹出一个对话框。代码如下：

```
<script type="text/javascript">
    setTimeout("alert('对不起，让您久等了！')", 3000 )
</script>
```

例如，经过 3 秒钟执行 JavaScript 函数，使页面中指定的文本消失。代码如下：

```html
<p id="content">三秒钟后消失!</p>
<script type="text/javascript">
    setTimeout("changeState()",3000 );
    function changeState(){
        var content=document.getElementById('content');
        content.innerHTML="";
    }
</script>
```

3. setInterval()方法和 clearInterval()方法

（1）setInterval()方法

Window 对象的 setInterval()方法可按照指定周期（以毫秒计）调用函数或计算表达。语法格式如下：

```
setInterval(要执行的代码或函数, 等待的毫秒数)
```

例如，每隔两秒钟执行一次 JavaScript 代码，在页面中弹出一个对话框。代码如下：

```html
<script type="text/javascript">
    setInterval("alert('Hello JS');", 2000);
</script>
```

例如，每隔一秒钟执行一次函数，实时显示当前时间。代码如下：

```html
<p id="demo"></p>
<script type="text/javascript">
    var myVar = setInterval(function(){ myTime() }, 1000);
    function myTime() {
        var now = new Date();
        var time = now.toLocaleTimeString();
        document.getElementById("demo").innerHTML = time;
    }
</script>
```

（2）clearInterval()方法

clearInterval()方法可取消由 setInterval()方法设定的定时执行操作。该方法的参数必须是由 setInterval()方法返回的 ID 值。语法格式如下：

```
clearInterval(id_of_setinterval)
```

参数 id_of_setinterval 为调用 setInterval()函数时获得的返回值。

例如，当单击"停止"按钮时，取消实时显示当前时间的操作。代码如下：

```
<p id="demo"></p>
<button onclick="stop()">停止</button>
<script type="text/javascript">
    var timerID = setInterval(function(){ myTime() }, 1000);
    function myTime() {
        var now = new Date();
        var time = now.toLocaleTimeString();
        document.getElementById("demo").innerHTML = time;
    }
    function stop() {
        clearInterval(timerID);
    }
</script>
```

4．Radio 对象

Radio 对象表示 HTML 表单中的单选按钮。在 HTML 表单中，<input type="radio">每出现一次，就会创建一个 Radio 对象。访问表单中的 Radio 对象有两种方式，一是通过 formName.radioName[]进行访问，二是通过 document.getElementById()进行访问。

例如，页面中的表单代码如下：

```
<form name="form">
    <input type="radio" name="type" value="a" id="typeA">A
    <input type="radio" name="type" value="b" id="typeB">B
</form>
```

要访问表单中的第一个单选按钮，可以通过 form.type[0]进行访问，还可以通过 document.getElementById("typeA")进行访问。

在 Radio 对象中有多个属性，其中，checked 属性用于设置或返回单选按钮的状态。该属性值为 true 时，单选按钮处于被选中状态；该属性值为 false 时，单选按钮处于未被选中状态。例如，在上述代码中，应用"form.type[0].checked=true;"可将第一个单选按钮设置为选中状态。

实战技能强化训练

训练一：基本功强化训练

1．生成指定位数的随机数   ▷①②③④⑤⑥

生成指定位数的随机数，要求每位数字都在 3~7，实现效果如图 5.1 所示。
（提示：生成 3~7 的随机数，可以使用 Math.floor(Math.random()*5)+3）

随机数的位数：
6
生成
此网页显示：
745763
禁止此页再显示对话框。
确定

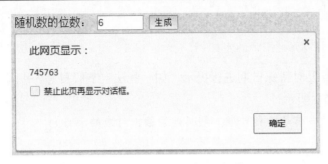

图 5.1　生成指定位数的随机数

2．获取当前日期时间

▷①②③④⑤⑥

编写程序，利用 Date 对象的 toLocaleString()方法直接获取本地系统日期时间，简化调用 Date 对象的多个方法获取时间的烦琐步骤，实现效果如图 5.2 所示。

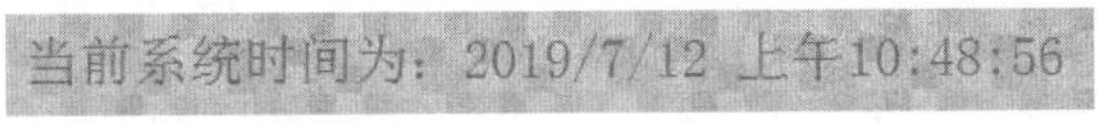

当前系统时间为：2019/7/12 上午10:48:56

图 5.2　获取当前日期时间

3．全中文显示日期

▷①②③④⑤⑥

网页中的日期时间格式大多是以数字形式显示的，很少看到以全中文格式显示的日期。编写程序，以全中文的格式显示日期，实现效果如图 5.3 所示。

4．高考倒计时

▷①②③④⑤⑥

以 2020 年高考时间作为倒计时，每次运行程序时，都会在页面中显示距 2020 年高考还有多少天的提示信息，实现效果如图 5.4 所示。

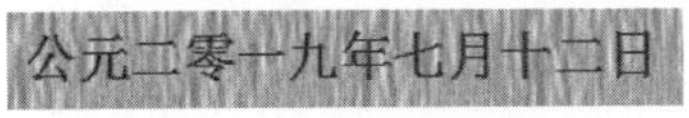

公元二零一九年七月十二日

图 5.3　全中文显示日期

距2020年高考时间还有331天！

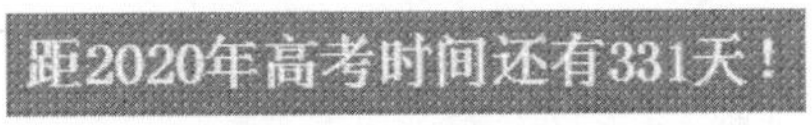

图 5.4　高考倒计时

5．计时器

▷①②③④⑤⑥

设计一个计时器。当用户单击“开始”按钮时，程序将开始计时，同时两个文本框中将显示秒数和毫秒数。当用户单击“停止”按钮时，程序将停止计时，并将停止时的秒数和毫秒数显示在文本框中。实现效果如图 5.5 所示。

1
秒
569
毫秒
开始
停止

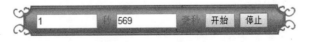

图 5.5　计时器

6．节日提示 ▷①②③④⑤⑥

开发网络程序时，需要对特殊日期进行提示，如一些法定节假日等。编写程序，在页面中实现节日提示功能，效果如图 5.6 所示。

（提示：根据获取的当前月份和日期，判断是否输出对应的节日）

7．实时显示系统时间 ▷①②③④⑤⑥

在网页中实时显示当前时间，不但可以给网页增色，还可以方便浏览者掌握当前时间。编写程序，将实时显示系统时间的代码封装在一个单独函数中，实时显示系统时间，效果如图 5.7 所示。

（提示：在获取时间的函数中应用 setTimeout()方法）

2019年10月1日 星期二 国庆节

图 5.6　节日提示

现在时间：[10:46:56]

图 5.7　实时显示系统时间

8．商品抢购倒计时 ▷①②③④⑤⑥

各大购物网站在双十一时都会推出商品抢购活动，用户在规定的时间内才可以抢购到某些商品。编写程序，模拟购物网站商品抢购倒计时以及商品秒杀倒计时的功能，效果如图 5.8 和图 5.9 所示。

（提示：使用"两个时间相隔的毫秒数/(24*60*60*1000)"并应用 floor()方法获得相隔的天数，然后使用"两个时间相隔的毫秒数%(24*60*60*1000)/(60*60*1000)"并应用 floor()方法获得剩余的小时数。以此类推，根据相同的方法获得剩余的分钟数和秒数）

商品抢购即将开始
距开始 00:15:56

图 5.8　商品抢购倒计时（1）

商品正在秒杀
距结束 00:23:56

图 5.9　商品抢购倒计时（2）

训练二：实战能力强化训练

9．生成随机字符串 ▷①②③④⑤⑥

开发网络应用程序时，经常需要自动生成指定位数的随机字符串。编写程序，模拟生成由数字或字母组成的随机字符串功能。在文本框中输入生成随机字符串的位数，单击"生成"按钮，即可显示生成的随机字符串，效果如图 5.10 所示。

10．猜数字大小 ▷①②③④⑤⑥

做一个简单的猜数字游戏（1~3 为小，4~6 为中，7~9 为大）。页面中的随机数不断变化，选择"小"

"中"或"大"单选按钮,单击"猜一猜"按钮,即可查看猜数字结果,效果如图 5.11 所示。

(提示:使用 Math.ceil(Math.random()*9)获得 1~9 的随机整数)

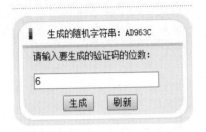

图 5.10 生成随机字符串

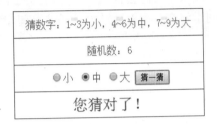

图 5.11 猜数字大小

11. 计算从出生到现在度过的时间　　▷①②③④⑤⑥

计算自己从出生到现在度过了多长时间。在 3 个文本框中分别输入出生年份、出生月份和出生日期,输入完毕之后单击"计算"按钮,在页面的文本框中显示用户到当前为止已度过的时间。实现效果如图 5.12 所示。

12. 计算两个日期之间的间隔小时数　　▷①②③④⑤⑥

实现计算两个日期之间的间隔小时数的功能。在页面中添加 3 个文本框,分别用于输入开始日期和结束日期,以及显示两个日期之间的间隔小时数,当用户单击显示间隔小时的文本框时,程序将会计算开始日期和结束日期之间的小时差,并将计算结果显示在"间隔小时"文本框中,实现效果如图 5.13 所示。

图 5.12 计算从出生到现在度过的时间

图 5.13 计算两个日期之间的间隔小时数

13. 数字时钟　　▷①②③④⑤⑥

在网页中加入数字时钟既可以增加页面的活力,又可以方便浏览者。编写程序,在页面中显示一个走动的数字时钟,实现效果如图 5.14 所示。

(提示:应用 charAt()方法获取时间字符串中的每一位数字,根据该数字输出对应的数字图片)

图 5.14 数字时钟

14．生日提醒器 ▷①②③④⑤⑥

在校友录中可能会提供一个专门为同学过生日的提示栏，当某个同学快过生日时，提示栏就会显示某个同学将在多少天后过生日。编写程序实现这一功能，实现效果如图 5.15 所示。

图 5.15　生日提醒器

第 6 章　数　　组

学习指南

本章训练任务对应核心技术分册第 7 章数组部分。

重点练习内容：

1. 定义数组的几种方法。
2. length属性的使用。
3. prototype属性的使用。
4. 数组对象方法的使用。

应用技能拓展学习

1. filter()方法

Array 对象的 filter()方法用于创建一个新的数组，其元素是指定数组中符合条件的所有元素。语法格式如下：

```
array.filter(function(currentValue,index,arr), thisValue)
```

（1）function(currentValue,index,arr) 参数

该参数为必选参数。这是一个回调函数，数组中的每个元素都会执行这个函数。

☑　currentValue：必选参数，表示当前元素的值。

☑　index：可选参数，表示当前元素的索引值。

☑　arr：可选参数，表示当前元素属于的数组对象。

（2）thisValue 参数

该参数为可选参数。在执行回调函数时使用，传递给函数，用作"this"的值。

例如，筛选出数组中小于 10 的元素。代码如下：

```html
<script type="text/javascript">
    var arr = [12, 6, 9, 26, 36];
    function check(num) {
        return num <= 10;
    }
    document.write(arr.filter(check));
</script>
```

运行结果：6,9

2．match()方法

String 对象的 match()方法可在字符串内检索指定的值，找到一个或多个正则表达式的匹配。语法格式如下：

```
string.match(regexp)
```

参数 regexp 为必选参数，用于指定要匹配的模式的 RegExp 对象。如果该参数不是 RegExp 对象，则需要先将它传递给 RegExp 构造函数，转换为 RegExp 对象。

例如，在字符串"I like Java and JavaScript"中全局查找"Java"。代码如下：

```
<script type="text/javascript">
    var str="I like Java and JavaScript";
    document.write(str.match(/Java/g));
</script>
```

运行结果：Java,Java

3．String 对象的 length 属性

length 属性用于返回字符串的长度（字符数）。语法格式如下：

```
string.length
```

例如，获取字符串"电影《银河补习班》即将上映，敬请期待！"的长度，代码如下：

```
<script type="text/javascript">
    var txt = "电影《银河补习班》即将上映，敬请期待！";
    document.write(txt.length);
</script>
```

运行结果：19

4．reduce()方法

Array 对象的 reduce()方法用于接收一个函数作为累加器，数组中的每个值开始缩减，最终计算为一个值。语法格式如下：

```
array.reduce(function(total, currentValue, currentIndex, arr), initialValue)
```

（1）function(total, currentValue, currentIndex, arr) 参数
该参数为必选参数，用于执行每个数组元素的函数。

☑ total：必选参数，定义的初始值，或者计算结束后的返回值。
☑ currentValue：必选参数，表示当前元素的值。

☑ currentIndex：可选参数，表示当前元素的索引。

☑ arr：可选参数，用于表示当前元素所属的数组对象。

（2）initialValue 参数

该参数为可选参数，用于定义传递给函数的初始值。

例如，计算数组中的元素相加后的总和。代码如下：

```javascript
<script type="text/javascript">
    var numbers = [26, 16, 65, 96];
    function sum(total, num) {
        return total + num;
    }
    document.write(numbers.reduce(sum));
</script>
```

运行结果：203

实战技能强化训练

训练一：基本功强化训练

1. 输出体育赛事导航 ▷①②③④⑤⑥

编写程序，使用指定数组长度的方式将几个热门体育赛事定义在数组中，在页面中输出由各体育赛事组成的导航栏，实现效果如图 6.1 所示。

图 6.1 输出体育赛事导航

2. 输出个人信息 ▷①②③④⑤⑥

使用直接指定数组元素的方式将用户个人信息保存在数组中，应用 for 循环语句在页面中输出该用户个人信息，实现效果如图 6.2 所示。

3. 输出高考成绩 ▷①②③④⑤⑥

将某学生的高考科目和高考分数分别保存在数组中，利用 prototype 属性自定义方法，输出该学生的各科分数以及总分，实现效果如图 6.3 所示。

姓名：张三
性别：男
年龄：30
爱好：体育 音乐
地址：吉林省长春市

图 6.2　输出个人信息

数学	语文	英语	理综
126	113	132	265
			总分：636

图 6.3　输出高考成绩

4. 输出公交信息 ▷①②③④⑤⑥

将长春市的 3 个公交线路（9 路、52 路、245 路）的基本信息输出在页面中，包括公交线路、始发站、终点站、首班车时间、末班车时间和票价等信息，实现效果如图 6.4 所示。

（提示：将每条公交线路信息定义成一个对象，将多个对象定义在数组中）

公交线路	始发站	终点站	首班车时间	末班车时间	票价
9路	九路车队	南关	05:20	20:50	1元
52路	红旗街	众恒路	06:00	20:40	1元
245路	长春站北口	欧亚卖场	05:40	19:20	1元

图 6.4　输出公交信息

5. 过滤图书信息 ▷①②③④⑤⑥

在图书信息列表中，找出书名包含 JavaScript 的所有图书信息。实现效果如图 6.5 所示。

（提示：过滤图书信息需要使用 filter()方法）

书名	作者	出版社
零基础学JavaScript	明日科技	吉林大学出版社
JavaScript范例宝典	明日科技	人民邮电出版社

图 6.5　过滤图书信息

6. 输出节目组成员名称 ▷①②③④⑤⑥

《极限闯关》节目组原有嘉宾成员 5 人，分别是罗小祥、王小迅、张小兴、黄小磊和孙小雷。录制了两期节目后，两位选手退出，两个补位选手是岳小鹏和雷小音。应用数组的方法来实现这个过程，并输出原有 5 位嘉宾成员和现有 5 位嘉宾成员的名称。实现效果如图 6.6 所示。

7. 输出列车途经站 ▷①②③④⑤⑥

由长春站始发，终到北京站的 D20 次列车途经车站为长春、昌图西、铁岭西、沈阳北、绥中北和北京。编写程序，正向及反向输出 D20 次列车的途经站，如图 6.7 所示。

	原有成员			
罗小祥	王小迅	张小兴	黄小磊	孙小雷
	现有成员			
罗小祥	王小迅	张小兴	岳小鹏	雷小音

途经站	长春	昌图西	铁岭西	沈阳北	绥中北	北京
反向站	北京	绥中北	沈阳北	铁岭西	昌图西	长春

图 6.6 输出节目组成员名称 　　　　　　　　　图 6.7 输出列车途经站

8. 计算一个日期是所在年份的第几天　　　▷①②③④⑤⑥

编写程序，计算一个日期是所在年份的第几天。在 3 个文本框中分别输入年份、月份和日期，输入完毕后单击"计算"按钮，在页面中显示该日期是所在年份的第几天。实现效果如图 6.8 所示。

（提示：定义一个数组 var days = new Array(31,29,31,30,31,30,31,31,30,31,30,31)，记录每个月有多少天）

请输入年月日： 2019 年 10 月 10 日 计算

2019年10月10日是2019年的第283天

图 6.8 计算一个日期是所在年份的第几天

训练二：实战能力强化训练

9. 输出购物车商品信息　　　　　　　　　▷①②③④⑤⑥

将购物车中的商品名称、商品单价以及商品数量分别定义在数组中，在表格中输出商品的名称、单价、数量、小计、产品数量总计以及合计金额，效果如图 6.9 所示。

10. 按降序排列高考成绩　　　　　　　　　▷①②③④⑤⑥

某考生的高考成绩为：数学 116 分、语文 108 分、外语 123 分、理综 232 分，对该考生的高考成绩进行降序排列，将结果输出在表格中，实现效果如图 6.10 所示。

商品	单价	数量	小计	操作
华为P30	¥4099	3	¥12297	收藏/删除
荣耀V20	¥2399	2	¥4798	收藏/删除
OPPO R17	¥1999	2	¥3998	收藏/删除
		产品数量总计：7		合计：¥21093

科目	得分
理综	232分
外语	123分
数学	116分
语文	108分

图 6.9 输出购物车商品信息 　　　　　　　图 6.10 按降序排列高考成绩

11. 输出 2018 年内地电影票房排行榜 ▷①②③④⑤⑥

　　将 2018 年内地电影票房排行榜前十名的影片名称和票房定义在数组中，对数组按影片票房进行降序排序，将排序后的影片排名、影片名称和票房输出在页面中。实现效果如图 6.11 所示。

12. 手机销量升序排列 ▷①②③④⑤⑥

　　将 2018 年国内手机销量排行榜前 9 名的手机品牌和总销量定义在数组中，按手机销量进行升序排序后，将手机销量排名、手机品牌和总销量输出在页面中。实现效果如图 6.12 所示。

排名	电影名称	票房
1	红海行动	36.5
2	唐人街探案2	33.9
3	我不是药神	30.9
4	西虹市首富	25.4
5	复仇者联盟3：无限战争	23.9
6	捉妖记2	22.3
7	海王	19.5
8	毒液：致命守护者	18.7
9	侏罗纪世界2	16.9
10	头号玩家	13.9

图 6.11　输出内地电影票房排行榜

排名	品牌	总销量（万部）
9	Gionee	478
8	Samsung	595
7	Meizu	948
6	MI	4796
5	iPhone	5270
4	HONOR	5427
3	HUAWEI	6490
2	vivo	7464
1	OPPO	7637

图 6.12　手机销量升序排列

13. 实现文字的霓虹灯效果 ▷①②③④⑤⑥

　　在网页设计中，为了突出页面效果，有些文字会以类似霓虹灯的效果进行显示。编写程序，对文本中每个文字的颜色进行修改，使文本颜色不停变换，从而实现霓虹灯效果，如图 6.13 所示。

　　（提示：在函数中使用 setTimeout()方法实现动态效果）

欢迎您访问明日科技官方网站

图 6.13　实现文字的霓虹灯效果

14．统计超市收银小票的合计金额　　▷①②③④⑤⑥

在超市收银小票上通常包括购买商品的品名、单价、数量和合计金额等信息。应用数组的方法统计收银小票中所有商品的合计金额，实现效果如图 6.14 所示。

（提示：统计金额需要使用 reduce()方法）

品名	单价	数量
清风纸抽	12	1
精品苹果	6.98	1
秋林格瓦斯	3.5	2
合计：25.98		

图 6.14　统计超市收银小票的合计金额

学习指南

第 7 章　String 对象

本章训练任务对应核心技术分册第 8 章 String 对象部分。

📖 **重点练习内容**：

    1．length属性的使用。
    2．查找字符串的方法。
    3．截取字符串的方法。
    4．拆分字符串的方法。

应用技能拓展学习

1. className 属性

className 属性用于设置或返回元素的 class 属性值。
获取属性值的语法如下：

```
HTMLElementObject.className
```

设置属性值的语法如下：

```
HTMLElementObject.className=classname
```

例如，获取指定 div 元素的 class 属性值，代码如下：

```
<div id="myid" class="mystyle"></div>
<script type="text/javascript">
    document.write(document.getElementById('myid').className);
</script>
```

运行结果：mystyle

2. charCodeAt()方法

charCodeAt()方法用于返回指定位置的字符的 Unicode 编码。语法格式如下：

```
string.charCodeAt(index)
```

参数 index 为必选参数，表示字符串中某个位置的数字，即字符在字符串中的下标。

例如，获取字符串"JavaScript"中下标为 2 的字符的 Unicode 编码，代码如下：

```
<script type="text/javascript">
    var str = "JavaScript";
    document.write(str.charCodeAt(2));
</script>
```

运行结果：118

3. fromCharCode()方法

fromCharCode()方法可接收一个指定的 Unicode 值，然后返回一个字符串。语法格式如下：

```
String.fromCharCode(n1, n2, ..., nX)
```

参数 n1, n2, …, nX 为必选参数。表示一个或多个 Unicode 值，即要创建的字符串中的字符 Unicode 编码。

例如，将多个 Unicode 编码转换为一个字符串，代码如下：

```
<script type="text/javascript">
    document.write(String.fromCharCode(72,69,76,76,79));
</script>
```

运行结果：HELLO

4. replace()方法

replace()方法是 String 对象的一个方法，该方法用于执行检索与替换操作。语法格式如下：

```
stringObject.replace(regExp,string);
```

☑　regExp：是一个正则表达式。如果正则表达式中设置了标志 g，那么该方法将用替换字符串替换检索到的所有与模式匹配的子串，否则只替换所检索到的第一个与模式匹配的子串。

☑　string：要进行替换的字符串。

在正则表达式中有多个模式匹配符，其中，"\s"、"*"、"|"、"^"和"$"的描述如下。

☑　"\s"：匹配任意的 Unicode 空白符。

☑　"*"：匹配"*"前面的字符 0 次或 n 次。

☑　"|"：匹配两个选项之中的任意一个，其两个选项是"|"字符两边尽可能最大的表达式。

☑　"^"：匹配的字符必须在最前边。在多行检索中，匹配一行的开头。

☑　"$"：匹配的字符必须在末尾。在多行检索中，匹配一行的结尾。

例如，执行全局替换，将字符串中的"big"替换为"small"，代码如下：

```
<script type="text/javascript">
    var str="A big big world";
    document.write(str.replace(/big/g,"small"));
</script>
```

运行结果：A small small world

实战技能强化训练

训练一：基本功强化训练

1. 按书名字数分类书籍 ▷①②③④⑤⑥

书架上存放着《明史讲义》《明代社会生活史》《紫禁城的黄昏》《国史十六讲》《停滞的帝国》《唐朝定居指南》《明史简述》《明史十讲》《大明风物志》和《皇帝与秀才》10 本书籍，将这些书籍按照书名字数进行分类，实现效果如图 7.1 所示。

四字书籍	《明史讲义》、《明史简述》、《明史十讲》
五字书籍	《国史十六讲》、《停滞的帝国》、《大明风物志》、《皇帝与秀才》
六字书籍	《紫禁城的黄昏》、《唐朝定居指南》
七字书籍	《明代社会生活史》

图 7.1　按书名字数分类书籍

2. 判断密码长度是否符合要求 ▷①②③④⑤⑥

编写程序，模拟用户注册过程。要求用户注册时密码不能少于 6 位，如果少于 6 位，提示错误信息，如图 7.2 所示。

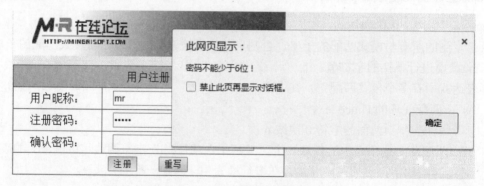

图 7.2　判断密码长度是否符合要求

3. 逐个点亮文字效果 ▷①②③④⑤⑥

浏览网页时，经常会看到逐个点亮文字效果。编写程序，依次改变文本中每个文字的颜色，并将改变后的文字迅速恢复到以前的颜色，使文本中的文字颜色看上去是逐个变色的。实现效果如图 7.3 所示。

4．验证邮箱地址的格式　▷①②③④⑤⑥

有些网站在进行用户注册的时候，需要使用邮箱地址作为用户名。编写程序，判断用户在注册时输入的是否为有效的邮箱地址，实现效果如图 7.4 所示。

（提示：以 "@" 字符和 "." 字符作为依据，应用 indexOf() 方法判断字符的位置）

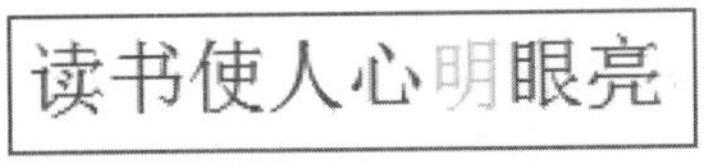

读书使人心明眼亮

图 7.3　逐个点亮文字

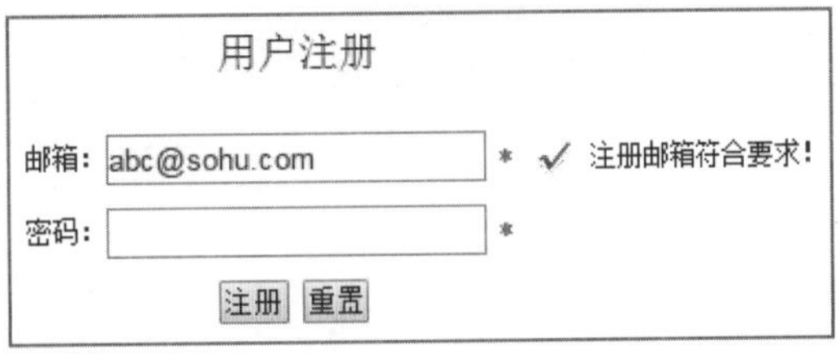

图 7.4　验证邮箱地址的格式

5．获取 139 邮箱中的手机号　▷①②③④⑤⑥

139 邮箱地址的格式为 "手机号@139.com"。编写程序，获取 139 邮箱中的手机号。在文本框中输入 139 邮箱地址，单击"获取手机号"按钮，将在下方输出该 139 邮箱地址中的手机号，如图 7.5 所示。

6．输出商品信息　▷①②③④⑤⑥

编写商品购物程序时，为了便于存储购物车中的商品信息，通常将多个商品名称和商品数量应用@符号进行连接，并分别定义在两个字符串中。编写程序，输出购物车中的商品信息，效果如图 7.6 所示。

（提示：将商品名称字符串和商品数量字符串应用 split() 方法分割为数组）

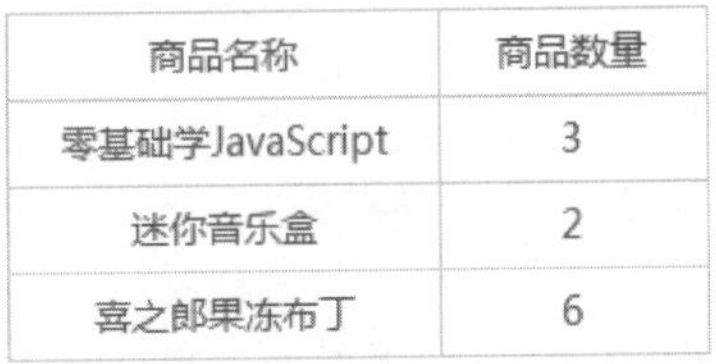

商品名称	商品数量
零基础学JavaScript	3
迷你音乐盒	2
喜之郎果冻布丁	6

邮箱：156****9669@139.com　获取手机号
邮箱地址：156****9669@139.com
手机号码：156****9669

图 7.5　获取 139 邮箱中的手机号

图 7.6　输出商品信息

训练二：实战能力强化训练

7．小写金额转换为大写金额　▷①②③④⑤⑥

在开发财务、金融相关的网络管理系统或网站时，经常需要对钱款金额的大小写进行转换。在进行账目输入时，采用小写金额方式可以方便用户，但都非常容易被篡改，这对于金融系统来说是不安全的，解决这种问题的方法就是直接将用户输入的小写金额转换为大写金额。编写程序，在"请输入

57

小写金额"文本框中输入所要转换的小写金额后，单击"转换"按钮，在"转换后的大写金额"文本框中将显示转换后的结果，效果如图 7.7 所示。

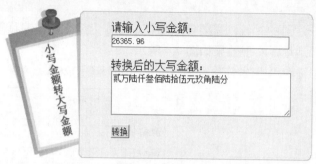

图 7.7　小写金额转换为大写金额

8. 检索通讯录

▷①②③④⑤⑥

通讯录中有 6 位联系人，号码分别为：1385566****、1560431****、1304316****、1516369****、1580433**** 和 139****0431。编写程序，检索出通讯录中含有指定数字的所有手机号码，实现效果如图 7.8 所示。

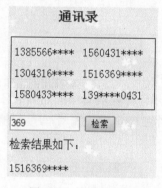

图 7.8　检索通讯录

9. 文字加密及解密

▷①②③④⑤⑥

在有些网页中，需要对一些关键性的文字或代码进行加密，使一般的浏览者无法获得其信息。编写程序，对指定文本进行加密及解密。实现效果如图 7.9 和图 7.10 所示。

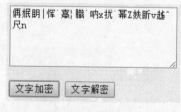

图 7.9　加密效果

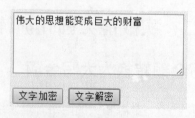

图 7.10　解密效果

10. 文字打字效果 ▷①②③④⑤⑥

将一组文字以单个文字不断累加的形式在页面中显示，并改变每次累加的最后一个文字的颜色，实现文字打字效果，如图 7.11 所示。

11. 货币数据的格式化输出 ▷①②③④⑤⑥

货币数据不同于整型数据，在显示时是具有一定格式的。例如，数字"1605696"转换为货币数据后格式为"1,605,696.00"。试着编写一个自定义函数，实现将输入的数字按金额的格式进行输出，效果如图 7.12 所示。

图 7.11　文字打字效果　　　　　图 7.12　货币数据的格式化输出

12. 限制输入字符串的长度 ▷①②③④⑤⑥

网站开发时，经常需要限制输入字符串的长度。例如，注册用户时，限制用户名最多为 10 个字母或 5 个汉字（每个汉字占两个字符）。如果输入的用户名长度超过了 10 个字符，就给出提示信息。编写程序实现这个功能，效果如图 7.13 所示。

（提示：判断字符的实际长度需要使用 charCodeAt()方法）

图 7.13　限制输入字符串的长度

13. 去除字符串中的空格 ▷①②③④⑤⑥

　　在开发网络程序时，经常需要对用户输入字符串中的空格进行处理。例如，去除字符串中的尾部空格、全部空格或首尾空格。编写程序，实现去除输入字符串中空格的功能，效果如图 7.14 所示。

　　（提示：去除字符串中的空格需要使用 replace()方法）

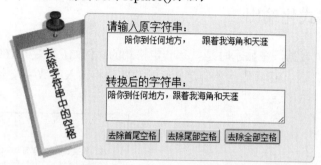

图 7.14　去除字符串中的空格

第 8 章　JavaScript 事件处理

学习指南

本章训练任务对应核心技术分册第 9 章 JavaScript 事件处理部分。

🔋 **重点练习内容**：

1．事件对象的应用。
2．表单相关事件的使用。
3．鼠标事件的使用。
4．键盘事件的使用。
5．页面加载事件的使用。

应用技能拓展学习

1．paddingLeft 属性

paddingLeft 属性是 style 对象的一个属性，用于设置或返回元素的左内边距。语法格式如下：

```
Object.style.paddingLeft="%|length|inherit"
```

☑　%：定义左内边距基于父元素宽度的百分比。
☑　length：使用 px、cm 等单位定义左内边距的宽度。
☑　inherit：左内边距从父元素继承。

返回 paddingLeft 属性的语法格式如下：

```
Object.style.paddingLeft
```

例如，设置 id 为 show 的元素的左内边距为 100px，代码如下：

```
<script type="text/javascript">
    document.getElementById("show").style.paddingLeft="100px";
</script>
```

2．getElementsByClassName()方法

getElementsByClassName()方法是 DOM 中定义的查找元素的方法，用于返回文档中所有指定类名的元素集合。语法格式如下：

```
document.getElementsByClassName(classname)
```

参数 classname 为必选参数，表示需要获取的元素类名，多个类名之间使用空格分隔。

例如，设置类名为 wuxia 的第一个元素的 HTML 内容，代码如下：

```
<div class="wuxia"></div>
<script type="text/javascript">
    document.getElementsByClassName("wuxia")[0].innerHTML="飞雪连天射白鹿";
</script>
```

运行结果：飞雪连天射白鹿

3. getElementsByTagName()方法

getElementsByTagName()方法是 DOM 中定义的查找元素的方法，用于返回带有指定标签名的对象的集合。语法格式如下：

```
document.getElementsByTagName(tagname)
```

参数 tagname 为必选参数，表示需要获取元素的标签名。

例如，设置第一个 div 元素的 HTML 内容，代码如下：

```
<div></div>
<script type="text/javascript">
    document.getElementsByTagName("div")[0].innerHTML="笑书神侠倚碧鸳";
</script>
```

运行结果：笑书神侠倚碧鸳

4. dispatchEvent()方法

dispatchEvent()方法是事件对象的一个方法，用于向指定事件目标派发一个事件。

例如，向 id 为 show 的按钮派发一个单击事件。代码如下：

```
<button id="show" onclick="alert('先完成一个小目标')">提示</button>
<script type="text/javascript">
    var myEvent = new Event('click');
    document.getElementById("show").dispatchEvent(myEvent);
</script>
```

运行结果：先完成一个小目标

5. offsetLeft、offsetTop、offsetWidth、offsetHeight 属性

offsetLeft：元素的左外边框到已设置定位属性的父元素的左内边框之间的像素距离。如果父元素中没有定位元素，那么就返回相对于 body 左边缘的距离。

offsetTop：元素的上外边框到已设置定位属性的父元素的上内边框之间的像素距离。如果父元素中没有定位元素，那么就返回相对于 body 上边缘的距离。

offsetWidth：元素在水平方向上占用的空间大小，以像素计。包括元素的宽度、左右内边距的宽度、左右边框的宽度。

offsetHeight：元素在垂直方向上占用的空间大小，以像素计。包括元素的高度、上下内边距的高度、上下边框的高度。

6．clientWidth、clientHeight 属性

clientWidth：元素的宽度加上左右内边距宽度。

clientHeight：元素的高度加上上下内边距高度。

7．nodeName 属性

nodeName 属性是 DOM 的一个属性，可依据节点类型返回其名称。如果是元素节点，nodeName 属性将返回标签名；如果是属性节点，nodeName 属性将返回属性名。语法格式如下：

```
node.nodeName
```

例如，获取 id 为 show 的元素的标签名，代码如下：

```
<span id="show"></span>
<script type="text/javascript">
    document.write(document.getElementById("show").nodeName);
</script>
```

运行结果：SPAN

8．try...catch 语句

try...catch 语句用于处理代码中可能出现的错误信息。语法格式如下：

```
try{
    somestatements;
}
catch(exception e){
    somestatements;
}finally{
    somestatements;
}
```

参数说明：

☑　try：检测异常关键字。

☑　catch：捕捉异常关键字。

☑　finally：最终一定会被处理的区块的关键字。

例如，在程序中调用一个不存在的对象，弹出在 catch 区域中设置的异常提示信息，代码如下：

```
<script type="text/javascript">
```

```
try{
    document.form.input.length;
}catch(exception){
    alert("运行时有异常发生");
}
</script>
```

运行结果：运行时有异常发生

实战技能强化训练

训练一：基本功强化训练

1. 输出用户的出生年月　　▷①②③④⑤⑥

根据下拉菜单中选择的年份和月份，输出用户的出生年月，实现效果如图 8.1 所示。

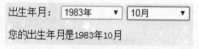

图 8.1　输出出生年月

2. 为图片添加和去除边框　　▷①②③④⑤⑥

实现为图片添加和去除边框的功能。当鼠标指向图片时，为图片添加边框；当鼠标移出图片时，去除图片边框。实现效果如图 8.2 和图 8.3 所示。

3. 统计单击按钮的次数　　▷①②③④⑤⑥

编写程序，统计鼠标单击按钮的次数。实现效果如图 8.4 所示。

图 8.2　添加边框　　　　图 8.3　去除边框　　　　图 8.4　统计单击次数

4. 重置表单时弹出提示　　▷①②③④⑤⑥

在用户登录页面中，通过 onreset 事件对用户输入的登录信息进行重置，并在重置之前弹出重置表单提示对话框，实现效果如图 8.5 所示。

5. 抽屉风格的滑出菜单　▷①②③④⑤⑥

实现抽屉风格的滑出菜单。在页面中输出一个竖向的导航菜单，当鼠标移到某个菜单项时，该菜单项会向右滑出，当鼠标移出菜单项时，该菜单项会恢复为初始状态。实现效果如图 8.6 所示。

（提示：应用 event 对象的 target 属性获取发生事件的元素）

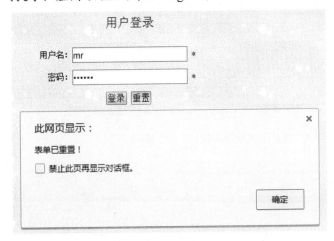

图 8.5　重置表单时弹出提示

图 8.6　抽屉风格的滑出菜单

6. 实现高亮显示的横向导航菜单　▷①②③④⑤⑥

实现一个高亮显示的横向导航菜单。在页面中输出一个横向的导航菜单，默认显示"爱情片"主菜单下的子菜单。当鼠标指向其他主菜单时，会横向显示该主菜单对应的子菜单，实现效果如图 8.7 所示。

（提示：在 for 语句中循环绑定各元素的 onmouseover 事件）

图 8.7　高亮显示的横向导航菜单

7. 处理键盘按键响应事件　▷①②③④⑤⑥

编写程序，按下键盘按键可响应事件。在页面中输出一个包含部分按键的虚拟键盘，当按下实际键盘中和虚拟键盘对应的按键时，页面中会弹出一个对话框，输出用户按下的按键，如图 8.8 所示。

（提示：应用 onkeydown 事件和 event 对象中的 keyCode 属性）

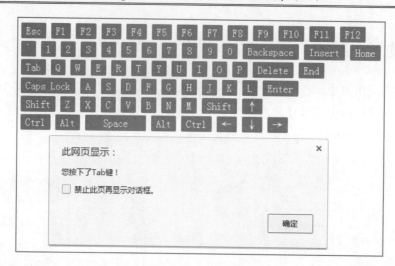

图 8.8　键盘按键响应事件

训练二：实战能力强化训练

8. 为图片添加和移除模糊效果　▷①②③④⑤⑥

通过改变图片的不透明度，实现图片的模糊效果。当鼠标移入图片上时，改变图片的不透明度；当鼠标移出时，恢复图片的初始状态。效果如图 8.9 和图 8.10 所示。

9. 二级联动菜单　▷①②③④⑤⑥

在商品信息添加页面制作一个二级联动菜单，通过二级联动菜单选择商品的所属类别，当第一个菜单选项改变时，第二个菜单中的选项也会随之改变。实现效果如图 8.11 所示。

图 8.9　模糊效果

图 8.10　初始状态

图 8.11　二级联动菜单

10. 制作进度条　▷①②③④⑤⑥

编写程序，实现进度条功能。拖动进度条上的滑块时，右侧会显示进度的百分比，如图 8.12 所示。

（提示：应用鼠标事件中的 onmousedown、onmousemove 和 onmouseup 事件）

图 8.12 制作进度条

11．可以被随意拖动的网页广告   ▷①②③④⑤⑥

编写程序，使得页面中的广告可以被随意拖动。在页面左上角显示一张广告图片，用鼠标按住广告图片，可将其拖动到页面中任何位置，效果如图 8.13 和图 8.14 所示。

（提示：应用鼠标事件中的 onmousedown、onmousemove 和 onmouseup 事件）

图 8.13 实现效果（1）

图 8.14 实现效果（2）

12．模仿影视网站星级评分功能   ▷①②③④⑤⑥

编写程序，模仿影视网站星级评分功能。页面中输出 5 个星星图标，鼠标指向某颗星星时，右侧会显示相应的分数，上方会显示评分结果；单击星星后，会弹出用户评分。实现效果如图 8.15 所示。

图 8.15 影视网站星级评分

13. 自动弹出广告

▷①②③④⑤⑥

浏览网站时，有些网页会自动弹出广告。编写程序，实现页面广告自动弹出功能。在页面右下角由下到上弹出一张广告图片，3 秒钟后该图片渐渐消失。实现效果如图 8.16 所示。

（提示：使用 onload 事件实现页面载入时执行相应的函数）

图 8.16　实现效果

14. 简单计算器

▷①②③④⑤⑥

制作一个简单的计算器，通过该计算器可以对数值进行加、减、乘、除等运算。实现效果如图 8.17 和图 8.18 所示。

图 8.17　简单计算器（1）　　　　图 8.18　简单计算器（2）

第9章 文档对象

学习指南

本章训练任务对应核心技术分册第 10 章文档对象部分。

重点练习内容：

1. 链接文字颜色的设置。
2. 文档背景色和前景色的设置。
3. 获取当前文档URL的方法。
4. createElement()方法的使用。
5. getElementById()方法的使用。

应用技能拓展学习

1. appendChild()方法

appendChild()方法可向节点的子节点列表的末尾添加新的子节点。语法格式如下：

```
obj.appendChild(node)
```

参数 node 为必选参数，表示要添加的节点对象。
例如，将创建的节点添加到列表中，代码如下：

```html
<ul id="myList">
    <li>HTML</li>
    <li>CSS</li>
</ul>
<button onclick="myFunction()">添加列表项</button>
<script type="text/javascript">
    function myFunction(){
        var node=document.createElement("li");
        var textnode=document.createTextNode("JavaScript");
        node.appendChild(textnode);
        document.getElementById("myList").appendChild(node);
    }
</script>
```

运行程序，添加节点前的效果如图 9.1 所示，添加节点后的效果如图 9.2 所示。

图 9.1   添加节点前

图 9.2   添加节点后

2. Window 对象的 open()方法

open()方法用于打开一个新的浏览器窗口或查找一个已命名的窗口。语法格式如下：

```
window.open(URL,name,specs,replace)
```

- ☑ URL：可选参数，用于打开指定页面的 URL。如果没有指定 URL，则打开一个新的空白窗口。
- ☑ name：可选参数，用于声明新窗口的名称。这个名称可以用作标记<a>和<form>的属性 target 的值。如果该参数指定了一个已经存在的窗口，那么 open()方法就不再创建一个新窗口，而只是返回对指定窗口的引用。
- ☑ specs：可选参数。用于设置打开窗口的参数，多个参数间由逗号分隔。
- ☑ replace：一个可选的布尔值，用于设置装载到窗口的 URL 是在窗口的浏览历史中创建一个新条目，还是替换浏览历史中的当前条目。

例如，在新的浏览器窗口中打开明日学院的官方网址 www.mingrisoft.com，代码如下：

```
<script type="text/javascript">
    function openWin() {
        window.open("http://www.mingrisoft.com");
    }
</script>
<input type="button" value="打开窗口" onclick="openWin()">
```

运行程序，单击"打开窗口"按钮，即可在新窗口中打开明日学院的官方网址。

3. Document 对象的事件

Document 对象也拥有一些事件，在当前文档中执行某个动作时即可触发相应的事件。其中，常用的事件说明如表 9.1 所示。

表 9.1   Document 对象常用事件及说明

事　　件	说　　明
onclick	在文档中单击鼠标左键时触发
onmousedown	在文档中按下任意一个鼠标按键时触发
onmousemove	鼠标在文档中移动时持续触发
onmouseup	释放任意一个鼠标按键时触发
onmouseover	鼠标指针移至文档时触发
onmouseout	鼠标指针移出文档时触发

实战技能强化训练

训练一：基本功强化训练

1. 设置超链接文字颜色　▷①②③④⑤⑥

将 3 个状态的超链接文字颜色分别定义在下拉菜单中，选择 3 个颜色后，单击"确定"按钮后实现对页面中超链接文字颜色的设置，实现效果如图9.3 所示。

2. 设置文本颜色　▷①②③④⑤⑥

根据下拉菜单中选择的颜色值改变页面中的文本颜色，实现效果如图9.4 所示。

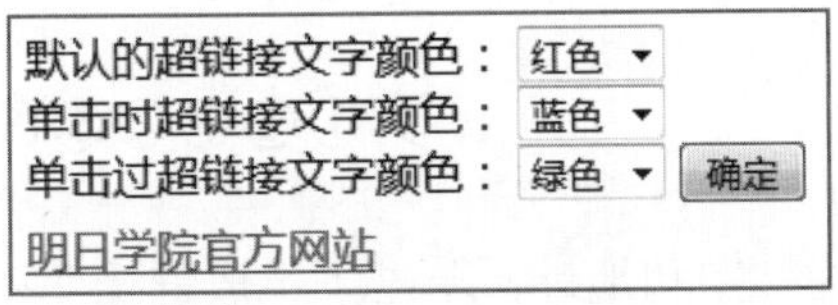

请选择文本颜色：蓝色 ▼

吉林省晨*科技有限公司是一家以计算机软件技术为核心的高科技型企业。公司创建于1999年12月，是专业的应用软件开发商和服务提供商。多年来始终致力于行业管理软件开发、数字化出版物开发制作、行业电子商务网站开发等，先后成功开发了涉及生产、管理、物流、营销、服务等领域的多种企业管理应用软件和应用平台，目前已成为计算机出版行业的知名品牌。现公司正集中全部力量和优势资源，全力打造计算机软件服务行业国内知名品牌、中小型企业软件国内知名品牌、煤矿行业应用管理软件的特色品牌。

默认的超链接文字颜色：红色 ▼
单击时超链接文字颜色：蓝色 ▼
单击过超链接文字颜色：绿色 ▼ 确定
明日学院官方网站

图9.3　设置超链接文字颜色

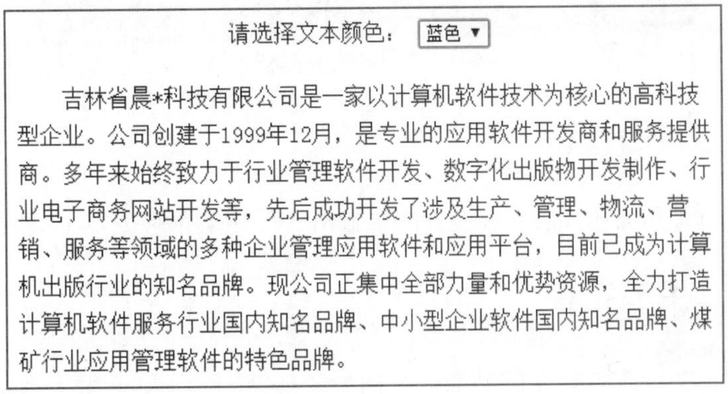

图9.4　设置文本颜色

3. 简单文字变色　▷①②③④⑤⑥

浏览页面时，有时会看到一些页面的标题颜色会不断地变化。编写程序，以一定的时间间隔对文字的颜色进行变换，使文字在网页中以不同的颜色进行显示。实现效果如图9.5 和图9.6 所示。

读万卷书行万里路

读万卷书行万里路

图9.5 文字变色（红色）

图9.6　文字变色（蓝色）

4. 更换页面主题　▷①②③④⑤⑥

设置一个选择页面主题的下拉菜单，当选择某个选项时可以更换主题，实现文档的背景色和文本颜色变换的功能，实现效果如图9.7 所示。

5. 获取当前文件名

▷①②③④⑤⑥

编写程序，获取当前文档的文件名称。单击"获取文件名"按钮，在下方显示出当前的文件名称，实现效果如图 9.8 所示。

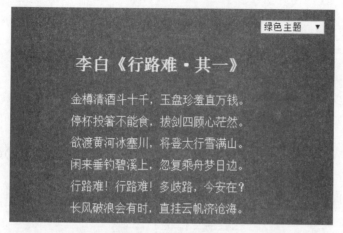

图 9.7 更换页面主题

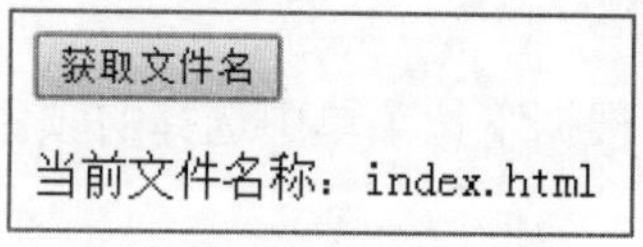

图 9.8 获取当前文件名

6. 输出古诗

▷①②③④⑤⑥

使用 writeln() 方法在页面中输出古诗《从军行七首·其四》，实现效果如图 9.9 所示。

7. 生成链接

▷①②③④⑤⑥

实现生成链接的功能。在两个文本框中分别输入要生成链接的文字和地址，单击"生成链接"按钮，在下方会生成一个链接，单击该链接即可跳转到指定页面，实现效果如图 9.10 所示。

（提示：应用 innerHTML 属性和 href 属性设置链接文字和地址）

图 9.9 输出古诗

图 9.10 生成链接

训练二：实战能力强化训练

8. 图片对话框　▷①②③④⑤⑥

编写程序，弹出一个图片对话框。在页面中输出一个超链接，单击该超链接弹出一个包含关闭按钮的图片对话框，效果如图 9.11 所示。

（提示：应用 getElementById()方法获取包含图片的元素）

打开图片对话框

图 9.11　图片对话框

9. 打开新窗口并输出内容　▷①②③④⑤⑥

通过单击按钮打开一个新窗口，在新窗口的文档中输出一张图片。实现效果如图 9.12 和图 9.13 所示。

（提示：应用 Document 对象中的 open()方法打开文档）

打开一个新文档

图 9.12　实现效果（1）

图 9.13　实现效果（2）

10. 设置弹出窗口的遮罩效果　▷①②③④⑤⑥

对页面中弹出窗口的内部和外部的背景颜色进行设置，实现弹出窗口的遮罩效果。单击页面中的

"打开窗口"超链接，将弹出一个指定大小的窗口，窗口内的背景颜色为白色，窗口外的背景颜色为蓝色。实现效果如图 9.14 所示。

（提示：应用 getElementById()方法获取窗口 div 和遮罩 div）

11. 选择用户头像　　　　　　　　　　　▷①②③④⑤⑥

在页面中定义一个用于选择用户头像的下拉菜单，当改变下拉菜单选项时，上方的用户头像也会随之变化，实现效果如图 9.15 所示。

（提示：应用图像 src 属性设置图像 URL）

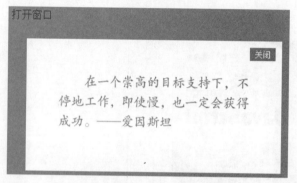

图 9.14　设置弹出窗口的遮罩效果

图 9.15　选择用户头像

12. 鼠标移动文字　　　　　　　　　　　▷①②③④⑤⑥

通过鼠标对页面中的文字进行控制，当鼠标移动到文字上方时，拖动鼠标可以使工作区中的文字随鼠标移动。实现效果如图 9.16 和图 9.17 所示。

（提示：应用 Document 对象的 onmousedown、onmousemove 和 onmouseup 事件）

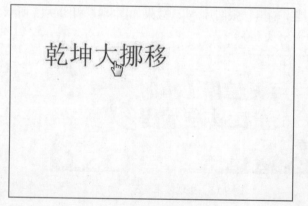

图 9.16　鼠标移动文字（1）

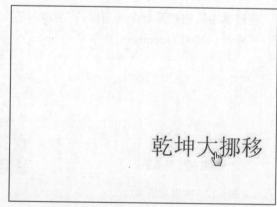

图 9.17　鼠标移动文字（2）

第 10 章 表 单 对 象

本章训练任务对应核心技术分册第 11 章表单对象部分。

重点练习内容：

1. 文本框和多行文本框的应用。
2. 按钮的应用。
3. 单选按钮的应用。
4. 复选框的应用。
5. 下拉菜单的应用。

应用技能拓展学习

1. backgroundColor 属性

backgroundColor 是 style 对象的一个属性，用于设置或返回元素的背景颜色。语法格式如下：

```
element.style.backgroundColor="color|inherit|transparent"
```

☑ color：定义背景颜色。

☑ inherit：表示背景颜色从父元素继承。

☑ transparent：默认值，表示背景颜色是透明的。

返回 backgroundColor 属性的语法格式如下：

```
element.style.backgroundColor
```

例如，单击"设置背景颜色"按钮时设置页面背景颜色为绿色，代码如下：

```html
<script type="text/javascript">
    function setBg(){
        document.body.style.backgroundColor="green";
    }
</script>
<button type="button" onclick="setBg()">设置背景颜色</button>
```

2. cursor 属性

cursor 是 style 对象的一个属性，用于设置或返回鼠标指针显示的光标类型。语法格式如下：

Object.style.cursor="value"

value 的常用值及其描述如表 10.1 所示。

表 10.1　value 的常用值及其描述

值	描　述
auto	默认。浏览器设置的光标（通常是一个箭头）
crosshair	光标呈现为十字线
default	默认光标（通常是一个箭头）
move	交叉箭头，指示某对象可被移动
pointer	光标呈现为指示链接的指针（一只手）
wait	光标指示程序正忙（通常是一只表或沙漏）

返回 cursor 属性的语法格式如下：

Object.style.cursor

例如，当鼠标指向文本时设置指针光标类型为手型，代码如下：

```
<p id="demo">路漫漫其修远兮</p>
<script type="text/javascript">
    document.getElementById("demo").style.cursor="pointer";
</script>
```

实战技能强化训练

训练一：基本功强化训练

1. 自动计算保证金额　　　　　▷①②③④⑤⑥

在实际应用中，为了提高操作效率以及保证计算的准确性，可以使用 JavaScript 语言编写程序用于自动计算金额。例如，在签订合同页面，根据用户填写的签订合同年限，自动计算用户应缴纳的保证金额，其中每年缴纳的保证金额是固定的。用户在输入合同年限后，程序将自动计算保证金额，并将其显示在文本框内。实现效果如图 10.1 所示。

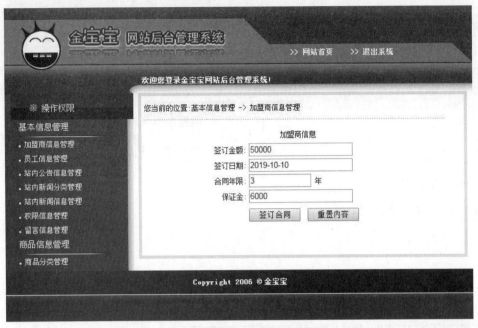

图 10.1 自动计算保证金额

2. 限制多行文本域输入的字符个数 ▷①②③④⑤⑥

在填写用户评论表单时，通常要对用户输入的信息量进行控制，输入的字符个数不能超过一定的限制。如果用户输入内容超过限制的字符个数，将弹出提示信息。实现效果如图 10.2 所示。

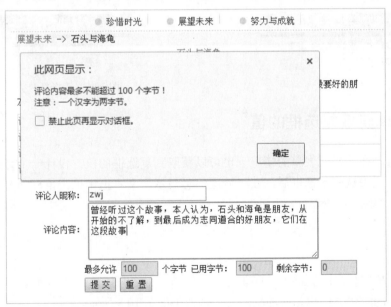

图 10.2 限制多行文本域字符个数

3．调整多行文本框的宽度和高度　▷①②③④⑤⑥

在用户注册协议页面，如果文字比较多，多行文本框会自动产生滚动条。试着通过控制按钮来调整多行文本框的宽度和高度，从而方便用户的浏览，实现效果如图 10.3 和图 10.4 所示。

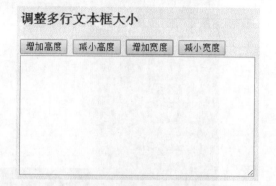

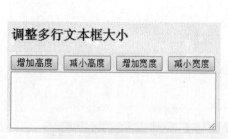

图 10.3　调整多行文本框（1）　　　　　图 10.4　调整多行文本框（2）

4．通过单选按钮控制其他表单元素是否可用　▷①②③④⑤⑥

在开发动态网站时，根据用户选择的选项不同，可以设置表单中的元素是否可用，以保证提交信息的准确性。设计一个用于发表主题的表单，当选中"普通主题"单选按钮时，用户可以使用"主题分类"下拉列表；当选中"版面公告"单选按钮时，"主题分类"下拉列表呈现灰色状态，即在发表版面公告时不允许选择主题分类。实现效果如图 10.5 和图 10.6 所示。

图 10.5　"主题分类"可用　　　　　图 10.6　"主题分类"不可用

5．不提交表单获取复选框的值　▷①②③④⑤⑥

在制作网页时，在不提交表单的情况下也可以获取到复选框的值。设计一个订单处理的表单，在"订单处理项"一栏中选择复选框后，在"处理信息显示"文本框中单击鼠标即可显示用户选中的复选框值。实现效果如图 10.7 所示。

6．选择职位　▷①②③④⑤⑥

某企业在发布招聘信息时提供了一些职位，但应聘者最多只能选择 3 个职位。当用户选择的复选框的个数超过 3 个的时候会给出相应的提示，实现效果如图 10.8 所示。

（提示：应用复选框的 checked 属性判断复选框是否被选中）

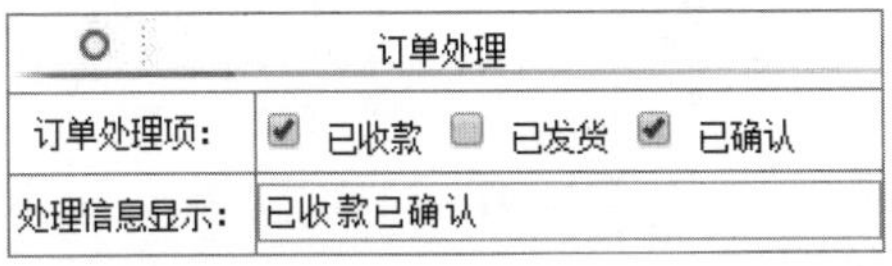

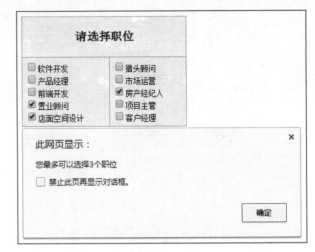

图 10.8 选择职位

图 10.7 不提交表单获取复选框的值

7. 遍历多选下拉列表 ▷①②③④⑤⑥

在使用下拉列表时，用户并不局限在只能选择一个选项，还可以在下拉列表中选择多个选项。编写程序，在页面中定义一个显示多个书名的下拉列表，按住 Ctrl 键并单击所要选择的选项，或者按住 Shift 键并使用鼠标选择所要选择的区段，被选择的内容将显示在编辑框中。实现效果如图 10.9 所示。

图 10.9 遍历多选下拉列表

训练二：实战能力强化训练

8. 输入取票码取票 ▷①②③④⑤⑥

星哥在网上买了两张万达影城上映的《美女与野兽》的电影票，电影票的兑换码为 99648500463711，现模拟自动取票机取票系统的功能，判断星哥取票是否成功，效果如图 10.10 所示。

图 10.10　输入取票码取票

9. 切换注册按钮的状态　　　　　　　　　　▷①②③④⑤⑥

用户在进行注册时，首先需要同意相关的注册协议，才能进一步实现注册。当用户未选中"阅读并同意《注册协议》"复选框时，"注册"按钮为禁用状态；当用户选中"阅读并同意《注册协议》"复选框时，"注册"按钮为启用状态。实现效果如图 10.11 和图 10.12 所示。

（提示：应用按钮的 disabled 属性）

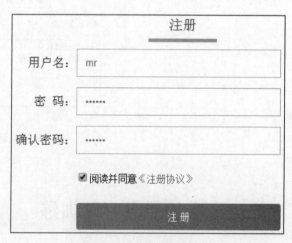

图 10.11　未同意注册协议　　　　　　　　　图 10.12　同意注册协议

10. 根据选择的证件类型判断证件号码 ▷①②③④⑤⑥

在编写信息添加模块时，一般需要对用户输入信息的合法性进行判断。在判断用户输入的证件号码是否正确时，需要根据前面选择的证件类型进行判断。当用户选择证件类型为"学生证"后，在"证件号码"文本框中输入学生证号码，当光标移出该文本框时，程序将判断用户输入的学生证号码是否正确，如果不正确将给予提示。实现效果如图 10.13 所示。

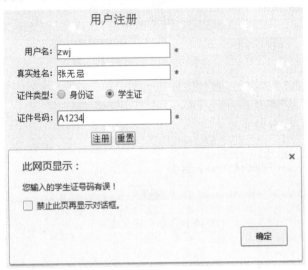

图 10.13　根据选择的证件类型判断证件号码

11. 控制复选框的全选或全不选 ▷①②③④⑤⑥

在查看数据信息时，经常需要对多条数据进行操作。编写程序，实现商品的全选或全不选功能。当选中"[全选/全不选]"复选框时，表单中所有的复选框都将处于选中状态；当取消"[全选/全不选]"复选框时，表单中所有的复选框都将处于没有选中的状态，实现效果如图 10.14 所示。

12. 二级联动菜单选择省市 ▷①②③④⑤⑥

在详细地址添加页面制作一个二级联动菜单，通过二级联动菜单选择用户所在的省市信息，当第一个省份菜单选项改变时，第二个城市菜单中的选项也会随之改变，实现效果如图 10.15 所示。

（提示：应用 Option 对象创建下拉菜单选项）

商品信息查看				
选择	所属类别	商品名称	会员价	数量
☑	手机	P_L音乐手机	1980	200
☑	玻璃制品	迷你水杯	50	500
☑	音响	CXO音响	2070	200
☑	休闲装	休闲上衣	195	500
☑ [全选/全不选]				

图 10.14　控制复选框的全选或全不选

图 10.15　二级联动菜单选择省市

13. 自动提交表单

▷①②③④⑤⑥

　　根据实际需要，有时需要设置自动提交表单。例如，网络系统中的考试页面，当考生填写表单的时间到达考试时限时，程序将自动提交表单，表示考试结束。设计一个自动提交表单的页面，当用户单击"开始考试"超链接时，表示考试开始；当剩余时间为 0 时，表单将自动提交。实现效果如图 10.16 所示。

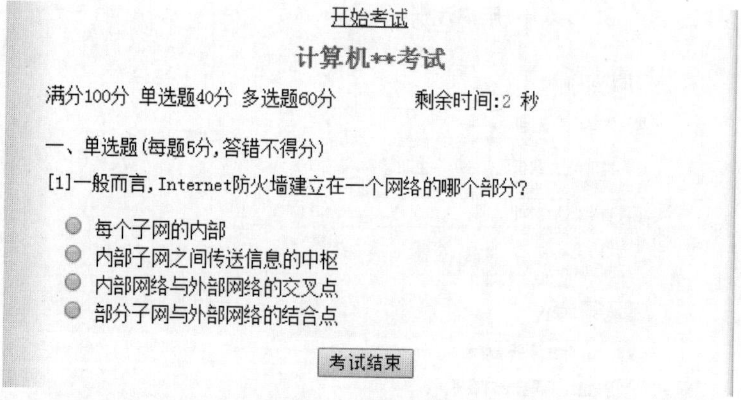

图 10.16　自动提交表单

第 11 章 图 像 对 象

学习指南

本章训练任务对应核心技术分册第 12 章图像对象部分。

重点练习内容：

1. 引用图像的方法。
2. 图像对象属性的使用。
3. 图像对象事件的应用。

应用技能拓展学习

1. onwheel 事件

当鼠标滚轮在元素上滚动时触发 onwheel 事件。
onwheel 事件在 HTML 中的语法格式如下：

```
<element onwheel="myScript">
```

onwheel 事件在 JavaScript 中的语法格式如下：

```
object.onwheel=function(){myScript};
```

例如，当在元素上滚动鼠标滚轮时，设置元素字体大小为 36px，代码如下：

```
<div id="demo">欲穷千里目，<br>更上一层楼。</div>
<script type="text/javascript">
    document.getElementById("demo").onwheel=myFunction;
    function myFunction() {
        document.getElementById("demo").style.fontSize = "36px";
    }
</script>
```

2. zoom 属性

zoom 属性是 style 对象的一个属性，用于设置或检索对象的缩放比例。语法如下：

```
Object.style.zoom=normal | number
```

- ☑ normal：使用对象的实际尺寸。
- ☑ number：百分数或者无符号浮点实数。无符号浮点实数值为 1.0 或百分数为 100% 时相当于此属性的 normal 值。

例如，当在元素上滚动鼠标滚轮时，设置元素的放大比例为 300%，代码如下：

```html
<div id="demo">欲穷千里目，<br>更上一层楼。</div>
<script type="text/javascript">
    document.getElementById("demo").onwheel=myFunction;
    function myFunction() {
        document.getElementById("demo").style.zoom = "300%";
    }
</script>
```

3．querySelector()方法

querySelector()方法用于返回文档中匹配指定 CSS 选择器的一个元素，且仅返回匹配指定选择器的第一个元素。语法如下：

```
document.querySelector(selectors)
```

参数 selectors 为必选参数，用于指定一个或多个匹配元素的 CSS 选择器。可以使用其 id、类、类型、属性、属性值等来选取元素。多个选择器之间使用逗号隔开。

例如，将页面中第一个 div 元素的内容修改为"JavaScript"，代码如下：

```html
<div>HTML</div>
<div>CSS</div>
<script type="text/javascript">
    document.querySelector("div").innerHTML = "JavaScript";
</script>
```

4．querySelectorAll()方法

querySelectorAll()方法用于返回文档中匹配指定 CSS 选择器的所有元素。语法如下：

```
document.querySelectorAll(selectors)
```

参数 selectors 为必选参数，用于指定一个或多个匹配元素的 CSS 选择器。可以使用其 id、类、类型、属性、属性值等来选取元素。多个选择器之间使用逗号隔开。

例如，将页面中第二个 div 元素的内容修改为"JavaScript"，代码如下：

```html
<div>HTML</div>
<div>CSS</div>
<script type="text/javascript">
    var div = document.querySelectorAll("div");
    div[1].innerHTML = "JavaScript";
</script>
```

5．scrollLeft、scrollTop 属性

scrollLeft：返回或者设置元素内容向左滚动的距离。该值是一个数字，单位是像素。
scrollTop：返回或者设置元素内容向上滚动的距离。该值是一个数字，单位是像素。

实战技能强化训练

训练一：基本功强化训练

1. 调整图片大小　　　　　　　　　　　　　　▷①②③④⑤⑥

在页面的文本框中输入图片的宽度，当单击"预览"按钮后，根据输入的图片宽度实现动态改变图片大小的功能，实现效果如图 11.1 所示。

图 11.1　调整图片大小

2. 切换表情图片　　　　　　　　　　　　　　▷①②③④⑤⑥

定义 5 个表示不同表情的单选按钮，通过单击不同的单选按钮实现表情图片的切换。实现效果如图 11.2 和图 11.3 所示。

图 11.2　发呆效果

图 11.3　调皮效果

3．实现图片的放大显示　　　　　　　　　▷①②③④⑤⑥

编写程序，当鼠标移入图片时实现图片的放大显示，鼠标移出图片时恢复其原始大小，实现效果如图 11.4 和图 11.5 所示。

图 11.4　图片放大效果　　　　　　　　　　图 11.5　图片原始效果

4．改变图片获取焦点时的状态　　　　　▷①②③④⑤⑥

一些网站中，为了突出某幅图片或链接的焦点，需要设置其获取焦点时的显示状态。编写程序，设计一个改变图片获取焦点时状态的效果。当鼠标移动到图片上时，图片以灰度状态显示，实现效果如图 11.6 和图 11.7 所示。

图 11.6　未获取焦点效果　　　　　　　　图 11.7　焦点获取灰度效果

5．定时隐藏图片　　　　　　　　　　　▷①②③④⑤⑥

编写程序，实现定时隐藏图片的功能。当页面打开后程序将会从 10 秒开始倒计时，并在文本框中显示剩余秒数，当倒计时为 0 秒时，则隐藏图片，实现效果如图 11.8 所示。

6．在列表中选择头像　　　　　　　　　▷①②③④⑤⑥

编写程序，实现选择用户头像的功能。在"选择头像"下拉列表中选择某个头像时，列表框上方将显示该选项所代表的头像。用户也可以将该下拉列表框选中，然后按上、下方向键选择想要的头像。实现效果如图 11.9 所示。

图 11.8 定时隐藏图片

图 11.9 在列表中选择头像

训练二：实战能力强化训练

7. 模拟画图软件调整图片大小 ▷①②③④⑤⑥

应用系统自带的画图软件，可以对图片的大小进行调整。编写程序，模拟画图软件调整图片大小的功能，效果如图 11.10 和图 11.11 所示。

图 11.10 原图效果

图 11.11 缩小 50%显示效果

8. 通过鼠标滚轮放大缩小图片 ▷①②③④⑤⑥

编写程序，使用鼠标滚轮放大或缩小图片。当用户将鼠标移动到图片上时，图片将会获取焦点，然后用户可以滚动鼠标滚轮来改变图片的大小，实现效果如图 11.12 和图 11.13 所示。

（提示：应用 onwheel 事件和 zoom 属性）

图 11.12　缩小图片

图 11.13　放大图片

9. 图片渐隐渐现效果

▷①②③④⑤⑥

编写程序，使图片从模糊状态变为清晰状态，然后又从清晰状态变为模糊状态。重复执行此操作，使图片形成渐隐渐现的效果，如图 11.14 和图 11.15 所示。

图 11.14　模糊效果

图 11.15　清晰效果

10. 图片放大镜效果

▷①②③④⑤⑥

在电子商城中选购商品时，商品详细信息页面会提供放大显示商品图片的功能。编写程序，模拟电子商城中图片放大镜的效果。当鼠标指向商品图片时，右侧会对图片的局部区域进行放大显示，实现效果如图 11.16 所示。

（提示：应用 left 和 top 属性对元素进行定位）

图 11.16　图片放大镜效果

11. 改变形状的图片 ▷①②③④⑤⑥

编写程序，在页面中显示一张不断改变形状的图片。图片的宽度先是由小变大，高度由大变小，当图片到达指定的宽度时，宽度又会由大变小，而高度会由小变大。实现效果如图 11.17 和图 11.18 所示。

图 11.17 细长效果   图 11.18 扁平效果

12. 图片无间断循环滚动效果 ▷①②③④⑤⑥

编写程序，实现图片从右向左无间断循环滚动的效果。当鼠标移入滚动的图片时，图片停止滚动；当鼠标从图片上移开时，图片会继续向左滚动，实现效果如图 11.19 所示。

（提示：应用 scrollLeft 属性设置元素内容向左滚动）

图 11.19 图片循环滚动效果

13. 实现图片轮播功能 ▷①②③④⑤⑥

编写程序，实现一个具有图片轮播功能的右侧选项卡。页面右侧有 4 个选项卡，每隔 2 秒钟选项卡会自动切换一次，左侧的图片会相应的随之变化；当鼠标指向某个选项卡时，左侧会显示对应的图片。实现效果如图 11.20 和图 11.21 所示。

图 11.20 图片轮播（1）   图 11.21 图片轮播（2）

14. 实现随意摆放的照片墙 ▷①②③④⑤⑥

编写程序，实现图片在页面中随意摆放的功能。在页面中显示 3 张旋转一定角度的图片，通过拖动图片可以在页面中随意进行摆放，效果如图 11.22 所示。

图 11.22　随意摆放的照片墙

第 12 章　文档对象模型（DOM）

学习指南

本章训练任务对应核心技术分册第 13 章文档对象模型（DOM）部分。

重点练习内容：

1. DOM节点属性的使用。
2. 对DOM节点的操作。
3. 获取文档中指定元素的方法。
4. innerHTML和innerText属性的使用。

应用技能拓展学习

1. hasChildNodes()方法

hasChildNodes()方法用于判断某节点是否拥有子节点。如果拥有子节点，则返回 true，否则返回 false。语法如下：

```
node.hasChildNodes()
```

例如，判断 id 属性值为 demo 的 div 中是否有子节点，代码如下：

```
<div id="demo">HTML</div>
<script type="text/javascript">
    var demo = document.getElementById("demo");
    if(demo.hasChildNodes()){
        alert(true);
    }else{
        alert(false);
    }
</script>
```

运行结果：true

2. range 类型的 input 元素

range 类型的 input 元素是一种只允许输入一段范围内数值的文本框，它具有 min 属性与 max 属性，可以设定最小值与最大值（默认为 0 与 100）。例如，创建一个最小值为 0、最大值为 100 的 range 控件，代码如下：

```
<input id="confidence" type="range" min="0" max="100" value="0">
```

3. insertRow()方法和 insertCell()方法

（1）insertRow()方法

insertRow()方法用于在表格的指定位置插入一个新行。语法如下：

```
tableObject.insertRow(index)
```

参数 index 为可选参数，用于指定插入新行的位置（以 0 开始）。新行将被插入 index 所在行之前。若 index 未设置或等于表中的行数，则新行将被附加到表的末尾。

（2）insertCell()方法

insertCell()方法用于在 HTML 表格一行的指定位置插入一个空的 td 元素。语法如下：

```
trObject.insertCell(index)
```

参数 index 为可选参数，用于指定单元格插入行中的位置。新单元格将被插入当前位于 index 指定位置的单元格之前。如果 index 未设置或等于行中的单元格数，则新单元格被附加在行的末尾。

例如，单击"插入新行"按钮，在表格末尾插入一个新行，并在新行中插入两个单元格，代码如下：

```html
<table id="myTable" border="1">
    <tr>
        <td>JavaScript</td>
        <td>HTML</td>
    </tr>
</table>
<br>
<button type="button" onclick="show()">插入新行</button>
<script type="text/javascript">
    function show(){
        var table=document.getElementById("myTable");
        var row=table.insertRow();
        var cell1=row.insertCell();
        var cell2=row.insertCell();
        cell1.innerHTML="jQuery";
        cell2.innerHTML="CSS";
    }
</script>
```

运行结果如图 12.1 和图 12.2 所示。

图 12.1　表格效果

图 12.2　插入新行

实战技能强化训练

训练一：基本功强化训练

1．交换元素的位置　　　　　　　　　　　　　▷①②③④⑤⑥

在食物分类中有一个干果列表和一个水果列表，两个列表的最后一种食物分类有错误。应用 DOM 中的方法移动这两个元素，实现效果如图 12.3 和图 12.4 所示。

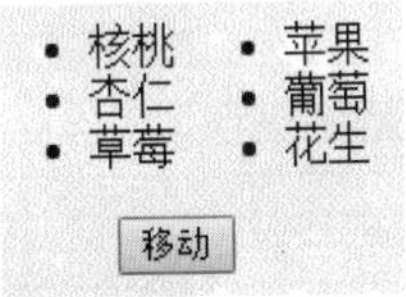

- 核桃　· 苹果
- 杏仁　· 葡萄
- 草莓　· 花生

【移动】

图 12.3　"花生""草莓"交换前

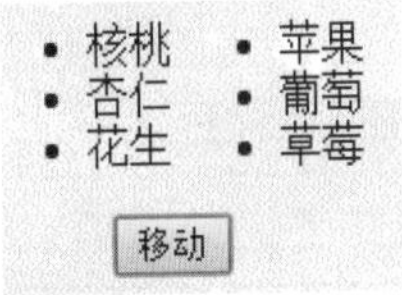

- 核桃　· 苹果
- 杏仁　· 葡萄
- 花生　· 草莓

【移动】

图 12.4　"花生""草莓"交换后

2．添加古诗的作者和名称　　　　　　　　　　▷①②③④⑤⑥

在页面中显示一首古诗，添加一个文本框和一个按钮，在文本框中输入这首古诗的作者和名称后，单击"添加名称"按钮，会将作者和名称添加到古诗的上方，效果如图 12.5 和图 12.6 所示。

图 12.5　显示古诗

图 12.6　添加古诗的作者和名称

3．删除指定编号的影片　　　　　　　　　　　▷①②③④⑤⑥

在 8 月最新影片推荐列表中，通过输入影片编号删除对应的影片信息，实现效果如图 12.7 和图 12.8 所示。

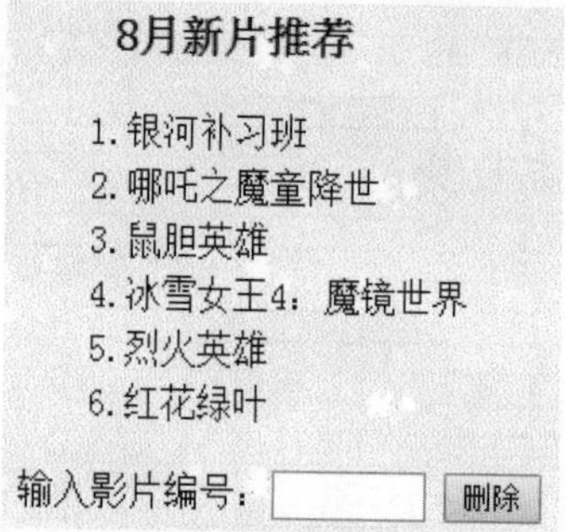

8月新片推荐
1.银河补习班
2.哪吒之魔童降世
3.鼠胆英雄
4.冰雪女王4：魔镜世界
5.烈火英雄
6.红花绿叶
输入影片编号：
删除

图 12.7　8 月新片推荐

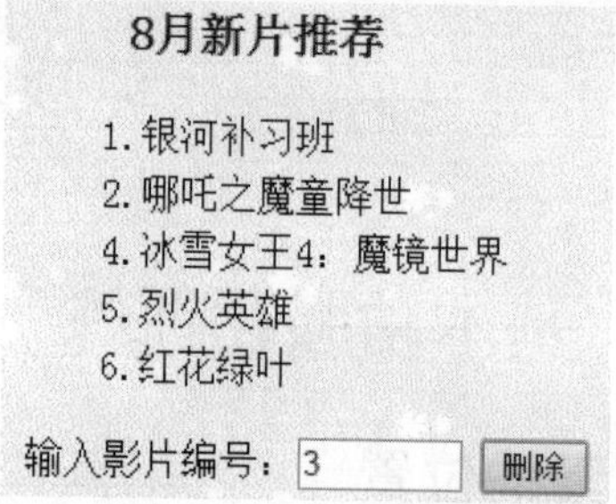

8月新片推荐
1.银河补习班
2.哪吒之魔童降世
4.冰雪女王4：魔镜世界
5.烈火英雄
6.红花绿叶
输入影片编号：
3
删除

图 12.8　删除指定编号的影片

4．通过下拉菜单选择表情 ▷①②③④⑤⑥

将多个表情图片的名称定义在下拉菜单中，通过改变下拉菜单选项选择自己喜欢的表情图片，实现效果如图 12.9 所示。

5．RGB 颜色调色器 ▷①②③④⑤⑥

编写程序，实现 RGB 颜色调色器。拖动 3 个滑动条，可设置不同的颜色，并可在右侧区域预览生成的颜色，效果如图 12.10 所示。

（提示：应用 range 类型的 input 元素，并应用 getElementById()方法获取该元素）

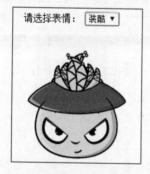

请选择表情：
装酷

图 12.9　通过下拉菜单选择表情

请选择颜色值：
rgb(157, 96, 165)

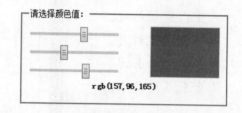

图 12.10　RGB 颜色调色器

6．选择出生日期 ▷①②③④⑤⑥

编写程序，选择出生日期后，实现年、月、日的联动。改变“年”菜单和“月”菜单的值时，“日”菜单的取值范围也相应地发生改变。当选择的出生日期是当天日期时，页面中会出现生日快乐的祝福语，实现效果如图 12.11 所示。

图 12.11　选择出生日期

7．依次显示图片　▷①②③④⑤⑥

设计一个循环并依次显示图片的功能。一共有 6 张图片，每隔一秒钟页面中就会添加一张图片，当 6 张图片全部显示后，会重新从第一张图片开始显示，实现效果如图 12.12 和图 12.13 所示。

（提示：应用 innerHTML 属性将图片显示在页面中）

图 12.12　依次显示图片（1）　　　　图 12.13　依次显示图片（2）

训练二：实战能力强化训练

8．向手机价格表中添加记录　▷①②③④⑤⑥

在手机价格表中有 3 款手机的名称和价格。向表中添加一条手机价格记录，在文本框中输入小米 CC 手机的名称及价格，单击按钮后将其添加到荣耀 9X 手机的前面，效果如图 12.14 和图 12.15 所示。

9. 复制单选按钮 ▷①②③④⑤⑥

设计一个包含姓名、性别和年龄的人物列表。输入人物姓名、选择人物性别、输入人物年龄且使文本框失去焦点后，会动态创建一个新的表格行，在新行中对用于选择性别的单选按钮进行复制，实现效果如图 12.16 所示。

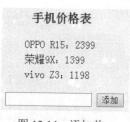

手机价格表
OPPO R15：2399
荣耀9X：1399
vivo Z3：1198
添加

图 12.14　添加前

手机价格表
OPPO R15：2399
小米CC：1999
荣耀9X：1399
vivo Z3：1198
小米CC：1999
添加

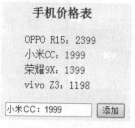

图 12.15　添加后

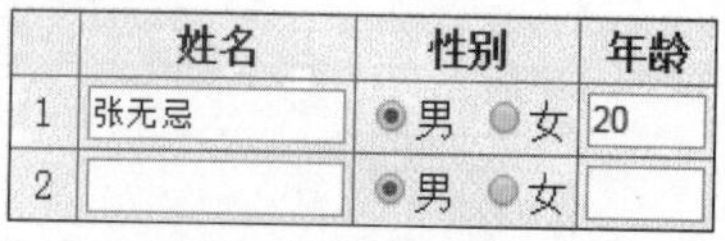
姓名
性别
年龄
1
张无忌
男
女
20
2
男
女

图 12.16　复制单选按钮

10. 删除指定编号的记录 ▷①②③④⑤⑥

在页面中定义一个图书列表、一个文本框和一个“删除”按钮，在文本框中输入图书编号，单击“删除”按钮，可删除对应的记录，效果如图 12.17 和图 12.18 所示。

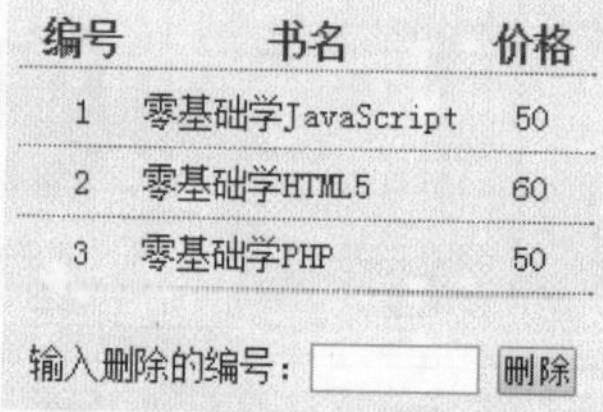
编号
书名
价格
1
零基础学JavaScript
50
2
零基础学HTML5
60
3
零基础学PHP
50
输入删除的编号：
删除

图 12.17　删除前页面

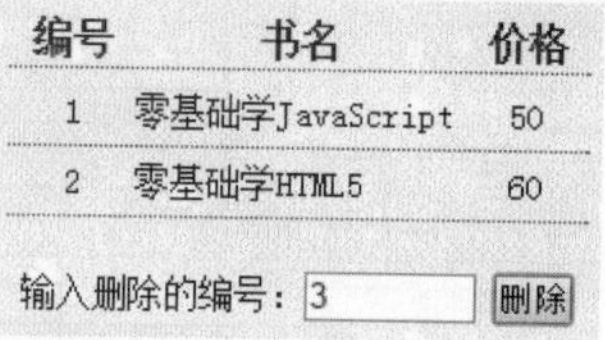
编号
书名
价格
1
零基础学JavaScript
50
2
零基础学HTML5
60
输入删除的编号：
3
删除

图 12.18 删除后页面

11. 开心小农场 ▷①②③④⑤⑥

应用对 DOM 节点进行操作的方法实现我的开心小农场，通过播种、生长、开花和结果 4 个按钮控制作物的生长，实现效果如图 12.19~图 12.22 所示。

（提示：应用 appendChild()方法添加作物图片，应用 removeChild()方法移除作物图片，应用 replaceChild()方法替换作物图片）

我的开心小农场
播种
生长
开花
结果

图 12.19　播种效果

我的开心小农场
播种
生长
开花
结果

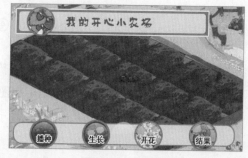

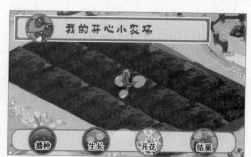

图 12.20　生长效果

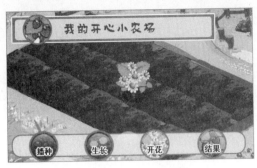

我的开心小农场
播种
生长
开花
结果

图 12.21　开花效果

我的开心小农场
播种
生长
开花
结果

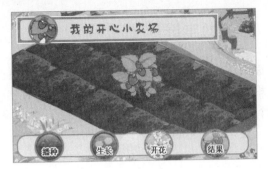

图 12.22　结果效果

12. 歌曲置顶和删除

▷①②③④⑤⑥

编写程序，模拟点歌系统的歌曲置顶和删除功能。单击歌曲名称右侧的“置顶”超链接，可置顶该歌曲；单击歌曲名称右侧的“删除”超链接，可删除该歌曲，效果如图 12.23~图 12.25 所示。

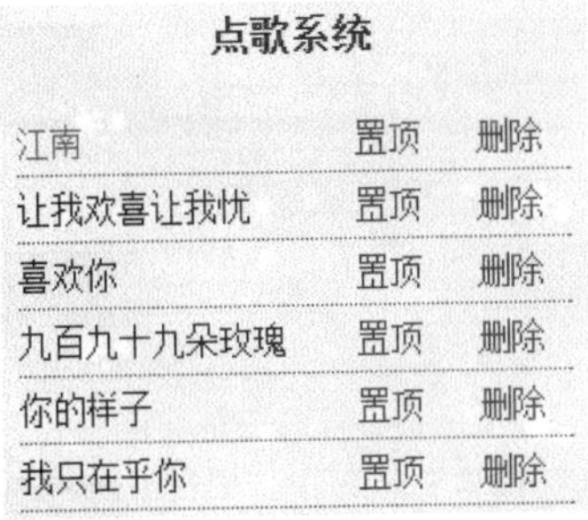
点歌系统
江南 置顶 删除
让我欢喜让我忧 置顶 删除
喜欢你 置顶 删除
九百九十九朵玫瑰 置顶 删除
你的样子 置顶 删除
我只在乎你 置顶 删除

图 12.23　歌曲“江南”置顶

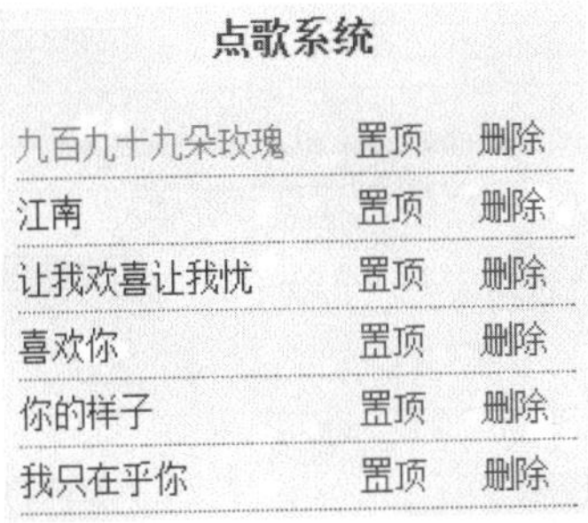
点歌系统
九百九十九朵玫瑰 置顶 删除
江南 置顶 删除
让我欢喜让我忧 置顶 删除
喜欢你 置顶 删除
你的样子 置顶 删除
我只在乎你 置顶 删除

图 12.24　“九百九十九朵玫瑰”置顶

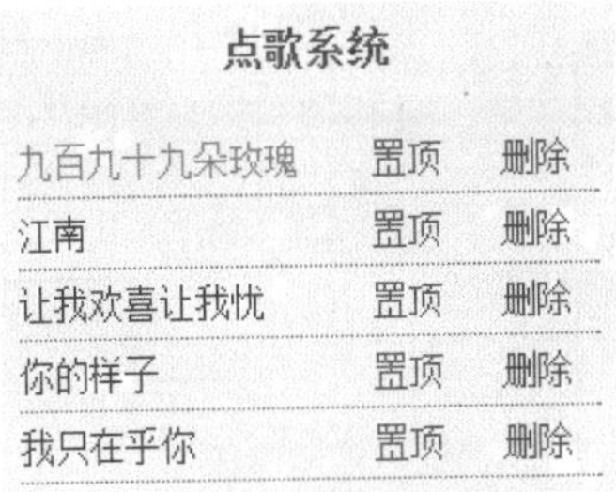
点歌系统
九百九十九朵玫瑰 置顶 删除
江南 置顶 删除
让我欢喜让我忧 置顶 删除
你的样子 置顶 删除
我只在乎你 置顶 删除

图 12.25　删除歌曲“喜欢你”

13. 简洁选项卡切换

▷①②③④⑤⑥

编写程序，实现一个简洁的选项卡切换效果。在页面中输出一个包含 4 个选项卡的网页菜单，鼠标单击不同选项卡时，页面下方会显示该选项卡对应的内容，效果如图 12.26 和图 12.27 所示。

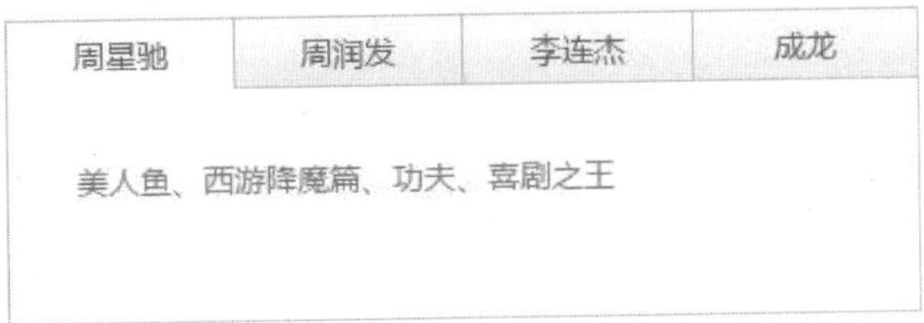
周星驰
周润发
李连杰
成龙
美人鱼、西游降魔篇、功夫、喜剧之王

图 12.26　切换至“周星驰”

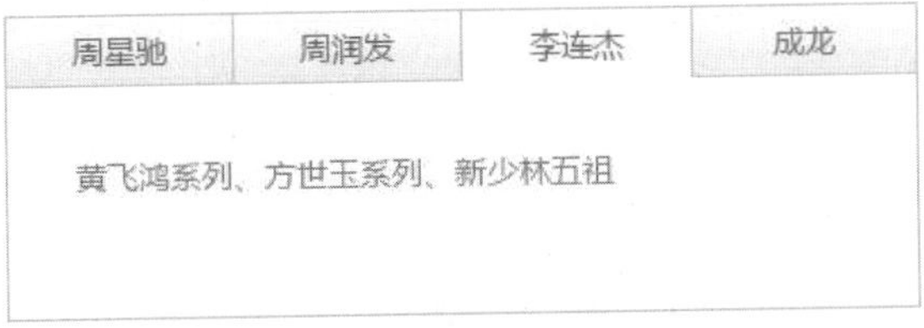
周星驰
周润发
李连杰
成龙
黄飞鸿系列、方世玉系列、新少林五祖

图 12.27　切换至“李连杰”

14. 虚拟数字键盘 ▷①②③④⑤⑥

编写程序，实现虚拟数字键盘的功能。在页面中输出一个虚拟的数字键盘，先用鼠标单击上方的输入框，然后单击下方的数字按键，选择的数字会显示在上方的输入框中。另外，还可以对输入的数字执行删除或清空的操作。实现效果如图 12.28 和图 12.29 所示。

（提示：应用 event 事件对象判断单击的元素）

1	2	3
4	5	6
7	8	9
删除	0	清空

图 12.28　虚拟数字键盘

2356789

1	2	3
4	5	6
7	8	9
删除	0	清空

图 12.29　单击数字输入

第 13 章　Window 窗口对象

学习指南

本章训练任务对应核心技术分册第 14 章 Window 窗口对象部分。

重点练习内容：

1. Window对话框的使用。
2. 打开和关闭窗口的方法。
3. 控制窗口的方法。
4. 窗口事件的应用。

应用技能拓展学习

1. documentElement 属性

documentElement 属性以元素对象形式返回某个文档的文档元素。HTML 文档返回的对象为 HTML 元素。语法格式如下：

```
document.documentElement
```

例如，单击"测试"按钮，输出 documentElement 属性的节点名称，代码如下：

```html
<button type="button" onclick="show()">测试</button>
<script type="text/javascript">
    function show(){
        alert(document.documentElement.nodeName);
    }
</script>
```

运行结果：HTML

由此可见，document.documentElement 返回的是 HTML 元素，而 document.body 返回的是 BODY 元素。在获取 scrollTop 属性或 scrollLeft 属性的值时，由于浏览器的兼容性问题，通过 document.body.scrollTop 获取的值在不同的浏览器中会出现不同的结果。因此，为了解决这个问题，可以使用如下的方法：

```javascript
var scrollTop = document.body.scrollTop || document.documentElement.scrollTop;
```

2. marginLeft 属性

style 对象的 marginLeft 属性用于设置或返回元素的左外边距。

设置 marginLeft 属性的语法格式如下：

```
Object.style.marginLeft="%|length|auto|inherit"
```

- ☑ %：定义基于父元素宽度的百分比左外边距。
- ☑ length：使用 px、cm 等单位定义左外边距的宽度。
- ☑ auto：表示浏览器设定的左外边距。
- ☑ inherit：表示左外边距从父元素继承。

返回 marginLeft 属性的语法格式如下：

```
Object.style.marginLeft
```

例如，将 div 元素的左外边距设置为 100 像素，代码如下：

```
<div id="demo">坚持不懈</div>
<script type="text/javascript">
    document.getElementById("demo").style.marginLeft="100px";
</script>
```

3. marginTop 属性

style 对象的 marginTop 属性用于设置或返回元素的上外边距。

设置 marginTop 属性的语法格式如下：

```
Object.style.marginTop="%|length|auto|inherit"
```

- ☑ %：定义基于父元素宽度的百分比上外边距。
- ☑ length：使用 px、cm 等单位定义上外边距的宽度。
- ☑ auto：表示浏览器设定的上外边距。
- ☑ inherit：表示上外边距从父元素继承。

返回 marginTop 属性的语法格式如下：

```
Object.style.marginTop
```

例如，将 div 元素的上外边距设置为 100 像素，代码如下：

```
<div id="demo">持之以恒</div>
<script type="text/javascript">
    document.getElementById("demo").style.marginTop="100px";
</script>
```

实战技能强化训练

训练一: 基本功强化训练

1. 播放歌曲权限设置

▷①②③④⑤⑥

模拟音乐网站中未登录时播放歌曲弹出提示的功能。单击歌曲对应的播放按钮,弹出"只有会员才能播放歌曲,请登录!"的提示对话框,实现效果如图 13.1 所示。

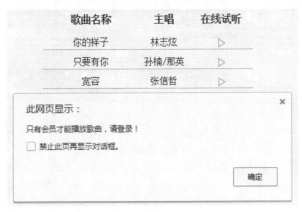

图 13.1　播放歌曲权限设置

2. 打开登录或注册窗口

▷①②③④⑤⑥

在页面中有一个"登录"按钮和一个"注册"按钮,单击"登录"按钮打开用户登录窗口,单击"注册"按钮打开用户注册窗口,实现效果如图 13.2 和图 13.3 所示。

图 13.2　登录窗口

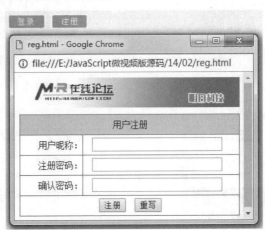

图 13.3　注册窗口

3. 实现可自动关闭的广告窗口　▷①②③④⑤⑥

浏览网页时，经常会弹出一些广告窗口，且这些窗口多数需要浏览者自行关闭，非常麻烦。编写程序，用户无须关闭弹出的新窗口，页面运行 5 秒后，弹出的广告窗口将自动关闭。实现效果如图 13.4 和图 13.5 所示。

图 13.4　弹出广告窗口　　　　　　　　　　　　图 13.5　关闭广告窗口

4. 下降式窗口　▷①②③④⑤⑥

单击"打开窗口"按钮，打开一个新窗口。将窗口放置在屏幕的右上角，然后动态地使窗口进行下移，直到窗口移动到屏幕的左下角为止。实现效果如图 13.6 所示。

（提示：应用 moveBy()方法移动窗口）

5. 图片总置于顶端　▷①②③④⑤⑥

为了丰富网页的显示效果，在页面右侧顶端放置一张广告图片，当拖动页面右侧的滚动条时，实现图片总置于顶端的功能。实现效果如图 13.7 所示。

（提示：在 Window 对象的 onscroll 事件中调用图片置顶的函数）

图 13.6　下降式窗口　　　　　　　　　　　　图 13.7　图片总置于顶端

6. 定时打开和关闭窗口 ▷①②③④⑤⑥

设计一个定时打开和关闭窗口的页面。在打开网页时，经过 5 秒钟会打开一个指定大小和位置的新窗口，再经过 5 秒钟，该窗口会自动关闭。实现效果如图 13.8 和图 13.9 所示。

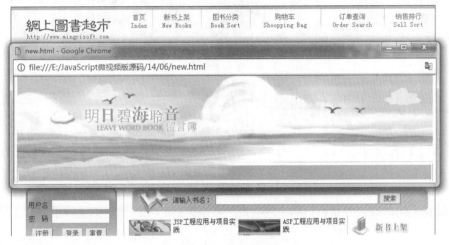

图 13.8　打开窗口

图 13.9　关闭窗口

7. 图片间断滚动效果 ▷①②③④⑤⑥

实现图片横向间断滚动的效果。在页面中展示几张图片，每隔 3 秒钟就会向左滚动一张图片的距离。实现效果如图 13.10 所示。

（提示：应用 setInterval()方法设置超时，每隔 3 秒钟调用一次使图片滚动的函数）

图 13.10　图片间断滚动效果

训练二：实战能力强化训练

8. 删除订单信息　▷①②③④⑤⑥

购物网站的管理员通常都具备删除订单的操作权限。在订单信息页面中单击待删除订单信息后面的"删除"超链接，弹出确认对话框，单击"确定"按钮执行删除操作。实现效果如图 13.11 和图 13.12 所示。

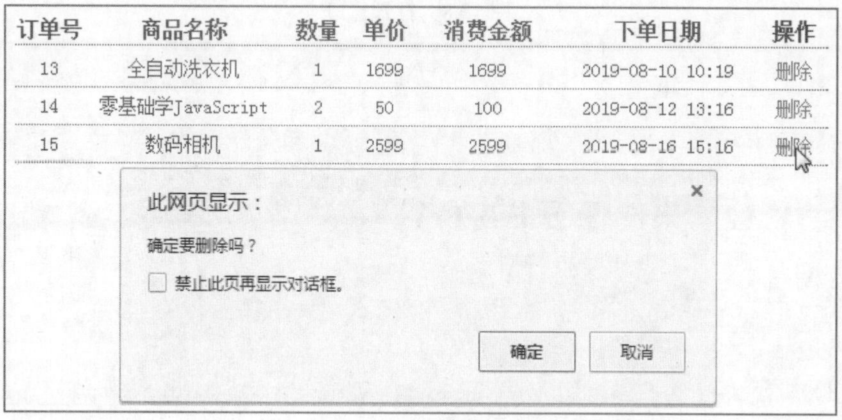

订单号	商品名称	数量	单价	消费金额	下单日期	操作
13	全自动洗衣机	1	1699	1699	2019-08-10 10:19	删除
14	零基础学JavaScript	2	50	100	2019-08-12 13:16	删除
15	数码相机	1	2599	2599	2019-08-16 15:16	删除

此网页显示：

确定要删除吗？

☐ 禁止此页再显示对话框。

确定　取消

图 13.11　删除订单信息

订单号	商品名称	数量	单价	消费金额	下单日期	操作
13	全自动洗衣机	1	1699	1699	2019-08-10 10:19	删除
14	零基础学JavaScript	2	50	100	2019-08-12 13:16	删除

图 13.12　删除订单后

9. 2012 年奥运会举办城市问答　▷①②③④⑤⑥

在提示对话框中设计一个选择题，询问用户 2012 年奥运会在哪个城市举办。输入答案并单击"确定"按钮后，在页面中会显示回答结果，实现效果如图 13.13 和图 13.14 所示。

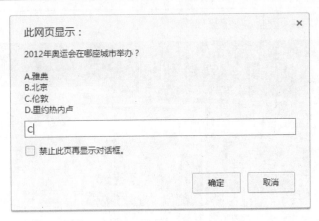

图 13.13　城市问答页面

正确！伦敦是 2012 年奥运会的举办城市

图 13.14　显示回答结果

10. 以圆形轨迹移动的子窗口　　　▷①②③④⑤⑥

　　单击"打开窗口"按钮，打开一个新窗口。窗口打开时，窗口左上角的位置以圆形轨迹进行移动，使窗口产生旋转的效果。实现效果如图 13.15 所示。

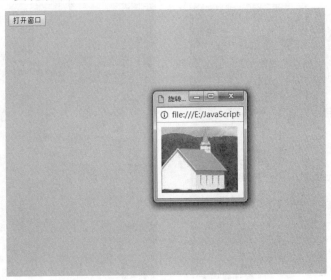

图 13.15　以圆形轨迹移动的子窗口

11. 设置窗口的震动效果　　　▷①②③④⑤⑥

　　编写程序，实现窗口震动效果。在页面中弹出一个指定大小的窗口，单击"左右震动""上下震动"和"整屏震动"3 个按钮，窗口呈现 3 种不同的震动效果。实现效果如图 13.16 所示。

图 13.16 窗口震动效果

12. 单击火箭图片返回顶部   ▷①②③④⑤⑥

编写程序，实现返回页面顶部的功能。向下拖动页面右侧的滚动条，页面中会显示一张火箭形状的图片，单击该图片，页面会快速返回顶部，实现效果如图 13.17 和图 13.18 所示。

（提示：应用 scrollTo()方法滚动窗口中的文档）

图 13.17 拖曳滚动条

图 13.18 返回顶部

13. 广告始终居中显示   ▷①②③④⑤⑥

实现页面广告始终居中显示的效果。当拖动浏览器滚动条，或使用鼠标拖动浏览器边缘改变其大小时，页面广告在浏览器中的位置始终保持不变，实现效果如图 13.19 所示。

（提示：在 Window 对象的 onscroll 事件和 onresize 事件中调用居中显示广告的函数）

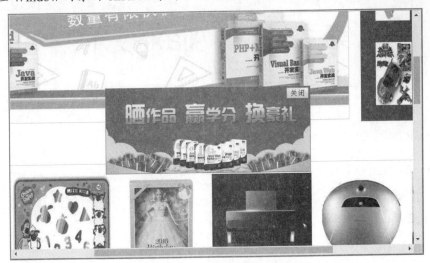

图 13.19　广告始终居中显示

14. 影片信息向上滚动　　　　　　　▷①②③④⑤⑥

实现即将上线影片信息向上滚动的效果。页面中显示几条影片信息，每隔 3 秒钟就会向上滚动一次。实现效果如图 13.20 和图 13.21 所示。

图 13.20　影片信息向上滚动（1）

图 13.21　影片信息向上滚动（2）

学习指南

第 14 章　Ajax 技术

本章训练任务对应核心技术分册第 15 章 Ajax 技术部分。

重点练习内容：

1. XMLHttpRequest对象的初始化。
2. XMLHttpRequest对象常用属性的使用。
3. XMLHttpRequest对象常用方法的使用。

应用技能拓展学习

1. XML 简介

XML（The Extensible Markup Language，可扩展标记语言）是一种用于描述数据的标记语言，很容易使用且可以定制。XML 只描述数据结构以及数据间的关系，它是一种纯文本语言，可在计算机间共享结构化数据。与其他文档格式相比，XML 定义了一种文档自我描述的协议。

下面是一个简单的 XML 文档，以软件管理系统为例，包括用户名、编号和电话，代码如下：

```xml
<?xml version="1.0" encoding="GB2312"?>
<?xml-stylesheet type="text/css" href="style.css"?>
<!-- 这是 XML 文档的注释 -->
<软件管理系统>
    <管理员 1>
        <用户名>明日科技</用户名>
        <编号>0001</编号>
        <电话>84978981</电话>
    </管理员 1>
    <管理员 2>
        <用户名>明日软件</用户名>
        <编号>0002</编号>
        <电话>84972266</电话>
    </管理员 2>
</软件管理系统>
```

由上述代码可以看出，XML 文档的结构主要由两部分组成：序言和文档元素。

（1）序言

序言中包含 XML 声明、处理指令和注释，必须出现在 XML 文件的开始处。上述代码中，第 1 行是 XML 声明，说明这是一个 XML 文件，并指定了 XML 版本号；第 2 行是一条处理指令，提供有关 XML 应用的程序信息，告诉浏览器使用 CSS 样式表文件 style.css；第 3 行为注释语句。

（2）文档元素

XML 文件中的元素是以树型分层结构排列的，元素可以嵌套在其他元素中。文档中只能有一个顶层元素，称为文档元素或者根元素，类似于 HTML 语言中的 BODY 标记，其他所有元素都嵌套在根元素中。XML 文档中主要包含各种元素、属性、文本内容、字符和实体引用、CDATA 区等。

上述代码中，文档元素是"软件管理系统"，其起始和结束标记分别是<软件管理系统>、</软件管理系统>。在文档元素中定义了<管理员>，又在<管理员>标记中定义了<用户名>、<编号>和<电话>。

2. XML 中的 documentElement 属性

在 XML 中，documentElement 属性用于返回文档的根节点。语法格式如下：

```
documentObject.documentElement
```

例如，上述示例代码中，应用 documentElement 属性可以获取文档的根节点，根节点的名称是"软件管理系统"。

3. JSON.parse()方法

JSON.parse()方法用于将一个 JSON 字符串转换为对象。语法格式如下：

```
JSON.parse(text[, reviver])
```

☑　text：必选参数，一个有效的 JSON 字符串。

☑　reviver：可选参数，一个转换结果的函数，将为对象的每个成员调用此函数。

例如，将一个 JSON 字符串转换为对象，并输出对象中的属性值，代码如下：

```
<script type="text/javascript">
    var str='{"name":"OPPO R15","price":1699}';
    var obj=JSON.parse(str);
    document.write("手机名称："+obj.name);
    document.write("<br>手机价格："+obj.price);
</script>
```

运行结果：手机名称：OPPO R15

　　　　　手机价格：1699

实战技能强化训练

训练一：基本功强化训练

1. 金庸小说问题测试　　　　　　　　▷①②③④⑤⑥

在页面中设置 3 个关于金庸武侠小说的问题，单击"查看答案"按钮，可以查看 3 个问题的答案，根据答案可测试出你是否是一个金庸迷。实现效果如图 14.1 所示。

（提示：将答案定义在文本文件中，应用 responseText 属性获取返回的答案字符串）

2. 查看企业信息　　　　　　　　　　▷①②③④⑤⑥

通过 XMLHttpRequest 对象可以读取 XML 文件。将某企业的简要信息定义在 XML 文件中，通过单击"查看企业信息"按钮请求该 XML 文件，在页面中输出该企业信息。实现效果如图 14.2 所示。

（提示：应用 getElementsByTagName()方法获取文档元素）

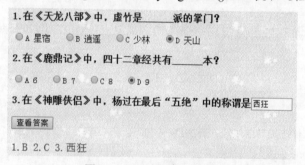

图 14.1　金庸小说问题测试

图 14.2　查看企业信息

3. 实现切换文字的横向选项卡　　　　▷①②③④⑤⑥

应用 Ajax 技术实现一个切换文字的横向选项卡。页面中有 HTML、CSS 和 JavaScript 3 个选项卡，默认显示 HTML 选项卡的内容。当鼠标单击不同选项卡时，页面下方会显示不同的文字描述，如图 14.3 和图 14.4 所示。

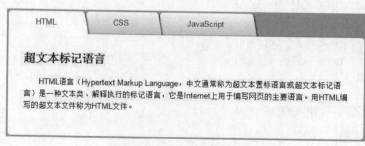

图 14.3　选择 HTML 选项卡

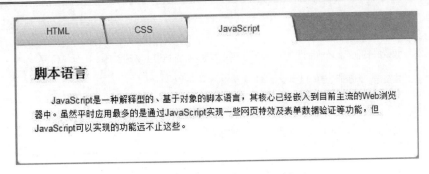

图 14.4 选择 JavaScript 选项卡

4．检测注册用户名是否被使用   ▷①②③④⑤⑥

在注册网站的新用户时，用户填写的用户名不能和已经注册的用户名相同，否则系统会给出相应的提示信息。设计一个检测用户名的程序，在用户注册表单中使用 Ajax 技术检测用户名是否被其他人占用。实现效果如图 14.5 所示。

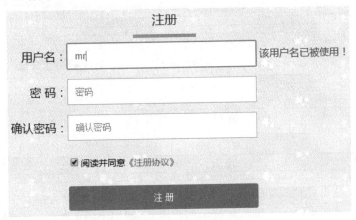

图 14.5 检测注册用户名是否被使用

训练二：实战能力强化训练

5．输出名人名言   ▷①②③④⑤⑥

通过 XMLHttpRequest 对象可以读取文本文件。将一些名人名言定义在文本文件中，通过单击"查看名人名言"按钮请求该文本文件，将名人名言输出在页面中。实现效果如图 14.6 所示。

> 查看名人名言
>
> 我读的书愈多，就愈亲近世界，愈明了生活的意义，愈觉得生活的重要。 —— 高尔基
>
> 笨蛋自以为聪明，聪明人才知道自己是笨蛋。 —— 莎士比亚
>
> 成功的秘诀，在永不改变既定的目的。 —— 卢梭
>
> 伟大的思想能变成巨大的财富。 —— 塞内加

图 14.6　输出名人名言

6. 查看员工信息　　　　　　　　　　　　　　　　▷①②③④⑤⑥

将某企业的几个员工信息定义在 XML 文件中，通过单击"查看员工信息"按钮请求该 XML 文件，在页面中输出员工信息。实现效果如图 14.7 所示。

查看员工信息

姓名	电话	地址
张无忌	1560431****	吉林省长春市
韦小宝	1590432****	吉林省吉林市
令狐冲	1580434****	吉林省四平市

图 14.7　查看员工信息

7. 检测用户登录　　　　　　　　　　　　　　　　▷①②③④⑤⑥

设计一个检测用户是否登录成功的程序。在用户登录表单中，使用 Ajax 技术检测用户输入的登录用户名和密码是否正确。如果输入正确，则提示用户登录成功。实现效果如图 14.8 和图 14.9 所示。

（提示：将正确的用户名和密码以对象的形式定义在文本文件中，应用 JSON.parse() 方法将获取的 JSON 字符串转换为对象）

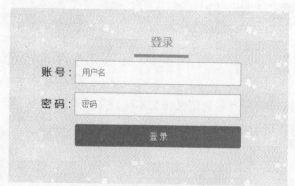

图 14.8　登录页面

图 14.9　登录成功

8. 检索手机信息

▷①②③④⑤⑥

设计一个可以检索手机信息的程序。初始页面中会显示所有的手机信息，在文本框中输入检索关键字，单击"查询"按钮即可检索出查询结果。实现效果如图 14.10 和图 14.11 所示。

（提示：在 if 语句中应用 indexOf() 方法判断检索关键字是否在手机名称中存在）

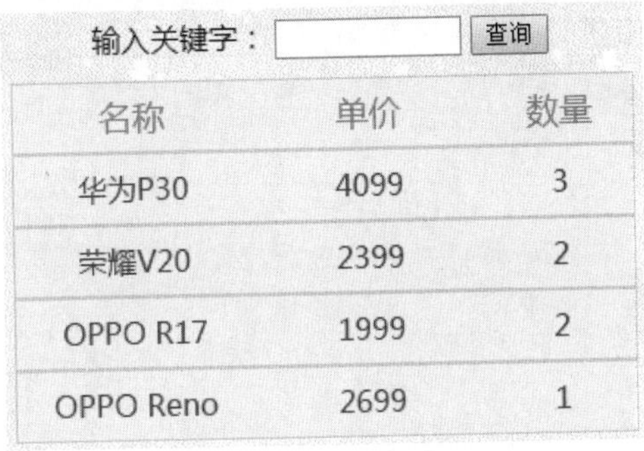

输入关键字：		查询
名称	单价	数量
华为P30	4099	3
荣耀V20	2399	2
OPPO R17	1999	2
OPPO Reno	2699	1

图 14.10　手机信息页面

输入关键字：OPPO		查询
名称	单价	数量
OPPO R17	1999	2
OPPO Reno	2699	1

图 14.11　检索 OPPO 手机

学习指南

第 15 章　jQuery 基础

本章训练任务对应核心技术分册第 16 章 jQuery 基础部分。

重点练习内容：

1. 基本选择器的使用。
2. 层级选择器的使用。
3. 过滤选择器的使用。
4. 属性选择器的使用。
5. 表单选择器的使用。

应用技能拓展学习

1. jQuery 中的事件

在 jQuery 中，大多数 DOM 事件都有一个等效的 jQuery 方法。通过调用某个方法可以触发相应的事件，还可以定义触发事件时执行的事件处理程序。

（1）change()方法

当元素的值改变并失去焦点时会触发 change 事件。change()方法用于触发 change 事件，或规定当触发 change 事件时运行的函数。

触发被选元素的 change 事件的语法格式如下：

```
$(selector).change()
```

添加函数到 change 事件的语法格式如下：

```
$(selector).change(function)
```

例如，为页面中的文本框应用 change()方法，当文本框触发 change 事件时，输出文本框的值，代码如下：

```
<script type="text/javascript">
    $(document).ready(function () {
        $("input").change(function () {
            alert(this.value);
        });
    });
</script>
```

（2）mouseover()方法

当鼠标指针位于元素上方时会触发 mouseover 事件。mouseover()方法用于触发 mouseover 事件，或规定当触发 mouseover 事件时运行的函数。

触发被选元素的 mouseover 事件的语法格式如下：

$(selector).mouseover()

添加函数到 mouseover 事件的语法格式如下：

$(selector).mouseover(function)

例如，当鼠标移入文本框时，设置文本框的背景颜色为蓝色，代码如下：

```
<script type="text/javascript">
    $(document).ready(function () {
        $("input").mouseover(function(){
            $("input").css("background-color","blue");
        });
    });
</script>
```

（3）mouseout()方法

当鼠标指针离开被选元素时会触发 mouseout 事件。mouseout()方法用于触发 mouseout 事件，或规定当触发 mouseout 事件时运行的函数。

触发被选元素的 mouseout 事件的语法格式如下：

$(selector).mouseout()

添加函数到 mouseout 事件的语法格式如下：

$(selector).mouseout(function)

例如，当鼠标移入文本框时，设置文本框的背景颜色为蓝色；当鼠标移出文本框时，设置文本框的背景颜色为红色。代码如下：

```
<script type="text/javascript">
    $(document).ready(function () {
        $("input").mouseover(function(){
            $("input").css("background-color","blue");
        });
        $("input").mouseout(function(){
            $("input").css("background-color","red");
        });
    });
</script>
```

2. val()方法

val()方法可以返回或设置被选元素的 value 属性。当用于返回值时，该方法返回第一个匹配元素的

115

value 属性值。当用于设置值时，该方法设置所有匹配元素的 value 属性值。

返回 value 属性的语法格式如下：

```
$(selector).val()
```

设置 value 属性的语法格式如下：

```
$(selector).val(value)
```

参数 value 为必选参数，用于规定 value 属性的值。

例如，设置页面中文本框的 value 属性值为 mingrisoft，代码如下：

```
<script type="text/javascript">
    $(document).ready(function () {
        $("input").val("mingrisoft");
    });
</script>
```

3. css()方法

css()方法可以返回或设置被选元素的一个或多个样式属性。

返回指定的 CSS 属性的语法格式如下：

```
$(selector).css("propertyname");
```

例如，输出页面中第一个 div 元素的背景颜色，代码如下：

```
<script type="text/javascript">
    $(document).ready(function () {
        alert($("div").css("background-color"));
    });
</script>
```

设置指定 CSS 属性的语法格式如下：

```
$(selector).css("propertyname","value");
```

例如，设置页面中所有 div 元素的背景颜色为黄色，代码如下：

```
<script type="text/javascript">
    $(document).ready(function () {
        $("div").css("background-color","yellow");
    });
</script>
```

设置多个 CSS 属性的语法格式如下：

```
$(selector).css({"propertyname":"value","propertyname":"value",...});
```

例如，设置页面中所有 div 元素的背景颜色为黄色，字体大小为 18px，代码如下：

```
<script type="text/javascript">
```

```
    $(document).ready(function () {
        $("div").css({"background-color":"yellow","font-size":"18px"});
    });
</script>
```

4．addClass()方法

addClass()方法用于向被选元素添加一个或多个类名。该方法不会移除元素已存在的 class 属性，仅仅是添加一个或多个类名到 class 属性。语法格式如下：

```
$(selector).addClass(classname,function(index,oldclass))
```

- ☑　classname：必选参数，用于指定一个或多个要添加的类名称。
- ☑　function(index,oldclass)：可选参数。用于规定返回一个或多个待添加类名的函数。其中，index 参数用于返回集合中元素的 index 位置，oldclass 参数用于返回被选元素的当前类名。

例如，为页面中所有 div 元素添加一个类名 demo，代码如下：

```
<style type="text/css">
    .demo{
        font-size:20px;
        color:red;
    }
</style>
<script type="text/javascript">
    $(document).ready(function () {
        $("div").addClass("demo");
    });
</script>
```

5．removeClass()方法

removeClass()方法用于从被选元素中移除一个或多个类。如果没有指定参数，则从被选元素中删除所有类。语法格式如下：

```
$(selector).removeClass(classname,function(index,oldclass))
```

- ☑　classname：可选参数，用于指定要移除的一个或多个类名称。
- ☑　function(index,oldclass)：可选参数，用于指定要移除的一个或多个类名称的函数。其中，index 参数用于返回集合中元素的 index 位置，oldclass 参数用于返回被选元素的当前类名。

例如，为页面中所有 div 元素移除类名 demo，代码如下：

```
<style type="text/css">
    .demo{
        font-size:20px;
        color:red;
    }
</style>
```

```
<script type="text/javascript">
    $(document).ready(function () {
        $("div").removeClass("demo");
    });
</script>
```

6. hasClass()方法

hasClass()方法用于检查被选元素是否包含指定的类名称。如果被选元素包含指定的类，则该方法返回 true。语法格式如下：

```
$(selector).hasClass(classname)
```

参数 classname 为必选参数，表示需要在被选元素中查找的类。

例如，判断 div 元素是否包含 demo 类，代码如下：

```
<script type="text/javascript">
    $(document).ready(function(){
        if($("div").hasClass("demo")){
            alert("div 元素使用了 demo 类");
        }else{
            alert("div 元素未使用 demo 类");
        }
    })
</script>
<div class="demo">明日科技</div>
```

运行结果：div 元素使用了 demo 类

7. hover()方法

hover()方法用于指定当鼠标指针悬停在被选元素上时要运行的两个函数。语法格式如下：

```
$(selector).hover(inFunction,outFunction)
```

☑ inFunction：必选参数，用于指定 mouseover 事件发生时运行的函数。

☑ outFunction：可选参数，用于指定 mouseout 事件发生时运行的函数。

例如，当鼠标指针悬停在 div 元素上时，改变元素的背景颜色，代码如下：

```
<script type="text/javascript">
    $(document).ready(function () {
        $("div").hover(function(){
            $("div").css("background-color","green");
        },function(){
            $("div").css("background-color","blue");
        });
    });
</script>
```

8．prop()方法

prop()方法可以返回或设置被选元素的属性和值。当该方法用于返回属性值时，将返回第一个匹配元素的值；当该方法用于设置属性值时，将为匹配元素集合设置一个或多个属性和值。

返回属性值的语法格式如下：

```
$(selector).prop(property)
```

参数 property 用于指定属性的名称。

设置属性值的语法格式如下：

```
$(selector).prop(property,value)
```

☑　property：用于指定属性的名称。

☑　value：用于指定属性的值。

例如，设置页面中所有图片的边框为 3 像素，代码如下：

```
<script type="text/javascript">
    $(document).ready(function () {
        $("img").prop("border","3");
    });
</script>
```

9．each()方法

each()方法用于为每个匹配元素指定运行的函数。语法格式如下：

```
$(selector).each(function(index,element))
```

function(index,element)为必选参数，用于为每个匹配元素指定运行的函数。其中，index 为当前元素的索引，element 为当前的元素。

例如，输出页面中所有 div 元素的 class 属性值，代码如下：

```
<script type="text/javascript">
    $(document).ready(function () {
        $("div").each(function(){
            alert($(this).prop("class"));
        });
    });
</script>
```

10．attr()方法

attr()方法用来返回或设置被选元素的属性值。当该方法用于返回属性值时，返回第一个匹配元素的值。当该方法用于设置属性值时，可为匹配元素设置一个或多个属性和值。

返回被选元素的属性值的语法如下：

```
$(selector).attr(attribute)
```

参数 attribute 用于指定要获取其值的属性。

设置被选元素的属性值的语法如下：

```
$(selector).attr(attribute,value)
```

☑　attribute：用于指定属性的名称。

☑　value：用于指定属性的值。

例如，设置页面中所有图片的宽度为 300 像素，代码如下：

```
<script type="text/javascript">
    $(document).ready(function () {
        $("img").attr("width","300");
    });
</script>
```

11．removeAttr()方法

removeAttr()方法用于从被选元素中移除一个或多个属性。语法如下：

```
$(selector).removeAttr(attribute)
```

参数 attribute 为必选参数，表示要移除的一个或多个属性。如需移除多个属性，需要使用空格分隔属性名称。

例如，移除页面中所有图片的 src 属性，代码如下：

```
<script type="text/javascript">
    $(document).ready(function () {
        $("img").removeAttr("src");
    });
</script>
```

实战技能强化训练

训练一：基本功强化训练

1．通过下拉菜单设置文本颜色　▷①②③④⑤⑥

在页面中添加一个 ID 属性值为 color 的下拉菜单，在下拉菜单中定义不同的颜色选项，通过选择不同的选项设置页面文本的颜色，实现效果如图 15.1 和图 15.2 所示。

2.设置图片的边框　▷①②③④⑤⑥

在页面中定义一张图片，当鼠标移入该图片时设置图片的边框宽度为 5 像素，实现效果如图 15.3 和图 15.4 所示。

图 15.1　文本颜色为红　　图 15.2　文本颜色为蓝　　图 15.3　原始图片　　图 15.4　添加边框效果

3.设置输入框样式　▷①②③④⑤⑥

通过类名选择器获取登录表单中的两个输入框，当鼠标指向输入框时，设置其 CSS 样式；当鼠标移出输入框时，恢复为原来的样式。实现效果如图 15.5 和图 15.6 所示。

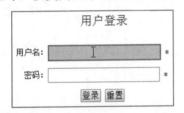

图 15.5　鼠标移入输入框　　　　　　　　　　图 15.6　鼠标移出输入框

4.设置元素不透明度　▷①②③④⑤⑥

使用复合选择器为页面中的图片和文字设置不透明度，实现效果如图 15.7 所示。

5.描红显示指定文本　▷①②③④⑤⑥

将页面中 id 属性值为 wuxia 的 ul 元素下的所有 li 元素中的文本进行描红显示，实现效果如图 15.8 所示。

图 15.7　设置不透明度

武侠小说系列
- 白发魔女传
- 圆月弯刀
- 楚留香传奇
- 书剑恩仇录

图 15.8　描红指定文本

6. 为指定图片添加边框   ▷①②③④⑤⑥

为页面中 id 为 box 的 div 元素下的所有直接子元素 img 添加边框，实现效果如图 15.9 所示。

7. 设置诗句的样式   ▷①②③④⑤⑥

在页面中输出一首古诗，除标题之外，为所有诗句设置相同的字体大小和颜色等样式，效果如图 15.10 所示。

图 15.9　为指定图片添加边框

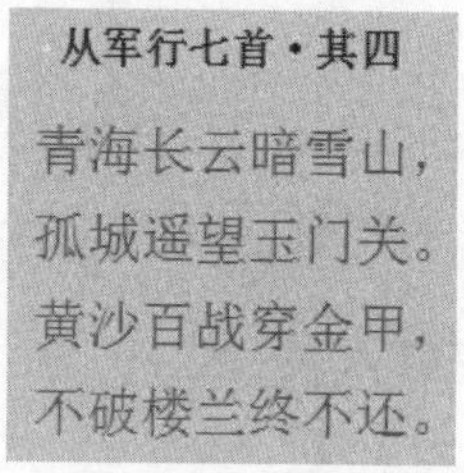

从军行七首·其四

青海长云暗雪山，
孤城遥望玉门关。
黄沙百战穿金甲，
不破楼兰终不还。

图 15.10　设置诗句的样式

8. 显示选择的酒店类型   ▷①②③④⑤⑥

应用复选框定义多种酒店类型，用户可通过单击复选框选择需要的类型，最后将用户选择的酒店类型输出在下方的页面中。实现效果如图 15.11 所示。

（提示：应用:checkcd 选择器获取选中的复选框）

| 酒店类型： | ☐ 酒店式公寓 | ☑ 连锁品牌 | ☐ 家庭旅馆 | ☑ 商务型酒店 | ☐ 招待所 | ☐ 客栈 | ☐ 青年旅舍 | ☑ 主题酒店 |

您选择的类型：连锁品牌 商务型酒店 主题酒店

图 15.11　显示选择的酒店类型

训练二：实战能力强化训练

9. 表格行动态换色   ▷①②③④⑤⑥

为表格的主体内容设置隔行换色，并且每过一秒钟，表格主体的奇数行和偶数行的颜色互相切换，实现效果如图 15.12 和图 15.13 所示。

商品名称	品牌	价格
海尔BCD-W70洗衣机	海尔	1699
OPPO R17	OPPO	2699
海信OLED液晶电视	海信	3699
华为Mate20	华为	2966
三星智能无霜冰箱	三星	3266

图 15.12　动态换色（1）

商品名称	品牌	价格
海尔BCD-W70洗衣机	海尔	1699
OPPO R17	OPPO	2699
海信OLED液晶电视	海信	3699
华为Mate20	华为	2966
三星智能无霜冰箱	三星	3266

图 15.13　动态换色（2）

10. 应用虚线分隔商城公告标题　▷①②③④⑤⑥

在列表中定义商城公告标题，并在每两个标题之间应用虚线进行分隔。实现效果如图 15.14 所示。

（提示：应用:not 和:last 选择器过滤最后一个元素）

11. 将图书列表中指定书名设置为红色　▷①②③④⑤⑥

在图书列表中，将图书名称中包含"Java"的书名设置为红色字体，实现效果如图 15.15 所示。

（提示：应用:contains 选择器过滤元素）

图 15.14　应用虚线分隔商城公告标题　　　　图 15.15　将指定书名设置为红色

12. 复选框的全选、反选和全不选　▷①②③④⑤⑥

在页面中应用复选框添加用户兴趣爱好选项，并添加"全选""反选"和"全不选"按钮，实现复选框的全选、反选和全不选操作，实现效果如图 15.16 所示。

（提示：应用 prop()方法获取或设置复选框的 checked 属性）

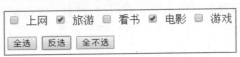

图 15.16　应用复选框添加用户兴趣爱好

13. 设置按钮是否可用　▷①②③④⑤⑥

编写程序，设置用户登录页面中的按钮是否可用。当任意一个表单元素内容为空时，"登录"按钮不可用；当所有表单元素内容不为空时，"登录"按钮可用，实现效果如图 15.17 和图 15.18 所示。

图 15.17　"登录"按钮不可用　　　　　　　图 15.18　"登录"按钮可用

14．获取用户个人信息 ▷①②③④⑤⑥

　　制作一个简单的用户个人信息页面。用户填写个人信息后，单击"提交"按钮，即可获取用户的姓名、性别、爱好以及自我评价信息。实现效果如图 15.19 和图 15.20 所示。

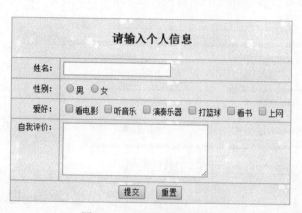

图 15.19　用户信息页面

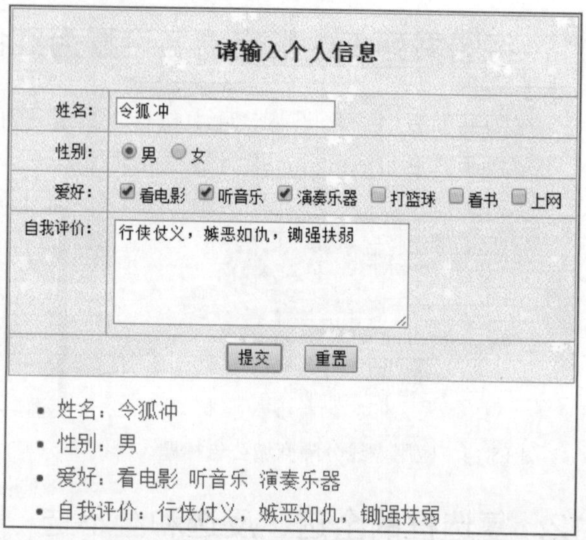

图 15.20　输入并获取用户信息

15．实现文本逐字旋转效果 ▷①②③④⑤⑥

　　实现文本中文字逐个旋转的效果。在页面中输出一行绿色的文本，当鼠标指向文本时，文本中的每个文字会从左到右依次进行旋转，旋转后的文字会变为蓝色，效果如图 15.21 和图 15.22 所示。

　　（提示：应用:nth-child 选择器选择元素）

成功的秘诀在于恒心

图 15.21　原始文本

成功的秘诀在于恒心

图 15.22　文本逐字旋转效果

第 16 章　jQuery 控制页面

本章训练任务对应核心技术分册第 17 章 jQuery 控制页面部分。

重点练习内容:

1. 对元素内容和值进行操作的方法。
2. 对DOM节点进行操作的方法。
3. 对元素属性进行操作的方法。
4. 对元素CSS样式进行操作的方法。

应用技能拓展学习

1. prevAll()方法

prevAll()方法可以返回被选元素之前的所有同级元素。语法格式如下:

```
$(selector).prevAll(filter)
```

参数 filter 为可选参数,用于指定缩小搜索元素之前的同级元素范围的选择器表达式。
例如,设置类名为 flag 的 li 元素之前的所有同级元素的文字颜色为蓝色,代码如下:

```
<ul>
    <li>JavaScript</li>
    <li>CSS</li>
    <li>HTML</li>
    <li class="flag">PHP</li>
    <li>Java</li>
</ul>
<script type="text/javascript">
    $(document).ready(function () {
        $("li.flag").prevAll().css({"color":"blue"});
    });
</script>
```

运行结果如图 16.1 所示。

2. nextAll()方法

nextAll()方法可以返回被选元素之后的所有同级元素。语法格式如下:

$(selector).nextAll(filter)

参数 filter 为可选参数，用于指定缩小搜索元素之后的同级元素范围的选择器表达式。

例如，设置类名为 flag 的 li 元素之后的所有同级元素的文字颜色为红色，代码如下：

```
<ul>
    <li>JavaScript</li>
    <li>CSS</li>
    <li class="flag">HTML</li>
    <li>PHP</li>
    <li>Java</li>
</ul>
<script type="text/javascript">
    $(document).ready(function () {
        $("li.flag").nextAll().css({"color":"red"});
    });
</script>
```

运行结果如图 16.2 所示。

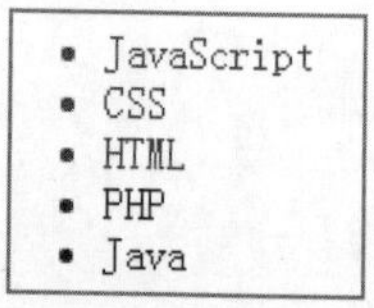

- JavaScript
- CSS
- HTML
- PHP
- Java

图 16.1　实现效果（1）

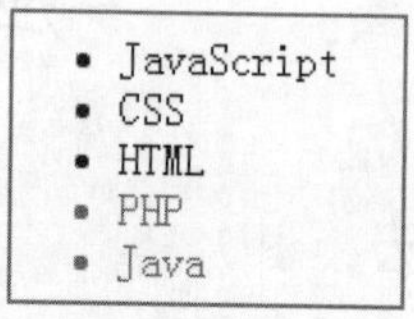

- JavaScript
- CSS
- HTML
- PHP
- Java

图 16.2　实现效果（2）

3. children()方法

children()方法用于返回被选元素的所有直接子元素。语法格式如下：

$(selector).children(filter)

参数 filter 为可选参数，用于指定缩小搜索子元素范围的选择器表达式。

例如，设置 ul 元素的所有直接子元素的文字颜色为绿色，代码如下：

```
<ul>
    <li>JavaScript</li>
    <li>CSS</li>
    <li>HTML</li>
    <li>PHP</li>
    <li>Java</li>
</ul>
<script type="text/javascript">
    $(document).ready(function () {
        $("ul").children().css({"color":"green"});
    });
</script>
```

运行结果如图 16.3 所示。

4. siblings()方法

siblings()方法用于返回被选元素的所有同级元素。语法格式如下：

$(selector).siblings(filter)

参数 filter 为可选参数，用于指定缩小搜索同级元素范围的选择器表达式。

例如，设置类名为 flag 的 li 元素的所有同级元素的文字颜色为红色，代码如下：

```
<ul>
    <li>JavaScript</li>
    <li>CSS</li>
    <li class="flag">HTML</li>
    <li>PHP</li>
    <li>Java</li>
</ul>
<script type="text/javascript">
    $(document).ready(function () {
        $("li.flag").siblings().css({"color":"red"});
    });
</script>
```

运行结果如图 16.4 所示。

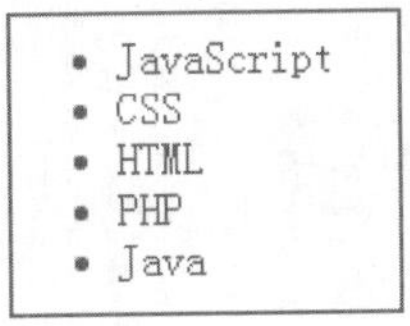

- JavaScript
- CSS
- HTML
- PHP
- Java

图 16.3　实现效果（3）

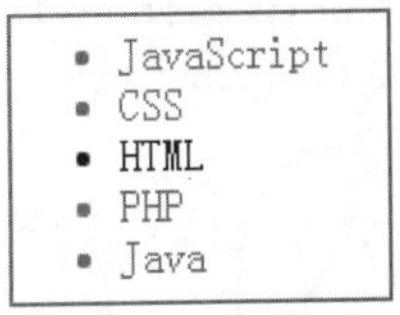

- JavaScript
- CSS
- **HTML**
- PHP
- Java

图 16.4　实现效果（4）

5. parent()方法

parent()方法用于返回被选元素的直接父元素。语法格式如下：

$(selector).parent(filter)

参数 filter 为可选参数，用于指定缩小搜索父元素范围的选择器表达式。

例如，设置 li 元素的直接父元素的 CSS 样式，代码如下：

```
<ul>
    <li>JavaScript</li>
    <li>CSS</li>
    <li>HTML</li>
    <li>PHP</li>
    <li>Java</li>
</ul>
<script type="text/javascript">
```

```
    $(document).ready(function () {
        $("li").parent().css({"width":"100px","border":"1px solid blue"});
    });
</script>
```

运行结果如图 16.5 所示。

6. next()方法

next()方法可以返回被选元素的后一个同级元素。语法格式如下：

```
$(selector).next(filter)
```

参数 filter 为可选参数，用于指定缩小搜索后一个同级元素范围的选择器表达式。

例如，设置类名为 flag 的 li 元素的后一个同级元素的文字颜色为蓝色，代码如下：

```
<ul>
    <li>JavaScript</li>
    <li class="flag">CSS</li>
    <li>HTML</li>
    <li>PHP</li>
    <li>Java</li>
</ul>
<script type="text/javascript">
    $(document).ready(function () {
        $("li.flag").next().css("color","blue");
    });
</script>
```

运行结果如图 16.6 所示。

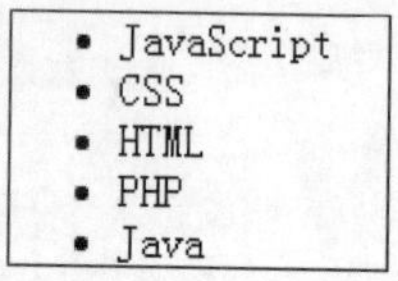

图 16.5　实现效果（5） 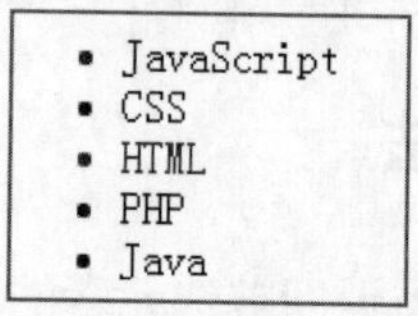　　　　　图 16.6　实现效果（6）

7. height()方法

height()方法用来返回或设置被选元素的高度。当该方法用于返回高度时，返回第一个匹配元素的高度。当该方法用于设置高度时，设置所有匹配元素的高度。

返回元素高度的语法如下：

```
$(selector).height()
```

设置元素高度的语法如下：

```
$(selector).height(value)
```

参数 value 为必选参数，用于指定元素的高度，默认单位是 px。

例如，输出 div 元素的高度，代码如下：

```
<div style="width: 100px; height: 100px;">
<script type="text/javascript">
    $(document).ready(function () {
        alert($("div").height());
    });
</script>
```

运行结果：100

8. index()方法

index()方法用于返回指定元素相对于其同级元素或其他指定元素的 index 位置。如果未找到元素，该方法将返回-1。

获得匹配元素相对于其同级元素的 index 位置的语法如下：

```
$(selector).index()
```

例如，输出类名为 flag 的 li 元素相对于其同级元素的 index，代码如下：

```
<ul>
    <li>JavaScript</li>
    <li>CSS</li>
    <li class="flag">HTML</li>
    <li>PHP</li>
    <li>Java</li>
</ul>
<script type="text/javascript">
    $(document).ready(function () {
        alert($("li.flag").index());
    });
</script>
```

运行结果：2

获得匹配元素相对于选择器的 index 位置的语法如下：

```
$(selector).index(element)
```

参数 element 表示要获得 index 位置的元素，可以是 DOM 元素或 jQuery 选择器。

例如，输出 id 为 demo 的元素相对于类名为 flag 的元素的 index，代码如下：

```
<ul>
    <li>JavaScript</li>
    <li class="flag">CSS</li>
```

```
    <li class="flag" id="demo">HTML</li>
    <li class="flag">PHP</li>
    <li>Java</li>
</ul>
<script type="text/javascript">
    $(document).ready(function () {
        alert($("li.flag").index($("#demo")));
    });
</script>
```

运行结果：1

实战技能强化训练

训练一：基本功强化训练

1. 添加影片名称　　　　　　　　　　　　　　▷①②③④⑤⑥

页面中显示一部电影的海报图片，根据该海报判断影片的名称。将影片名称输入在文本框中，单击"添加名称"按钮，可将影片名称添加到图片的上方。实现效果如图 16.7 所示。

图 16.7　添加影片名称

2. 判断注册用户名是否符合要求　　　　　　　▷①②③④⑤⑥

在用户注册表单中，判断用户输入的用户名是否符合要求。用户在文本框中输入用户名之后，使文本框失去焦点，在文本框右侧显示相应的提示信息，如图 16.8 和图 16.9 所示。

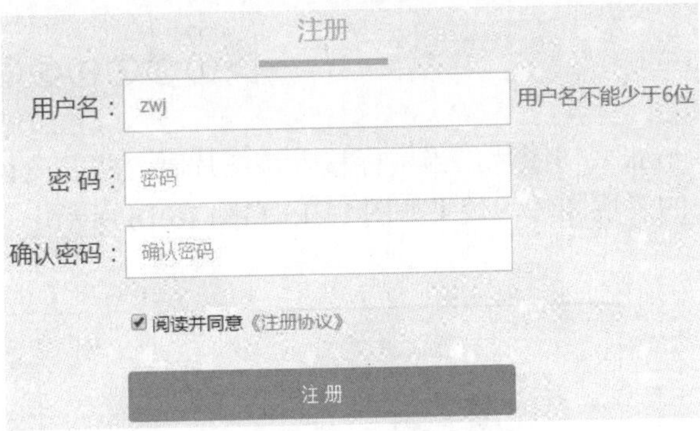

图 16.8　注册用户名不符合要求 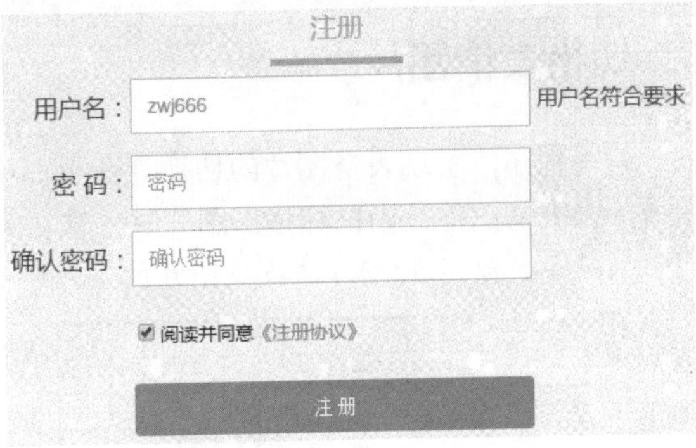　　　　　图 16.9　注册用户名符合要求

3. 为单选按钮和下拉列表设置默认值　　▷①②③④⑤⑥

在填写用户个人信息页面中,将性别单选按钮的默认值设置为"男",将学历下拉列表的默认值设置为"本科",实现效果如图 16.10 所示。

4. 向列表中添加影片名称　　▷①②③④⑤⑥

在电影列表中展示了影片的编号和名称。向列表中添加影片记录,在文本框中输入影片名称,单击按钮后将其添加到电影列表的末尾,实现效果如图 16.11 和图 16.12 所示。

图 16.10　带默认值的用户信息页面 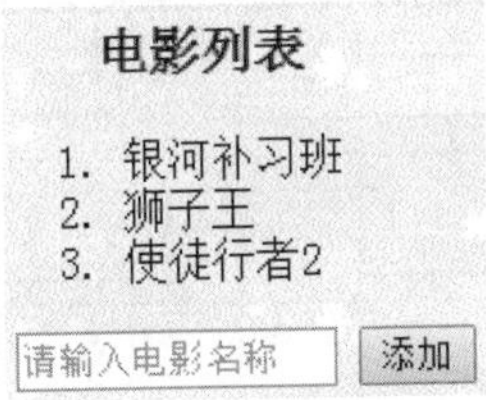　　图 16.11　原始电影列表 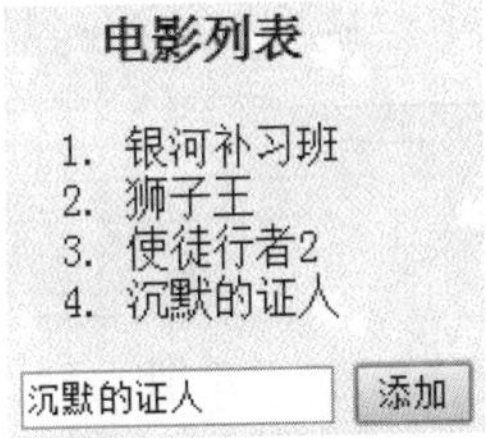　　图 16.12　添加电影后

5. 删除指定编号的图书　　▷①②③④⑤⑥

在新书推荐列表中,通过输入图书编号将对应的图书从列表中删除,实现效果如图 16.13 和图 16.14 所示。

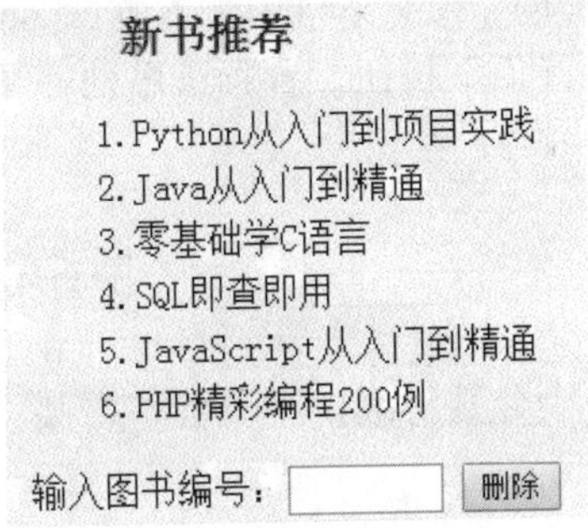

图 16.13　原始推荐列表 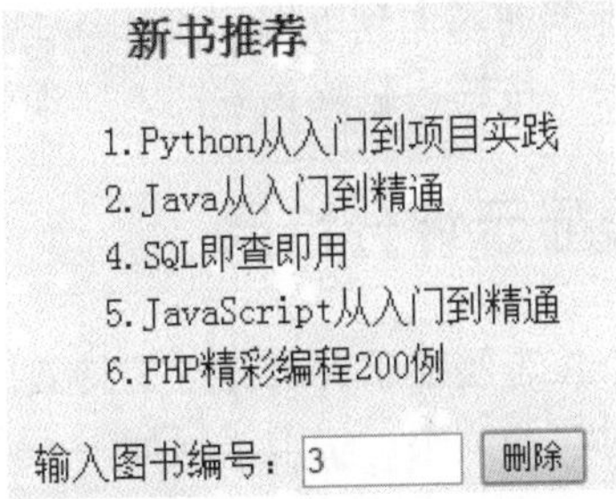　　图 16.14　删除第 3 本书后

6. 切换表情图片

▷①②③④⑤⑥

编写程序，实现表情图片的切换。在页面中显示一张表情图片，当鼠标移入该图片时，将其变换为另一张表情图片；当鼠标移出图片时，恢复为原来的表情图片，效果如图 16.15 和图 16.16 所示。

（提示：应用 attr()方法设置图片的 src 属性）

图 16.15　表情（1）

图 16.16　表情（2）

7. 实现星级评分条

▷①②③④⑤⑥

编写程序，实现一个简单实用的星级评分条。在页面中输出 5 个空心的星星图标，单击任意一颗星星图标就可以实现评分的功能，实现效果如图 16.17 和图 16.18 所示。

（提示：应用 prevAll()方法和 nextAll()方法获取指定元素）

图 16.17　未评分效果

图 16.18　评分效果

训练二：实战能力强化训练

8. 模拟点歌系统

▷①②③④⑤⑥

编写程序，模拟点歌系统中点歌、置顶歌曲和删除歌曲功能。在文本框中输入歌曲名称，单击"点歌"按钮，将歌曲添加到歌曲列表；单击歌曲名称右侧的"置顶"按钮，置顶该歌曲；单击歌曲名称右侧的"删除"按钮，删除该歌曲，实现效果如图 16.19~图 16.21 所示。

9. 按等级显示评分结果

▷①②③④⑤⑥

实现一个按等级显示评分结果的特效。在页面中输出 5 个分数等级，当鼠标单击某一个分数时会弹出该分数对应的结果，实现效果如图 16.22 和图 16.23 所示。

图 16.19　添加歌曲　　　　图 16.20　置顶歌曲　　　　图 16.21　删除歌曲

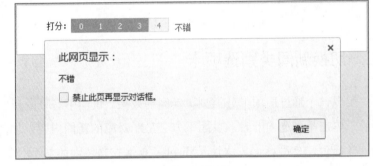

图 16.22　请打分　　　　　　　图 16.23　打分后提示

10. 柱形图显示投票结果　　　▷①②③④⑤⑥

在投票类网站中，使用柱形图来分析投票结果是一种比较常用的方式。设计一个应用柱形图显示投票结果的程序。在页面中输出 3 个以柱形图表示的投票选项，每个选项最上方都有一个图片按钮，每单击一次图片按钮，对应的投票数就会增加 1，柱形图的高度会随着投票数增加而增高，效果如图 16.24 和图 16.25 所示。

（提示：应用 css()方法设置柱形图的高度）

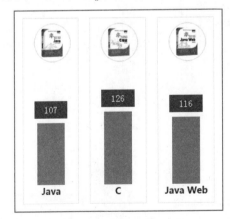

图 16.24　投票效果（1）

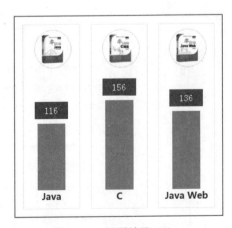

图 16.25　投票效果（2）

11. 红心按钮点赞动画特效

▷①②③④⑤⑥

设计一个红心按钮点赞的动画特效。页面中有两个可以点赞的选项，单击某个心形按钮时，该心形按钮会变成红色，在改变颜色过程中会有一个动画效果。再次单击该心形按钮，可取消点赞，同时心形按钮颜色变回灰色。效果如图 16.26 和图 16.27 所示。

（提示：应用 addClass()和 removeClass()方法添加和移除动画效果）

图 16.26　点赞前

图 16.27　点赞后

12. 切换新闻类别选项卡

▷①②③④⑤⑥

实现一个通过选项卡分类浏览新闻的效果。页面中有"最新""热门"和"新闻"3 个新闻类别选项卡，单击不同选项卡时，页面下方会显示对应的新闻内容，如图 16.28 和图 16.29 所示。

（提示：应用 css()方法设置 display 属性控制元素的显示和隐藏）

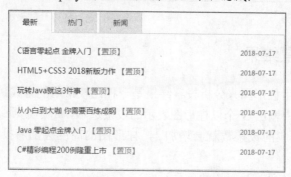

图 16.28　"最新"选项卡

最新	热门	新闻	
晒作品 赢学分 换豪礼 【置顶】			2018-08-17
每月18日会员福利日 代金券 疯狂送 【置顶】			2018-08-17
明日之星-明日科技 璀璨星途带你飞 【置顶】			2018-08-17
写给初学前端工程师的一封信 【置顶】			2018-08-17
专业讲师精心打造精品课程 【置顶】			2018-08-17
让学习创造属于你的生活 【置顶】			2018-08-17

图 16.29　"新闻"选项卡

13．选项卡滑动切换效果　▷①②③④⑤⑥

实现一个选项卡滑动切换的效果。页面左侧有 4 个选项卡，默认显示第一个选项卡内容。当鼠标单击其他选项卡时，页面右侧会显示该选项卡对应的内容，在切换选项卡和显示右侧内容的时候会有一个滑动效果，如图 16.30 和图 16.31 所示。

（提示：应用 addClass()方法和 removeClass()方法设置滑动效果）

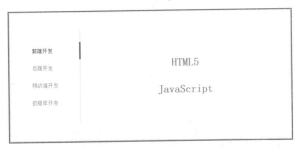
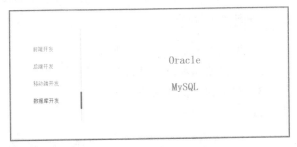

图 16.30　"前端开发"选项卡　　　　　图 16.31　"数据库开发"选项卡

14．横向导航菜单　▷①②③④⑤⑥

设计一个横向导航菜单。页面中显示一个横向的导航菜单，默认显示"手机通讯"主菜单下的子菜单；鼠标指向其他主菜单时，会横向显示该主菜单对应的子菜单，如图 16.32 和图 16.33 所示。

（提示：应用 css()方法设置 display 属性控制元素的显示和隐藏）

图 16.32　"手机通讯"菜单

手机通讯	手机配件	摄影摄像	数码配件	影音娱乐
	数码相机	单反相机	摄像机	

图 16.33　"摄影摄像"菜单

学习指南

第 17 章　jQuery 事件处理

本章训练任务对应核心技术分册第 18 章 jQuery 事件处理部分。

重点练习内容：

1. jQuery 中常用事件的使用。
2. 为元素添加事件的方法。
3. 模拟用户操作的方法。

应用技能拓展学习

1. on()方法

on()方法用于在被选元素及子元素上添加一个或多个事件处理程序。语法格式如下：

```
$(selector).on(event,childSelector,data,function)
```

☑　event：必选参数，表示要在被选元素上添加的一个或多个事件及命名空间。
☑　childSelector：可选参数，表示添加到指定子元素上的事件处理程序。
☑　data：可选参数，表示传递到函数的额外数据。
☑　function：可选参数，表示事件发生时运行的函数。

例如，向 button 元素添加 click 事件处理程序，当单击按钮时弹出对话框。代码如下：

```
<button>测试</button>
<script type="text/javascript">
    $(document).ready(function () {
        $("button").on("click",function(){
            alert("您单击了按钮");
        });
    });
</script>
```

2. off()方法

off()方法用于移除通过 on()方法添加的事件处理程序。语法格式如下：

```
$(selector).off(event,selector,function(eventObj),map)
```

☑ event：必选参数，表示从被选元素移除的一个或多个事件及命名空间。

☑ selector：可选参数，表示添加事件处理程序时最初传递给 on()方法的选择器。

☑ function(eventObj)：可选参数，表示事件发生时运行的函数。

☑ map：可选参数，用于指定事件映射({event:function, event:function, ...})，包含要添加到元素的一个或多个事件，以及事件发生时运行的函数。

例如，向 button 元素添加 click 事件处理程序后，再应用 off()方法移除该按钮的 click 事件。这时，单击按钮并不会弹出对话框。代码如下：

```
<button>测试</button>
<script type="text/javascript">
    $(document).ready(function () {
        $("button").on("click",function(){
            alert("您单击了按钮");
        });
        $("button").off("click");
    });
</script>
```

3．find()方法

find()方法用于返回被选元素的后代元素，通过选择器、jQuery 对象或元素来筛选。语法格式如下：

```
$(selector).find(filter)
```

参数 filter 为必选参数，用于过滤搜索后代条件的选择器表达式、元素或 jQuery 对象。

例如，设置 ul 元素的后代元素中类名为 flag 的元素的文字颜色为红色，代码如下：

```
<ul>
    <li>JavaScript</li>
    <li>CSS</li>
    <li class="flag">HTML</li>
</ul>
<script type="text/javascript">
    $(document).ready(function () {
        $("ul").find(".flag").css("color","red");
    });
</script>
```

运行结果如图 17.1 所示。

```
• JavaScript
• CSS
• HTML
```

图 17.1　实现效果

4．is()方法

is()方法用于查看选择的元素是否匹配选择器。语法格式如下：

```
$(selector).is(selectorElement,function(index,element))
```

☑ selectorElement：必选参数，用于指定选择器表达式。根据选择器、元素、jQuery 对象检查匹配的元素集合，如果存在至少一个匹配元素，则返回 true，否则返回 false。

☑ function(index,element)：可选参数，用于指定选择元素组要执行的函数。其中，index 参数表示元素的索引位置，element 参数表示当前元素。

例如，判断类名为 flag 的元素是否为 li 元素，如果是，则弹出提示信息，代码如下：

```html
<ul>
    <li>JavaScript</li>
    <li>CSS</li>
    <li class="flag">HTML</li>
</ul>
<script type="text/javascript">
    $(document).ready(function () {
        if($(".flag").is("li")){
            alert("类名为 flag 的元素是 li 元素");
        }
    });
</script>
```

运行结果：类名为 flag 的元素是 li 元素。

5．mouseenter()方法

当鼠标指针穿过（进入）被选元素时，会触发 mouseenter 事件。mouseenter()方法用于触发 mouseenter 事件，或指定触发 mouseenter 事件时运行的函数。

触发被选元素 mouseenter 事件的语法格式如下：

```
$(selector).mouseenter()
```

添加函数到 mouseenter 事件的语法格式如下：

```
$(selector).mouseenter(function)
```

例如，当鼠标指针进入 div 元素时，设置元素中的文本颜色为蓝色，代码如下：

```html
<script type="text/javascript">
    $(document).ready(function () {
        $("div").mouseenter(function(){
            $("div").css("color","blue");
        });
    });
</script>
```

6．mouseleave()方法

当鼠标指针离开被选元素时会触发 mouseleave 事件。mouseleave()方法用于触发 mouseleave 事件，或指定触发 mouseleave 事件时运行的函数。

触发被选元素 mouseleave 事件的语法格式如下：

```
$(selector).mouseleave()
```

添加函数到 mouseleave 事件的语法格式如下：

```
$(selector).mouseleave(function)
```

例如，当鼠标指针进入 div 元素时，设置元素中的文本颜色为蓝色；当鼠标指针离开 div 元素时，设置元素中的文本颜色为红色。代码如下：

```
<script type="text/javascript">
    $(document).ready(function () {
        $("div").mouseenter(function(){
            $("div").css("color","blue");
        });
        $("div").mouseleave(function(){
            $("div").css("color","red");
        });
    });
</script>
```

7．contextmenu()方法

当单击鼠标右键时会触发 contextmenu 事件。contextmenu()方法用于添加事件处理程序到 contextmenu 事件中，语法如下：

```
$(selector).contextmenu([eventData],handler)
```

☑ eventData：可选参数，表示传递给事件处理程序的参数对象。

☑ handler：可选参数，表示事件触发时执行的函数。

例如，在 div 元素上单击鼠标右键，弹出相应的提示信息，代码如下：

```
<div>明日科技</div>
<script type="text/javascript">
    $(document).ready(function () {
        $( "div" ).contextmenu(function() {
            alert( "您单击了鼠标右键" );
        });
    });
</script>
```

8. width()方法

width()方法用来返回或设置被选元素的宽度。当该方法用于返回宽度时，返回第一个匹配元素的宽度。当该方法用于设置宽度时，设置所有匹配元素的宽度。

返回元素宽度的语法如下：

```
$(selector).width()
```

设置元素宽度的语法如下：

```
$(selector).width(value)
```

参数 value 为必选参数，用于指定元素的宽度，默认单位是 px。

例如，输出 div 元素的宽度，代码如下：

```
<div style="width: 200px; height: 100px;">
<script type="text/javascript">
    $(document).ready(function () {
        alert($("div").width());
    });
</script>
```

运行结果：200

9. offset()方法

offset()方法用于返回或设置被选元素相对于文档的偏移坐标。当该方法用于返回偏移坐标时，返回第一个匹配元素的偏移坐标。它返回一个带有两个属性（以像素为单位的 top 和 left 位置）的对象。当该方法用于设置偏移坐标时，设置所有匹配元素的偏移坐标。

返回元素偏移坐标的语法如下：

```
$(selector).offset()
```

设置元素偏移坐标的语法如下：

```
$(selector).offset({top:value,left:value})
```

参数{top:value,left:value}表示以像素为单位的 top 和 left 坐标。

例如，获取 p 元素的偏移坐标，代码如下：

```
<p>明日科技</p>
<script type="text/javascript">
    $(document).ready(function () {
        var x=$("p").offset();
        alert("上：" + x.top + " 左：" + x.left);
    });
</script>
```

运行结果：上：16 左：8

10. $.each()方法

$.each()方法用于遍历指定的对象和数组。语法格式如下：

```
$.each(object,callback)
```

☑   object：需要遍历的对象或数组。

☑   callback：用于循环执行的函数。

例如，对字符串组成的数组进行遍历，代码如下：

```html
<script type="text/javascript">
    $(document).ready(function () {
        $.each(["张无忌", "令狐冲", "韦小宝"], function(index, value) {
            document.write((index + 1) + ': ' + value + '<br>');
        });
    });
</script>
```

运行结果：1：张无忌

2：令狐冲

3：韦小宝

11. DOMNodeInserted 和 DOMNodeRemoved 事件

DOMNodeInserted 和 DOMNodeRemoved 是 DOM 中的两个变动事件。其中，DOMNodeInserted 事件在一个节点作为子节点被插入到另一个节点中时触发。DOMNodeRemoved 事件在节点从其父节点中被移除时触发。

实战技能强化训练

训练一：基本功强化训练

1. 判断注册邮箱格式   ▷①②③④⑤⑥

用户注册页面中，经常需要填写邮箱地址和密码。编写程序，对输入的邮箱地址，实时判断其邮箱格式是否正确，并在右侧给出相应的提示信息，效果如图 17.2 和图 17.3 所示。

（提示：对元素应用 input 事件）

图 17.2　邮箱格式不正确　　　　　　　　　　　　图 17.3　邮箱格式正确

2. 改变图片不透明度　　　　　　　　　　　▷①②③④⑤⑥

编写程序，页面中显示一张图片，当鼠标在图片上按下时，改变图片的不透明度；当鼠标松开时，恢复图片的初始状态，实现效果如图 17.4 和图 17.5 所示。

图 17.4　改变图片不透明度

图 17.5　图书原始效果

3. 验证用户登录信息是否为空　　　　　　　▷①②③④⑤⑥

编写程序，实现对用户登录信息的验证。设计一个简单的用户登录页面，当用户名或密码输入框为空时，在输入框右侧给出相应的提示信息，实现效果如图 17.6 和图 17.7 所示。

图 17.6　登录信息为空

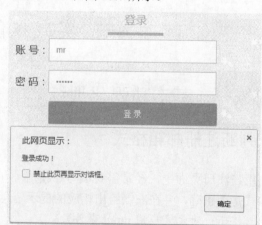

图 17.7　登录成功

4．限制用户输入字数　▷①②③④⑤⑥

编写程序，在填写用户信息的表单中，对用户输入的简介字数进行限制。在文本域右侧提示用户还可以输入的字数，如果达到规定的字数，则限制用户的输入，实现效果如图 17.8 所示。

（提示：对文本域应用 keyup()方法）

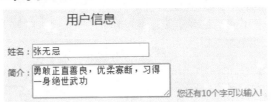

图 17.8　限制用户输入字数

5．实现文字变色和放大　▷①②③④⑤⑥

编写程序，实现文字变色和放大的效果，当鼠标移到文字上时，文字改变颜色并放大；当鼠标移出文字时，文字恢复为原来的样式，实现效果如图 17.9 和图 17.10 所示。

欢迎访问明日科技官方网站　　　　　　　　欢迎访问明日科技官方网站

图 17.9　文字变色、放大 　　　　　　　　　　图 17.10　文字恢复原来样式

6．设置导航菜单样式　▷①②③④⑤⑥

设计一个横向导航菜单效果。当鼠标悬停在某个菜单项上时，设置该菜单项高亮显示，实现效果如图 17.11 和图 17.12 所示。

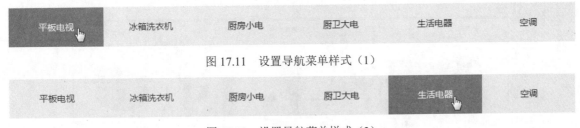

图 17.11　设置导航菜单样式（1）

图 17.12　设置导航菜单样式（2）

训练二：实战能力强化训练

7．实现星级打分特效　▷①②③④⑤⑥

设计一个实现星级打分的功能。在页面中输出 5 个星星图标，单击任意一颗星星进行评分，评分后会显示相应的分数和对应的评分类型，实现效果如图 17.13 和图 17.14 所示。

图 17.13　0 分效果

图 17.14　5 分效果

8. 切换商品类别的选项卡　▷①②③④⑤⑥

编写程序，实现一个通过选项卡切换不同类别商品的效果。页面中有 5 个选项卡，分别代表不同类别的商品。当鼠标指向不同的选项卡时，页面下方会显示对应的商品信息，实现效果如图 17.15 和图 17.16 所示。

（提示：对每个选项卡应用 hover()方法，应用 css()方法设置当前选项卡对应的商品信息显示，其他商品信息隐藏）

图 17.15　选中"推荐商品"选项卡

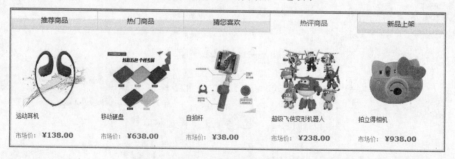

图 17.16　选中"热评商品"选项卡

9. 自定义右键菜单　▷①②③④⑤⑥

实现自定义鼠标右键菜单的功能。单击鼠标右键时，在页面中会弹出一个自定义的右键菜单，效果如图 17.17 和图 17.18 所示。

10．可拖动的导航菜单

▷①②③④⑤⑥

实现一个可以拖动的导航菜单。在页面中输出一个导航图标，鼠标指向该图标时，会动态展开菜单项。用鼠标左键按住导航图标后可以对其进行拖动。实现效果如图 17.19 和图 17.20 所示。

（提示：在相应元素中分别添加 mousedown 事件、mousemove 事件和 mouseup 事件）

图 17.17　自定义右键菜单

图 17.18　菜单选中效果

图 17.19　导航图标

图 17.20　动态展开菜单项

11．多级级联菜单

▷①②③④⑤⑥

编写程序，生成一个由省、市、区构成的 3 级联动菜单。页面中输出一个信息填写表单，在地址一栏中有 3 个下拉菜单，分别用来选择省份、城市和区域名称，效果如图 17.21 和图 17.22 所示。

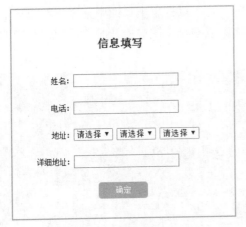
图 17.21　多级级联菜单（1）

图 17.22　多级级联菜单（2）

12．虚拟支付键盘

▷①②③④⑤⑥

编写程序，模拟支付时的虚拟键盘功能。页面中输出一个用来输入消费金额的输入框和一个不可用的"支付"按钮，单击输入框时，页面下方会弹出数字虚拟键盘；单击数字按键，选择的数字会显示在上方输入框中，同时"支付"按钮变为可用状态，如图 17.23 和图 17.24 所示。

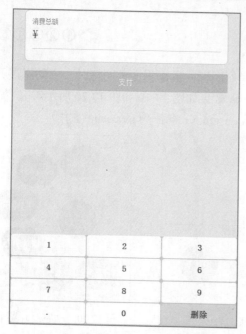

图 17.23　输入支付金额前

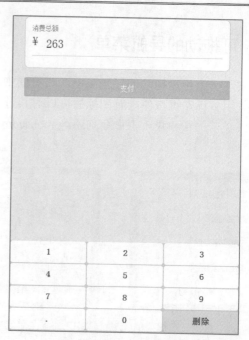

图 17.24　输入支付金额后

13. 模拟键盘打字高亮动画特效　▷①②③④⑤⑥

编写程序，模拟虚拟键盘打字时按键的高亮显示效果。在页面中输出一个文本域和一个包含部分按键的虚拟键盘。单击文本域，出现输入光标后开始编辑。当用鼠标单击页面中某个按键或按下键盘中某个按键时，页面中对应的按键会高亮显示。当松开鼠标或键盘按键被松开时，页面中对应的按键恢复为原来样式。实现效果如图 17.25 和图 17.26 所示。

图 17.25　原始效果

图 17.26　高亮显示效果

第 18 章　jQuery 动画效果

学习指南

本章训练任务对应核心技术分册第 19 章 jQuery 动画效果部分。

重点练习内容：

1. 隐藏和显示元素的方法。
2. 实现淡入、淡出动画效果的方法。
3. 实现滑动效果的方法。
4. 创建自定义动画的方法。

应用技能拓展学习

1．scrollTop()方法

scrollTop()方法用于设置或返回被选元素的垂直滚动条位置。当滚动条位于最顶部时，位置是 0。返回垂直滚动条位置的语法如下：

```
$(selector).scrollTop()
```

设置垂直滚动条位置的语法如下：

```
$(selector).scrollTop(position)
```

参数 position 用于指定以像素为单位的垂直滚动条位置。

例如，为 div 元素设置垂直滚动条，单击"获取垂直滚动条位置"按钮可输出当前垂直滚动条的位置。代码如下：

```
<script type="text/javascript">
    $(document).ready(function(){
        $("button").click(function(){
            alert($("div").scrollTop()+"px");
        });
    })
</script>
<div style="border:1px solid black;width:150px;height:150px;overflow:auto">
    吉林省晨*科技有限公司是一家以计算机软件技术为核心的高科技型企业。公司创建于 1999 年 12 月，是专业的应用软件开发商和服务提供商。多年来始终致力于行业管理软件开发、数字化出版物开发制作、行业电子商务网站开发等，先后成功开发了涉及生产、管理、物流、营销、服务等领域的多种企业管理应用软件和应用平台，目前已成为计算机出版行业的知名品牌。
```

```
</div><br>
<button>获取垂直滚动条位置</button>
```

运行结果如图 18.1 所示。

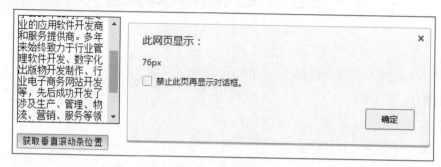

图 18.1　实现效果

2.　scroll()方法

当用户滚动指定元素时，会触发 scroll 事件。scroll 事件适用于所有可滚动的元素和 Window 对象（浏览器窗口）。scroll()方法用于触发 scroll 事件，或指定触发 scroll 事件时运行的函数。

触发被选元素 scroll 事件的语法格式如下：

```
$(selector).scroll()
```

添加函数到 scroll 事件的语法格式如下：

```
$(selector).scroll(function)
```

例如，为 div 元素设置垂直滚动条，当拖动垂直滚动条时，在下方输出当前垂直滚动条的位置。代码如下：

```
<script type="text/javascript">
    $(document).ready(function(){
        $("div").scroll(function(){
            $("span").html("滚动条位置："+($("div").scrollTop()+"px"));
        });
    })
</script>
<div style="border:1px solid black;width:150px;height:150px;overflow:auto">
    吉林省晨*科技有限公司是一家以计算机软件技术为核心的高科技型企业。公司创建于 1999 年 12 月，是专业的应用软件开发商和服务提供商。多年来始终致力于行业管理软件开发、数字化出版物开发制作、行业电子商务网站开发等，先后成功开发了涉及生产、管理、物流、营销、服务等领域的多种企业管理应用软件和应用平台，目前已成为计算机出版行业的知名品牌。
</div><br>
<span></span>
```

运行结果如图 18.2 所示。

图 18.2   实现效果

实战技能强化训练

训练一：基本功强化训练

1. 单击箭头图标返回顶部   ▷①②③④⑤⑥

有些网页的右下角会出现一个向上箭头的图标，单击该图标就可以返回页面顶部。编写程序，实现这个功能。向下拖动页面右侧的滚动条，页面中出现一个箭头图标，单击该图标，页面会快速返回顶部，效果如图 18.3 和图 18.4 所示。

（提示：在 animate()方法中设置 scrollTop 属性）

图 18.3   原始效果

图 18.4   单击箭头返回顶部

149

2. 自动弹出在线客服列表　▷①②③④⑤⑥

为了方便用户交流，很多网站都设置了在线客服功能。编写程序，自动弹出在线客服列表。页面右下角有一个隐藏的在线客服列表，向下拖动滚动条时，在线客服列表会从下方弹出，效果如图 18.5 和图 18.6 所示。

（提示：在 animate()方法中通过 bottom 属性实现客服列表的显示和隐藏）

图 18.5　隐藏客服列表

图 18.6　显示客服列表

3. 实现切换图片的纵向选项卡　▷①②③④⑤⑥

编写程序，实现一个切换图片的纵向选项卡。页面左侧有 4 个选项卡，默认显示第一个选项卡对应的图片。当鼠标指向不同选项卡时，页面右侧会显示不同的图片，效果如图 18.7 和图 18.8 所示。

图 18.7　默认图片显示

图 18.8　显示图片 3

4. 右侧滑动客服菜单　▷①②③④⑤⑥

实现页面右侧客服菜单滑动显示和隐藏的效果。运行程序，在页面右侧输出一个"联系我们"按钮,当鼠标指向该按钮时会滑动显示客服菜单,且该菜单不随滚动条移动,实现效果如图 18.9 和图 18.10 所示。

（提示：在 animate()方法中设置 right 属性）

图 18.9　隐藏菜单

图 18.10　滑动显示菜单

5.　步骤选项卡　▷①②③④⑤⑥

编写程序，页面上方显示 3 个表示步骤的选项卡，单击某个选项卡，下方会显示该选项卡对应的实现步骤，如图 18.11 和图 18.12 所示。

（提示：通过 show()方法和 hide()方法显示和隐藏元素）

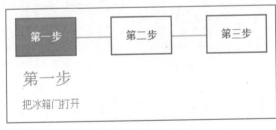

图 18.11　第一步

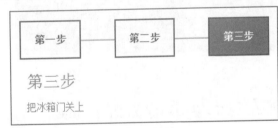

图 18.12　第三步

6.　悬浮在右侧的 QQ 在线客服列表　▷①②③④⑤⑥

实现悬浮在右侧的 QQ 在线客服列表页面。在页面右侧显示一个 QQ 图标，单击该图标可以弹出隐藏的 QQ 在线客服列表，效果如图 18.13 和图 18.14 所示。

（提示：在 animate()方法中设置 right 属性）

图 18.13　隐藏在线客服列表

图 18.14　显示在线客服列表

7. 上下卷帘动画效果　▷①②③④⑤⑥

实现一个上下卷帘的动画效果。在初始状态下，幕帘是向下关闭的；等待 3 秒钟后，幕帘会向上卷起，效果如图 18.15 和图 18.16 所示。

图 18.15　幕帘关闭

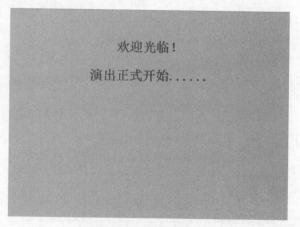

图 18.16　幕帘卷起

训练二：实战能力强化训练

8. 弹出分享对话框　▷①②③④⑤⑥

多数网站都有内容分享功能，用户可以将网站内容分享到第三方网站。编写程序，实现一个弹出分享对话框的功能。在页面中输出一个表示具有分享功能的图片，单击该图片时，弹出分享对话框，效果如图 18.17 和图 18.18 所示。

（提示：在 animate()方法中通过 opacity 属性和 marginTop 属性实现分享对话框的显示和隐藏）

图 18.17　"分享"按钮

图 18.18　"分享"对话框

9. 辩论结果实时显示动画　▷①②③④⑤⑥

编写程序，模拟辩论投票的动画效果。运行程序，页面会输出辩论双方的得票数，正方票数用红色直线表示，反方票数用绿色直线表示，根据双方的得票数会产生一个红色线延长和绿色线缩短的动画效果，如图 18.19 所示。

图 18.19　辩论结果实时显示

10. 模拟老虎机滚动抽奖效果　▷①②③④⑤⑥

编写程序，模拟老虎机上下滚动的抽奖效果。运行程序，页面中会显示一个抽奖区域，下方有一个"立即抽奖"按钮。单击该按钮，抽奖区域中的奖品会上下翻滚；当奖品停止滚动后，抽奖区域中显示的奖品即为用户抽中的奖品，效果如图 18.20 和图 18.21 所示。

（提示：在 animate()方法中通过设置 top 属性实现奖品的上下滚动）

图 18.20　未抽中奖

图 18.21　中奖

11．滑动切换图片选项卡　▷①②③④⑤⑥

编写程序，通过选项卡滑动切换图片。页面左侧有 5 个表示图书语言种类的选项卡，默认显示第一个选项卡以及对应的图片。当鼠标指向其他选项卡时，选项卡会产生滑动效果，同时页面右侧会显示该选项卡对应的图片，切换图片时会有一个动画效果，如图 18.22 和图 18.23 所示。

图 18.22　"HTML5+CSS3" 选项卡　　　　　图 18.23　"JavaScript" 选项卡

12．带切换动画的弧形菜单　▷①②③④⑤⑥

编写程序，实现一个带切换动画的弧形菜单。页面中有 5 个呈弧形排列的主菜单项，鼠标指向某个主菜单项时，会动态展开一个圆形背景，同时该主菜单项下的子菜单项会以淡入方式显示，效果如图 18.24 和图 18.25 所示。

图 18.24　弧形菜单

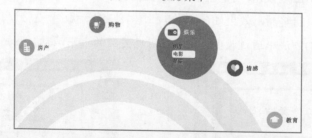

图 18.25　鼠标指向"娱乐"菜单项

13．模拟微信弹出菜单　▷①②③④⑤⑥

编写程序，模拟微信弹出菜单功能。页面底部有 3 个主菜单项，单击某个主菜单项时，会向上弹出对应的子菜单；单击其他主菜单项时，已弹出的子菜单会被隐藏，同时弹出最近一次被单击主菜单项下的子菜单。实现效果如图 18.26 和图 18.27 所示。

（提示：在 animate()方法中通过设置 bottom 属性实现子菜单的显示和隐藏）

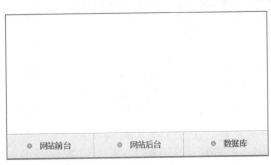

图 18.26　微信菜单

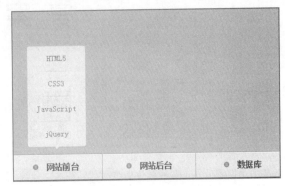

图 18.27　单击弹出子菜单

14.　模拟微信输入支付密码　　　　▷①②③④⑤⑥

编写程序，模拟微信输入支付密码的效果。手机充值页面中有一个"立即支付"按钮，单击该按钮时，页面中会弹出包括密码输入框和数字键盘的密码输入界面，按下某个数字按键，选择的数字会以密码形式显示在上方输入框中，当输入的密码为 123456 时，页面中会弹出"支付成功"提示信息，如图 18.28 和图 18.29 所示。

（提示：通过 show()方法和 hide()方法显示和隐藏密码输入界面，通过 slideUp()方法和 slideDown()方法滑动隐藏和显示数字键盘）

图 18.28　提示输入支付密码

图 18.29　支付成功

答 案 提 示

第 1 章
基本功训练

第 1 章
实战强化训练

第 2 章
基本功训练

第 2 章
实战强化训练

第 3 章
基本功训练

第 3 章
实战强化训练

第 4 章
基本功训练

第 4 章
实战强化训练

第 5 章
基本功训练

第 5 章
实战强化训练

第 6 章
基本功训练

第 6 章
实战强化训练

第 7 章
基本功训练

第 7 章
实战强化训练

第 8 章
基本功训练

第 8 章
实战强化训练

第 9 章
基本功训练

第 9 章
实战强化训练

第 10 章
基本功训练

第 10 章
实战强化训练

第 11 章
基本功训练

第 11 章
实战强化训练

第 12 章
基本功训练

第 12 章
实战强化训练

第 13 章
基本功训练

第 13 章
实战强化训练

第 14 章
基本功训练

第 14 章
实战强化训练

第 15 章
基本功训练

第 15 章
实战强化训练

第 16 章
基本功训练

第 16 章
实战强化训练

第 17 章
基本功训练

第 17 章
实战强化训练

第 18 章
基本功训练

第 18 章
实战强化训练